薄型显示器丛书 2

TFT LCD 面板设计与构装技术

田民波 叶 锋 著

科学出版社

北 京

图字：01-2009-7212

内 容 简 介

TFT LCD 液晶显示器在平板显示器中脱颖而出，在显示器市场独占鳌头。目前以 TFT LCD 为代表的平板显示产业发展迅速，为适应平板显示产业迅速发展的要求，编写了薄型显示器丛书。

本册全面阐述 TFT LCD 液晶显示器制作技术，共分 5 章，包括第 5 章液晶显示器的设计和驱动，第 6 章 LCD 的工作模式及显示屏构成，第 7 章 TFT LCD 制作工程，第 8 章 TFT LCD 的主要部件及材料，第 9 章 TFT LCD 的改进及性能提高。本书系统完整、诠释确切，图文并茂、通俗易懂地介绍了 TFT LCD 制程的各个方面。本书源于生产一线，具有重要的实际指导意义和参考价值。

本书适合作为大学或研究所液晶相关专业的教科书，特别适合产业界技术人员阅读。

本书为(台湾)五南图书出版股份有限公司授权科学出版社在大陆地区出版发行简体字版本。

图书在版编目(CIP)数据

TFT LCD 面板设计与构装技术/田民波，叶　锋著. —北京：科学出版社，2010

(薄型显示器丛书；2)

ISBN 978-7-03-026764-1

I. ①T… II. ①田… ②叶… III. ①薄膜晶体管–液晶显示器–高等学校–教材 IV. ①TN321 ②TN141.9

中国版本图书馆 CIP 数据核字(2010)第 021411 号

责任编辑：胡　凯　孟积兴　张　静/责任校对：朱光光
责任印制：徐晓晨 /封面设计：王　浩

科 学 出 版 社 出版
北京东黄城根北街 16 号
邮政编码：100717
http://www.sciencep.com

北京虎彩文化传播有限公司 印刷
科学出版社发行　各地新华书店经销

*

2010 年 3 月第 一 版　　开本：B5 (720 × 1000)
2019 年 2 月第四次印刷　　印张：25 1/4
字数：493 000
定价：139.00 元
(如有印装质量问题，我社负责调换)

序

以 TFT LCD 为代表的新型平板显示器件和半导体集成电路是信息产业两大基石，涉及技术面宽，产业带动力大，是国家工业化能力和竞争力的重要体现。

当前，TFT LCD 为代表的平板显示技术正在快速替代以彩色显像管(CRT)为基础的传统显示技术，国内电视和显示器产业面临前所未有的挑战。2008 年，全球液晶电视出货已超过 1 亿台，占电视市场 50% 以上，预计 2012 年将超过 80%。我国平板显示产业起步晚，企业规模小，目前尚未形成 32 英寸以上大尺寸液晶电视面板规模的生产能力，大尺寸液晶显示面板仍受制于人，多年积累的 CRT 电视和显示器产业面临严峻的替代危机。我国电视全球市场占有率从 CRT 时代 50%以上降至目前 20% 左右，其中液晶电视全球市场占有率不足 8%，竞争优势正在丧失。这一尴尬局面也表现在工业和军事科技等领域。

另一方面，以数字化、平板化和 4C 整合为特点的新一轮产业升级和重组已在全球范围内展开。能否抓住机遇将直接影响到我国未来 20 年的产业竞争力。如果我国不发展 TFT LCD 产业，不仅会失去下一代产业更新换代的机会，而且在微电子、光电子、核心材料、装备和特种显示等技术领域与国外的差距会进一步拉大。

可喜的是，我国政府、企业、投资者、高校与科研机构对坚持自主创新和发展 TFT LCD 产业的战略意义已形成共识。温家宝总理在 2008 年政府工作报告中提出将新型显示器列为国家重大高科技产业化专项，总理将显示器产业列于年度工作报告中，足以表明政府的重视程度。政府、企业界、高校、科研和投资机构携手，经过多年艰苦努力，我国平板显示产业已具有一定实力，为参与全球竞争奠定了发展基础。

TFT LCD 等新型平板显示器产业是技术、资本和人才密集型产业，其中人才是关键要素。专业人才培养主要依靠大学和科研机构。日、韩各约有 30 所大学、中国台湾也约有 20 所大学设有显示及相关专业，每年培养数万工程技术人员。就是这样，全球人才仍然紧缺。中国大陆设有显示相关专业的大学数量较少，这方面专业人才，特别是较为顶尖人才更紧缺。因此，推动显示技术专业人才培养和成长，是企业、大学和科研机构共同的责任。田民波教授多年来致力于平板显示技术研究，并承担多项国家重要课题和国际合作项目，是备受尊敬的专家。凝聚了田教授心血和情感的这套系列著作，包括《TFT 液晶显示原理与技术》，

《TFT LCD 面板设计与构装技术》和《平板显示器技术发展》，兼顾 TFT LCD 原理与技术、设计与制造及产业趋势，对其他平板显示器也作了较为详尽的介绍，图文并茂，深入浅出，是一套难得的专业丛书。

我愿意向一切关注和有志于液晶与平板显示领域的青年学生、科研人员、业内伙伴、政府领导等各界朋友推荐该丛书。这不仅是一套教科书，更倾注了几代中国科技工作者发展中国自主技术、产业的梦想和情感。

我希望中国官、产、学、研各界人士继续携手合作，推动和促进我国平板显示技术和产业的发展，共创美好明天。

王东升

京东方科技集团股份有限公司董事长

2009 年 6 月于北京

前　　言

以液晶为代表的平板显示器和半导体集成电路是信息产业的两块基石。而前者涉及的范围更广、带动的基础产业更多、发展潜力更大，具有无限商机。

高效率地制作质量优良、式样新颖、价格便宜、广受市场欢迎的平板显示器产品，是企业核心竞争力的集中体现。

在平板显示器产业化领域处于世界前沿的跨国公司，近年来在高强度投入、建设新一代生产线(2008 年正建设第 10 代线)、强势联合、加速企业间的重组与再编，开发新型显示方式之外，更是不遗余力地完善现有生产体制、加强技术革新，突出表现为简化技术的采用、生产效率和改良率的提高、关键部件和材料的复合化，以便进一步降低产品价格，提高市场竞争力。在平板显示器继续向轻量、薄型、大尺寸、挠性化、高性能发展的同时，据预测，TFT LCD 下一个发展阶段是可支持用户更多的附加功能，可在任何场合使用的创能型显示器。

液晶显示器产业是一个包罗万象的庞大系统，既需要实力雄厚的跨国公司，更要求有大量的中小型企业作为后盾。在基础材料和基本制程方面，平板显示器产业和微电子集成电路产业有许多资源可以共享。没有坚实的基础，没有长期的研究、开发及产业化经验的积累，要想在高手如林的世界平板显示器行业中占有一席之地是很不容易的。液晶显示器产业发展快速、瞬息万变，作为一个参与者，要想在产业化大潮中跟上步伐、参与竞争，并有所做为，绝非易事。首先需要对液晶显示器的原理、设计、制程、性能改进与提高有比较透彻的了解。其中最核心的是"TFT LCD 产品的制作"，掌握了这方面的知识和本领，可以"以不变应万变"。

历史经验值得借鉴。回顾电子显示器产业的发展史，许多创意源于美国，而产业化却在日本、韩国、中国台湾地区等实现。目前显示器件的最大消费国是美国，但美国的显示器产业自 20 世纪 70 年代后期，不仅丧失了开发的领先地位，生产能力也几乎丧失殆尽。中国大陆的液晶产业曾在 TN、STN 方面有优异的表现，至今产能也居世界第一。但是，这个"第一"在 21 世纪 TFT LCD 占主导地位的国际液晶显示器产业中已无足轻重。1990—2003 年，中国大陆的 LCD 被 TFT 的兴起远远抛在后面，这与大陆半导体产业从晶体管向大规模集成电路转型时的情况如出一辙。两个产业登台表演并不晚，但由于未进入角色，最终提前出局。造成这种衰退的原因很多，包括体制、决策、基础、产业链等，但不能"精益求精地制作产品"是症结所在。

　　本书正是以"TFT LCD 液晶显示器制作"为中心进行论述的。在第一册的基础上，第二册共 5 章，包括第 5 章液晶显示器的设计和驱动，第 6 章 LCD 的工作模式及显示屏构成，第 7 章 TFT LCD 制作工程，第 8 章 TFT LCD 的主要部件及材料，第 9 章 TFT LCD 的改进及性能提高。

　　让我们重视 TFT LCD 产品制作，在提高企业创新能力上切切实实地努力吧！

田民波

北京　清华大学

材料科学与工程系　教授

叶　锋

深圳市道尔科技有限公司

董事长

目　　录

第 5 章　液晶显示器的设计和驱动

液晶显示器多采用交流驱动方式，即将极性正负变换的电压加在液晶上。这是因为，液晶在直流电压的长时间作用下会引起电气分解等，造成材料变质，寿命降低。而在交流电压作用下，液晶材料不会变质，从而能保证其寿命。但交流驱动增加了电路的难度。

液晶显示器有无源矩阵[又称被动(passive)矩阵或单纯矩阵]和有源矩阵[又称主动(active)矩阵]两种驱动方式。前者是在封入液晶材料的玻璃基板上纵横布置电极，其交叉点作为像素，构成无源矩阵；后者是在封入液晶材料的玻璃基板上阵列布置薄膜三极管或二极管等有源(主动)元件，由其控制每一个像素，构成有源矩阵。无源矩阵可用于静态驱动法和动态驱动(多路驱动)法，有源矩阵特别适用于多像素动态驱动。静态驱动法多用于小规模固定图形显示，例如用于娱乐设备及玩具等的显示等。除此之外的用途几乎都采用动态驱动法(多路驱动法)。

本章在讨论 TFT LCD 阵列设计的基础上，主要针对有源矩阵 LCD 的代表 TFT LCD 驱动法和无源矩阵 LCD 的代表多路驱动法做简要介绍。

5.1　TFT LCD 阵列设计

薄膜三极管液晶显示器(thin film transistor liquid crystal display, TFT LCD)的设计共包括下述几个部分：

(1) 显示图像部分的设计，主要是像素部分的设计，即阵列(array)设计；

(2) 封入液晶材料部分的设计，主要是液晶屏(盒)的设计；

(3) 驱动液晶所需的电气信号及电压等供给部分的设计，主要是模块设计等。

本节主要针对由显示图像用的像素部分和向像素供给电气信号的布线部分所构成的"阵列设计"工程进行讨论。在这种阵列设计工程中，从确定构成阵列的薄膜三极管(thin film transistor, TFT)的尺寸开始，针对驱动 LCD 的方式(驱动回路设计)进行论述；此后，针对所求出尺寸的 TFT 在像素中进行布置的阵列图案(pattern)设计(layout，版面设计)进行论述；最后，介绍阵列检查用的测试方法，即测试设计。

由上述阵列设计工程，最终转变为阵列制造工程(7.2 节)及彩色滤光片制造工程(7.3 节)所用掩模的制作设计数据，见图 5-1。关于液晶屏(盒)设计及模块设计，请参照 7.4、7.5 节。

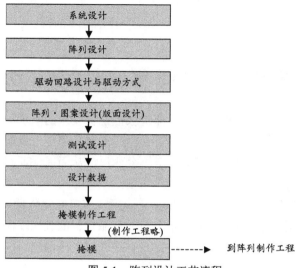

图 5-1　阵列设计工艺流程

5.1.1　系统设计工程图

在阵列设计工程中，首先要基于目标式样，对液晶显示器整体基本形式进行系统设计(产品定型阶段的设计)，见图 5-2。而后再进入详细设计。

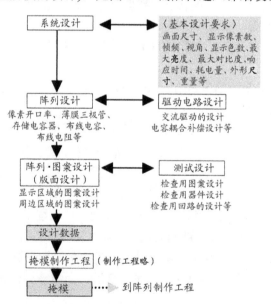

图 5-2　阵列设计工程的具体流程

进入详细设计之前，在产品定型阶段，应首先定义液晶显示器整体的基本设计式样的目标，需要讨论为实现这些目标"采用什么样的技术"和"利用什么样的部件"，在确定使用的技术、部件之后，再进行具体的设计。

关于液晶显示器整体的基本设计规格，属于现有产品规格说明书中的内容，其中包括画面尺寸(画面对角线尺寸)、显示像素数(图像分辨率)、帧频(图像转换频率)、视角、显示色数、最大亮度、最大对比度、响应时间、功耗(耗电量)、外形尺寸、重量等。

5.1.2 阵列设计工程

液晶显示器的基本式样确定之后，就应该设法满足最大亮度、功耗、外形尺寸等式样要求，在价格最低的前提下，着手对各关键部件进行设计。早期，阵列设计中最重要的考虑是如何提高像素的开口率，因为开口率的大小直接与显示亮度(辉度)密切相关。

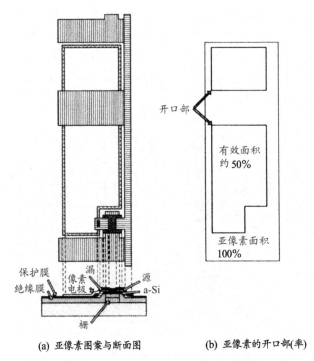

(a) 亚像素图案与断面图　　　(b) 亚像素的开口部(率)

图 5-3　亚像素图案与开口率

5.1.2.1 像素开口率

开口率定义为透光区域(开口部)与像素或亚像素面积之比。如图 5-3 所示，开口部，即透光区域，是从一个像素或亚像素的整个区域扣除下述区域所剩部分：

(1) 向像素或亚像素供给显示信号用的数据线区域；

(2) 按定时(timing)控制向像素电极写入数据线电位用的开关元件，即 TFT 区域；

(3) 向 TFT 供给 ON/OFF 信号的栅极区域；

(4) 保持像素电极电位稳定的存储电容 C_s 区域；

(5) 像素电极与数据线、栅线等各种布线间的间隔(space)区域；

(6) 为遮蔽从像素电极周围漏出的光而设置的黑色矩阵区域。

显然，上述(1)~(6)区域设计得越小，则开口率越大，从而能获得更高的亮度(高辉度屏)。在画面尺寸比较小的 LCD 中，由中间所夹的绝缘膜，在栅线上配置像素电极而构成存储电容 C_s(C_s on gate[①]，栅上 C_s，见图5-4)。而且，后来开发的利用所夹的低介电常数的绝缘膜[②]，在各布线之上布置像素电极，将像素电极与信号线构成在不同层中，以提高开口率，即采用场屏蔽像素(field shield pixel，FSP[③])及高分辨率制程(hight resolution process, HRP)等，见图5-5。进一步，将黑色矩阵(black matrix, BM)置于 TFT 阵列一侧，以确保阵列与 BM 对位精度的阵列上黑色矩阵技术(BM on array)，并将彩色滤光片设置于 TFT 阵列一侧的技术(CF on array)，或者在彩色滤光片之上布置 TFT 阵列的技术(TFT on CF，TOC 或 array on CF)，见图5-6、图5-7，以提高开口率。

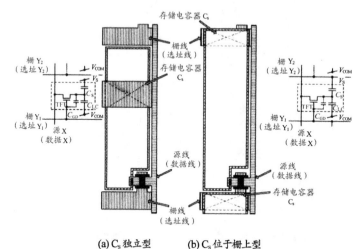

(a) C_s 独立型　　　　(b) C_s 位于栅上型

图 5-4　C_s 独立型和 C_s 位于栅上型亚像素图案的一例

---

① C_s on gate：注意这种方法中栅线的布线电容会增大。

② 低介电常数绝缘膜：这种膜层对于降低像素电极与布线间的寄生电容至关重要。

③ FSP：这种技术又称为阵列上 ITO(ITO on array)。

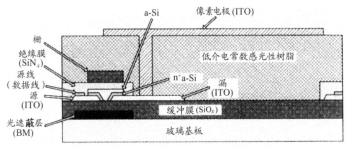

图 5-5　提高开口率的 FSP 型像素的结构

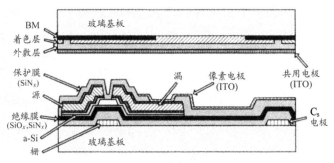

(a) 原来的 BM 结构

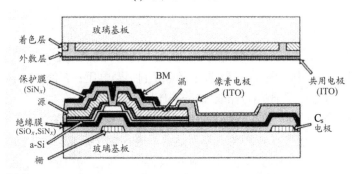

(b) 为提高开口率而采用的 BM 位于阵列之上的结构

图 5-6　BM 位于阵列之上的像素结构与原来像素结构的对比

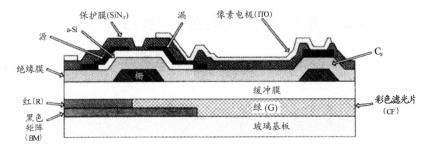

图 5-7　TFT 位于 CF 之上(TOC)的像素结构

5.1.2.2 薄膜三极管

像素内薄膜三极管的大小，由像素电极与数据线间，即漏-源间电荷移动中必要的电流大小决定。依据这一电流 I，像素自身的电容 C 存储电荷 q，进而像素的电压 V 发生变化。该变化由下式给出：

$$I = \frac{dq}{dt} = C\frac{dV}{dt} \tag{5-1}$$

而且因为 TFT 与 MOS-FET(metal oxide semiconductor-field effect transistor，金属氧化物半导体-场效应三极管)具有相同的结构，参照图 5-8，则 TFT 漏-源间的电流 I 可由下式给出：

$$I = C_{OX} \cdot \mu \cdot \frac{W}{L}\left[(V_{GS} - V_{TH}) \cdot V_{DS} - \frac{1}{2}V_{DS}^2\right] \tag{5-2}$$
$$(V_{DS} < V_{GS} - V_{TH})$$

$$I = C_{OX} \cdot \mu \cdot \frac{W}{L}(V_{GS} - V_{TH})^2 \tag{5-3}$$
$$(V_{DS} \geqslant V_{GS} - V_{TH})$$

式中，C_{OX} 为单位面积栅绝缘膜电容；μ 为电子迁移率；W、L 分别为通道宽度和长度；V_{GS} 为栅-源间电压；V_{TH} 为 TFT 的阈值(临界)电压；V_{DS} 为漏-源间电压。

上述关系称为平缓通道(gradual channel)近似公式。

利用式(5-1)、式(5-2)、式(5-3)求出一般解是很难的，为简化，可假定电流 I 不随电压 V 变化，而取一定的值，当然这是非常粗略的近似。也就是说，在非晶硅(amorphous silicon, a-Si)TFT 的通常使用条件下，流过的电流 I 可按下式近似：

$$I = 0.5 \times 10^{-6} \times \frac{W}{L}[A] \tag{5-4}$$

将式(5-4)代入式(5-1)，等式两边对时间做积分，可得下式：

$$0.5 \times 10^{-6} \times \frac{W}{L}\int dt = C\int dV \tag{5-5}$$

其中，TFT 的 ON 时间(数据写入时间)为 t_W；液晶上所加的电压为 V_{LC}，由于液晶为交流驱动，电位变化为 $2V_{LC}$，则式(5-5)可改写为

$$0.5 \times 10^{-6} \times \frac{W}{L}t_W = 2CV_{LC} \tag{5-6}$$

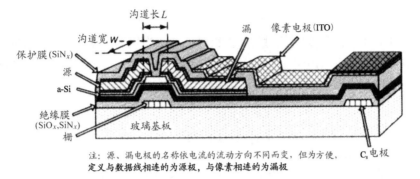

(a) 像素电极与 TFT 的结构

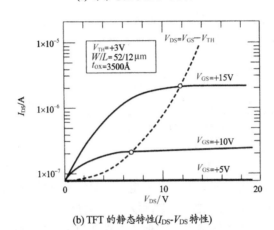

(b) TFT 的静态特性(I_{DS}-V_{DS}特性)

图 5-8 像素的结构和 TFT 的静态特性

由于 TFT 的尺寸(大小)是由沟道宽度 W 和信道长度 L 表示的,故式(5-6)可变形为下式:

$$\frac{W}{L} = \frac{4V_{LC} \cdot C}{1 \times 10^{-6} \times t_W} \tag{5-7}$$

也就是说,TFT 的大小(W/L)可根据数据写入时间 t_W、施加于液晶上的电压 V_{LC},以及像素电容 C 之间的关系式(5-7)求得。

例如,对于 XGA(1 024×768 个像素)规格的显示器来说,设帧频 f_F 为 60Hz,则向像素写入的时间 t_W 可由下式表示:

$$t_W = \frac{1}{f_F} \times \frac{1}{n}(1 - t_{VB}) = \frac{1}{60} \times \frac{1}{768}(1 - 0.1) = 19.5\mu s \tag{5-8}$$

式中,n 为行[地址(address)]数;t_{VB} 为垂直消隐(blanking,闭锁)时间比,一般取

10%。

实际上，可以流过电流的时间为数微秒，是相当短的。在此，写入时间 t_W 以 8μs 近似，而且 TN(twisted nematic，扭曲向列)模式液晶的工作电压(阈值电压或临界电压)V_{LC} 为 3~4V，则由式(5-7)可得

$$\frac{W}{L} = \frac{4 \times 4 [\text{V}]}{1 \times 10^{-6}[\text{A}] \times 8 \times 10^{-6}[\text{s}]} \cdot C = 2 \times 10^{12} \times C \tag{5-9}$$

若假定像素电容 C 为 0.5pF，TFT 的尺寸比 W/L 则等于 1。这意味着，若采用的沟道长 L=10μm 的制作工艺，则沟道宽的尺寸至少为 W=10μm。

即使同属于 XGA 显示规格，画面对角线尺寸为 2 倍时，像素节距也变为 2 倍，而由于像素电容 C 与像素面积成正比，则变为 4 倍，TFT 的沟道宽度 W 也变为 4 倍。

以上，根据非常粗略的近似计算，求出了 TFT 的尺寸(大小)。但在实际的设计中，由于流经 TFT 的电流 I，电压 V_{GS}、V_{DS} 都是随时间而变化的，因此需要采用更精确的模型等，由计算机模拟进行更符合实际情况的计算。

5.1.2.3　存储电容 C_s

存储电容 C_s 的作用是使写入的数据电压，即像素电极的电位稳定化。也就是说，TFT ON 时，对像素电极进行数据写入，该数据直到 TFT OFF 时(1 帧内写入数据的残留时间)，要基本保持不变。但是，在 TFT OFF 之前，由于 TFT 的漏电流及与像素电极周边的布线等之间存在的寄生电容，写入像素电极的数据电压会发生变动。即使存在这种变动，为保持显示质量，需要在像素电极与共用(common)电极之间设置存储电容 C_s，以对液晶电容起辅助作用。

例如，由于像素电极与栅线之间的原生电容 C_{GD}，像素电位受栅线电位变动 $(V_{GH} - V_{GL})$ 的影响，像素电位变动 ΔV_p(见图 5-9)由下式表示：

$$\Delta V_p = \frac{C_{GD}}{C_s + C_{LC} + C_{GD} + \cdots} \cdot (V_{GH} - V_{GL}) \tag{5-10}$$

式中，C_s 为存储电容；C_{LC} 为像素电极与共用电极之间的电容(液晶电容)；$C_s + C_{LC} + C_{GD} + \cdots$ 为像素负载的总电容。

由这种电容耦合引起的像素电位的变动称为"贯穿电压"或"充电(charge)分割电压"等。由于栅布线中存在电阻及寄生电容，致使栅信号发生时间延迟，与离栅信号供给端近的像素相比，离栅信号供给端远的像素的 ΔV_p 小，即 ΔV_p 在画面内产生分布。

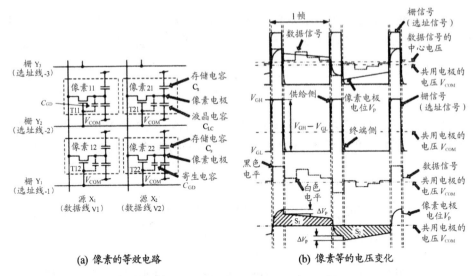

(a) 像素的等效电路　　　　(b) 像素等的电压变化

图 5-9　TFT 像素部的等效电路与动作波形

注：为使 S_1 和 S_2 相等，可通过调整 V_{COM} 来实现，以克服闪烁等画质低下等问题

　　而且，由于液晶分子所具有的介电(常数)各向异性，显示黑的像素与显示白的像素之间在液晶电容 C_{LC} 上存在很大差异。例如，对于通常的常白型(normally white)的 TN 模式液晶显示器来说，显示黑的液晶电容 C_{LC}(黑)是显示白的液晶电容 C_{LC}(白)的 3 倍左右，依画面显示图案(pattern)而异，像素电位变动ΔV_p在画面内产生分布。

　　若上述像素电位变动ΔV_p在画面内产生分布，则往往成为"闪烁(flicker)"及"影像残留(烧痕)"等显示质量低下的原因。当然，作为对策是设定共用电极(common 电极)电位，然而不可能针对整个画面的所有像素设定适当的共用电极电位。因此，必须设置存储电容 C_s[①]。

　　如果加大该存储电容 C_s，从整体上讲ΔV_p变小，显示质量会提高，但为使像素电容量变大，TFT 的尺寸(W/L)也需要扩大。由于同沟道长 L 一起，沟道宽度 W 也必须加大，从而 TFT 的寄生电容 C_{GD} 也会变大，其结果，参照式(5-10)，ΔV_p 加大，进而形成恶性循环。为此，在设计工程中，为实现最优化设计，要利用计算机共同确定 TFT 的尺寸(W/L)、存储电容 C_s 等参数。

5.1.2.4　布线电容

　　数据线、栅线所具有的布线电容，是各布线与其周围的布线、电极间的寄生电容，其值越大，向布线供给信号所需要的电荷量越大，功耗增加。

----

① 即使设定 C_s，以及对共用电极电位进行调整，闪烁等画质不良也会发生，对策是采用 3 值电位驱动及后述的 H/V 线(点)反转驱动等，以提高画质。

现设布线交叉部位的面积为 S，绝缘膜的厚度为 t_{OX}，绝缘膜的相对介电常数为 ε_r，真空中的介电常数为 ε_0(8.855×10^{-12}F/m)，则布线电容量 C 可由下式给出：

$$C = \varepsilon_r \cdot \varepsilon_0 \cdot \frac{S}{t_{OX}} \tag{5-11}$$

以 14 型 TFT LCD 为例，设布线长度 l=300mm，宽度 w=10μm，交叉部分的比例占 1/3，绝缘膜的厚度 t_{OX} = 350nm，绝缘膜的相对介电常数 ε_r=3.82，则布线电容量 C 为[①]

$$
\begin{aligned}
C &= \varepsilon_r \cdot \varepsilon_0 \cdot \frac{S}{t_{OX}} = 3.82 \times 8.855 \times 10^{-12} \times \frac{10 \times 10^{-6} \times 0.3}{0.35 \times 10^{-6}} \times \frac{1}{3}[\text{F}] \\
&\approx 100\text{pF}
\end{aligned}
\tag{5-12}
$$

因此，为降低布线电容，可以减小布线的长度(即减小布线面积 S)，但布线太细，电阻会增大，造成布线的 RC 常数变大，致使信号延迟时间变大，从而在所定的写入时间(选择时间)t_w 内，不能将信号写入，而且由于电容耦合，使像素电位变动 ΔV_p 在面内的分布变大等，这些都会成为影响显示质量的问题。而且还会因断线引起成品率降低，从而成本上升等。

5.1.2.5　布线电阻

在对电视用大型 LCD 及像素较多的高精细 LCD 设计中，为防止显示质量问题发生，要求布线的时间常数 RC 较小。设布线长度为 l，宽度为 w，厚度为 d，电阻率(又称为体积电阻率)为 ρ，则布线电阻 R 由下式给出：

$$R = \frac{\rho}{d} \cdot \frac{l}{w} \tag{5-13}$$

以 14 型 TFT LCD 为例，设栅线的布线长度 l=300mm，宽度 w=10μm，膜厚 d<300nm，栅线材料为钼钨(MoW，电阻率 ρ=20$\times10^{-8}$Ω·m)，代入这些数据，则计算得到的栅线电阻 R 为

$$R = \frac{20 \times 10^{-8}}{0.3 \times 10^{-6}} \cdot \frac{0.3}{10 \times 10^{-6}} = 20 \times 10^{3} = 20(\text{k}\Omega) \tag{5-14}$$

而且，上述栅线的布线电容 C 为 100pF，则栅线的时间常数 RC 值计算如下：

---

① 栅线电阻 R 的计算：由 l=300mm=0.3m，栅线膜的厚度 d=300nm=0.3$\times10^{-6}$m，宽度 w=10μm=10$\times10^{-6}$m，再利用栅线材料的电阻率，利用式(5-13)可计算栅线电阻 R。

$$RC = 20 \times 10[\Omega] \times 100 \times 10^{-12}[\text{F}] = 2 \times 10^{-6}\text{s} = 2\mu\text{s} \tag{5-15}$$

一般说来，信号电压在经过时间约为时间常数 RC 的 4.6 倍之后达到饱和，因此，在栅线终端，栅信号电压经约 10μs 达到饱和。对于 XGA 屏来说，这一时间小于 TFT ON 时数据的写入时间 t_W[参见式(5-8)]。因此，对于栅线长 l=300mm，宽 w=10μm，栅线膜厚 d=300nm，采用钼钨材料进行设计的情况，可以有把握地说："数据写入的时间是足够的！"

但是，随着像素数越来越多的高精细画面的问世，即使其他条件相同，由于数据写入时间 t_W 变短，要求布线宽度 w 变宽，布线膜厚 d 变厚，以使布线电阻 R 变低。但为避免开口率降低及布线交叉部位断线的增加，必须采用铝(Al)合金(电阻率 ρ=5×10^{-8}Ω·m)等低电阻率的栅线材料。顺便指出，由屏内布线电阻、电容等构成的回路变为图 5-10 所示的 RC 分布常数回路。[①]

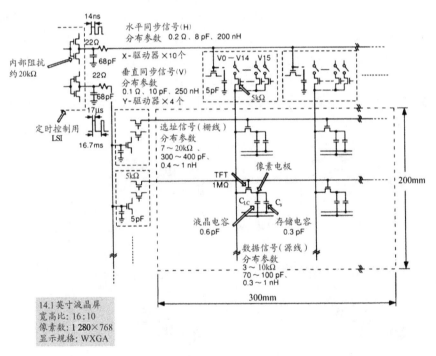

图 5-10　由屏内的布线等造成的 RC 分布参数等效回路一例

5.1.3　驱动回路设计与驱动方式

向液晶屏(盒)的各亚像素(subpixel)供给的数据信号，是以向液晶施加电压 V_{LC}

---

① RC 分布常数回路：需要注意的是，不能用前述的简易公式求出回路常数。

的方式提供的，为防止液晶屏(盒)的劣化[①]，需要每一帧发生极性反转，称此驱动方式为"帧反转驱动"(flame inversion)，见图 5-11(a)。实际上，对液晶所施加的电压 V_{LC} 是像素电极的电位 V_p 与共用电极(common 电极)电位 V_{COM} 之差，并用下式表示：

$$V_{LC} = V_p - V_{COM} \tag{5-16}$$

按式中所示，对于共用电极电位 V_{COM} 不变化的情况，像素电极电位 V_p 在液晶上施加电压 V_{LC} 在振幅($2V_{LC}$)范围内变化，即向数据线提供交流的数据信号。而且，即使存在因电容耦合而引起的电位变动(ΔV_p)，在保证像素电极的电位 V_p 以共用电极电位 V_{COM} 为中心对称的前提下，可调整共用电极电位 V_{COM}[参照图 5-9(b)]。如果这种调整不充分，则可引发闪烁等显示质量低下等情况发生。顺便指出，在液晶驱动方式中，除帧反转外还有后述的几种驱动方法。

到目前为止，都是针对一个像素或一个亚像素的驱动进行讨论的，而着眼于整个显示画面，从对显示信号赋予极性的方式讲，有图 5-11 及表 5-1 所示的四种驱动方式。其中，伴随着液晶电视的大型化、高精细化的显示要求，"H/V 线(点)反转驱动"备受关注，并获得成功应用。但是，由于需要逐点的数据极性发生反转进行驱动，其缺点是数据反转时功耗较大。为降低功耗，正提出并采取各种各样的措施。

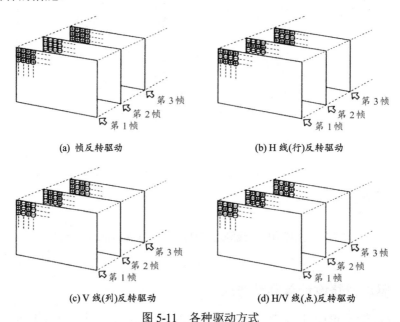

(a) 帧反转驱动　　　　　　　　　　(b) H 线(行)反转驱动

(c) V 线(列)反转驱动　　　　　　　(d) H/V 线(点)反转驱动

图 5-11　各种驱动方式

[①] 如果所施加的电压为直流，液晶分子在电极表面产生正、负电荷的偏移，从而缩短其寿命。

表 5-1　液晶显示器的各种驱动方式

	向像素写入的极性		与共用电极驱动的组合	
	奇数帧	偶数帧	共用 DC	共用反转
帧反转驱动	⊕⊕⊕⊕ ⊕⊕⊕⊕ ⊕⊕⊕⊕	⊖⊖⊖⊖ ⊖⊖⊖⊖ ⊖⊖⊖⊖	可	可
H 线反转驱动(row/行反转)	⊕⊕⊕⊕ ⊖⊖⊖⊖ ⊕⊕⊕⊕	⊖⊖⊖⊖ ⊕⊕⊕⊕ ⊖⊖⊖⊖	可	可
V 线反转驱动(column/列反转)	⊕⊖⊕⊖ ⊕⊖⊕⊖ ⊕⊖⊕⊖	⊖⊕⊖⊕ ⊖⊕⊖⊕ ⊖⊕⊖⊕	可	不可[*]
H/V 线反转驱动(dot/像素反转)	⊕⊖⊕⊖ ⊖⊕⊖⊕ ⊕⊖⊕⊖	⊖⊕⊖⊕ ⊕⊖⊕⊖ ⊖⊕⊖⊕	可	不可[*]

[*] V 线反转及 H/V 线反转等的列反转驱动与共用反转驱动之间是不可组合的，但如果将彩色滤光片(CF)的共用电极分离(做成梳状)，则可以实现组合。

　　例如，这些措施包括：对寄生电容 C_L 充电的数据电荷再利用，以期降低功耗的 "充电电荷再循环(recycle)驱动法"；从存储电容 C_s 与像素电极相反端的端子，发生与共用电压相同电压振幅的反转(kick up)、拉平(pull down)，压低像素所必需的电压振幅，以期降低功耗的 "机敏点(smart dot)反转驱动法"；还有使数据线公用化，即通过一个数据线对两列像素实施驱动的 "数据线多路"(multiplex)驱动法等。

　　此外，还有使共用电极电压 V_{COM} 相对于数据信号的极性同步反转的驱动法，称此为 "共用反转驱动法"。采用这种方法，在像素电极电位 V_p 中，重叠有共用电极的电位变化，而驱动液晶所需要的电压为 V_{LC}，因此可使数据信号电压的振幅变小，并由此降低功耗。但是，共用反转同帧(frame)反转并用的驱动法，即 "共用反转帧反转驱动法"，由于电压在每帧中振动，从反应速度看尽管不存在问题，但在帧反转时存在容易发生闪烁的缺点。而且，共用反转与 H 线反转并用的驱动法，即 "公用反转 H 线反转驱动法" 具有易引发交叉噪声(cross talk，串扰、交调失真)等画质低下的缺点。

　　顺便指出，如表 5-1 所示，上述共用反转驱动同列反转驱动，即 V 线(列)反转驱动及 H/V 线(点)反转驱动是不能并用的，但公共电极若不采用一个(整体式)电极，而采用分割式(如梳状)电极，则是能并用的。

5.1.4　阵列图形(array pattern)设计工程——图案(layout)设计

　　在完成对 TFT 的尺寸、电容器的大小等阵列的电气设计之后，进入第 7 章所述 TFT LCD 制作工艺之前，首先要制作曝光工程(照相蚀刻工程、PEP 工程)所用的掩模，为此需要进行数据设计。其中，要利用计算机辅助设计(computer aided design, CAD 或 electronic design automation, EDA)，将求出的这些设计数据用于制作照相蚀刻工程中各层用的掩模，见图 5-12。

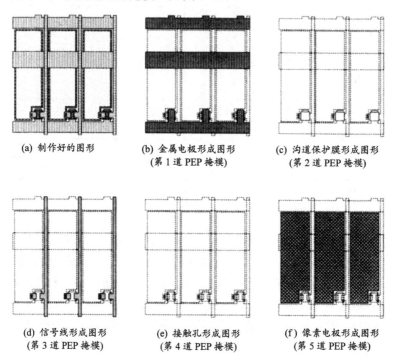

(a) 制作好的图形

(b) 金属电极形成图形
(第 1 道 PEP 掩模)

(c) 沟道保护膜形成图形
(第 2 道 PEP 掩模)

(d) 信号线形成图形
(第 3 道 PEP 掩模)

(e) 接触孔形成图形
(第 4 道 PEP 掩模)

(f) 像素电极形成图形
(第 5 道 PEP 掩模)

图 5-12   阵列的图形设计(使用正型光刻胶时采用的掩模)

像素电极、信号线、各元件区域同各布线之间需要保持一定的间距(space)。这一间距的规定是基于元件特性等电气设计上的要求及制作工程中图形的线宽精度、对位精度等这两方面的考虑。源于集成电路制作工艺，一般称此间距为"设计标准(特征线宽)"。

对于 TFT LCD 来说，2000 年前后这一特征线宽为 7~3μm(图 5-13)，目前已达 1μm 上下。尽管这一设计标准同目前集成电路制作工艺的设计标准(特征线宽已达 130~45nm)相比不可同日而语，但由于前者是在非常大的玻璃母板(第 8 代为 2 160mm×2 400mm)上，大批量生产在线实现，万不可低估其技术难度。

顺便指出，在显示区域周围，为了安装驱动电路，需要设置电气连接端子(pad，焊盘)、测试组件、像素与焊盘之间的引出线等。此外，为了向彩色滤光片基板上所设置的共用电极供给电压，需要设置导通电极，为防止静电需要设置电阻、短路环等(图 5-14)，还要设置各种检查用的图形、组件、测试回路以及各种对位标记等。

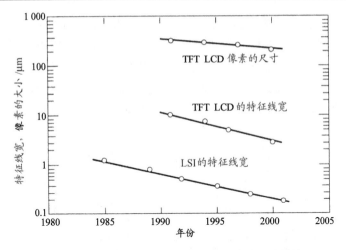

图 5-13　阵列设计时采用的特征线宽及像素尺寸的变迁

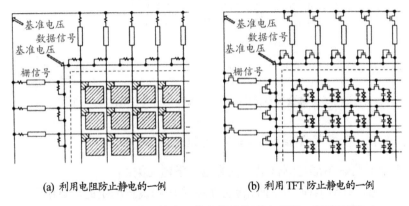

(a) 利用电阻防止静电的一例　　　　(b) 利用 TFT 防止静电的一例

图 5-14　利用各种组件防止静电的对策(输入保护、短路环等)

5.1.5　检测(test)设计工程

阵列设计工程中的检测设计工程是为了提高成品率，针对下述目的的检测而进行的：①工程管理；②解析引发不良的原因；③减少不良品向后续工程的流入；④为对不良品进行维修，确定"需要进行哪些试验"等。

例如，在 TFT 阵列制造工程中，检测设计进行设计，利用玻璃基板上搭载的检测图形(pattern)等，可对各工程中图形的线宽、膜厚等进行测试和管理，排除致命的缺陷，防止不良品的发生等。而且，对布线的断线、短路、像素缺陷等的图像处理，以对图形进行检查，以及由阵列检测仪(tester)进行检出，解析引发不良的原因，及时将这些结果反馈(feed back)到制造生产线，同时还可防止不良品流入后续的工程等。进一步，在检出缺陷的同时还可进行返修处理等。

在阵列设计工程中，为实施上述检查，需要制作必要的测试图形、检测组件

(device)，以及检查用的测试回路等。举例来说，为了对电极 OFF、短路等缺陷进行检查，需要制作电路图形；为了判断生产线是否良好，或判断带有独立型存储电容器 C_s 的显示屏是否良好，需要用 RC 回路置换与该屏等效的回路进行检查，也就是说，对 TFT 阵列施加电压，测定其电流，求出导纳(admittance)以判断像素是否良好。图 5-15 表示检查像素是否良好的测试回路一例(电荷检出法)。

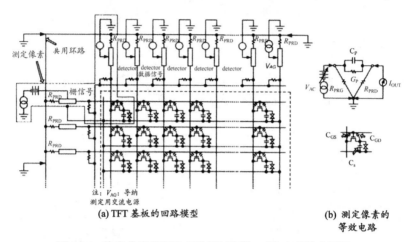

(a) TFT 基板的回路模型　　　　(b) 测定像素的等效电路

图 5-15　检查像素是否良好的测试回路一例(电荷检出回路)

5.1.5.1　检查用测试图形与测试组件(device)

检查用的测试图形与测试组件主要包括下述几类：

(1) 曝光、显影工程中用于图像分辨率确认和线宽测定的测试图形；
(2) 成膜工程中膜厚测定用测试图形；
(3) 确认绝缘膜的介电常数/膜厚用的测试电容器；
(4) 特性测定用的测试 TFT；
(5) 为对应探针检查时产生静电而设置的静电保护用组件等。

5.1.5.2　检查用测试回路

伴随着液晶显示器的高精细化，阵列测试(图 5-16)所需要的探针(probe)数越来越多，节距越来越小，从而同布线的电气接触(conduct)越来越困难。为此，越来越多的是将传统检查装置中内藏的检查用电路的一部分或者相当部分的检查回路，形成在玻璃基板上，以减少探针的数量，实现稳定性好且价格低的检查。这种检查方法被称为"下一代的阵列测试"。

而且，液晶屏(盒)的检查中也越来越多地采用同样的技术，即一改全部用探针接触阵列各布线的检查方法，而是在液晶屏(盒)中内藏简单的检查回路，从而大大减少探针数量。

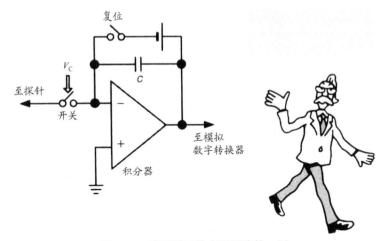

图 5-16　阵列测试检查用回路的一例

5.2　有源矩阵 TFT LCD 驱动法

液晶显示器为能显示任意的图像，其电极需要构成如图 5-17 所示，由 $m \times n$ 个点并排布置的点矩阵型。由这种点矩阵画面来显示图像，特别是动画，需要大量的图像数据。为此，需要在图像的输出端(例如计算机等)和接收端(例如 TFT LCD 等)之间，由前者将图像数据按时间轴分解，变换为时序信号，并使之成为可传送的形式。与此同时，后者接收此时序信号，并按先后顺序将其以平面图像的形式，在显示屏上进行再布置。一般称上述操作为"扫描"。扫描方式有"点顺序扫描"、"线顺序扫描"，以及"面顺序扫描"等。像液晶显示器等这类平板显示器，由于图像数据信号的写入能力很强，一般采用图 5-18(a)所示的"线顺序扫描"，而布劳恩管(CRT)及多晶硅(poly-Si)TFT LCD 等，一般采用图 5-18(b)所示的"点顺序扫描"。

5.2.1　TFT LCD 的基本驱动法

为了对 $m \times n$ 布置的点矩阵型 TFT LCD(图 5-17)进行驱动，将来自扫描电路的选址信号(亦称之为顺序扫描信号)按顺序分别供给栅线[行(row)线]Y_1, Y_2, Y_3, …, Y_n；与此同时，将来自保持(hold)电路的数据信号(亦称其为显示数据信号，或模拟输入信号)按顺序分别供给数据线[称其为列(column)线，或源线]X_1, X_2, X_3, …, X_m。

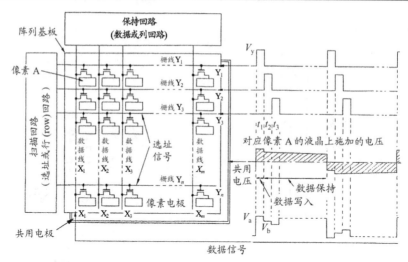

图 5-17 *m×n* 点矩阵型 TFT LCD 的电极构成及动作波形

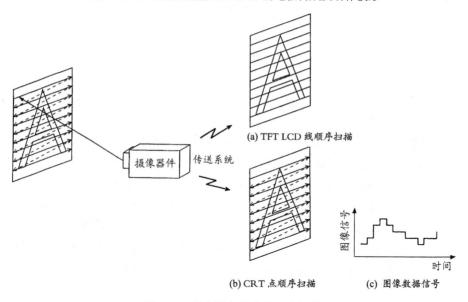

图 5-18 线顺序扫描和点顺序扫描

TFT LCD 的像素，布置在 TFT 基板的栅线和数据线交叉点处：由栅线进行逐行选择，由数据线选择具体像素，并写入相应的模拟信号。

由于 TFT LCD 的驱动采用"线顺序扫描"，一旦某一栅线 Y_i 对应的像素被选择，接着是栅线 Y_{i+1} 对应的像素被选择，……，即按从 Y_i 到 Y_n 的顺序选择。当从顶到底所有栅线被选择一遍，则形成一个画面，即构成一帧(frame)。现在，将一帧的时间按栅线进行分割，则各条栅线对应的选择时间分别为 t_1，t_2，t_3，…。下面对图 5-17 所示的电路进行分析(亦可参照后面图 5-19 所示 TFT 部位和像素部位的等效电路图)。

t_1 期间：栅线 Y_1 上加上选址信号，则与 Y_1 相连的所有 TFT 全部打开，即处于 ON 状态。其结果，向数据线 X_1，X_2，X_3，…，X_m 提供的数据信号，通过相应的 TFT，与像素电容 C_{lc} 和存储电容 C_s 相连接，并使后二者分别充电至数据信号电压。

t_2 期间：与栅线 Y_1 相连的所有 TFT 全部关闭，即处于 OFF 状态。由此，被 Y_1 选择的像素实现与数据线的电气切断。但像素电容 C_{lc} 和存储电容 C_s 的作用使在 t_1 期间已充电的数据信号得以保持。而且，在以后的 t_3，t_4，…期间也继续保持，直到下一帧选择时间。另一方面，在 t_2 期间，与栅线 Y_2 相连的所有 TFT 全部打开，即处于 ON 状态。由于栅线 Y_2(控制 TFT)实现其选择的像素与数据线的电气导通，并由后者通过 TFT 向这些像素提供数据信号，并向 C_{lc} 和 C_s 充电，使其分别达到数据信号电压。这便构成像素电压。此后重复同样的步骤，完成一帧的驱动。

如此供给的数据信号，通过开闭(ON-OFF)受选址信号控制的 TFT，对像素电容 C_{lc} 和存储电容 C_s 写入，并构成像素电压，但该像素电压与对向电极上所加的电压之差，才用于液晶的图像显示。需要指出的是，写入的数据信号一直要保持到下一个选址信号来到为止。换句话说，在利用下一个选址信号进行数据的再写入之前，前面写入的数据信号一直保持，即利用再写入进行数据的更新(refresh)。由于作用在液晶上的与数据信号相对应的外加电压一直在保持着，因此从液晶一方看，其实质上处于"静态"工作状态下。

液晶若采用直流电压驱动，会降低其寿命等，因此有必要采用交流电压驱动。为此，要求施加在液晶上电压的极性每帧发生反转。尽管整个画面同时实现极性反转既简单又方便，但由于容易产生闪烁及亮度沿画面的倾斜等，实际上并不采用。称这种全画面极性同时反转的驱动方式为① 帧反转驱动法。为了减少帧反转驱动法对画面质量产生的种种不利影响，一般是采用各像素的极性反转有少许位相差的驱动方式。其代表有：② 每一水平线极性反转有少许位相差的方式(称其为 H 线反转驱动法)；③ 每一垂直线极性反转有少许位相差的方式(称其为 V 线反转驱动法)；④ 每一像素交互极性反转有少许位相差的方式(称其为 H/V 线反转驱动法，或像素反转驱动法)等。而且，在共用电极上的供电，还有供给直流电压的方式和每一扫描线电平反转，即供给交流电压的形式之分。表 5-2 汇总并列出了上述各种驱动方式。

所谓帧(frame)是指全体栅线按顺序从上至下扫描时，完成一个画面显示所用的时间。从人眼的响应性考虑，一般希望帧频(帧重复频率)在 60Hz(周期为 16.7ms)以上。帧频 60Hz 意味着每秒钟画面改写 60 次。在这 60 帧当中，自然有奇数帧和偶数帧之分。设定公共电位，可使上述这些奇数帧与偶数帧对液晶层所加电压等效相等。但是，由于后述的原因，加于液晶的电压一般是非对称的。这种电压的非对称性会产生 30Hz 的交流谐波和直流成分，从而对显示画面质量产生不良影响，这些影响包括"残像"(显示图像的残留)和"闪烁"(画面若隐若现)等。

表 5-2 极性反转驱方式

驱动方式	向像素写入的极性		信号电极的极性反转	亮度信号的波纹(ripple)受相邻像素的消除效果		与共用驱动的组合	
	奇数帧	偶数帧				共同 DC	共用反转
帧反转			垂直周期 T_f	$T_f \times 2$ ×		可	可
H 线反转			水平周期 T_h	$T_f \times 2$ 奇数行○ 偶数行		可	可
V 线反转			垂直周期 T_f	$T_f \times 2$ 奇数列○ 偶数列		可	不可*
H/V 线反转			水平周期 T_h	$T_f \times 2$ +−像素◎ −+像素		可	不可*

*V 线反转及 H/V 线反转不可同共用反转相组合，但如果将 CF 一体化电极分离(如作成叉指电极状)，则有可能实现组合。

5.2.2 画面闪烁及其对策

5.2.2.1 栅极电压变化引起的像素电压变化

TFT 部位与像素部位的等效电路如图 5-19 所示。在此电路中，由虚线画出 TFT 部位存在的寄生电容 C_{gs}、C_{gd}、C_{ds}。

在不被选择期间(非选择期间)，理想的情况是，像素电极被电气隔离。但由于图 5-19 所示寄生电容的存在，透过该寄生电容，即使被电气隔离的像素电极也会受到其他电极的影响。特别是，当栅极的电压变化大时，这种影响不能忽视。

下面，假设栅电压从 ON→OFF(例如+15V→0V)变化，则像素电极的电压变化部分ΔV_g(称该电压为冲击电压)由栅、漏间的寄生电容 C_{gd} 与像素电容 C_{lc}+存储电容 C_s 之间的分压比决定，即

$$\Delta V_g = (V_{gh} - V_{gl}) \cdot \left[C_{gd} / (C_{gd} + C_{lc} + C_s) \right]$$

(5-17)

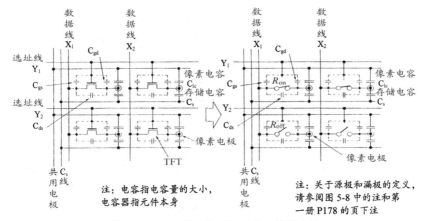

图 5-19　TFT 部位和像素部位的等效电路

式中，V_{gh} 为栅电压的 ON 电平；V_{gl} 为栅电压的 OFF 电平；C_{gd} 为栅-漏间的寄生电容；C_{lc} 为像素电容(液晶层的电容)；C_s 为存储电容。

冲击电压ΔV_g(图 5-20)在正极性的帧期间和负极性的帧期间都会发生。在液晶层上施加直流电压，会使液晶寿命缩短，并产生"闪烁"等造成画质下降的现象。因此，有必要消除这种冲击电压ΔV_g。通过公共电压ΔV_{COM}的移动，可以消除冲击电压ΔV_g(图 5-20)。

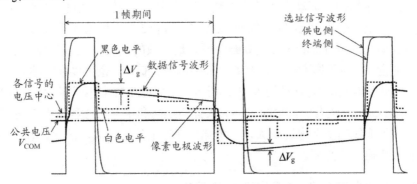

图 5-20　TFT LCD 的驱动波形(帧反转公共 DC 驱动方式)

5.2.2.2　液晶层电容变动引起的电压变化

像素 ON、OFF 状态不同，液晶层的电容 C_{lc} 会发生变化，因此冲击电压ΔV_g受 C_{lc} 的显著影响。与 C_{lc} 变化相对应的冲击电压的变化部分 $d(\Delta V_g)$ 由下式给出：

$$d(\Delta V_g) = \Delta V_{g\,max} - \Delta V_{g\,min}$$
$$= (V_{gh} - V_{gl}) \times \left[\left\{ C_{gd} / \left(C_{gd} + C_{lc\,min} + C_s \right) \right\} - \left\{ C_{gd} / \left(C_{gd} + C_{lc\,max} + C_s \right) \right\} \right] \quad (5\text{-}18)$$

式中，$\Delta V_{g\,max}$ 为显示白时冲击电压ΔV_g的最大变化；$\Delta V_{g\,min}$ 为显示黑时冲击电压 ΔV_g 的最小变化；$C_{lc\,max}$ 为显示黑时的像素电容；$C_{lc\,min}$ 为显示白时的像素电容。

这种与 C_{lc} 变化相对应的冲击电压的变化部分 $d(\Delta V_g)$，即使能通过上述公共电压 V_{COM} 的移动加以消除，但仍残留直流电压成分。这部分残留的电压变化部分 $d(\Delta V_g)$ 仍会引起液晶屏发生"闪烁"及"残像"等画面质量降低的现象。

造成这种画面质量下降的原因，主要有下述几个：①TFT 中存在的寄生电容所引起的电压冲击现象，以及由液晶层电容 C_{lc} 的变化等引起的像素电压的变化，这是最主要的原因；②因 TFT ON 电流不足引起，正极性时的写入电压与负极性时的写入电压不同，进而奇数帧与偶数帧加在液晶层上的电压出现非对称性；③由非选择状态下的 TFT 漏电流引起的保持特性的非对称性；④由液晶胞之间偏置(off set)电压引起的非对称性等。

5.2.2.3 克服画面质量下降的对策

如前所述，为了解决因像素电压变化引起的画面质量下降问题，有必要增大存储电容 C_s 并减小寄生电容 C_{gd}、C_{gs}、C_{ds} 等，在 TFT 的结构设计上想办法。但是，只在 TFT 结构上采取措施，也往往会引发开口率降低等问题。因此，在驱动方法上采取对策也是可行的方案。关于这种驱动方法，前面已经谈到过，其主要措施是，使相邻像素驱动电压的极性交替变化(极性反转)，通过将光学响应的波纹(ripple)在空间平均化，消除低周波(低频)成分。表 5-2 列出极性反转的各种方法。在这些驱动法中，目前看来对提高画面质量最有效的是 H/V 线反转驱动法。

顺便指出，为了增大存储电容 C_s，又不降低开口率，也可以取消独立的 C_s(C_s on com.)[见图 5-21(a)]，而按图 5-21(b)所示，采用在 TFT 栅极上重叠 C_s 的"栅上 C_s"(C_s on gate)形状布置，这样可以大大提高空间利用率。这种栅上 C_s 技术的问题是，由于栅线的负荷电容变大，会增加栅在线的波形失真。因此，设法降低栅线电阻就变得十分必要。

5.2.3 驱动电路的低电压化及交叉噪声(cross-talk)

5.2.3.1 驱动电路的低电压化

现以帧反转驱动法为例，对驱动电路的低电压化进行说明。这种低电压的帧反转驱动法如图 5-22 所示。图 5-22(a)是通常的帧反转驱动法，对向电极电压 V_{COM} 为直流电压，因此，与对向电极电压 V_{COM} 相对，数据信号电压在对向电极电压 V_{COM} 的上下两侧振动，从而使施加在液晶层上的电压极性发生反转。

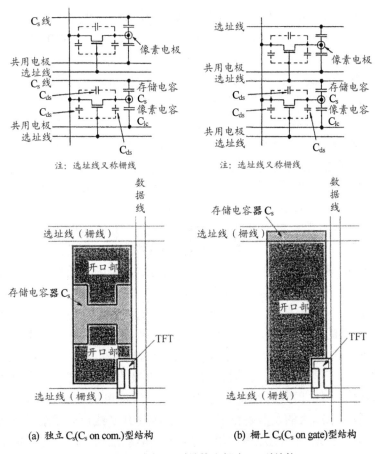

注：选址线又称栅线

(a) 独立 C_s(C_s on com.)型结构　　(b) 栅上 C_s(C_s on gate)型结构

图 5-21　独立 C_s 型结构和栅上 C_s 型结构

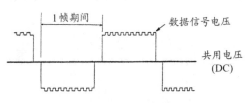

(a) 共用 DC 型帧反转驱动

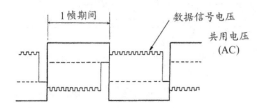

(b) 共用反转帧反转驱动

图 5-22　帧反转驱动法中驱动电路的低电压化

　　采用上述方法，要求数据信号电压必须在液晶驱动电压的两倍以上。例如，若液晶层的驱动电压设定为 5V 左右，则数据信号电压需要在+10V 以上。由于这样的高电压会招致驱动 IC/LSI 的价格上升、功耗增加等，为此采用图 5-22(b)所示的使对向电极电压 V_{COM} 同数据信号电压呈反极性振动的驱动法，即帧反转-共用电极(电压)反转驱动法。这种驱动法，是使共用电极电压在每帧发生正、负切换，从而数据信号电压可以做到比共用电极直流电压方式中的小。而且，由于共用电极电压每帧发生反转，在速度方面也不存在问题。但是，正是因为帧反转而容易引发"闪烁"现象。

　　将上述共用电极(电压)反转驱动与 H 线反转驱动相结合，就构成图 5-23 所示的 H 线反转-共用电极(电压)反转驱动法。这种方式，在液晶层的电压特性上，存在 1V 左右的亮度无变化的电压区域，因此在共用电极(电压)反转驱动中，通过设置与该电压区域相当的偏置，为数据电压的下降提供了可能性。利用这种偏置电压部分以及液晶材料自身的低电压化，数据信号电压可以降低到+3V。这意味着，驱动 IC/LSI 的耐压要求可下降到+3V 左右。

　　但是，对于 H 线反转-共用电极(电压)反转驱动法来说，取决于水平周期，其大面积共用电极的极性发生反转，因此从速度方面的要求看，共用电极的内阻要尽量小。另外，这种驱动法也容易引发后面将要讨论的交叉噪声(cross-talk，串扰)等造成画面质量下降的问题。而且，由于共用电极(电压)反转驱动法中共用电极是做成一体化的，因此不能适用于前面讨论的 V 线反转及 H/V 线反转等。但是，在液晶屏面积越来越大的发展趋势下，V 线反转及 H/V 线反转驱动又重新引起人们的重视。为了将这些驱动法与共用电极(电压)驱动法相并用，有人提出将共用电极按梳状进行二分割(分离 CF 上的共用电极)，虽然可以做到这一点，但由此会引发价格上升。

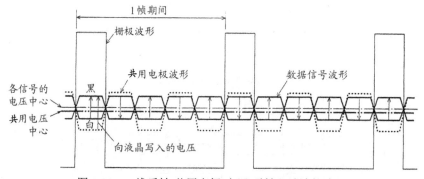

图 5-23　H 线反转-共用电极(电压)反转驱动法的波形

5.2.3.2　交叉噪声(串扰)

一般说来，TFT LCD 较少发生交叉噪声(cross-talk，串扰)现象，而在简单矩阵 LCD 中却容易发生交叉噪声。但是，随着 TFT LCD 像素开口率的提高以及设计中所留的裕量(margin)越来越小，其交叉噪声也日益引起人们的关注。这种交叉噪声，例如在黑色背景中显示白色四角形方块时会显著出现。如图 5-24 所示，由于

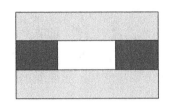

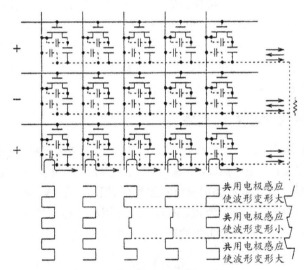

图 5-24　横向串扰现象及形成原因

在显示灰色区域期间，在液晶层上施加了较大的电压，与显示白色区域期间相比，由于共用电极的感应作用，电压波形产生很大的变形。因此，本来图中灰色区域与黑色区域施加的是相同的电压，但灰色区域的电压会下降，从而亮度发生变化。这种现象，看起来似乎是横向拖出尾巴，因此被称为"横向串扰"。研究认为，这是由信号线、共用电极之间的寄生电容及数据线、像素电极之间的寄生电容等造成的。作为克服交叉噪声的对策，一般是采用可消除寄生电容的 H/V 线驱动法。

5.2.4　灰阶显示驱动

对于黑白显示来说，除了白色和黑色之外，中间还有各种不同的灰阶等级；

对于彩色显示来说，由红(R)、绿(G)、蓝(B)可组合成丰富多彩的颜色。为了对这些不同灰阶等级(灰阶)和各种不同的颜色进行逼真的显示，离不开调灰显示驱动。

灰阶(灰阶等级)有 8 阶、16 阶、64 阶、256 阶以及连续调灰等。调灰显示方法主要有两种：一种是电压振幅调灰法(电压调灰法)，另一种是帧比率控制(frame rate control, FRC)调灰法。

5.2.4.1　电压调灰法

液晶显示器具有图 5-25 所示的显示特性，即其光的透射率相应于所加的电压呈连续变化。在前面所述的图 5-17 中，如果数据信号的电压振幅相应于图像数据发生变化，则施加在液晶层上的电压变化，进而显示图像的亮度发生变化，从而达到调灰显示的效果。

为了进行这种灰阶显示，可使数据信号电压的振幅在某一范围内连续变化并输出，采用模拟式的驱动 IC/LSI，也可使数据信号电压的振幅呈方波变化并输出，采用数字式的驱动 IC/LSI。后者采用的驱动 IC/LSI，同时还担负彩色显示的任务，而其彩色数由数据信号的位(bit)数决定。这种数据信号的位数与灰阶(数)及显示彩色数的关系，已在表 4-5(参照第 4 章)中给出。

5.2.4.2　帧比率控制调灰法

前述的电压调灰法，由于直接按必要的调灰级数(灰阶数)采用调灰驱动 IC/LSI，因此也称为直接驱动 IC/LSI 驱动方式。这种方式如表 5-3 及图 5-26 所示，数据信号的周波数 f_φ[一般称为时标(clock)周波数]，对于 VGA 用标准显示约为 25MHz，SVGA 用标准显示约为 40MHz，XGA 用标准显示约为 65MHz，是相当高的。在这种方式中，各信号的周波数关系，如下式所示：

$$f_H = Y \cdot f_F \tag{5-19}$$

$$f_\varphi = X \cdot f_H \tag{5-20}$$

式中，f_F 为帧频[以人眼感觉不到闪烁为前提，f_F 一般约为 60 周(或 50 周)]；f_H 为水平周波数[在驱动系中称为栅周波数或行(row)周波数]；f_φ 为时标周波数(在驱动系中称为数据周波数，源周波数或列周波数)；X 为水平时间常数(在标准显示中，VGA 为 800 点，SVGA 为 1 056 点，XGA 为 1 344 点等)；

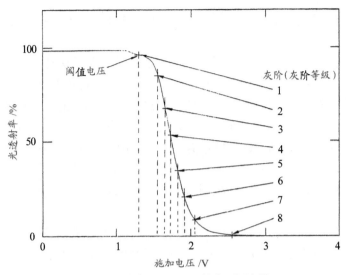

图 5-25 彩色 TFT LCD 的电压调灰法

表 5-3 由解像度(图像分解率)决定的数据信号频率 f_φ、栅信号频率 f_H 及帧频率 f_F 之间的关系

解像度	点数/dots				帧频率 f_F/Hz	栅频率(水平频率)f_H/kHz	数据频率(时标频率)f_φ/MHz
	水平周期 X	水平显示期间 x	垂直周期 Y	垂直显示期间 y			
VGA	800	640	525	480	59.94	31.47	25.175
SVGA	1 056	800	628	600	60.32	37.88	40
XGA	1 344	1 024	806	768	60.00	48.36	65

注：根据 VESA (video electronics standards association，与信息设备相关的标准化组织)规格化的标准型数据。

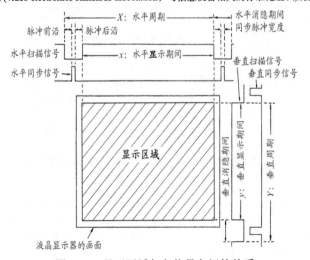

图 5-26 显示区域与各信号之间的关系

Y 为垂直时间常数(在标准显示中，VGA 为 525 行[1]，SVGA 为 628 行，XGA 为 806 行等)。

如上所述，时标周波数 f_φ 的变高、灰阶数的增加导致驱动电路规模变大，因此成为驱动 IC/LSI 价格上升的主要原因。与之相对，可将直接驱动 IC/LSI 的灰阶数设定低一些，其不足的部分，可以由与之相当位数(bit)对应的帧空置控制的方法来完成，称这种方法为 FRC 调灰法。例如，为了同时对 26 万色进行显示，若采用直接 IC/LSI 驱动，数据信号需要 6 位(bit)，64 灰阶。相比之下，若采用 FRC 调灰法，数据信号可采用 4 位，即使用 16 阶调灰的驱动 IC/LSI，其余的 2 位(4 倍)由帧空置控制，即由 FRC 调灰法来完成，同样可以达到 64 灰阶的调灰目的。

作为一例，让我们分析一下，由帧空置控制进行调灰的 FRC 调灰法[2](如图 5-27)。图中 N 阶(等级)灰阶显示为黑，$N+1$ 阶(等级)灰阶显示为白，其 1/4 的调

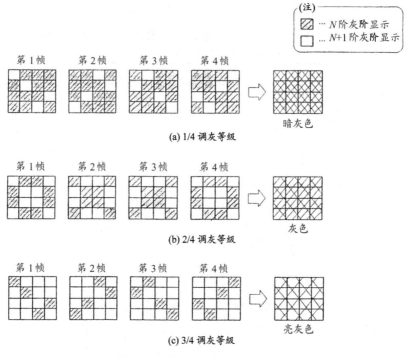

图 5-27　使彩色数增加的帧空置(帧比例)控制显示法

① 显示画面由点(dot)构成，似乎垂直线的单位应该是点。但由于扫描线的驱动是逐行按每一垂直线写入，因此，垂直线的单位为"行"。顺便指出，关于图像分辨率的单位，早期采用 dpi(dot per inch，点每英寸)，从 1998 年改起为 ppi(pixel per inch，每英寸像素)。由于画面实际上由一个一个的像素构成，因此，图像分辨率单位采用 ppi 比采用 dpi 更为准确。

② 请注意，图 5-27 中显示的黑白灰阶关系与图 5-25 灰阶说明图中所表示的正好相反。

灰等级由帧空置进行控制。灰阶等级取 0 时为黑色；调灰等级取 1/4 时，如图 5-27(a) 所示，为接近黑色的暗灰色；调灰等级取 2/4 时，如图 5-27(b) 所示，为黑色与白色之间的中间色(灰色)；当调灰等级取 3/4 时，如图 5-27(c) 所示，为接近白色的中间色(亮灰色)；显然，当调灰等级取 1 时，为白色。本例中，由帧比率控制获得的显示结果如图 5-28 所示，图中表示亮度相对于调灰等级的关系。像这种通过对帧进行适宜的时间空置控制，进行灰阶调节的方法，称为 FRC 调灰法。由于这种调灰法易引起画面闪烁(散漫)及颜色深浅不一(斑驳)等，因此帧空置数增加存在困难。目前，1bit(2 倍)左右的帧空置控制已达到实用化。

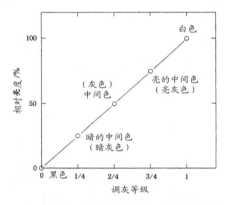

图 5-28　帧比例控制方式中，亮度相对于调灰等级的关系

　　一般说来，想要显示的灰阶电压水平与被预先确定的硬件可显示的最接近的调灰电压水平之间总会存在差异。如果将这种差异视做误差，并设法将这种误差分配于周边，由这种帧空置技术(称其为误差分配的帧空置方式)并与特殊的图案(pattern)相组合，也可进行同样的灰阶显示。目前这种帧空置技术(称其为魔方式帧空置方式)已得到成功开发。总之，在 TFT LCD 中，透过帧空置进行彩色显示的各种方式正进入实用化。

5.2.5　各种驱动电路方式

　　在讨论直接驱动 IC/LSI 驱动方式的具体驱动电路之前，先介绍驱动 IC/LSI 的各种驱动方式。

　　在用于多色显示直接驱动的驱动 IC/LSI 中，如图 5-29 所示，有下述几种方式：

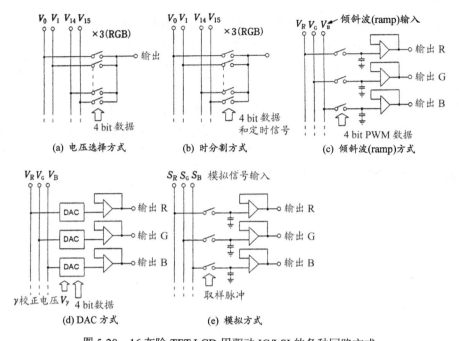

图 5-29   16 灰阶 TFT LCD 用驱动 IC/LSI 的各种回路方式

注：DAC：digital-analog converter, 数字-模拟转换器

PWM：pulse width modulation, 脉冲宽度调节

(1) 电压选择方式；

(2) 时分割方式(电压选择改良方式)；

(3) 倾斜波(ramp)方式；

(4) DAC(digital-analog converter，数-模转换器)方式；

(5) 模拟方式等。

对于彩色数较少(调灰阶数少)的显示来说，即使采用图 5-29(a)所示的电压选择方式也就足够了。但是，随着彩色数增多(调灰阶数增多)，供给的电压阶数变多，LSI 的芯片尺寸变大，而且，电源数量也变多。

图 5-29(b)所示是为了改进这些缺点的时分割方式(电压选择改良方式)。这种方式是在调灰阶数电压 V_0~V_{15} 之内，有选择地引出几个电压；而引出电压之间的中间电压，由其两侧的两个电压交互输出来获得。若从驱动器一方看液晶侧的负载，其可以被看成是一种低通滤波器。因此，若以相当高的频率将两个电压交互输出，其直流成分的写入电压即可施加在像素之上。该电压的大小决定于两个电压的切换时间比，因此可选择任意的中间电压。采用这种方式，供给电压级数较少，LSI 的芯片尺寸可降低。而且，电源数目也可减少。

图 5-29(c)所示是输入 RGB 信号的倾斜波(ramp，倾斜的脉冲波)代替调灰阶数

电压，由数据信号对脉冲信号进行宽度调节(pulse wide modulation, PWM)，将调制信号(sampling)向液晶负载输出的方式。这种方式是通过适当的定时器(timing)，将倾斜波(ramp)取样(sample hold)，以获得所需要电压级别的输出，因此被称为倾斜波方式。这种方式的缺点是，需要发生倾斜波的电路，电路构成复杂。

为了克服上述缺点，可以在驱动 IC/LSI 的每个输出电路中加入数字-模拟转换器(digital-analog converter, DAC)，即采用图 5-29(d)所示的 DAC 方式。在这种 DAC 方式中，有电阻型 DAC 方式和电容型 DAC 方式两种。后者同 LSI 制造参数分散性等的相关性小。这种电容型 DAC 方式的示意电路构成如图 5-30 所示。这种方式，即使不从外部供给调灰用电压，也可正常运动因此不需要调灰用的电压线。但实际上，为了对液晶的γ特性进行校正[①]，需要设置若干个γ校正用电压。

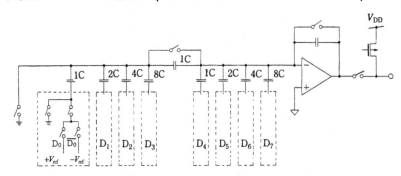

图 5-30　1 670 万色(256 灰阶/8bit)显示用 DAC 方式的概略回路构成

5.2.6　具体的驱动电路

面向一般笔记本电脑(以下，简称为 NB PC)用的，64 阶调灰显示 SVGA 用 TFT LCD 的 H 线-共用电极(电压)反转驱动电路概略结构方块图，如图 5-31 所示。

NB PC 用 TFT LCD 的驱动电路可分为下面几大部分：

(1) 信号控制电路部分；

(2) 电源电路部分；

(3) 调灰电压电路部分；

(4) 对向电极驱动电路部分；

(5) 驱动液晶屏数据线的数据线驱动电路部分(数据驱动 IC)；

---

① CRT 的 RGB 三色荧光体，并不是同图像数据信号电压按(正)比例发光。为此，需要在送信侧对 RGB 信号进行校正，以使 RGB 信号特性与 CRT 的特性相匹配。这样，受信侧的发光就成为线性的。称这种操作为γ校正。而对于 LCD 来说，通过驱动 IC/LSI 的 DAC 可以将图像数据信号变换为线性的，但由于液晶的非线性动作特征。可通过调整从外部对液晶所施加的电压，使液晶显示器的亮度成为线性的。这种操作也称为γ校正。但这与 CRT 的情况有不同的含义。

(6) 驱动液晶屏栅线的选址线驱动电路部分(栅驱动 IC)。

数据线驱动电路是将多个数据驱动 IC/LSI 与其相串联构成的；寻址线驱动电路也是将多个栅驱动 IC 与之相连接构成的。

在图 5-31 所示驱动电路概略图中，由外部提供电源、同步信号、数据信号、以及时标信号(φ_1，φ_2)，并经下述几个电路部分对信号进行分配：

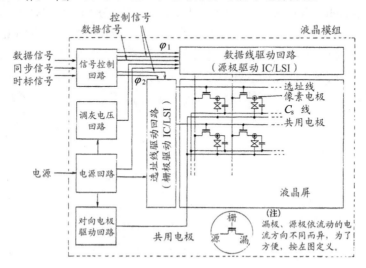

图 5-31　64 阶灰阶显示 SVGA 用 TFT LCD 的驱动回路概略图

(1) 信号控制电路：向数据驱动 IC 提供数据信号、控制信号及时标信号；向栅驱动 IC 提供控制信号和时标信号。

(2) 电源电路：分别向数据驱动 IC、栅驱动 IC、调灰电压电路、对向电极驱动电路等提供所必需的电源电压。

(3) 调灰电压电路：向数据驱动电路提供 10 个调灰电压，用于数据驱动器的电压发生及输出。

(4) 对向电极驱动电路：向同像素电极相对布置的共用电极(又称对向电极或公共电极)提供公共电压。

TFT LCD 显示图像的过程是：受栅驱动器输出的栅极电压控制，TFT 逐行开(ON)/断(OFF)；来自数据驱动器的输出电压，由数据线→开(ON)的 TFT 源极→TFT→TFT 的漏极，施加在与漏极相连的像素电极上，使该像素显示。此时，作用在液晶层上的电压为像素电极电位与对向电极电位之差。

对于图像分辨率 SVGA 级的液晶显示器来说，其像素数为 800(横)×600(纵)。由于彩色显示器各个像素是按 RGB 亚像素横向排列，故需要的电极数为横向 2 400 条[800×3(RGB)=2 400]，纵向 600 条。所需的驱动 IC 个数，与其输出引脚(pin)数相关。举例来说，若采用输出引脚为 300pin 的数据驱动 IC，则需要 8

个；若采用输出引脚为 150pin 的栅驱动 IC，则需要 4 个。

5.2.6.1 数据驱动 IC

图 5-32 表示 SVGA 级 TFT LCD 显示屏中主要使用的，300pin 64 阶灰阶显示数据驱动 IC 的内部方块图。

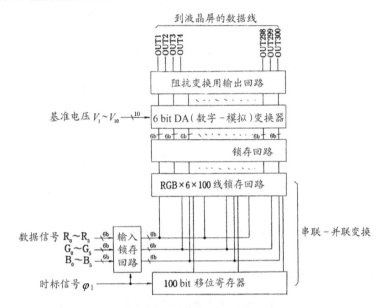

图 5-32 64 阶灰阶显示用数据信号驱动 IC/LSI 的概略图

这种驱动 IC，将由信号控制电路送来的 RGB 信号的各 6 位的显示数据，通过同样的是由信号控制电路送来的时标信号 φ_1 的定时，按顺序锁存(latch)，将 100 个时标信号 φ_1 部分的显示数据(RGB×6bit×100 时标信号)由线锁存电路放入数据驱动 IC 内部。接着，利用 6 位 DA 转换器将这些显示数据转换为模拟信号。进一步由输出电路，通过界面变换，将这些模拟信号供给液晶屏的数据线。

采用上述方法，尽管 6 位 DA 转换器可发生 64 阶调灰电压，但是需要由外部提供 10 阶左右的基准电压 $V_1 \sim V_{10}$。发生该基准电压的电路即前边谈到的调灰电压电路。DA 转换器，如图 5-33 所示，首先，利用显示数据的前(上位)3 位，在 10 个基准电位 $V_1 \sim V_{10}$ 分割的电压范围内选择一个，例如选择为基准电压 V_4 与 V_5 之间的范围；其次，利用显示数据的后(下位)3 位，将由上述前 3 位数据选定的电压范围，再分割为 8 等份，并选择其一。如此，在数据信号的 6 位中，由前 3 位指定基准电压范围，由后 3 位将指定的基准电压范围进行 8 等份分割，并将选定的电压供给液晶层，进行调灰显示。

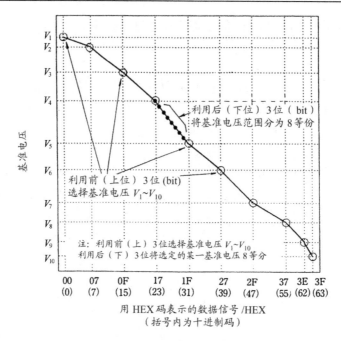

图 5-33 用于 64 灰阶显示的基准电压与数据信号间的对应关系

5.2.6.2 栅驱动 IC

图 5-34 表示引脚数为 150pin 的栅驱动 IC 的内部电路方块图。

利用来自信号控制电路的时标信号 φ_2，使移位寄存器发生移位动作。如果移位寄存器的内部数据是高(H)电平的，则将使 TFT 开(ON)的电压切换到输出电路；如果移位寄存器的内部数据是低(L)电平的，则将使 TFT 关(OFF)的电压切换到输出电路。如此，对于液晶屏每个像素的栅极，在线按顺序供给开(ON)/断(OFF)电压。

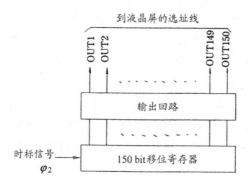

图 5-34 选址驱动 IC/LSI 的概略回路

5.2.6.3 驱动 IC 应具备的特性

关于驱动 IC 应具备的特性，栅驱动 IC 和数据驱动 IC 有所不同。相对于仅使 TFT 产生开(ON)/关(OFF)动作的栅驱动 IC 而言，担负向液晶屏提供数据信号的数据驱动 IC，在电路技术上难度更大，必须解决的技术问题较多。

数据驱动 IC 应具备的最重要的特性是，应保证提供数据信号的一致性，即保证数据驱动 IC 输出电压的均一性。数据驱动 IC 由多引脚(如 300pin)的多个 IC 组成，在每个 IC 中都设有增益为 1 的电流放大器。若增益出现偏差(不一致)，则数据驱动 IC 的输出电压会依引脚不同而不同，致使施加在液晶层上的电压依数据线不同而异，从而导致图像显示的不一致性。这种现象，对于液晶显示器可以说是致命的缺陷。为了解决这一问题，应在数据驱动 IC 内部以及数据驱动 IC 之间，找出引起输出电压偏差的原因，加以克服并使输出电压偏差达到最小。

现在，对于数据驱动 IC 来说，输出电压偏差允许值约为±20mV，该值越小越好。为了抑制输出电压偏差，除了在电路设计和芯片设计上采取措施之外，还需要在制造工艺参数调节上，采取大量的控制技术，以保证 IC/LSI 器件参数的最佳化。

另一方面，对于栅驱动 IC 来说，由于栅线的负载电容很大，因此栅驱动 IC 的输出阻抗特性就显得十分重要。实际上，采用 a-Si 的 TFT 的 ON 阻抗是相当高的(约数兆欧)，TFT 的等效接通时间(ON time)尽可能长些为好。换句话说，使 TFT 具有陡峭的开(ON)/关(OFF)特性是十分必要的。因此，需要栅驱动 IC 中三极管的输出阻抗应尽量小。为此，MOS 三极管的尺寸大一些为好，但是需要兼顾驱动 IC 的价格因素，因为后者也是选择驱动 IC 的重要指标。

5.2.6.4 驱动 IC/LSI 的发展趋势

1. 调灰多级化

图 5-35 表示数据驱动 IC 调灰显示阶数随时间的变迁。曲线旁圆括号中的数值表示每一像素可显示的彩色数(也可以认为是显示器可同时显示的彩色数)。举例来说，若数据驱动 IC 为 8 位，即可实现 2^8=256 阶调灰，RGB 三个亚像素相配，故可显示 256^3=1 670 万色。

笔记本电脑用 TFT LCD 开发当初，是从 8 灰阶(512 色同时彩色显示)开始实现制品化的。此后，经历 16 灰阶(4 096 色同时彩色显示)、64 灰阶(约 26 万色同时彩色显示)，进而过渡到 256 灰阶(约 1 670 万色同时彩色显示)的彩色显示。

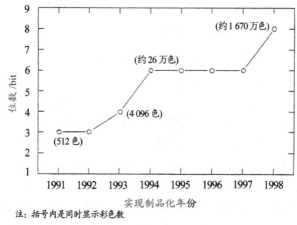

注：括号内是同时显示彩色数

图 5-35　数据驱动 IC/LSI 的显示灰阶数变迁

一般认为，人眼对灰阶显示的识别能力以 8 位，即 256 灰阶为限(随着全高清 (full HD)大屏幕液晶电视的发展，人们对灰阶显示提出更高的要求)。为实现 256 灰阶显示，需要解决前面谈到的输出电压偏差问题以及由于电路元器件数量的增加(若以单纯计算为据，256 灰阶是 64 灰阶所需元器件数量的 4 倍)而引起的 IC/LSI 的芯片尺寸增大(意味着价格上升)等问题。目前，这些问题都已在实际生产中解决。当然，高质量画面的彩色显示除了足够的灰阶(即彩色数)之外，亮度、对比度、色再现性(包括色域和色纯度)、彩色层次感和连续性等，一直是人们努力解决的问题。

2. IC/LSI 输出多引脚化

随着灰阶数增加，要求驱动 IC/LSI 芯片的输出引脚数增加。因为多输出引脚化，平均每个引脚的成本会降低。这是因为，即使 IC 的输出引脚增加到两倍，由于 IC 制程的微细化等，IC 芯片的尺寸并不增大到两倍。这里需要指出的是，仅仅依靠多引脚化，降低成本的效果并不明显，需要同收缩芯片尺寸相组合才能奏效。这样，由于平均每个引脚所对应的芯片尺寸变小，从而每个输出引脚所分担的 IC/LSI 成本降低。

而且，随着多输出引脚化，驱动 IC 与液晶屏之间电气连接的工程成本也会降低。换句话说，由于多输出引脚化，使用的 IC 个数减少，电气连接工时数节约，从而生产效率提高。图 5-36 表示数据驱动 IC/LSI 和栅驱动 IC/LSI 的输出引脚数随年代的变迁。

例如，对于 SVGA 用驱动 IC 来说，数据驱动 IC 的输出引脚数为 402，栅驱动 IC 的输出引脚数为 200。而 XGA 用驱动 IC 的输出引脚数则分别为 384 和 256。关于驱动 IC 引脚数近年的发展和预测请参阅图 4-62。

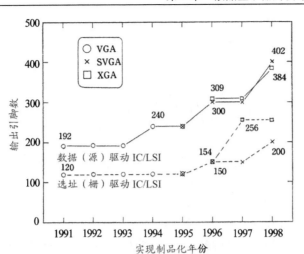

图 5-36 驱动 IC/LSI 的输出引脚数变迁

5.2.7 其他驱动法

5.2.7.1 重叠扫描(overlap scan)驱动法

在 TFT LCD 中，数据信号电压 V_s 必须在栅线的选择期间 t_s 内写入。而且，在非选择期间 t_{ns}，被写入的电压也必须保持。但是，在选择期间 t_s 内，由于 TFT 的 ON 阻抗关系，要想将数据信号电压 V_s 一次写入是不可能的。

设 TFT 的 ON 阻抗为 R_{on}，OFF 阻抗为 R_{off}，像素电容为 C_{lc}，存储电容为 C_s，而且，数据信号电压 V_s 同被写入的电压之差为 ΔV_{on}，则 ΔV_{on} 的最大值可由式(5-21)表示

$$\Delta V_{on} = 2V_p \cdot \exp(-t_s / \tau_{on}) \tag{5-21}$$

式中，τ_{on} 为过渡过程的时间常数，其大小为 $R_{on}(C_{lc}+C_s)$；V_p 为施加于液晶层的最大电压。

而且，在非选择期间 t_{ns}，假设像素中被写入的电压仅由 TFT 泄漏，则泄漏电压的最大值 ΔV_{off} 可由式(5-22)表示

$$\Delta V_{off} = 2V_p \cdot \left[1 - \exp(-t_{ns} / \tau_{off})\right] \tag{5-22}$$

式中，τ_{off} 为泄漏过程的时间常数，其大小为 $R_{off}(C_{lc}+C_s)$。

考虑 ΔV_{on}，ΔV_{off} 为一定的容许值，根据式(5-21)、式(5-22)，可分别求出由式(5-23)、式(5-24)所表式的 R_{on}、R_{off}

$$R_{on} = t_s \Big/ \left[(C_{lc} + C_s) \ln \frac{2V_p}{\Delta V_{on}} \right] \tag{5-23}$$

$$R_{off} = t_{ns} \Big/ \left[(C_{lc} + C_s) \ln \frac{2V_p}{2V_p - V_{off}} \right] \tag{5-24}$$

针对实际的液晶显示器，可以认为非选择期间 t_{ns} 与帧周期(约 16.7ms)几乎相等，因此与像素数无关。另一方面，伴随着像素数增大，选择期间 t_s 有缩短的倾向。例如 VGA 显示中 t_s=31.5μs，而 XGA 显示中 t_s=20.7μs，随像素数增加，t_s 缩短十分显著。与此相伴，TFT 的 ON 阻抗也需要下降到大约原来的 2/3。

为了实现这种 ON 阻抗的降低，TFT 的尺寸要增大，但增大的结果造成栅在线的负载电容增大，与此同时，各电极上的寄生电容 C_{gs}、C_{gd}、C_{ds} 也增大，从而引起像素电压的偏离及等效电压的非对称性，招致闪烁及交叉噪声(cross-talk)等画面质量低下。而且，开口率也会降低，从而造成亮度下降。为解决这些问题，提出了重叠扫描(overlap scan)驱动法方案。

所谓重叠扫描驱动法，如图 5-37 所示，使栅脉冲之间相互重叠，增大栅脉冲宽度，为原来栅脉冲宽度的 2 倍。现注意第 i 条栅线(i 行)，在栅脉冲的前半部分(t_s=T_1)，上一条[(i-1)行]栅线的数据信号写入。接着，在栅脉冲的后半部分(t_s=T_2)，由原来的第 i 条栅线的数据信号写入。也就是说，如图 5-37 中所示，在栅脉冲的前半部分，数据信号按 $V_1 \rightarrow V_2$ 写入。接着，在栅脉冲的后半部分，数据信号按 $V_2 \rightarrow V_3$ 写入。这样，原来必须按 $V_1 \rightarrow V_3$ 一次写入的，现在变为按 $V_1 \rightarrow V_2$、$V_2 \rightarrow V_3$ 两步进行，从而，对写入能力的要求降低为原来的 1/2 左右。也就是说，采用性能较低的 TFT 也可以胜任。

顺便指出，由于最终的写入数据信号是在 TFT ON 时的数据信号，因此在前半部分写入的数据信号可以视做无效，在驱动上不会出现问题。

5.2.7.2　三值电压驱动法

在 TFT LCD 的驱动中，在存储电容 C_s 和像素电容 C_{lc} 及 TFT 中存在的寄生电容 C_{gs}、C_{gd}、C_{ds} 等之间发生贯通(电荷再分配)现象，即使共用电位移动，也难免发生闪烁等画面质量低下现象。作为对策之一，是采用将栅线驱动电压三值化的三值电压驱动法。图 5-38 表示三值电压驱动法的驱动波形及相应回路。

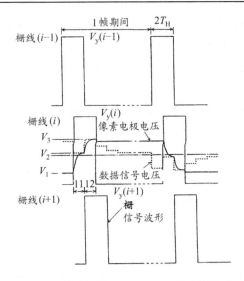

图 5-37　重叠扫描(overlap scan)驱动法波形

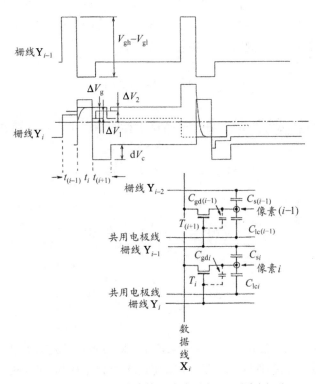

图 5-38　三值电压驱动法的驱动波形和 TFT 回路部分

首先，设在 t_i 期间第 i 条栅线 Y_i 以大约+25V 使 TFT(T_i)处于 ON 状态。这样，像素 i 在数据信号 X_i 作用下充电至 9V，也就是说，如果第(i-1)条栅线 Y_{i-1} 处于大约-6V 时，则存储电容 C_{si} 在理想状态下被充电至大约+15V。当然，像素电容 C_{lci} 也可同样考虑。

其次，在其后的 t_{i+1} 期间，若栅线 Y_i 降低到大约-6V，由于第 i 个寄生电容 C_{gdi} 的贯通现象(相对于 C_{si}+C_{lci}，电荷向 C_{gdi} 再分配)，像素 i 的电荷发生部分放电。若按此例所述，则ΔV_g 部分下降。但是，在 t_{i+1} 期间后，Y_{i-1} 的电位马上发生从约-6V→0V(dV_c)的转变。在这种情况下，通过电容 C_{si} 充电至电压ΔV_1。而后在 t_{i+1} 期间终了时，由于栅线发生从-6V→0V 的转变，由 C_{gdi} 充电至ΔV_2。其结果，像素 i 的电压ΔV 变为

$$\Delta V = \Delta V_g - \Delta V_1 - \Delta V_2 \tag{5-25}$$

也就是说，采用三值电压驱动法，可以对因寄生电容导通而引起的像素电压下降现象加以校正。该 dV_c 称为三值校正电压。这样，因寄生电容贯通现象而引起的像素电压下降部分ΔV_g，因前段(i-1)栅线 Y_{i-1} 的三值电压校正法，成功对ΔV_1 部分进行了校正，因此像素 i 的电压下降只剩下

$$\Delta V_g - \Delta V_1 = \Delta V_2$$

各电压ΔV_g、ΔV_1、ΔV_2，在分别省略下标的情况下，可分别表示如下：

$$\Delta V_g = \frac{C_{gd}}{C_{gd} + C_{lc} + C_s} \cdot (V_{gh} - V_{gl}) \tag{5-26}$$

$$\Delta V_1 = \frac{C_s}{C_{gd} + C_{lc} + C_s} \cdot dV_c \tag{5-27}$$

$$\Delta V_2 = \frac{C_{gd}}{C_{gd} + C_{lc} + C_s} \cdot dV_c \tag{5-28}$$

关于像素 i 的电压降，由于是从ΔV 经过对导通电压进行校正，进而使ΔV=0，从而选择满足上述条件的 dV_c 即可，即使式(5-25)的ΔV=0，代入式(5-26)~式(5-28)，可求出 dV_c，即

$$dV_c = \frac{C_{gd}}{C_{gd} + C_s} \cdot (V_{gh} - V_{gl})$$　　(5-29)

其中，三值校正电压值(dV_c)与液晶材料的电容无关，若栅线 Y_n 的外部电压是在考虑存储电容 C_s 和寄生电容 C_{gd} 的电荷分配基础上决定的，则能对贯通电压进行校正，这是该方法的优点。称这种对因寄生电容贯通(电荷再分配)而引起的像素电压下降现象进行校正的驱动法为栅线三值电压驱动法。

5.3　有源矩阵型 TFT LCD 驱动法举例

为了对上述有源矩阵驱动电路有更形象的认识，下面针对 TFT LCD 驱动的某些最简单的具体实例进行讨论。

5.3.1　TFT LCD 驱动原理

由三个像素及数据信号可构成最简单的液晶显示器，下面利用图 5-39、图 5-40，对其驱动和显示原理作简要说明。

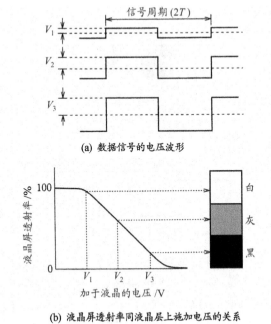

(a) 数据信号的电压波形

(b) 液晶屏透射率同液晶层上施加电压的关系

图 5-39　液晶屏透射率与液晶显示器所加电压间的关系

现假设各个像素分别受如图 5-39(a)所示的，电压振幅为 V_1、V_2、V_3，周期为

$2T$ 的交流信号驱动，则其分别显示白、灰、黑三种不同灰阶。液晶屏对光的透射率(画面的亮度)同液晶屏液晶层上所加电压间的关系如图 5-39(b)所示，即当液晶层上施加较低电压 V_1 时，屏的透射率约为 100%，画面显示为白色；当液晶层上施加中等电压 V_2 时，屏的透射率约为 50%，画面显示为灰色；当液晶层上施加较高电压 V_3 时，屏的透射率为百分之几，画面显示为黑色(注意，此乃常白(normal white, NW)型液晶显示的情况，对于常黑(normal black, NB)型液晶显示来说，上述黑、白颜色相反)。利用这一性质，将作为图像信息的 V_1~V_3 电压施加在液晶层上，就可以实现图像显示。

具体说来，如图 5-40 所示，将数据信号 V_1~V_3 施加在不同像素上，由设置于液晶屏背面的背光源照射液晶屏，从正面就可以看到与所加电压相对应，由白、灰、黑组成的画面。需要指出的是，施加数据信号电压 V_1~V_3 的极性需要正负交变，即必须采用交流信号。这是因为，若对 LCD 施加直流电压，因离子性的微量杂质在液晶界面层附着，及电极表面上正、负电荷的偏聚，会造成残像(图像残留)等画面质量下降的现象。特别是，若离子性的微量杂质在直流电压作用下通过液晶，即造成液晶材料导电，则会大大缩短液晶材料的寿命。因此，每一画面(1 帧)都要施加正、负电压驱动，即进行"帧反转驱动"。此外，还有各种其他的交流驱动方式(见 5.2.1 节)，并已达到实用化。

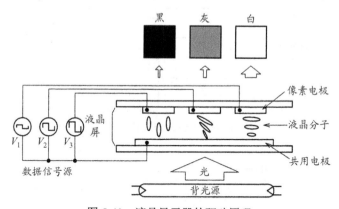

图 5-40 液晶显示器的驱动原理

图 5-41 是采用 TFT 的有源矩阵驱动液晶屏的等效电路。数据信号 V_1~V_3 供给 TFT 的源极 S_1~S_4；选址信号供给 TFT 的栅极 G_1~G_3。在这种状态下，例如，选址信号加在栅极 G_2 上，则加有选址信号的 TFT T_{21}~T_{24} 导通，数据信号 V_1~V_3 通过向液晶层电容 C_{lc} 和存储电容 C_s 充放电进行数据写入。在此过程中，由于 TFT 的 ON 阻抗很高，因此充放电中电荷的累积和释放都要有一个过渡过程。因此，在动态显示中，从白到黑，或从黑到白均需要一定的时间，这一时间称为响应时

间。如果响应时间过长，则会出现"拖尾"等影响视觉效果的现象[①]。

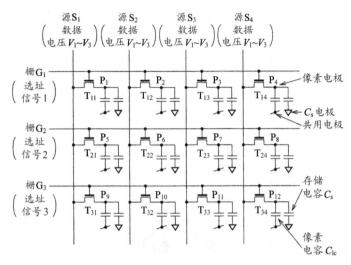

图 5-41　采用 TFT 的液晶屏的等效电路

下面，针对 3 行、4 列，12 个像素构成的矩阵显示系统，且显示图案(pattern)为黑、灰、白三种不同的亮度为例，分别对图像数据信号、源驱动电路、栅驱动电路进行讨论(图 5-42)。

5.3.2　图像数据信号

由 3 行、4 列(12 个像素)组成的图案如图 5-43(a)所示，图像数据由选址信号 G_1~G_3 按每行分解为 3 组，再将其按图 5-43(b)所示排列，即将黑色、灰色、白色并排为相互串联的数据。其中，在显示一个画面(1 帧)的时间 T 内，向各像素施加正极性的图像数据；而在显示下一个画面(1 帧)的时间 T 内，向各像素施加负极性的图像数据。换句话说，在时间 $2T$ 内，显示两个画面(两帧)，进行交流驱动。

具体说来，在时间 T 内，按三个选址信号(G_1~G_3)将周期进行 3 等份分割，在 $T/3$ 时间内，分别将四个正极性的图像数据(P_1~P_4，P_5~P_8，P_9~P_{12})等间隔地供给各个像素，并将这些图像数据分三行(G_1~G_3)作成串联数据。在下一个 T 时间内，作出负极性的图像数据(P_1~P_4，P_5~P_8，P_9~P_{12})，并以串联数据提供。

以上，是将串联的图像数据，按每四个像素为一组构成一行的数据，再将其作为串联的图像数据向像素提供。这些串联的数据需要按每行分隔，而分隔操作

---

① 由于 TFT 的 ON 阻抗高、液晶材料的响应慢等,数据的写入往往不能在一个画面(1 帧)的扫描时间 (=1/60s=16.7ms)内完成。近年来，基于液晶材料的改进以及玻璃基板之间窄间隙(gap)化等，数据的写入已完全能在 1 帧的时间内完成。

由水平同步信号 H 来完成。与此同时，还要确定每一画面(1 帧)最上一行的显示数据，即将图像数据按一个一个的画面(按帧)来分隔也是必不可少的，而这一分隔操作由垂直同步信号 V 来完成。这样，利用两个同步信号，就可以将以串联方式送来的图像数据，送到确定的行、列位置，并通过这些图像数据再现正确的图像。上述串联化的图像数据与控制信号(V, H)的关系如图 5-43(c)所示。

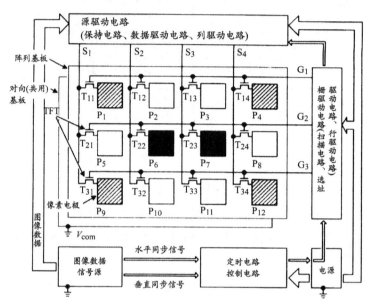

图 5-42　3 行 4 列(12 像素)液晶屏驱动用的方块电路图

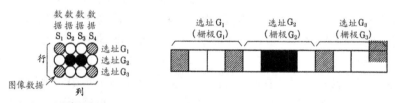

(a) 3 行 4 列像素构成的显示一例　　　　　(b) 串联化的图像数据信号

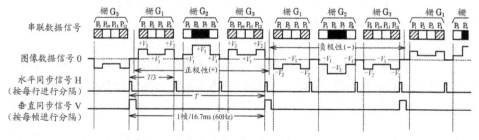

(c) 图像数据信号，同步信号的定时波形

图 5-43　图像数据信号的处理和输入

5.3.3 源驱动(数据驱动)电路

将串联的图像数据进行分隔,并将其向各个像素进行分配的是源驱动(数据驱动)电路。源驱动电路的方块图如图 5-44(a)所示,上方输入水平同步信号 H。电路由利用时标信号 φ 使水平同步信号 H 产生移位的移位寄存器和拾取并暂时保持数据的取样-保持(sampling-hold)电路构成。

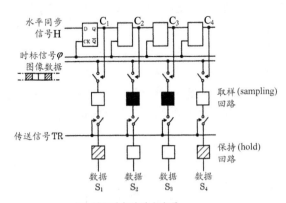

(a) 源驱动电路的方块图

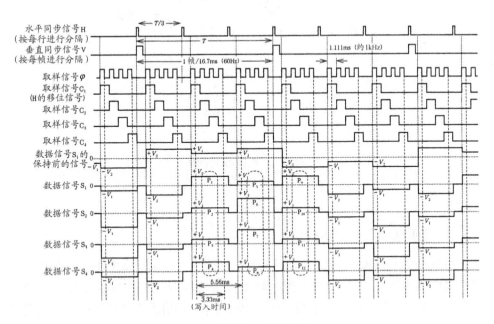

(b) 源驱动电路的驱动波形

图 5-44 源驱动电路及驱动波形

上述移位寄存器的输出信号 $Q_1\sim Q_4$，需要变换为取样信号 $C_1\sim C_4$，后者可使串联的图像信号变换为按每行并联的图像信号。换句话说，利用取样信号 $C_1\sim C_4$，并通过 ON/OFF 开关，将串联的图像数据信号在取样电路中分隔放置，一旦每一行的图像数据放置完成,利用与水平同步信号 H 相类似的定时信号(传送信号)TR，将该行的图像数据向保持(hold)电路中传送，如图 5-44(b)所示，变换为并联的图像数据信号(数据信号 $S_1\sim S_4$)。

实际的取样-保持(sampling-hold)电路，如图 5-45 所示，由两个开关和两个电容器构成。由取样信号 $C_1\sim C_4$ 选择的图像数据,对取样电容 C_{sp} 充电(写入),利用周期为 $T/3$ 的传送信号 TR 再将写入的数据传送至保持电容 C_h 中。而且, 保持电路具有保持要显示行的各像素图像数据的功能，并保证在时间 $T/3$ 内使源驱动(数据驱动)电路的输出信号 $S_1\sim S_4$ 向该行输出。另外，在保持电路输出的间歇期间，空置的取样电路可放置下一行的图像数据(取样操作)。

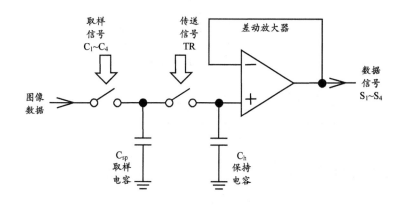

图 5-45　取样-保持回路

5.3.4　栅驱动(选址驱动)电路

栅驱动(选址驱动)电路的功能是产生选址信号 $G_1\sim G_3$，而选址信号的作用(通过栅电极或选址电极)是,将来自源驱动(数据驱动)电路的图像数据写入所定的行。

这种选址信号 $G_1\sim G_3$ 的发生如图 5-46(a)所示。利用水平同步信号 H 将垂直同步信号 V 按顺序移位，其输出为 $Q_1\sim Q_3$。$Q_1\sim Q_3$ 在受时标间歇信号 D_5 控制的同时，被时标信号 φ 移位，并由此发生选址信号 $G_1\sim G_3$。另外，若液晶屏内的 TFT 需要高电压(+15V$\sim$ +25V 左右)时，可在输出之前，利用电平移位电路，将其变换为高

电压的选址信号 G_1~G_3。上述栅驱动的脉冲波形图如图 5-46(b)所示。

　　如上所述，利用源驱动(数据驱动)电路，将串联的图像数据分隔为行，并按行提供相应的电压，即将串联的图像数据变换为并联的图像数据 S_1~S_4。该并联的图像数据 S_1~S_4，受栅驱动(选址驱动)电路选址信号 G_1~G_3 同步，通过 TFT 向选择地址的像素写入。如此，以一定的间隔将图像数据 S_1~S_4 写入是逐行进行的，并由此实现画面显示。因此，这种驱动方式称为线顺序扫描驱动。

　　这种由 3 行、4 列，12 个像素构成的矩阵显示系统全体的动态脉冲波形如图 5-47 所示。实际的驱动电路内部，还需要发生不同等级的电压，而且近年来正由数字-模拟变换器(digital-analog converter, DAC)的驱动方式，代替原来采用的取样-保持(sampling-hold)电路的驱动方式。

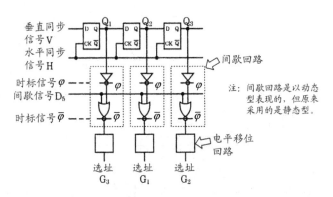

(a) 栅驱动电路的方块图

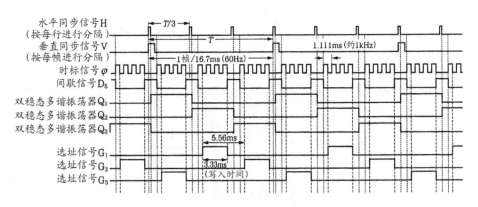

(b) 栅驱动电路的驱动波形

图 5-46　栅驱动电路及驱动波动

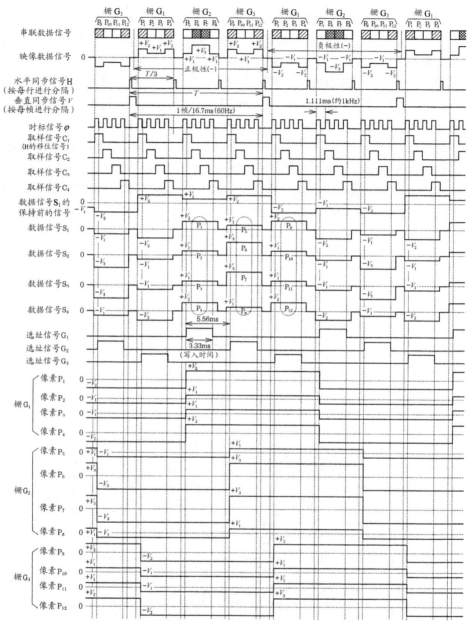

图 5-47　由 3 行 4 列(12 像素)构成的矩阵显示系统全体的动态脉冲波形

5.4　单纯矩阵驱动法

单纯矩阵 LCD，是使两块玻璃基板相贴合，并在二者的间隙中封入液晶材料构成的。通过在上述两块玻璃基板内表面的透明电极上施加电压，使两电极交叉部位的像素着色而进行显示。这种方式的 LCD 因电极结构不同，分为字段(segment)型和点矩阵(dot matrix)型两大类。

字段型多用于数字、文字等固定图案的显示。与之相对，点矩阵型由 $m×n$ 个点并列构成，通过显示点的组合，可自由地显示图形，无论是字段型还是点矩阵型，都可以采用静态(static)驱动和多路(multiplex)驱动两种驱动方式，而点矩阵型主要采用多路驱动法。

5.4.1 静态驱动法

静态驱动法是早期液晶显示器最基本的驱动方式。一般说来，静态驱动法在字段型 LCD 中用的较多，但这里主要介绍其应用于点矩阵型 LCD 的情况。

静态驱动法，需要在每个像素上都引出电极，在该字段电极(或点矩阵电极)同与之相对的公用电极之间，施加脉冲电压进行显示。如果使施加脉冲电压的振幅发生变化，可使加于液晶之上的电压自由变化，因此可容易地实现调灰显示。施加在液晶上的电压最好是交变的。为此，简单的方法是在公用电极上施加一定的 DC 电压，而使各个矩阵点电压相对于公用电极电压呈交流变化。例如，即使加正弦波电压亦可。但是，采用这种方法对于数字电路的驱动是不方便的。为此，如图 5-48 所示，一般是在公用电极的 GND-V_{DD} 之间施加方形波，而在矩阵点电极上施加与之同相及反相的方形状进行驱动。

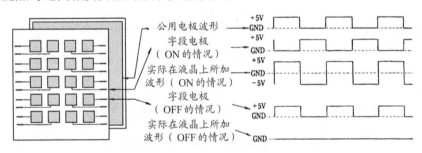

图 5-48 静态驱动法的原理

简单地说，静态驱动方式的优点是，对比度(contrast)可以做得很高，驱动电路比较简单，价格便宜；缺点是，随像素数增加，由于从每个像素都要引出电极，电极数目会很多，实际上静态驱动很难进行动态显示。

5.4.2 多路驱动法

多路驱动法是为解决静态驱动法的缺点而出现的。多路驱动法又称为时分割驱动方式、动态驱动方式或矩阵驱动方式等，其在发光二极管显示器(light emitting diode, LED)、等离子显示屏(plasma display panel, PDP)等平板显示器(flat panel display, FPD)中，也有广泛应用。

5.4.2.1 多路驱动法的工作原理

现以最简单的 4×3 矩阵所构成的单纯矩阵型 LCD 为例[图 5-49(a)]，说明多路驱动法的工作原理。为简化讨论，设驱动电压为单极的，一周期的电压波形如图 5-49(b)所示，X 电极输入数据信号，Y 电极输入扫描信号(选址信号)。图 5-49(a)中，打斜线的像素表示显示，不打斜线的像素表示非显示。

若在 Y 电极上按顺序施加选址电压 V_Y，则 t_1 时间间隔为 Y_1 线，t_2 为 Y_2 线、t_3 为 Y_3 线的显示时间。与此同时，在需要显示的像素上，由 X 电极供给数据电压 $(-V)$，而在不需要显示的像素上，不由 X 电极供给数据电压。在一个周期 (T) 内，对所有电极线进行这种扫描。若扫描频率为 60Hz，则人眼看到的并不是散乱的而是特定的图像信息。如上所述，这种按每条线以时间分割进行显示的方法称为线顺序扫描(图 5.18)。

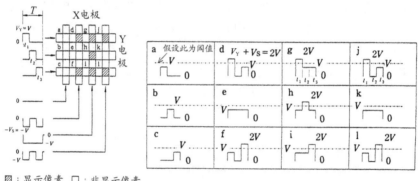

(a) 4×3 矩阵　　　　　　　　　　(b) 加于液晶层的电压波形

图 5-49　基本的多路驱动法的电压波形

下面，分析一下图 5-49 中的像素 g 和像素 j。在时间间隔 t_1 中，在 g 和 j 上所加的电压是相同的。但是，在时间间隔 t_2 中，像素 g 上施加的电压为 V，而像素 f 上施加的电压为 0。如果液晶具有陡直的阈值电压(threshold voltage)特性，而施加电压 V 低于此阈值电压，而且，假设像素具有瞬时响应特性，这样，从理论上讲，在时间间隔 t_2 内，不会因为在像素 g 和 j 上所加的电压不同而对其亮度产生影响。换句话说，像素 g 和 j 似乎应该有相同的亮度。

但实际上，对于单纯矩阵型 LCD 来说，液晶的阈值电压并非陡直，而是有一定的范围；像素的响应并非发生在瞬时，而需要决定于电路分布参数的等效时间。

这样，在时间间隔 t_2 中，像素 g 和像素 j 因其上所加电压不同而会显示出不同亮度。也就是说，本来应该是相同的显示，却出现不同的亮度。这种现象称为由半选择性电压引起的"串扰"(cross-talk)。为解决这一问题，需要采用下面要讨论的电压平均化法。

5.4.2.2　电压平均化驱动法

采用电压平均化法，可以有效消除上述因像素 g 和像素 j 上所加电压不同而产生的显示偏差。例如，如果将向 X 电极提供的数据信号电压振幅由 0~V 变换到 $+\frac{1}{2}V \sim -\frac{1}{2}V$，就可以达到这一目的。也就是说，由原来以 0V 为基准，数据电压向 $-V$ 单侧变化，改变为如图 5-50 所示，以 0V 为基准，数据电压向 $\pm\frac{1}{2}V$ 两侧变化，而数据信号单纯地向正侧，即 $\frac{1}{2}V$ 一侧移动的方法。

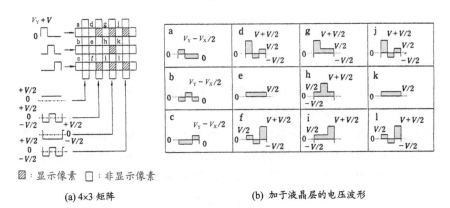

☑：显示像素　□：非显示像素

(a) 4×3 矩阵　　　　　(b) 加于液晶层的电压波形

图 5-50　电压平均化法的动作波形

这样做的结果，数据信号电压向 $+\frac{1}{2}V$ 移动，在时间间隔 t_2 内，在像素 g 和像素 j 上施加的电压出现 $+\frac{1}{2}V$ 和 $-\frac{1}{2}V$ 的差异。对于单纯矩阵 LCD 这种具有两极性电压驱动特性的组件来说，无论对于 $+\frac{1}{2}V$ 电压还是 $-\frac{1}{2}V$ 电压，都能产生相同的工作响应。这样就消除了半选择性电压驱动不可避免的"串扰"现象。上述即为电压平均化驱动法。

5.4.2.3　最佳偏置驱动法

采用多路驱动法，在 Y 电极上施加电压(选址信号电压)V_Y，在 X 电极上施加电压(数据信号电压)V_S。至此前面几节都是假定 $V_Y=V_S=V$ 来讨论的。但一般情况下 $V_Y \neq V_S$，图 5-51 按这种关系表示一般化的单纯矩阵 LCD 的驱动波形。

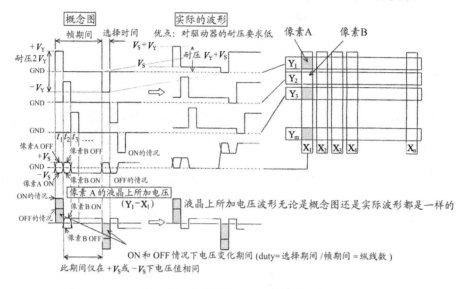

图 5-51 单纯矩阵 LCD 的驱动波形

在电压平均化驱动法中，选址信号电压 V_Y 和数据信号电压 V_S 可以任意设定。那么，选择什么样的 V_Y 和 V_S 最有效呢？

液晶具有等效电压值响应特性。如果求出显示像素与非显示像素上所加电压的等效值，即可求出液晶显示的亮度。设扫描线条数为 N，则显示像素与非显示像素上所加电压的等效值 V_{on}、V_{off} 及二者之比可分别由下式求出：

$$V_{on} = \sqrt{\frac{a^2 + 2a + N}{N}} \times V \qquad (5\text{-}30)$$

$$V_{off} = \sqrt{\frac{a^2 - 2a + N}{N}} \times V \qquad (5\text{-}31)$$

$$\frac{V_{on}}{V_{off}} = \sqrt{\frac{a^2 + 2a + N}{a^2 - 2a + N}} \qquad (5\text{-}32)$$

式中，

$$a = V_Y / V_S \qquad (5\text{-}33)$$

称 $1/(a+1)$ 为偏压比，通过使该值变化，可实现 V_{on}/V_{off} 值最大。V_{on}/V_{off} 比值最大，即等效电压比最大，意味着显示像素与非显示像素的亮度之比最大，即对比度最大。为使 V_{on}/V_{off} 比值最大，可通过设定偏压比 $[1/(a+1)]$ 来实现，由此可获得对比度高的"清晰的显示"。称该比值为最佳偏压比，并由下式给出：

$$a+1=\sqrt{N}+1 \tag{5-34}$$

在上述条件下，等效电压比可由下式表示：

$$\frac{V_{\text{on}}}{V_{\text{off}}}=\sqrt{\frac{\sqrt{N}+1}{\sqrt{N}-1}} \tag{5-35}$$

将式(5-26)用图形表示，得到图 5-52。在单纯矩阵 LCD 中，一般是将画面分成上、下两部分，对上、下画面同时进行扫描，即采用双扫描(dual scan)驱动方式。例如，对于 VGA(640×480 像素)用微机显示双扫描驱动来说，扫描线数为 240 条，代入式(5-35)，得等效电压比 $V_{\text{on}}/V_{\text{off}}$=1.067。扫描线条数 N 很大时，等效电压比 $V_{\text{on}}/V_{\text{off}}$ 接近 1，因此需要液晶显示器的光-电压响应阈值(临界)特性越陡直越好。但液晶显示器的阈值(临界)电压特性一般较平缓，这样在等效电压比 $V_{\text{on}}/V_{\text{off}}$ 小时，难以获得较高的对比度。因此，多路驱动的对比度一般在 10∶1~20∶1 范围内[①]。

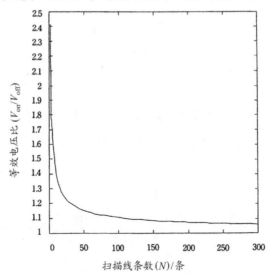

图 5-52　等效电压比与扫描线条数间的关系

5.4.2.4　实际的驱动波形

实际的驱动波形与 TFT LCD 驱动的情况同样，所需要的数据信号电压大约在 40V 上下，因此如图 5-53 所示，可采用使每帧的选址信号电压(闸电压)V_{Y} 和数据

① 早期，单纯矩阵型 LCD 静态驱动及有源矩阵型 LCD 驱动的对比度一般在 100∶1 上下。目前 TFT LCD 的对比度达到(3 000~5 000)∶1 已相当普遍。

信号电压(源电压)V_S交替反转的方法,或者采用在 1 条线的选择时间内,进行正、负极性分割,并进行反转的方法。从结构上讲,单纯矩阵型 LCD 可看成由平板电容器和布线电阻构成,图 5-54 描出其等效电路。在此等效电路中,由扫描电路(驱动 IC)施加的脉冲,经过内部布线电阻、平行板电容器及寄生电容等,选址信号产生波形失真。以 10 型 VGA 用显示器为例,选址侧(栅极侧)的电阻大致在 10kΩ 左右,寄生电容大致在 400pF 左右,由此,波形失真的上升沿时间大致在 4μs 上下。若扫描线条数 N 为 240 条,帧频数为 60Hz,选址信号宽度为 69μs,那么 4μs 的波形失真是不能不考虑的。由于上述波形失真,以及由平行板电容器引起的漏电流等,使显示区域周围的非显示区域受到显示区域的影响,从而造成显示亮度和对比度变差。而且,有时会在显示区域的四周产生垂直方向的或水平方向的拖尾,从而形成显示阴影等。

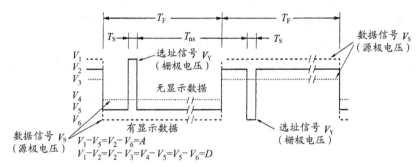

图 5-53 降低选址信号电压的等效值响应型单纯矩阵 LCD 的驱动波形

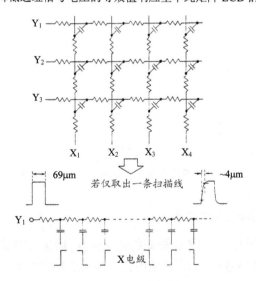

图 5-54 单纯矩阵 LCD 屏的等效电路

第 6 章　LCD 的工作模式及显示屏构成

6.1　各种不同的光学方式

在液晶显示屏中,充入的是具有棒状构造的分子且其呈规则排列的液晶物质。基于液晶物质的双折射性等光学性质,射入液晶物质的光的偏振光状态等会发生变化[①]。液晶分子的取向受电气信号的控制而发生变化,致使在液晶物质中行进光的偏振光状态发生变化,从而出射光的偏振光状态应图像信息(即电气信号的信息)而发生变化。若通过偏光片看出射光,可以感觉到因偏振光状态变化引起的出射光强度的不同,从而能看到图像。在这里应强调指出的是,液晶显示屏本身并不发光,如果没有外界射来的光,液晶屏的显示功能便无用武之地。换句话说,液晶显示器是被动(发光)型而非主动(发光)型电子显示器件。

液晶显示屏有透射型、反射型和半透射半反射型之分,图 6-1 给出其原理示意。利用发自平面型背光源的入射光的液晶显示器称为透射型(图(a));液晶显示器中不带背光源,而是利用周围光源进行显示的称为反射型(图(c));二者并用的称为半透射半反射型(图(b))。

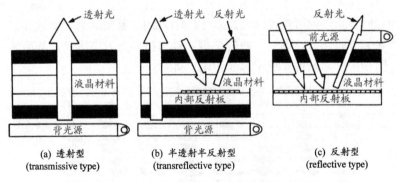

(a) 透射型　　　　　　(b) 半透射半反射型　　　　　(c) 反射型
(transmissive type)　　　(transreflective type)　　　　(reflective type)

图 6-1　按光的不同照射模式对液晶显示器的分类

液晶显示器还可根据由电气信号引起的液晶分子取向变化的方式来分类,称此为动作模式。液晶显示器的动作模式有多种,例如 TN 模式、STN 模式、IPS 模式、VA(包括 MVA、ASV、PVA)模式和 OCB 模式等。

在本章中,首先以实例说明透射型的典型动作模式,接着介绍反射型和半透

[①] 除了双折射性之外,利用液晶物质所具有的其他种种性质制作显示的情况也不少见。详见第 2 章。

射型液晶显示装置的结构。

由显示装置出射的光直接进入观视者的眼中，用以观赏画像的方式称为直视型显示器。与之相对，将出射光画像投影到屏幕上进行显示的显示装置为投影型，或称投射型。若观视者与出射信号源位于屏幕的同一侧，则为前投型；分别位于两侧，则为背投型。在本章的最后，将介绍投射型液晶显示装置的原理及装置构造。

6.2 透射型液晶显示器

6.2.1 TN 模式

在 3.2.1 节讨论显示屏的基本结构及屏内液晶分子取向时指出，在显示屏内的液晶物质层中，指向矢沿与玻璃基板表面平行的相同方向均匀排列(图 3-41)。这种相同的取向是通过对设置在基板表面上的聚酰亚胺高分子薄膜进行单方向摩擦，即进行取向处理来实现的。而且，两块基板按表面取向方向反平行对向布置。但是，实际应用的被称为扭曲向列(twisted nematic, TN)方式的显示屏中，上述布置的两块基板中的一块要绕其法线做 90°旋转，即两块基板表面的取向处理方向相互垂直。这样，在利用 TN 模式电气光学效应的液晶显示屏中，指向矢的取向如图 6-2 所示，两块基板表面的取向处理方向相互垂直，致使液晶物质层上下两层的指向矢方向也相互正交。从而，液晶物质层中液晶分子的指向矢产生均匀的扭曲取向结构。这便是称其为扭曲向列模式的理由。在 TN 模式液晶显示器，即 TN LCD 中，偏光片布置于玻璃基板的外表面，若使两块偏光片的偏振光轴均与指向矢的方向一致，则可实现常白显示[图 4-12(a)]；若使其中一块偏光片的偏振光轴与指向矢方向一致，而另一块的偏振光轴与指向矢方向垂直，从而两块偏光片的偏光轴相平行，则可实现常黑显示[图 4-12(b)]。

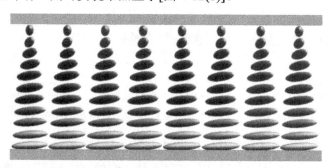

图 6-2 TN LCD 显示屏中指向矢的取向状态

6.2.1.1 不加电压时的光学特性

在 TN LCD 液晶物质中传输的光波的偏振光状态可利用琼斯矩阵进行解析。

所解析的介质结构为，指向矢位于垂直于 z 轴的平面内，且沿 x 轴方向绕 z 轴呈连续旋转，直到 90°。

不失一般性，首先设指向矢的扭曲角为 Φ_t；将 z 方向的厚度 d 进行 m 等分，并设每一薄层中的指向矢呈相同取向；而且设第一层的指向矢与 x 轴平行。则每一层的旋转角为 Φ_t/m，第 m 层与 x 轴的夹角为 Φ_t。

用于第 r 层($r=1,2,3,\cdots,m$)的琼斯矩阵 $\boldsymbol{D}$，在局域坐标系中变为

$$\boldsymbol{D} = \begin{bmatrix} \exp(\mathrm{i}\Delta\Phi/2m) & 0 \\ 0 & \exp(-\mathrm{i}\Delta\Phi/2m) \end{bmatrix} \tag{6-1}$$

式中，$\Delta\Phi$ 为两偏振光的位相差，当液晶介质厚度为 d 时，$\Delta\Phi$ 可表示为

$$\Delta\Phi = (2\pi/\lambda)\Delta nd \tag{6-2}$$

表示旋转操作的矩阵可表示为

$$\boldsymbol{R}(\Phi) = \begin{bmatrix} \cos\Phi & \sin\Phi \\ -\sin\Phi & \cos\Phi \end{bmatrix} \tag{6-3}$$

变换为实验室坐标系，则可求出液晶介质的琼斯矩阵[①]

$$\boldsymbol{R}(\Phi_t) = \begin{bmatrix} \cos X + \mathrm{i}(\Delta\Phi/2)(\sin X)/X & \Phi_t(\sin X)/X \\ -\Phi_t(\sin X)/X & \cos X - \mathrm{i}(\Delta\Phi/2)(\sin X)X \end{bmatrix} \tag{6-4}$$

式中

$$X = \sqrt{\Phi_t^2 + (\Delta\Phi/2)^2} \tag{6-5}$$

在 $\Delta\Phi/2 \gg \Phi_t$，即有下述关系：

$$\Delta nd \gg \Phi_t\lambda/\pi \tag{6-6}$$

成立的条件下，琼斯矩阵变为

$$\boldsymbol{R}(\Phi_t) = \begin{bmatrix} \exp(\mathrm{i}\Delta\Phi/2) & 0 \\ 0 & \exp(-\mathrm{i}\Delta\Phi/2) \end{bmatrix} \tag{6-7}$$

---

① 考虑层的连续性，可求出第 m 层的出射界面与第 1 层的入射界面之间琼斯向量之间的关系式

$$\begin{bmatrix} E_x(d) \\ E_y(d) \end{bmatrix} = \boldsymbol{R}(\Phi_t)\lim_{m\to\infty}\{DR(-\Phi/m)\}^m \begin{bmatrix} E_x(0) \\ E_y(0) \end{bmatrix}$$

利用盖里-哈密尔顿(Cayley-Hamilton)定理进行极限值计算，则可导出式(6-4)。

在琼斯矩阵中可以看出旋转操作 $\boldsymbol{R}(\varPhi_t)$ 的效果。

琼斯矩阵式(6-7)表示，在入射光的电场振动面与入射侧界面的液晶介质的光轴平行或垂直的情况下，可以在维持直线偏振光的状态下，振动面随着指向矢的扭曲角，只发生角度大小为 $\varPhi_t$ 的旋转。液晶介质所具的这种性质称为旋光性(optical rotatory power)。

为获得上述旋光性，位相差与扭曲角之间应满足式(6-6)所示的关系，称此关系为 Mauguin 条件。

在 TN LCD 中，$\varPhi_t = 90°$。在满足 Mauguin 条件的情况下，垂直入射屏面的直线偏振光仍保持偏振光状态不变，而偏振面发生 90°旋转。将液晶物质层夹于偏振光轴相互正交的两块偏光片之间，则入射光透过入射侧的偏光片变成直线偏振光，该光波再透过液晶物质层，偏振面发生 90°旋转，并在保持偏振光状态下透过出射侧的偏光片而射出。

不失一般性，设两块偏光片偏振光轴之间的夹角为 ψ，下面简要介绍求解出射光强度的方法。

若偏振光轴取作 x 轴，则理想偏光片的琼斯矩阵由下式给出：

$$\boldsymbol{P}_{\mathrm{P}} = \begin{bmatrix} 1 & 0 \\ 0 & 0 \end{bmatrix} \tag{6-8}$$

对于与其偏振光轴夹角为 $\varPsi$ 的另一个偏光片来说，琼斯矩阵可表示为

$$\boldsymbol{P}_{\mathrm{A}} = \boldsymbol{R}^{-1}(\varPsi) \begin{bmatrix} 1 & 0 \\ 0 & 0 \end{bmatrix} \boldsymbol{R}(\psi) \tag{6-9}$$

式中，$\boldsymbol{R}(\psi)$ 为由式(6-3)所表示的旋转矩阵。

这样，利用式(6-4)及式(6-8)、(6-9)，就可以针对将入射侧偏光片的偏振光轴取作 x 轴的 TN LCD，求解其透射光的偏振光状态。

强度为 1 的光波，透过由式(6-8)表示的偏光片，其透射光强度变为 1/2。由于振幅变为 1/2，在液晶介质的入射侧界面，有

$$\begin{bmatrix} E_x(0) \\ E_y(0) \end{bmatrix} = (1/\sqrt{2}) \begin{bmatrix} 1 \\ 0 \end{bmatrix} \tag{6-10}$$

透过出射侧偏光片位置，即 $z=d^+$ 处透射光的强度，可由该处电场成分的平方和求得，即

$$I = \left| E_x(d^+) \right|^2 + \left| E_y(d^+) \right|^2 \tag{6-11}$$

例如，在 $\psi = 90°$，即两偏光片偏振光轴相互垂直的条件下，求得的透射光强度可由下式表示

$$I_r = (1/2)\left\{1 - \sin^2\left[(\pi/2)\sqrt{1+u^2}\right]\right\}/(1+u^2) \tag{6-12}$$

式中，$u = 2\Delta nd/\lambda$。若将入射光的相对强度定为 1，则透射光(相对)强度亦代表透射率的大小。需要注意的是，由于透过入射侧偏光片后光的强度降低到原来的 1/2，因此，光透过液晶屏的最大透射率不会超过 50%。透射率随位相差 u 变化的计算结果如图 6-3 所示。

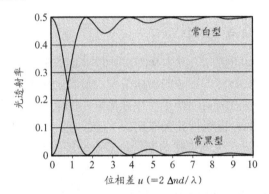

图 6-3　配置有两块偏光片的 TN LCD 屏的光透射率同位相差的关系

Φ_t 为 90°的情况下的 Mauguin 条件为

$$\Delta nd \gg \lambda/2 \tag{6-13}$$

即 $u \gg 1$。在满足此条件的情况下，透射率 $I_r=1/2$。对于实际应用来说，为实现显示屏光学特性的最适化，需要求出并设法满足使透射率达到最大的位相差 u。由式(6-13)可以看出，尽管液晶物质的双折射率Δn 与液晶物质层厚 d 是可调整的，但可见光的波长为 380~780nm，分布在一定的范围内，因此透射率多少会有些差异。而且Δn 的值也同波长相关，并且随温度变化。

对于两块偏光片的偏振光轴夹角 $\psi=90°$ 的 TN LCD，在无外加电压的情况下，偏振光的偏振面随液晶分子指向矢的扭曲发生 90°旋转，因此偏振光能透过显示屏，称此为常白型[图 4-12(a)]。

在 $\psi=0°$ 的平行偏光片条件下，求出的穿透率可由下式表示：

$$I_r = (1/2)\sin^2[(\pi/2)\sqrt{1+u^2}]/(1+u^2) \tag{6-14}$$

由上式的计算结果也示于图 6-3 中。在满足 Mauguin 条件的情况下，有 $I_r=0$。也

就是说, 对于两块偏光片的偏振光轴夹角 $\psi=0°$ TN LCD, 在无外加电压的情况下, 偏振光的偏振面随液晶分子指向矢的扭曲发生 90°旋转, 从而偏振光不能透过显示屏, 称此为常黑型[图 4-12(b)]。

由图 6-3 下方曲线所示常黑型 TN LCD 显示, 屏透射率与位相差的关系可以看出, 随 u 增大, I_t 总体上是减小的, 透射率只有在 $\sqrt{1+u^2}$ 取如下分立的值才为零: $\sqrt{1+u^2} = 2, 4, 6, \cdots$, 或 $u = \sqrt{3}, \sqrt{15}, \sqrt{35}, \cdots$。这些值被称为第 1, 第 2, 第 3 极小值条件。若单色光的波长为 550nm, 则 $\Delta nd = 0.48\mu m, 1.09\mu m, 1.68\mu m, \cdots$。

TN LCD 一般利用第 1 和第 2 极小值点。第 1 极小值点视角好, 在手表和计算器中常常使用第 2 极小值。

6.2.1.2　扭曲取向与双向扭曲

如果考虑上、下基板间指向矢发生 90°扭曲的取向状态, 则有可能出现图 6-4 所示, 左边的指向矢向左旋转, 右边的指向矢向右旋转的情况。称这类两种扭曲取向共存的状态为双向扭曲(reverstwist)。在液晶屏中的液晶物质层中, 一旦发生双向扭曲, 则二者的界面会出现指向矢取向的不连续性。称指向矢取向的不连续为扭曲断层(disclination)。一旦出现扭曲断层, 即使是常黑型的液晶屏, 也会发生漏光等缺陷。

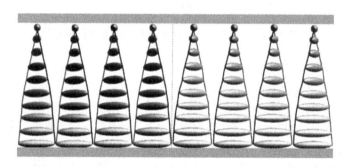

图 6-4　指向矢两种不同的扭曲取向状态(双向扭曲状态)

在实际的 TN LCD 中, 为避免上述扭曲断层现象的发生, 有的是在向列液晶材料中添加微量手性向列液晶材料。利用手性液晶材料自发的扭曲取向, 使左右有别的扭曲取向完全统一起来。

手性向列液晶中, 指向矢发生 360°扭曲所对应的取向的螺距(pitch)长度, 因液晶材料不同而异。引起取向发生相应扭曲的力称为螺旋扭曲形成力(herical twisting power, HTP)。设螺距长度为 $P_0(\mu m)$, 以 $1/P_0$ 表示的 HTP 的值通常以 μm^{-1} 为单位出现。向列液晶可以认为 $P_0 = \infty$, 因此其 HTP 的值为零。

在向列液晶材料中添加组成比为 C 的手性向列液晶材料,在所得混合液晶中,

会产生螺距为

$$P_0 = 1/(C \times HTP) = P_0 / C \qquad (6\text{-}15)$$

的扭曲取向。

设在厚度为 5μm 左右的液晶物质层中产生 90°的扭曲，则 360°扭曲的螺距长度为 20μm 左右。实用的手性向列液晶材料的 HTP 值在十到数十(μm^{-1})，设 HTP=50μm^{-1}，为使混合液晶的螺旋长度为 20μm，则手性向列液晶材料的添加量 C=0.001，即 0.1%就能达到目的。实际应用中，要兼顾对工作电压及响应速度等特性的影响，一般以 1/5 左右的添加量为宜。

如果液晶物质中存在自发的向着一个方向的扭曲力，即使其很小，借助对基板表面的取向处理效果，也能实现由两基板的摩擦方向所定角度的扭曲取向。这种由取向处理基板而被强制形成的扭曲取向的螺距称为强制螺距，而由液晶自发的扭曲取向而形成的螺距称为固有螺距。手性向列液晶的扭曲方向由 HTP 值的± 符号加以标定。

6.2.1.3 外加电压时的光学特性

下面，讨论外加电压时的状态。由于电极在基板内面形成，在液晶物质的介电各向异性为正的情况下，当外加电压时，指向矢要在基板法线方向再排列。实际上，由于基板表面进行了强锚定的取向处理，因此原有的扭曲状态并不能完全消除，而是如图 6-5 所示的那样，在界面过渡区域仍残留部分的扭曲变形。

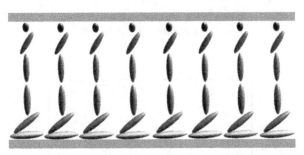

图 6-5 对 TN LCD 液晶屏施加电压时指向矢的取向状态(设液晶物质的介电各向异性为正，由于强的锚定力，在界面取向过渡区域仍残留扭曲变形)

外加电压时实际的指向矢变形，可基于连续介质弹性理论进行计算。图 6-6 便是计算结果的一例。图 6-6(a)的横轴表示厚度为 d 的显示屏内沿厚度方向(用 z/d 表示)的位置；纵轴双点划线表示取向矢的扭曲角，实线表示指向矢的倾斜角(tilt angle)。参数是外加电压。外加电压为 1.3V(达到阈值电压)时，才足以引起扭曲角沿厚度方向连续变化，而对于倾斜角来说，在液晶层中央，即 z=0.5d 处置，也不过才有 10° 左右；而在指向矢变形几乎达到饱和的外加电压 5.5V 的状态下，在液晶层中央部位，即 z 为 $0.3d\sim0.7d$ 的区域内，倾斜角几乎达到 90°，扭曲角迅速增加，直到接近 90°，而随 z 进一步增加，扭曲角会保持大约 90° 不变。在中央部位两侧靠近基板的区域，指向矢由平行于基板面的状态，随着距基板距离的增加，倾斜角逐渐增加。但是，在与基板平行的面内的扭曲角，分别处于与两基板的摩擦(取向)方向平行的方向。图 6-6(b) 表示倾斜角取最大的 $z=0.5d$ 位置，倾角与外加电压的关系。

从图 6-6(a) 可以看出，倾斜角分布相对于液晶层中点来说具有对称性，在低电压时，近似为正弦曲线，在高电压下，倾斜角分布曲线趋向于方形；扭曲角在低电压下保持均匀变化，而当电压增加到使倾斜角超过 30° 时，扭曲角开始显著变化。

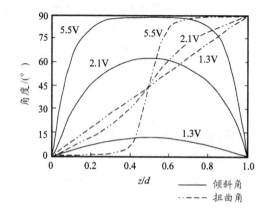

(a) 指向矢的倾斜角(实线)和扭曲角(双点划线)
沿液晶层厚度(用 z/d 表示)的分布

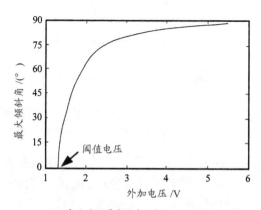

(b) 在液晶层厚度的中央部位，指向矢的倾斜
角与外加电压的关系

图 6-6　TN LCD 屏中液晶指向矢的变形

如果知道使外加电压变化时，指向矢取向的变形状态，则利用柏日曼(D. W. Berreman)4×4 矩阵可以计算透射强度与外加电压的关系。图 6-7 表示在 $u=\sqrt{3}$ 的情况下，在常白条件下计算的 TN LCD 的电压-光透射率特性的一例。

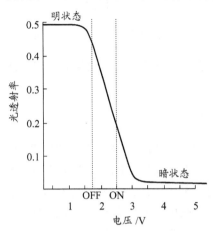

图 6-7　在常白显示条件下，TN LCD 的电压-光透射率特性的一例

关于阈值(临界)电压，可以由电场作用下总的自由能取最低的条件求出，并表示为

$$V_{\text{th}} = \pi\sqrt{K/(\varepsilon_0\Delta\varepsilon)} \tag{6-16}$$

式中

$$K = K_{11} + (1/4)(K_{33} - 2K_{22}) \tag{6-17}$$

关于响应时间，根据 3.3.2 节的讨论，在外加电压时

$$\tau_{\text{on}} = \gamma_1 \big/ \left[\varepsilon_0\Delta\varepsilon E^2 - (\pi^2 K^2/d^2) \right] \tag{6-18}$$

电压去除时

$$\tau_{\text{off}} = \gamma_1 d^2 \big/ (\pi^2 K) \tag{6-19}$$

在非纯粹扭曲变形情况下，弹性系数 K 不是 K_{22}，而是取式(6-17)的形式。基于同样的理由，引(返)流效应的影响也会存在，不过在实际应用的外加电压下，其对开关延迟的影响很小，可以忽略不计。

参照典型的 TN LCD 用混合液晶材料的物性值，设弹性系数 $K_{11}=10\times10^{-12}$N，$K_{22}=5.4\times10^{-12}$N，$K_{33}=15.9\times10^{-12}$N，相对介电常数各向异性 $\Delta\varepsilon=10.5$，计算得到的阈值(临界)电压 $V_{\text{th}}\approx1.1$V。

设旋转黏滞系数 η_1=0.1Pa·s，对于 d=5μm，E=1V/5μm 的情况，计算得到的响应时间为

电压 ON 时：$\tau_{on}\approx 5.5$ms

电压 OFF 时：$\tau_{off}\approx 25$ms

需要指出的是，上述讨论只是针对指向矢取向对电场的响应，关于光学响应，还需要计算模拟。

6.2.1.4 视角特性

从 TN LCD 屏出射光波的偏振状态，依光的入射角度(即视角)不同而异。无外加电压时，因液晶扭曲取向而产生的旋光性，即使对于斜入射的光来说，也大概能维持。但是，如前一节所述，在外加较高电压的状态下，指向矢基本上与基板面呈垂直取向，从而液晶成为光学单轴性的双折射性介质。在外加中间电压的状态下，液晶显示出既具旋光性又具双折射性的双重特性。这样，依光的行进方向，即对显示屏画面的观视方向不同，表现出的旋光性与双折射性的比例不同。在双折射性介质中，与光轴成一定角度行进的光波是不能维持偏振光状态的，因此，从正交偏光片出射光的强度因观视角不同而异。图 6-8 分别针对常白(左)和常黑(右)型 TN LCD，在不加电压和外加 2.10V、5.49V 电压这三种状态下，表示射出光相对于视角(viewing angle)的等透射率曲线图。图中是将透射率相同的点连成一条一条的等透射率曲线来表示的。

6.2.1.5 预倾角和双向倾斜

以上对 TN LCD 的讨论是针对预倾角为 0° 的情况。而如果预倾角为 0°，在外加电压时，指向矢的变化有可能出现如图 6-9 所示的两种情况。如此两种倾角取向共存的状态称为双向倾斜。一旦在显示屏中的液晶物质中发生双向倾斜，与双向扭曲的情况同样，在二者的边界处会出现扭曲断层(disclination)。为避免这种扭曲断层的发生，实际的 TN LCD 屏中都要设法产生预倾角。预倾角一般为 3°~5°。先设法使上、下基板上的预倾角方向反平行，而后使一侧的基板旋转 90°，该旋转方向决定了能量稳定的指向矢取向的扭曲方向。因此，手性向列液晶材料的螺旋方向应同显示屏取向处理的扭曲方向相匹配。应特别注意所使用手性向列液晶材料的 HTP 值的符号。

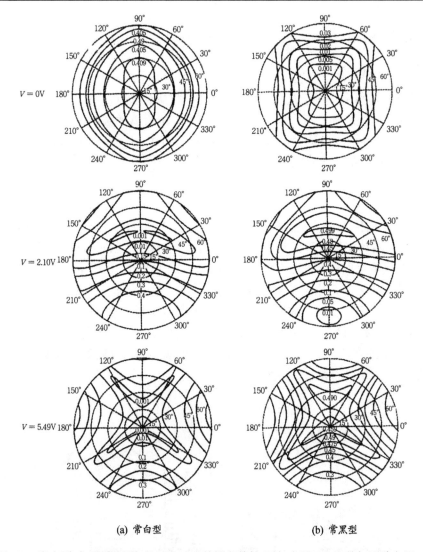

(a) 常白型　　　　　　　　　　(b) 常黑型

图 6-8　常白型(左)和常黑型(右)TN LCD 的视角特性[不加电压(0V)和外加两种电压(2.10V，5.49V)时的等透射率曲线]

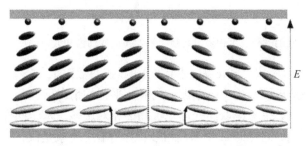

图 6-9　外加电压时指向矢可能出现两种相反方向的旋转，进而造成双向倾斜

6.2.2　STN 模式

6.2.2.1　90°以上的扭曲取向

在手性向列相中，对于指向矢扭曲取向的固有螺距来说，在满足下述条件的情况下，在取向处理的基板之间，可使 90°以上旋转角 Φ_t 的强制扭曲取向稳定化。这种 90°以上扭曲取向结构中的电气光学效应称为 STN(super twisted nematic，超扭曲向列)模式。通常 180°<Φ_t<270°。

$$\Phi_t/2\pi - 1/4 \leqslant d/p_0 \leqslant \Phi_t/2\pi + 1/4 \tag{6-20}$$

由于 d/p_0 的值表示两块基板间可容纳固有的 2π扭曲的个数，因此，$2d/p_0$ 的值等于整数 m 的情况下，可以有 $m/2$ 个的 2π扭曲以自然的状态被容纳于两块基板之间。设两块基板取向摩擦处理的方向相互平行，如图 6-10 所示，若 $2d/p_0$ 的值在 m 和 $m+(1/2)$ 之间，由于基板取向处理的效果，螺旋被拉长，这致使产生的强制螺距比固有螺距更长些，这样可使 2π扭曲的个数仍保持为 $m/2$ 个；相反，一旦 $2d/p_0$ 的值越过 $m+(1/2)$，螺旋被压缩，致使产生的强制螺距比固有螺距更短些，这样可使 2π扭曲的个数仍保持为 $(m+1)/2$ 个。也就是说，取向处理基板间强制螺距的π扭曲数为 m 个的存在条件为

$$m-(1/2) \leqslant 2d/p_0 \leqslant m+(1/2) \tag{6-21}$$

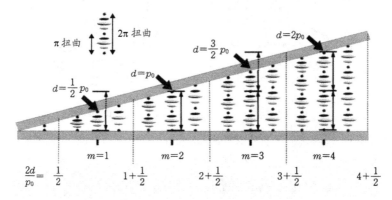

图 6-10　扭曲取向的螺距长度由液晶物质自发的扭曲取向力和取向处理基板的间隔决定

与式(6-20)对比可以看出，式(6-21)是半螺距的π扭曲数以 Φ_t/π 个稳定存在的条件。在以上论及两块基板取向处理的摩擦方向彼此平行的情况下，式(6-21)是 $\Phi_t=m\pi$ 扭曲的稳定化条件。如果考虑取向处理基板间的相对旋转，基于同样的理论，在旋转角±π/2 的范围内，同样的 m 个扭曲可以稳定存在。也就是说，在 TN LCD 情况下旋转π/2 的取向处理基板，对于 STN LCD 来说，即使旋转到π，也能获得 90°

以上的扭曲取向结构。

　　但是，为了使 90°以上的扭曲取向稳定化，需要使手性向列液晶的固有螺距 p_0 与液晶物质层厚度之间满足式(6-20)所示的关系。对于 240°扭曲的 STN LCD 来说，d/p_0 的值一般设定在 0.50~0.57 的范围内。这需要通过调整混合液晶材料中的手性向列液晶材料成分的组成比来实现。若固有螺距过短，会出现扭曲数过多的过扭曲状态，屏中会出现被称为条纹畴(stripe domain)的取向结构；相反，若固有螺距过长，会出现扭曲数过少的欠扭曲状态，屏中也会出现欠扭曲畴。无论哪种情况都会引起显示缺陷。

　　液晶材料的 HTP 与温度相关，因此手性向列液晶的固有螺距随温度而变化。而且，液晶物质层厚度是由液晶屏基板间的距离决定的，需要严格控制基板间距使全屏范围内间距保持均匀一致。为此，需要在 STN LCD 中使用研磨玻璃等，在制造方面要求极高。考虑到 HTP 随温度的变化以及显示屏基板间距在面内分布的离散性，液晶材料固有螺距长度的允许范围应比式(6-20)放大些。在混合液晶材料的调整中，手性向列液晶材料的添加量要比 TN LCD 中少得多，特别需要精细控制。

6.2.2.2　不加电压时的光学特性

　　与 TN 模式同样，STN 模式的光学特性也可通过琼斯矩阵进行解析和理解。在讨论 TN LCD 时，曾不失一般性地假设入射侧偏光片的偏振光轴与 x 轴的夹角为 Φ；两块偏光片偏振光轴的夹角为 ψ。若设透过入射侧的偏光片后入射光的强度变为原来的 1/2，则整个 STN LCD 的透射率可由下式计算：

$$I_r = (1/2)\left[\cos X \cos(\Phi_t - \psi) + \sin X \sin(\Phi_t - \psi)/\sqrt{1+\alpha^2}\right]^2$$
$$+ \alpha^2 \sin^2 X \cos^2(\Phi_t - 2\phi - \psi) \tag{6-22}$$

式中

$$\alpha = (1/2)\Delta\Phi/\Phi_t \tag{6-23}$$

而

$$\Delta\Phi = (2\pi/\lambda)\Delta nd \tag{6-24}$$

而且

$$X = \sqrt{\Phi_t^2 + (\Delta\Phi/2)^2} \tag{6-25}$$

在$\Phi_t=\pi/2$，即 TN 模式下，若$\phi=\psi=0°$，则式(6-22)变为常黑型 TN LCD 的式(6-14)；若$\phi=0°$，$\psi=90°$，则式(6-22)变为常白型 TN LCD 的式(6-12)。

6.2.2.3　外加电压时的光学特性

外加电压时指向矢的取向变形，可根据连续介质弹性理论进行解析。其中，由于手性向列液晶物质的存在而产生固有螺旋形成力，因此弹性能表达式(3-12)中第 2 项应变为

$$F_{\text{twist}} = (K_{22}/2)\left[\boldsymbol{n}_0 \cdot (\nabla \times \boldsymbol{n}) - 2\pi/p_0\right]^2 \tag{6-26}$$

由于指向矢的取向变化在液晶盒(屏)厚度方向(z 方向)是连续的，而在两电极基板的锚定力最小的屏中央部位(z=d/2)，变形最大。因此，可以用 z=d/2 处指向矢的倾斜角θ_m的大小来表征变形的大小。以扭曲角Φ_t为参数，表示θ_m与外加电压关系的计算结果如图 6-11(a)所示。

从图 6-11(a)可以看出，在 $180°\leqslant d/p_0\leqslant270°$扭曲角范围的，随外加电压变化，取向变形(倾斜角)表现出陡直的变化特性，这是 STN 模式的主要优势之一。在 STN LCD 中，为了工作的稳定性，需要有比 TN LCD 更大的预倾角。而且外加电压引起的指向矢的取向变化因预倾角不同而异。图 6-11(a)是预倾角为 5°的情况。在扭曲角为 240°的 STN LCD，改变预倾角时的特性差别如图 6-11(b)所示。

外加电压时，指向矢取向变形状态下液晶物质层的光波传输特性，可用 Berreman 的 4×4 矩阵法进行计算，取合连续介质弹性理论对指向矢取向变形的模拟，就能求出电压-光透射率特性。其结果与图 6-11(a)相似，在 $180°\leqslant d/p_0\leqslant270°$扭曲角范围内，STN LCD 可以获得变化陡直的电压-光透射率特性。

图 6-12 表示扭曲角Φ_t为 240°的 STN LCD 的电压-光透射率特性的一例。电压-光透射率特性曲线的斜率(坡度)称为陡峭度(steepness)。通常，利用光透射率从 10%变化到 50%的区域来定义陡峭度。

此外，在 STN LCD 中，一般是在基板取向处理的摩擦方向与偏光片的偏振光轴之间错开一定角度。这样，入射的直线偏振光会分为寻常光和非寻常光在液晶介质中传播，而在透过出射侧的偏光片时，二者将产生干涉现象。此干涉条件会因指向矢取向的微小变化而发生很大的变化，从而电压-光透射率特性同电压-指向矢取向特性相比，前者更为陡峭。

如同 5.4.2.3 节对点矩阵显示器的无源驱动所论，线顺序扫描的扫描电极数 N 越多，ON 像素电压与 OFF 像素电压之比值 $V_{\text{on}}/V_{\text{off}}$ 越小，且逐渐接近 1。因此，在实际的显示屏中，为增加扫描电极数，需要充分利用电气光学效应，以使即使很小的电压差别也能产生所需要的透射光强度变化。利用电压-光透射特性曲线陡

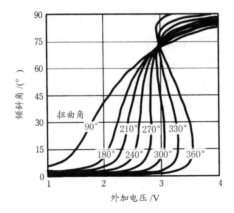

(a) 在不同的取向扭曲角参数下(界面预倾角为 5°)

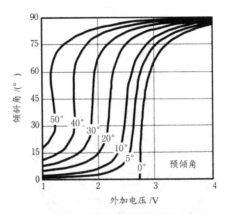

(b) 在不同的界面预倾角参数下(取向扭曲角为 240°)

图 6-11　在 STN LCD 屏液晶层厚度中央部位,指向矢的倾斜角同外加电压的关系

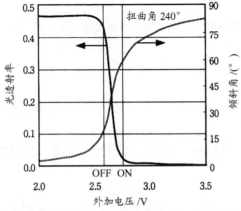

图 6-12　STN LCD 的外加电压-透射率特性(取向的扭曲角为 240°;界面预倾角为 5°。虚线表
示显示屏中液晶层厚度中央部位的指向矢倾斜角)

峭性优良的 STN LCD,采用无源矩阵驱动就能实现 TN LCD 无能为力的大显示容量的点矩阵显示。对于 STN LCD 来说,K_{33}/K_{11} 及 K_{33}/K_{22} 的值越大,而且$\Delta\varepsilon/\varepsilon_\perp$及 d/p_0 的值越小,电压-光透射率曲线越陡峭。

图 6-13 表示 STN LCD 视角特性之一例。图中的曲线是由电压 ON-OFF 时光透射率比值相等的点连接而成,是等对比度曲线。

对于具有一般扭曲角 Φ_t 的扭曲取向模式来说,其电气光学效应阈值(临界)电压同固有螺距 p_0 相对应,若设

$$r = 2\pi d /(p_0\Phi_t) \tag{6-27}$$

则阈值(临界)电压可由下式给出:

$$V_{th} = \pi\sqrt{K /(\varepsilon_0\Delta\varepsilon)} \tag{6-28a}$$

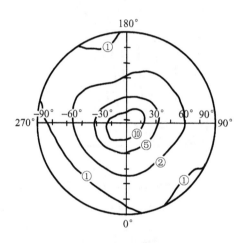

图 6-13　STN LCD 的视角特性一例(等对比度曲线)

式中

$$K = K_{11} + \left[K_{33} + 2(r-1)K_{22}\right](\Phi_t / \pi)^2 \tag{6-28b}$$

关于响应时间,与 TN LCD 的情况同样也是要同扭曲变形相对应,电压去除时

$$\tau_{off} = \gamma_1 d^2 /(\pi^2 K) = \gamma_1 /(\varepsilon_0\Delta\varepsilon + E_{th}^2) \tag{6-29}$$

电压施加时

$$\tau_{on} = \gamma_1 \Big/ \Big[\varepsilon_0 \Delta\varepsilon E^2 - (\pi^2 K / d^2) \Big] = \gamma_1 \Big/ \Big[\varepsilon_0 \Delta\varepsilon \Big(E^2 - E_{th}^2 \Big) \Big] \tag{6-30}$$

式中，$E_{th}=V_{th}/d$。以上各表达式，若设 $\Phi_t=\pi/2$，$r=0$，则回归到 TN LCD 的公式。

6.2.3　IPS 模式

6.2.3.1　均匀平行取向在横向电场作用下的变形及光学特性

如第 3 章所述，无论是 TN 模式还是 STN 模式，从结构上讲都是通过指向矢取向的扭曲变形来实现显示的。外加电压产生的电力线与基板表面垂直，指向矢的扭曲绕电力线进行。

与 TN 和 STN 模式相对，在第 3 章也曾指出，使指向矢与基板面平行且呈均匀取向，在这种结构的显示屏中，外加电压产生的电力线与基板面平行，并由该电压控制指向矢取向变化，进而控制光的透射率。目前这种工作模式的显示器已达到实用化，并在改善视角特性方面取得显著效果。

如图 6-14 所示，在相互平行的两块玻璃基板之一的同一块基板上，布置有两条平行的线状电极，由其外加电压，由该电压产生的电力线与基板面平行。基板表面取向摩擦方向与线状电极成 45°，且两块基板的摩擦方向呈反平行布置。电力线在电极附近发生弯曲[图 6-14(b)]，在理想状态下该电力线与平行于基板面的两电极垂直。指向矢与基板面平行且与电极成 45°，呈均匀取向。若忽略取向处理后基板的锚定力，在外加电压作用下，指向矢会在平行于基板的面内发生同样的 45°的旋转，即通过电压的 ON-OFF，使指向矢取向的变化在面内进行，因此这种工作模式被称为 IPS[①](in-plane switching，面内开关模式，又称面内切换、水平取向模式等)。

基于连续介质弹性理论，以外加电压为参数，可以计算液晶物质层沿厚度方向(以 z/d 为横坐标)的扭曲分布，图 6-15 表示计算结果的一例。外加电压由后述的阈值(临界)电压归一化。实际上，指向矢在平行于基板面内发生的扭曲是从与电极线夹角 45°到平行于电力线，即与电极线垂直(90°)的方向，最大扭曲角出现在液晶物质层的中央部位，即 1/2 层厚处(图 6-15)。

---

① 这种工作模式的报道最早见于 1973 年前后，1992 年因发现其可获得优于 TN LCD 视角特性的优秀电气光学效应而广受注目。这种工作模式被成功应用于 TFT 有源驱动 LCD，并于 1995 年实现商化，从此以后被正式命名为 IPS，以表示其工作模式。

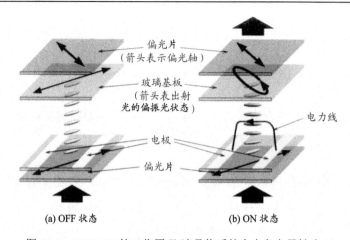

(a) OFF 状态　　　　　　　(b) ON 状态

图 6-14　IPS LCD 的工作原理(液晶物质的介电各向异性为正)

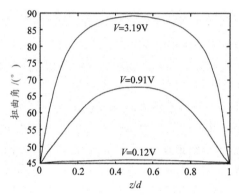

图 6-15　IPS LCD 指向矢扭曲角沿液晶层厚度(用 z/d 表示)的分布(参数为外加电压)

图 6-16 表示采用 TFT 的主动式矩阵 IPS LCD 中的电极结构。像素电极中间介以绝缘膜与对向电极及 TFT 被设置在同一基板上。

若设置入射侧偏光片的偏振光轴与基板表面取向摩擦方向相一致，则射入液晶介质的直线偏振光作为非寻常光线，在维持其偏振光状态的情况下，到达出射侧的偏光片。若出射侧的偏光片与入射侧偏光片的偏振光轴相互垂直布置，则在不加电压状态下，从理论上讲，显示屏的光透射率为零，呈暗状态。在外加电压的理论状态下，透过偏光片而变为直线偏振光的光波，沿着与单轴性双折射介质的光轴相垂直的方向行进，而偏振面与光轴成 45°角。因此，其会分解为寻常光和非寻常光在液晶介质层中传播，从而会受到液晶介质的双折射性的影响。在指向矢相同取向的液晶物质层中被分解为寻常光和非寻常光而传播的光波，透过正交偏光片出射时的强度，根据 3.2.3 节的讨论，可表示为

$$I' = E^2 \sin^2 2\phi \sin^2 \left[(\Delta n d / \lambda)\pi \right] \tag{6-31}$$

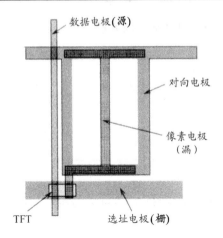

图 6-16　有源矩阵 IPS LCD 中像素的电极构成(像素电极和对向电极之间夹有绝缘膜,并在同
一块基板——阵列基板上形成)

因此,在指向矢与入射侧偏光片的偏振光轴所成的角度ϕ为π/4 的情况下,可求得

$$I' = E^2 \sin^2 \left[(\Delta nd / \lambda)\pi \right] \tag{6-32}$$

配合 6.2.1 节、6.2.2 节对指向矢扭曲取向的 TN LCD 及 STN LCD 的讨论,透过入
射侧偏光片光的强度变为原来的 1/2,进一步用 $u=2\Delta nd/\lambda$ 代换,则外加电压下 IPS
LCD 的光透射率为

$$I_r = (1/2)\sin^2 \left[(\pi/2)\sqrt{1+u^2} \right] \tag{6-33}$$

在实际的显示屏中,由于基板取向处理所产生的锚定力的影响,指向矢难以
实现完全一致的取向。正如图 6-15 所示,在靠近两基板附近,仍残留扭曲变形。
针对以上求出的指向矢的取向变形,由计算得到的光透射率-电压特性如图 6-17
所示。图中电压取值也是由阈值(临界)电压归一化的。

以上所论是针对指向矢沿电力线取向的情况,也就是说,液晶物质的介电常
数各向异性$\Delta\varepsilon$为正的情况。在介电常数各向异性$\Delta\varepsilon$为负的情况下,指向矢取向将
与电力线相垂直。但是,电力线是与电极垂直的,而基板表面的摩擦方向,即不
加电压状态下指向矢的方向,与电极间夹角方向为 45°,因此,无论液晶物质的
介电各向异性是正还是负,外加电压时光透射特性都是相同的。外加电压时的指
向矢方向无论与电极呈垂直状态,还是呈平行状态,液晶分子的光轴在相互垂直
的偏光片之间均呈 45°。换句话说,从原理上讲,液晶物质层介电各向异性的符
号无论是正还是负,IPS LCD 都能正常工作。而对于 TN LCD 及 STN LCD 来说,
液晶物质的介电常数各向异性不为正则不能产生电气光学效应。以下对 IPS LCD

的讨论仅针对液晶物质的介电常数各向异性为正而言。

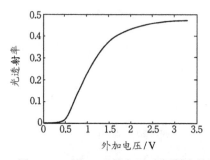

图 6-17　IPS LCD 的电压-光透射率特性

6.2.3.2　视角特性

图 6-18(a)是用等对比度曲线所表示的 IPS LCD 的视角特性。从上下左右方向看，在 160°以上的视角范围内，均可得到对比度超过 10 的视角特性，与图 6-18(b)所示 TFT 驱动的 TN LCD 相比，前者的视角特性可谓是十分出色。从原理上讲，IPS LCD 之所以具有优秀的视角特性，主要是因其具有同样取向的指向矢，即光轴仅在面内旋转所致[1]。斜方向观视对比度下降的原因也包含偏光片特性因素。图 6-19 是在正交偏光片布置下透射光强度同视角的关系。在中央的十字形区域光几乎不能透过。观视角从垂直于屏面方向倾斜，使等效的偏光片角度大于 90°，则光开始透过。这种效应在正交偏光片中间的 45°方位最为显著。光透射率对视角的相关特性也会引起视角-灰阶反转(grey level inversion)。图 6-20 针对 8 阶调灰显示的情况，表示不产生灰阶反转的视角区域，可以看出，图(a)所示 IPS LCD 的情况与图(b)所示 TN LCD 的情况相比，前者不发生灰阶反转的视角范围要宽得多。

在 IPS LCD 的视角特性中，特别是相对于指向矢的取向方面从某一倾斜方向观视时，会显示出特异性。下面分析一下外加电压时，支配透射光强度的液晶物质层的延迟，即Δnd 的值。对于非寻常光线的折射率Δn 来说，如同在折射率椭球(图 3-36)中所表示的那样，观视方向越是靠近与光轴平行，即视角从垂直于屏面方向倾斜角度越大，Δn 越是向小的方向变化。与此同时，光路长度也比 d 越来越大。但从二者的变化率看，Δn 的减小更快，因此Δnd 的值慢慢变小。结果，屏面看起来越来越向蓝色转变。另一方面，在与指向矢取向方向相垂直的方向，即使对于非寻常光来说，Δn 也是不变的。因此，Δnd 的值仅随光路的变长而增加。结果，在该方位角下，随着观视方向的倾斜，屏面看起来越来越偏向黄转变。这种色调随视角而异的现象称为彩色偏移(color shift)。图 6-21 是 IPS LCD 中的彩色偏

---

[1] 实际上，电力线并非完全与基板面平行，在空间的某些部位，指向矢会发生变形。但对于介电常数各向异性为负的液晶物质来说，由这种影响产生的指向矢取向变形要小些。

移特性与 TN LCD 对比测量结果之一例。该图是由 1931xy 色度图表示的。彩色偏移区域包括，在所有方位角下，由垂直于屏面方向直到倾斜 50°的视角范围。

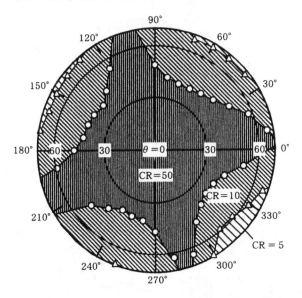

(a) 有源矩阵结构的 IPS LCD

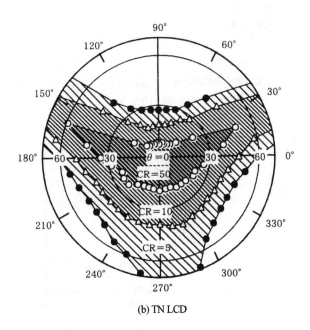

(b) TN LCD

图 6-18　两类液晶显示器视角特性的比较(等对比度曲线)

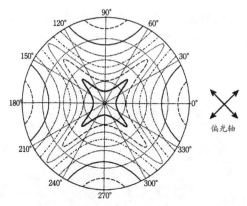

图 6-19　偏光片正交布置情况下的透射光强度同视角的相关性(垂直观视(视角为零)时几乎为消光状态)

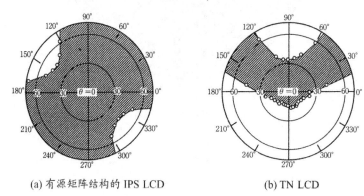

(a) 有源矩阵结构的 IPS LCD　　　　　　　　(b) TN LCD

图 6-20　两类液晶显示器灰阶显示的视角特性比较(剖面线所示为 8 阶调灰显示时,不产生灰阶反转的视角区域)

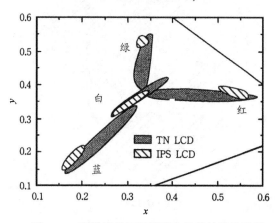

图 6-21　两类液晶显示器彩色偏移特性的比较

6.2.3.3　阈值(临界)电压和响应时间

若将指向矢在面内的旋转仅考虑为纯粹的扭曲变形，则利用连续介质弹性理论可对 IPS 模式的阈值(临界)电压进行计算。引起扭曲变形的起始电压值为

$$V_{th} = (\pi l / d)\sqrt{K_{22} /(\varepsilon_0 |\Delta\varepsilon|)} \tag{6-34}$$

式中，之所以用相对介电常数各向异性的绝对值|Δε|，是考虑到该式对负型液晶也能适用；l 为电极间距[①]。

关于 IPS 模式的响应时间，在忽略引(返)流效应的前提下，对纯粹的扭曲变形，在电压去除时

$$\tau_{off} = \gamma_1 d^2 /(\pi^2 K_{22}) = \gamma_1 /(\varepsilon_0 |\Delta\varepsilon| E_{th}^2) \tag{6-35}$$

外加电压时，在扭曲角很小的前提下，式(3-44)的 $\cos\phi \sin\phi$ 等于 ϕ，则

$$\tau_{on} = \gamma_1 / \left[\varepsilon_0 |\Delta\varepsilon| E^2 - (\pi^2 K_{22} / d^2) \right] = \gamma_1 / \left[\varepsilon_0 |\Delta\varepsilon| (E^2 - E_{th}^2) \right] \tag{6-36}$$

式中，E 为外加电场强度；$E_{th}(=V_{th}/l)$ 为阈值(临界)电场强度。

若在 $d=5\mu m$，$l=20\mu m$ 的 IPS LCD 中使用前述的 TN LCD 用混合液晶材料，在弹性系数 $K_{22}=5\times10^{-12}N$，相对介电常数各向异性 $\Delta\varepsilon=10$ 的前提前，由式(6-33)计算得到的阈值(临界)电压

$$V_{th} \approx 3.0V$$

此值是 TN LCD 阈值(临界)电压的 3 倍左右。这是由于 l/d 的值是 TN LCD 的 4 倍，其影响最大。另一个较小的影响因素是，在三个弹性系数中，与 IPS 模式相关的 K_{22} 是最小的一个。

设旋转黏滞系数 $\gamma_1=0.1Pa\cdot s$，$E=4V/20\mu m$ 情况下的响应时间

电压 ON 时：$\tau_{on} \approx 64ms$

电压 OFF 时：$\tau_{off} \approx 60ms$

与 TN LCD 相比，OFF 时的响应时间为 2 倍，ON 时的响应时间达 10 倍以上。关于电场强度 E，是与 TN LCD 同样条件下计算的。与 TN LCD 相比，IPS 模式在响应时间这一点是很差的，这是因为弹性系数 K_{22} 小，在增加阈值(临界)电压的同时，还使响应时间明显增长。

---

① 对于 TN LCD 和 STN LCD 来说，电极间距 l 实质上等于液晶层厚度 d，因此 l/d 等于 1。

6.2.4 VA 模式

6.2.4.1 均匀垂直取向在纵向电场下的变形及光学特性

TN LCD 及 STN LCD，还有 IPS LCD，无一不是以液晶分子与基板平行的取向状态为出发点，通过与基板垂直或平行方向的电场引起取向变形的工作模式加以说明的。下面将对以液晶分子与基板垂直取向状态为出发点的 VA(vertical alignment，垂直取向)模式进行说明。在已实用化的模式中，一般是采用介电常数各向异性为负的液晶物质，并使液晶分子相对于垂直于基板方向的电力线呈倾斜的方式。也就是说，是在与 TN LCD 同样的两块平行基板上所设的面电极之间外加电压。

首先，在不加电压的状态下，如图 6-22(a)所示，指向矢沿基板法线方向均匀取向。此即 3.2.3 节图 3-43 所示的取向状态，将其夹于偏振光轴相互正交的两块偏光片中间，从原理上讲，可获得全黑状态。

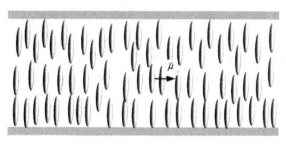

(a) 不加电压

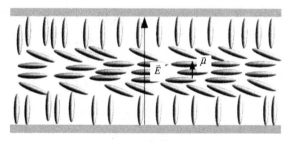

(b) 外加电压

图 6-22 VA 模式中液晶屏内指向矢的取向(液晶物质的介电各向异性为负，$\bar{\mu}$ 从为液晶分子具有的永久偶极矩)

外加电压作用下，考虑指向矢仅以相同的角度 θ 倾斜的状态。如 3.2.3 节所述，由偏振光轴夹角为 ψ 的一对偏光片所夹液晶物质层中，在光的行进方向与指向矢方向所呈角度为 θ 的情况下，透射光强度已由式(3-36)求出，即

$$I = E^2 \left[\cos^2 \psi - \sin 2\phi \sin(\phi + \psi) \sin^2 (\Delta \Phi / 2) \right] \tag{6-37}$$

式中，ϕ 为入射侧偏光片的偏振光轴与指向矢倾斜面之间的角度；$\Delta\Phi=(2\pi/\lambda)[n_e(\theta)-n_0]d$。

在正交偏光片的情况下，$\psi=90$，现若设 $\phi=45°$，则

$$I = E^2 \sin^2 \left\{ (\pi / \lambda) \left[n_e(\theta) - n_0 \right] d \right\} \tag{6-38}$$

在这种液晶盒(屏)结构中产生的电气光学效应称为 DAP(deformation of vertical aligned phase，垂直取向相的变形效应)。

实际上，由于基板表面取向处理的锚定效应，在基板界面上指向矢仍会维持垂直取向，这样，如图 6-22(b)所示，在外加电压下，液晶层会变成包含有弯曲变形的取向状态。但是，如果指向矢完全垂直于电极基板面取向，则倾斜方位角是不确定的。如图中所示，为了以某一方位角产生相同的倾斜，对于利用高分子薄膜进行垂直取向处理的基板表面，需要通过摩擦等方法，产生相对于垂直方向稍微倾斜的预倾角。

6.2.4.2　对外加电压时着色的光学补偿

DAP 模式的阈值(临界)电压为

$$V_{th} = \pi \sqrt{K_{33} / (\varepsilon_0 |\Delta\varepsilon|)} \tag{6-39}$$

图 6-23(a)表示光透射率同外加电压的关系。

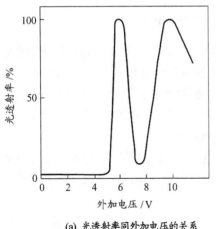
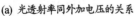

(a) 光透射率同外加电压的关系

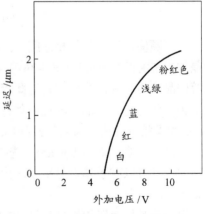

(b) 延迟同外加电压的关系

图 6-23　垂直取向模式(DAP-)LCD 的特性

如式(6-38)所示，在 DAP 方式的液晶屏(盒)中，透射光强度与波长相关。

对于垂直于屏面行进的光束说，延迟(retardation)同外加电压的关系如图 6-23(b)所示。利用位相差膜对在外加电压状态下的着色进行补偿方式的电气光学效应，就是人们所说的 VA 模式。下面，对 VA 模式中的光学补偿原理做简要说明。

在图 6-24 所示构成的 VA LCD 中，垂直取向屏夹于一对正交偏光片之间。在光入射侧的偏光片与液晶盒(屏)之间插入一片光学单轴性膜，而在光出射侧的偏光片与屏之间插入两片光学单轴性膜。在屏的上下两侧各有一片光学膜为负的单轴性位相差膜($n_x=n_y>n_z$)，而屏的最上方设置的另一片光学膜为正的单轴性位相差膜[①]($n_x>n_y=n_z$)。

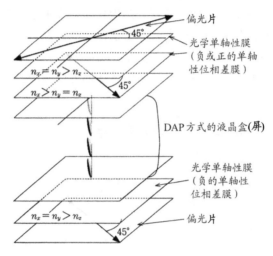

图 6-24　VA LCD 中的光学补偿原理

下面顺便讨论一下位相差膜。3.1.3.3 节已经指出，向列液晶是光学正的单轴性晶体。在由折射率椭球(图 3-36)所表示的折射率三个分量 n_x、n_y、n_z 中，有两个相等的晶体为单轴性晶体。若彼此相等的两个折射率的值比第三个小($n_x=n_y<n_z$)，则这种晶体为光学正的单轴性晶体，反之($n_x=n_y>n_z$)为光学负的单轴性晶体。n_x、n_y、n_z 均不相等的情况为双轴性晶体(biaxial crystal)。

对聚碳酸酯(polycarbonate)等透明高分子膜进行延伸等操作，使其主链发生取向排列，就可以赋予其折射率各向异性。而依拉伸方向不同，还有单轴拉伸膜和双轴拉伸膜之分。

用于液晶显示器的光学补偿，位相差膜沿厚度方向的折射率 n_z 具有重要意义。用于 FSTN LCD 时，在使 x-y 面内具有各向异性 $n_x>n_y$ 的膜中，按 n_z 的大小，有

---

① 正的单轴性位相差板又称 A 板(A plate)，而负的单轴性位相差板又称 C 板(C plate)。

①$n_x>n_y=n_z$ 及②$n_x>n_z>n_y$，③$n_z=n_x>n_y$ 这三种类型。用于 VA LCD 时，为使 z 方向折射率小，可采用①$n_x>n_y=n_z$，④$n_x>n_y>n_z$，⑤$n_x=n_y>n_z$ 这三种类型的位相差膜。其中，②$n_x>n_z>n_y$ 和④$n_x>n_y>n_z$ 的位相差膜是光学双轴性的。而且①为单轴拉伸膜，其他均为双轴拉伸膜。

　　由于在显示屏的下侧，即光的入射侧设置的位相差膜具有负的单轴性，因此在不加电压的状态下，其与具有正的单轴性的液晶物质层相重叠，若二者的延迟正好相互补偿，则总的延迟效果为零。在理想状态下，若夹于相互正交的偏光片之间，则透射光强度完全为零。图 6-25 表示这种状态下光透射率与视角的相关性。由接近 45°角的倾斜方向看，漏光特性与正交偏光片的视角特性相差无几。在外加电压状态下，液晶物质层中产生指向矢取向变形，从而延迟补偿不完全。因此，外加电压时与不加电压时的透射光强度之比，即对比度会残留视角的相关性。

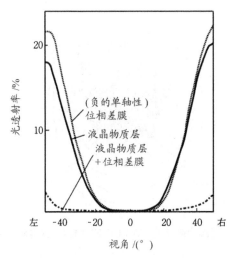

图 6-25　VA LCD 中光透射率与视角的相关性(实线表示液晶物，虚线表示位相差膜，点线表示二者相组合的效果)

　　通过在显示屏的上侧，即出射光侧积层设置的位相差膜，可以改善上述的视角特性。图 6-26 是相对于正交偏光片中央的方位角，即观视角度从垂直于屏面方向倾斜时的光透射率变化曲线。图中横轴表示正位相差膜的延迟。在图中所示情况下，当 Δnd 为 50nm 时，延迟为零，即与不存在正的位相差膜的布置相比，不加电压情况下光透射率与视角的相关性可得到最显著的改善。与 TN LCD 相比，这种构成的 VA LCD 的对比度视角特性也得到大幅度改善。图 6-27 是以等对比度曲线表示的 VA LCD 视角特性。与图 6-18(b)所示的 TN LCD 的视角特性相比，前者可以获得更宽的视角。

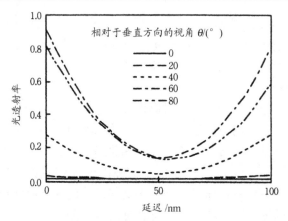

图 6-26　在 VA LCD 中，使位相差膜的延迟变化时对光透射率的影响(以视角为参数)

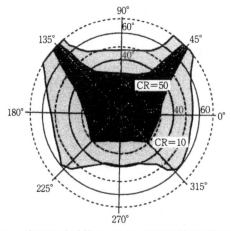

图 6-27　有源矩阵结构 VA LCD 的视角特性(等对比度曲线)

6.2.4.3　阈值(临界)电压和响应时间

关于 VA LCD 的响应时间，如前所述，引(返)流效应的影响很大。尽管响应时间因变形程度不同而异，但由于弯曲变形的贡献更大些，因此一般可由下式近似：

$$\tau_{\text{on}} = (\gamma_1 - {\alpha_2}^2/\eta_2)/(\varepsilon_0 \Delta\varepsilon E^2 - \pi^2 K_{33}/d^2) \tag{6-40a}$$

$$\tau_{\text{off}} = (\gamma_1 - {\alpha_2}^2/\eta_2)d^2/(\pi^2 K_{33}) \tag{6-40b}$$

若设液晶材料的弹性系数 $K_{33}=15.4\times10^{-12}\text{N}$，相对介电常数各向异性$\Delta\varepsilon=-4.8$，根据式(6-39)可求得 VA LCD 的阈值(临界)电压

$$V_{\text{th}}\approx1.9\text{V}$$

而且，若设旋转黏滞系数 γ_1=0.1Pa·s，且不考虑引(返)流效应的影响，在 d=5μm、E=2V/5μm 情况下，计算得到的响应时间

电压 ON 时：$\tau_{on}\approx$138ms

电压 OFF 时：$\tau_{off}\approx$16ms

液晶的三个弹性系数中，K_{33} 最大，而且在实际的驱动条件下，引(返)流效应还有使实际黏度下降的效果，因此采用 VA 模式可以获得更快的响应特性(例如，上述计算中用 2V 代替 1.9V 的阈值(临界)电压，但实际外加电压是阈值(临界)电压的 1.5 倍，即 2.8V，由此计算得到的 $\tau_{off}\approx$12ms)。另一方面，如 3.1.3.1 节关于液晶的介电性中所述，介电常数各向异性为负而且要大，这同正的情况相比，从理论上讲是相当难实现的，对实用的液晶材料来说，也有这种倾向。为缩短响应时间，弹性系数 K_{33} 也能更大些，但由此造成 VA 模式的阈值(临界)电压会更高。

6.2.5　其他模式简介

除了上述几种已达到实用化的液晶显示模式之外，近年来应动画显示的要求，人们对具有高速响应特性的光学补偿弯曲(optically compensated bend, OCB)显示模式以及铁电、反铁电显示模式格外注目，后二者还具有基于双(多)稳态的存储特性。下面分别做简要介绍。

6.2.5.1　向列液晶的高速响应模式——OCB 模式

在液晶分子相对于基板水平取向的显示屏中，两块基板相组合是使预倾角的方向呈反平行状态。其结果，在不加电压的状态(OFF)下，指向矢呈相同取向，即使显示时需要令液晶产生扭曲变形，但其展曲变形及弯曲变形也较少发生。这一方面是导致视角较小的原因，另一方面也造成响应速度较慢。为此，也应该积极地利用展曲变形和弯曲变形。光学补偿弯曲(optically compensated bend, OCB)模式就是成功利用弯曲变形的实例，这种模式不仅可以扩大视角，特别是在提高响应速度方面极为有效。

在 OCB 模式中，如图 6-28 所示，上下两块玻璃基板的取向处理方向相一致。这样，在基板界面处，若指向矢相对于上下基板来说处于相同的方向，则向列液晶分子就会产生如图 6-28 所示的弯曲变形。具有这种弯曲结构的液晶盒在历史上称为π盒(π cell)。

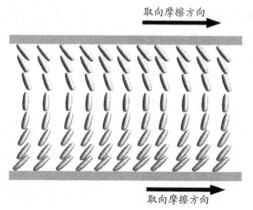

图 6-28　向列液晶的高速响应模式——OCB 模式

上述状态下，如果在上下基板之间施加足够大的电压，在介电各向异性为正的液晶物质的场合，除了界面过渡区之外，会形成如图 3-43 所示的垂直取向结构变化。在厚度方向的中央部分，指向矢几乎不发生再取向[不发生引(返)流效应，参照图 9-50]，因此电压去除时的弛豫也是高速的。上述π盒与光学补偿位相差膜相组合的模式即为 OCB 模式。图 1-35 表示 OCB 驱动的原理，表 1-5 给出 OCB 驱动的优缺点及同其他驱动模式的比较。

6.2.5.2　高速响应特性突出的铁电液晶

1975 年有人发表论文指出，有一种液晶呈现铁电性。此后 Clark 等于 1980 年发表论文，认为表面稳定铁电液晶(surface stabilized ferroelectric liquid crystal, SSFLC)在双稳态之间产生开关作用。由于在电场与自发极化的作用下产生液晶响应，其响应速度在几十微秒之内，可以说是所有液晶驱动模式中最快的，从而引起了人们的关注。虽然其存储功能和良好的视角特性也受到好评，但必须提高其取向抗机械压力等性能。

反铁电相(anti-ferroelectric phase)具有自己修复取向破损的功能，人们关注其在 TFT LCD 上的应用。

1. 铁电性液晶的自发极化

在处于手性层列 C 相的情况下，液晶分子围绕分子长轴的旋转受到某些锚定。此时，正如平行于指向矢的分子模式图(图 6-29)所示，会呈现三个介电常数成分。$\delta\varepsilon \equiv \varepsilon_2 - \varepsilon_1$ 表示双轴性，而自发极化(spontaneous polarization) P_s 与既包含 n 指向矢又包含 C 指向矢的平面的垂直方向(ε_2 成分方向)相一致。尽管围绕分子长轴的旋转显然是不会停止的，但只不过有百分之几的分子偶极矩反映在自发极化上。

在反铁电手性层列 C 相中，相邻层间指向矢变为反平行。因此，各层所具有的自发极化在相邻层间互相抵消。n 指向矢螺旋结构的螺距为μm 级，比几纳米的层与层之间的间隔约长两个数量级。因此，就宏观而言，自发极化消失。

2. 铁电性液晶的工作模式

与向列液晶 IPS 模式的原理一样，在保持液晶分子相同取向结构的前提下，外加电压使之发生旋转的模式，在层列液晶中也可以实现。铁电性手性层列液晶中的 SSFLC 驱动模式就属于此。实际上，SSFLC 比其他模式更早实现了实用化。

在手性层列 C 相中，由于 **n** 指向矢相对于层面发生倾斜(图 6-29)，在法线方向形成螺旋结构。**C** 指向矢形成连续的扭转结构。自发极化 P_s 与包含 **n** 指向矢和 **C** 指向矢的平面相垂直。

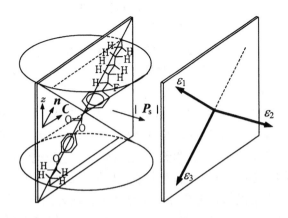

图 6-29　手性层列 C 相中的液晶分子的双轴性 δ_E 和自发极化 P_s

如果用两块电极基板将这种层列液晶物质夹于其中，形成厚度约 2μm 的薄层，则螺旋结构被消除(即图 2-71~图 2-73 所示的消除螺旋结构)，进而变为只能以两个状态存在的铁电性结构。层列相结构的层面基本上与基板面垂直。由于 **n** 指向矢和 **C** 指向矢同时与基板面基本上平行，因此，自发极化与基板面基本平行。这样，自发极化的方向就对应基板电极间电压的极性反转而发生变化。其结果，**n** 指向矢在相对于层法线倾角两倍范围对应的两方向间产生开关动作。在与 IPS 模式具有相同的光学原理下，得到明暗变化。**n** 指向矢的开关角为 45°的情况下，可获得最大的明暗变化。

上述铁电液晶最显著特征是可获得μs 量级的高响应速度。响应速度可由式(6-39)表示

$$\tau = \eta / (Kq_0^2 + EP_s) \tag{6-41}$$

式中，η 是与 **n** 指向矢在层法线周围旋转相关的黏滞系数；K 是层螺旋的弹性常数；$q = 2\pi/P_0$，而 P_0 是螺旋结构的螺距。

铁电型液晶在大容量显示及存储型显示方面具有良好的应用前景，从而受到广泛注目。这种 FLC 型电气光学效应分为非存储(单稳态)型和存储(双稳态)型两大类[①]，二者的区别在于不施加电场时初始分子排列不同。

3. 非存储(单稳态)型

在进行过平行取向处理的电极基板间，充以 S_C^* 液晶，制成三明治结构的液晶盒。要求液晶盒的厚度比其手性节距 z 要大得多。若把电极基板面与纸面看成同一平面，则在这种厚膜 S_C^* 液晶盒中，不施加电场($E=0$)时初始的分子排列如图 6-30(a)所示。也就是说，与层的法线成 θ 角度、呈相同倾斜排列的液晶分子构成各个层列面，层列面与电极基板呈垂直排列，螺旋轴与该基板面平行。同时每个垂直的层列面中，液晶分子的方位呈整齐排列。

因此，源于永久偶极矩的自发极化的方向从层到层随螺旋旋转。作为整个液晶盒来说，自发极化不会相互抵消，但是层列的每一层中，永久偶极矩以一定的方位有序排列，从而产生有限的自发极化。

而当对此厚膜 S_C^* 液晶盒(a)施加直流电场时，自发极化强度 P_s 与电场强度 E 的相互作用力 $P_s \cdot E$ 随电场强度的增加会使螺旋间距加长。最终在电场强度超过一定大小的临界场强($E \gtrless \pm E_c$)时，z 变为无限大，螺旋结构完全消失。

螺旋结构消失的液晶盒的分子排列状态，与层列 C 结构相当，可由图 6-30(c)或图(d)表示。施加电场的极性方向相对于纸面来说向外的情况($E>+E_c$)，如图(c)所示，向里的情况($E<-E_c$)如图(d)所示。也就是说，随电极的极性变换，液晶分子的倾斜角相对于层列法向来说，在电极面内变换 2θ 的角度。

4. FLC 型 LCD 的各种方式[②]

1) 双折射方式

在相正交的偏振片间夹有 S_C^* 液晶盒，使施加电场 $E<-E_c$ 的分子排列中分子长轴方位与一方偏振片的偏振光轴相一致，入射直线偏振光透过液晶盒时不受双折射作用，整个液晶盒呈现暗的状态[图 6-30(d)]。而当施加电场的极性反转时($E>+E_c$)，分子长轴的倾斜方位角产生 2θ 的变化，从而入射直线偏振光发生双折射，液晶盒全体发生光干涉现象，从而呈现亮的状态(图 6-30(c))。这样，通过施加直流电场正、负极性的切换就可以实现光闸。在这种方式中，明暗的最大对比度可以在 S_C^* 液晶的倾斜角 θ 为 22.5°(=45°/2)的条件下实现。

---

① 施加电场，初始分子排列发生再排列，出现另外的分子排列状态，电场去除后可维持这种再排列状态的情况称为存储(双稳态)型，而返回初始分子排列状态的情况为非存储(单稳态)型。

② 这些铁电型 LCD 的各种方式，也可适用于下面第 5 节中将要讨论的存储型薄膜 S_C^* 液晶盒的情况。

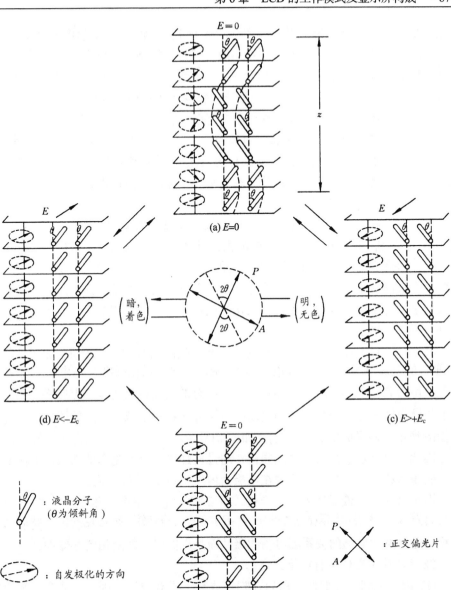

图 6-30 铁电型电气光学效应的原理

2) 二色性方式

在本方式中,使用溶解有二色性染料的 S_C^* 液晶盒和一个偏光片。在施加电场 $E<-E_c$ 后的分子排列中,使分子的长轴方位与偏振光轴相一致,这样入射直线

偏振光受到二色性染料最大限度地吸收，整个液晶盒很强地着色[图 6-30(d)]。而后，若使施加电场的极性反转($E>+E_c$)，则分子长轴的倾斜方位角发生 2θ 的变化，从而入射直线偏振光受染料的吸收明显减少，整个盒色彩变淡乃至接近无色[图 6-30(c)]。在这种方式中，S_C^* 液晶的最佳倾斜角 θ 为 45°(=90°/2)。

在以上所述的利用比较厚的铁电型 S_C^* 液晶盒光开关现象的方式中，如图 6-30 所示，(d)和(c)的分子排列状态通过电场的去除会时常返回到(a)的分子排列状态，因此不能用于存储。也就是说，无施加电场($E=0$)的最稳定的分子排列状态如图 6-30(a)所示，是唯一的。这便是单稳态型称为非存储型的理由。

5. 存储(双稳态)型

首先，在经过平行取向处理的电极基板间充以铁电型 S_C^* 液晶构成三明治结构，铁电型 S_C^* 液晶的厚度与其螺距相比要小得多。这样形成的分子排列[图 6-30(b)]，在不施加电场($E=0$)的情况下与螺旋结构消除的层列 C 结构相当。因此，作为整个液晶盒来说，分子排列状态一般是不一样的，但是全体液晶分子与电极基板面呈平行排列，各层列的自发极化的排列方位至少是相对于纸面来说，或者向外，或者向里呈整齐排列。

其次，若对上述分子排列状态的铁电型薄膜液晶盒[图 6-30(b)]施加超过临界场强 E_c 的直流电场，如图 6-30(c)、(d)所示，在自发极化强度 $\boldsymbol{P}_s$ 与电场强度 $\boldsymbol{E}$ 间相互作用力 $\boldsymbol{P}_s \cdot \boldsymbol{E}$ 的作用下，液晶盒全域中所有的自发极化的排列方向将与施加电场的极性呈同一方向排列。施加电场的极性方向相对于纸面向外的情况($E>+E_c$)，如图(c)所示，向里的情况($E<-E_c$)，如图(d)所示。

因此，与厚膜液晶盒的情况同样，通过施加电场极性方向的切换，液晶分子的倾斜角将相对于层列面的法线在电极面内发生 $\pm\theta$ 的角度变化。

图6-31表示了液晶排列和工作模式(图2-72)。S_C^* 液晶分子是在圆锥形内运动，以与自发极化($\boldsymbol{P}_s$)同电场($\boldsymbol{E}$)之点积($\boldsymbol{P}_s \cdot \boldsymbol{E}$)成正比的转矩，在稳定的两个状态之间转换。透射率和电场的关系因电场的极性而呈现回滞，即所谓的存储性。

SSFLC 的主要优点有如下三点：

(1) 因为能利用存储性，所以在扫描线数上没有限制。因而，适合于高清晰度显示；

(2) 响应速度快，现已实现十几微秒每线的写入时间；

(3) 视角非常宽，从哪个方向看也能获得同样的显示质量。

虽然其性能无论从哪方面都超过 STN，但 FLC 也有其特有的技术课题。

液晶盒(屏)制造工艺基本与 STN 一样，但个别单元技术以及控制指标变得更难实现。原因有二：一是层列液晶均匀取向难；二是液晶层的薄膜化难。

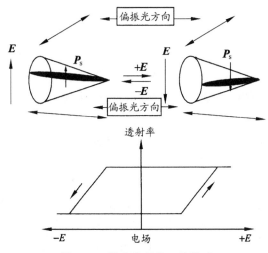

图 6-31　铁电液晶的工作模式

　　盒间隙一般要达到 1~2μm。这是因为，第一，只有实现薄膜化才能在界面形成双稳态；第二，为了利用上下一对偏光片电控双折射效应(ECB)以进行黑白显示，必须将液晶双折射(Δn)与盒间隙(d)之积(Δnd)设定为小于 0.2μm。与 STN 的 5~7μm 的盒间隙相比，无论在制造工艺的洁净度上，还是在基板表面光洁度要求上都要严格得多。顺便提一句，在已实用化的面板中将间隙控制在 1.5±0.05μm。

　　对于铁电型厚膜液晶盒和薄膜液晶盒二者来说，图 6-30(c)和(d)所示的分子排列状态间的转换现象存在很大的区别。在薄膜液晶盒的情况下，即使电场被去除，图 6-30(c)及(d)的分子排列状态通常仍保持其原来状态不变，即具有存储效应[①]。也就是说，一旦电场施加之后，即使去除电场(E=0)，稳定的分子排列状态可以是自发极化取向方位全部保持一致排列的图 6-30(c)或(d)中的任何一方。因此，薄膜液晶盒的铁电型电气光学效应因其存储性称为双稳态(bistable)型。

　　6. 铁电型液晶组件的响应性

　　由于铁电型液晶盒的电气光学效应是由自发极化强度 P_s 与电场强度 E 的强力相互作用($P_s·E$)产生的，因此与基于介电各向异性$\Delta\varepsilon$和电场强度的弱相互作用($\Delta\varepsilon E^2/2$)的通常的非铁电型液晶盒的情况相比，前者的响应速度要快若干个数量级，达微秒量级。不过，这种高响应速度，要在自发极化的取向趋于一致、螺旋结构取消的薄膜液晶盒[图 6-30(c)、(d)]中才能实现(图 2-72 和图 2-73)。

---

　　① 即使在薄膜液晶盒的场合，由于取向控制的种类及铁电型液晶材料种类的不同，也可能出现不具有存储功能(双稳态)的情况。

6.2.5.3 可实现多稳态的反铁电液晶

1. 反铁电相的发现

1983 年，Levelut 等曾报道，在 MHTAC(表 6-1)中存在一个新的近晶相，称为近晶 O 相(S_mO^*)。它有些类似于 S_mC^*相(即前面提到的手性近晶铁电型液晶 S_C^*相)。1988 年，Goodby 等发现手性化合物(R)–和(S)–10B1M5(表 6-1)较其外消旋混合物多了两个近晶相，且指出这些相变点的熵变极小。Hiji 和 Furukawa 在观察 MHPOBC(表 6-1)铁电相双稳态时，于电场研究中发现了一个第三态，使得此液晶具有一清晰的阈值，故暂定此液晶相态为手性近晶 Y 相(S_mY^*)。而 Chandani 等则在观测 MHPOBC 时发现这一相态为反铁电相，并提出了反铁电相与铁电相之间三稳态转换的实际应用。Chandani 等将这一相态命名为 $S_mC_A^*$相 (antiferroelectric chiral smectic C phase)，其下标 "A" 代表反铁电，其含义涉及液晶的分子取向排列，而这一相态的结构与普通 S_mC^*相的结构相似。1989 年，这个相态被差示扫描量热法(DBC)和互溶研究确定为一全新相态。1990 年，Galerne 透过测量 S_mO^*薄膜的双折射，提出该相态结构相似于鱼骨纹结构(herringbone structure)。后来证明，S_mO^*相及 S_mY^*相都为 $S_mC_A^*$相。通过对反铁电液晶性质的研究，人们将在相变过程中出现反铁电相的液晶定义为反铁电型液晶。

表 6-1 几种反铁电型液晶的分子结构

以后经过观测，又发现了许多存在于 $S_mC_\gamma^*$区内的亚相。如 $S_mC_\gamma^*$相是亚铁电相(ferrielectric phase)，$S_mC_\alpha^*$是另一个类似于反铁电相且具有更复杂结构的亚相 (antiferroelectric-like)。

2. 反铁电相的分子排列及转换性质

反铁电手性近晶相 $S_mC_A^*$ 与铁电手性近晶相 S_mC^* 的结构相似，分子排列呈螺旋结构。如图 6-32 所示。图(a)、(b)为反铁电 $S_mC_A^*$ 相的螺旋结构及分子取向排列示意图，图(c)为铁电 S_mC^* 相螺旋结构示意图。

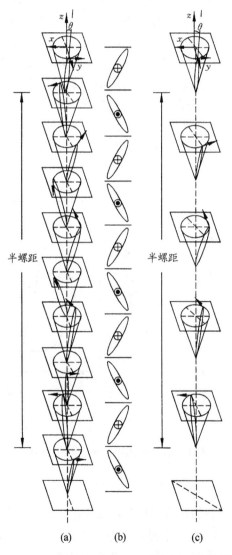

图 6-32 反铁电相(a)、(b)及铁电相(c)螺旋结构示意图

　　反铁电手性近晶相分子呈层状排列，每一近晶层中分子长轴倾斜于近晶层法线方向，呈相同的角度；而相邻分子长轴倾斜角度相同，方向相反。自发极化矢量 P_s (spontaneous polarization)在相邻层内亦呈相反方向，因而相互抵消，净值为零。在铁电液晶内，邻层分子倾斜于同一方向，自发极化不为零，形成了与轴平行的螺旋结构。

　　1989 年，Chandani 等提出了反铁电液晶的三稳态在平板显示中的实际应用。其显示原理是根据反铁电液晶相态中存在三个相态，即两个均匀态(铁电 S_mC^*相)和一个第三态(反铁电 $S_mC_A^*$相)。在不加电场时，相邻层中的分子沿反向倾斜排列，相邻层偶极矩相互抵消，指向矢平行于近晶层法线，故呈反铁电性。若把液晶盒放在偏振方向相互垂直的两偏光片(偏振方向平行或垂直于近晶层法线)之间，将得到暗态。在施加外电场后，反铁电相(AF)转变为铁电相(FO)。根据所加电场的偏振旋光性，若光轴与偏光片不平行，指向矢与近晶层法线成一倾斜角，则将得到其中一个铁电相——亮态。反铁电相和铁电相之间的转换呈正、负双滞后特性，即在多路驱动中，有正向和负向的滞后，如图 6-33 所示。

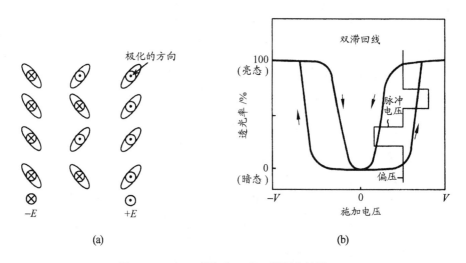

图 6-33　AFLC 的取向(a)和双滞回线特性(b)

　　反铁电液晶相态中三稳态的转换形式是：第三态到均匀态($S_mC_A^* \rightarrow S_mC^*$)，均匀态到第三态($S_mC^* \rightarrow S_mC_A^*$)，均匀态到均匀态($S_mC_1^* \rightarrow S_mC_2^*$)。

　　另外，与反铁电相性质相似的"亚相"(亚铁电相 $S_mC_\gamma^*$)，根据其取向性质可以确定为四稳态转换。图 6-34 所示为铁电相(FO)、亚铁电相(FI)及反铁电相(AF)

的分子取向排列及二稳态、三稳态、四稳态转换。图 6-34(a)为二、三、四稳态转换；图 6-34(b)为分子取向排列：①双稳态转换 FO(+)↔FO(−)；②三稳态转换 FO(+)↔AF(+)↔FO(−)；③四稳态转换 FO(+)↔FI(+)↔FI(−)↔FO(−)。

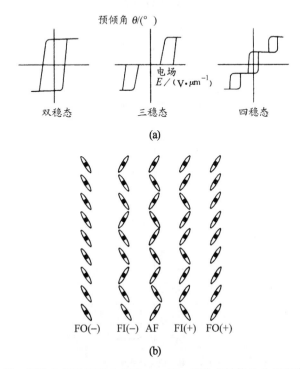

图 6-34　铁电相、反铁电相及亚铁电相的二、三、四稳态转换及分子取向排列示意图

3. 三稳态的光学响应

通常，对反铁电液晶盒施加电压时，透光率从一值变化至另一值，之间要经过一个阈值(临界值)的变化，见图 6-35。

由于反铁电液晶分子相邻层呈反平行排列，即倾斜于相反方向，因此整体自发极化矢量为零。$S_mC_A^*$ 相为一稳态，其透光率为零，如图 6-35(d)中所示的 2，当施加一个高于阈值的正或负电压时，液晶分子将倾斜于相同方向呈平行排列，在相同方向产生自发极化矢量，形成铁电相(S_mC^*)。此时，液晶相的透光率不为零，如图 6-35(d)中所示的 1 或 3。

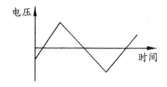

(a) 施加锯齿波电压

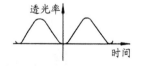

(b) 市售向列相液晶的光学响应

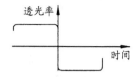

(c) 理想双稳态液晶的光学响应

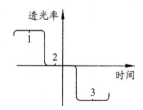

(d) 三稳态液晶的光学响应

图 6-35　向列相液晶、理想双稳态液晶及三稳态液晶的光学响应

6.3　反射型液晶显示器

所谓反射型液晶显示器，是不采用背光源，而是利用周围的光进行显示的 LCD。由于周围光因显示器的使用环境而异，因此在显示屏的结构设计中必须充分考虑各种各样的工作条件。特别是，即使在微弱的周围光环境下，也能显示出亮度足够高而且画面质量优良的画面，需要在液晶工作模式，尤其是反射板和光扩散板的结构等方面下一番工夫。

如 6.2 节所述，透射型液晶显示屏的基本结构是，液晶物质层夹于两块玻璃基板之间，在两块玻璃基板内侧设置透明电极，外侧各设一块偏光片。若取消透射型显示屏用的背光源，而在显示屏的外侧设置反射板，从结构上讲就可构成反射型显示屏。但是，由于是源于反射而来的光，由倾斜方向观视画面时，因像素的液晶物质层与反射板之间的玻璃基板的厚度，会产生视差(parallax)，从而造成画像出现重影现象。为避免这种现象发生，特别是在像素尺寸小的高分辨率点矩阵方式的反射型显示屏中一般是将透明电极中的一个做成反射电极。作为当然的结果，可以省去一块偏光片。反射电极由金属膜形成，但不能做成镜面，因此需要进行表面加工以使其具有光扩散(散射)功能。也有的是在屏的最外侧设置光扩散(散射)膜。

下面，以具有扩散(散射)反射电极结构的显示屏为例，对采用 TN 模式的反射型液晶显示器的工作原理做简要介绍。6.2.1.1 节已经指出，指向矢取向发生 90° 扭曲结构的向列液晶物质，在满足 Mauguin 条件$\Delta nd>>\lambda/2\approx 0.6\mu m$ 的情况下，会表现出旋光性。但是，如Δnd 取值为第一极小条件的 TN LCD 的一半处，即 $0.25\mu m$ 左右时，会残留双折射性，从而其具有与$\lambda/4$ 波长板(四分之一波长板，quarter-wave plate)相同的特性。它能引起偏振光状态的变化，使出射光与入射光间发生直线偏振光与圆偏振光之间的变换，例如直线偏振光入射，圆偏振光出射；圆偏振光入射，直线偏振光出射。像这种具有旋光性与双折射性混合光学特性的 TN 液晶屏的电气光学效应也称为 MTN(mixed TN，混合 TN)模式。

下面顺便介绍一下$\lambda/4$ 波长板与圆偏振光的关系。垂直入射光波的位相差$\Delta\Phi=(2\pi/\lambda)(n_e-n_0)d$ 为$\pi/2$，即$(n_e-n_0)d$ 等于$\lambda/4$ 所对应的厚度为 d 的光学介质称为$\lambda/4$ 波长板。

若将沿介质厚度(z 轴)方向行进的光波 $\boldsymbol{E}$ 分解为 $x\text{-}z$ 面内振动的成分 E_x 和 $y\text{-}z$ 面内振动的成分 E_y，且 E_y 相对于 E_x 的位相差始终为$\Delta\Phi$而传播的场合下，二者可分别记作$E_x=A_x\cos\tau'$，$E_y=A_y\cos(\tau'+\Delta\Phi)$。

若仅考虑 $x\text{-}y$ 面内 $\boldsymbol{E}$ 的振动，则有

$$(E_x/A_x)^2+(E_y/A_y)^2-2(E_x/A_x)(E_y/A_y)\cos(\Delta\Phi)=\sin^2(\Delta\Phi) \qquad (6\text{-}42)$$

在$\Delta\Phi=0$(一般$\Delta\Phi=k\pi$，$k=0,\pm1,\pm2,\cdots$)的条件下，一般是保持 $E_y/E_x=A_y/A_x$ 而传播的光波，即直线偏振光；而在$\Delta\Phi=(2k+1)(\pi/2)$的条件下，式(6-42)变为分别以 x 轴、y 轴为长、短轴的椭圆；特别是 $A_x=A_y$ 时为圆。称后者所表示的为圆偏振光(circularly polarized light)。向着观察者而传输的光波 $\boldsymbol{E}$，按逆时针旋转的称为右旋圆偏振光，顺时针旋转的称为左旋圆偏振光。

由于$\lambda/4$ 波长板产生$\pi/2$ 的位相差，以 $A_x=A_y$ 状态入射的直线偏振光会以圆偏振光出射；相反，以圆偏振光入射会变为直线偏振光出射。此外，$\Delta\Phi=(2\pi/\lambda)(n_e-n_0)d=\pi$的光学介质称为$\lambda/2$ 波长板(half-wave plate)。入射$\lambda/2$ 波长板的直线偏振光会改变偏振光状态而传输，并以变化后的直线偏振光出射。由上述

介绍容易理解，两块 λ/4 波长板重叠可起到一块 λ/2 波长板的作用。

图 6-36 是采用 MTN 模式的反射型液晶显示屏的构成。图 6-36(a)表示不加电压的状态。透过偏光片变为直线偏振光的光，经过 λ/4 波长板变为右旋圆偏振光，透过 MTN 模式的液晶物质层再次变为直线偏振光并被反射电极反射。反射光由相反方向再一次透过 MTN 模式的液晶物质层，变换为右旋圆偏振光，又进入 λ/4 波长板，该光线在其中重新恢复为与入射光具有相同偏振面的直线偏振光。这种反射光能透过偏光片，从而反射型显示器的显示屏为亮状态。

图 6-36(b)表示外加电压的状态。若将指向矢看成与光的行进方向平行且均匀的排列，射入液晶物质层的右旋圆偏振光可以在保持其偏振状态下透过，而经反射电极反射，其变为左旋偏振光。在保持其偏振光状态透过液晶物质层的反射光，透过 λ/4 波长板变为直线偏振光，但是该直线偏振光的偏振面与入射直线偏振光的偏振面相互正交，故被偏光片遮蔽。从而反射型显示器的显示屏为暗状态。

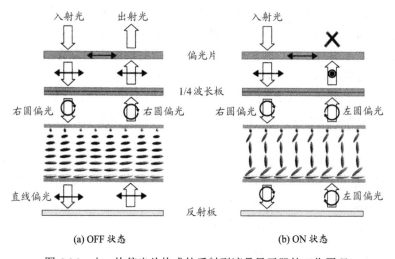

图 6-36　由一块偏光片构成的反射型液晶显示器的工作原理

MTN 模式的液晶物质层中，指向矢取向的扭曲角不一定限制在 90°。只要发生 50°~60°的扭曲，采用单偏光片方式(single polarizer display, SPD)就能构成亮度足够高的反射型显示器。作为反射率最大的条件，据文献报道，对于 60°扭曲结构来说，Δnd 的值取 0.27 为最佳[①]。

顺便指出，在反射型液晶显示器中，也有的备有前光源。其结构一般是在液晶屏幕前置导光板的端面设置小型灯。前光源作为辅助光源用于在暗环境下观视显示屏。

———————————

① 在 90°扭曲取向的透射型 TN LCD 中，如 6.2.1.1 节所述，第一极小值条件为 Δnd=0.48(均针对 λ=550nm 的光)。

6.4　半透射型液晶显示器

集透射型与反射型于同一显示屏的液晶显示器，一般被称为半透射型。将透射型的 transmissive 和反射型的 reflective 相组合，构成一个新词"transflective"，用以称谓半透射型液晶显示器。

简单说来，半透射型是通过在像素的透明电极上设置 6.3 节谈到的扩散(散射)反射电极，并在扩散(散射)反射电极上开窗口来实现的。开窗口的部分以透射型工作，不开窗口的部分以反射型工作。但是，透射型与反射型各自合适的延迟(retardation)值是不一样的。通过使对向基板上彩色滤光片的厚度不同等，从而造成液晶物质层的厚度按需要变化可以解决这一问题，但制作起来相当困难。实际上往往在透射型模式和反射式模式中择一优先设计，一般是选择反射型工作中的亮度作为优先设计。

也有的是采用半透射型反射电极，其使光的一部分反射，另一部分透射。为了制作半透射型反射电极，一般是在透明电极之上形成具有反射电极功能的金属膜，并在该金属膜上设置网眼状的微孔。在暗的环境下，起到背光源的光扩散(散射)作用；而在亮的环境下，起到扩散(散射)反射板的作用。

半透射型显示屏中，为满足透射模式工作区域的需求，屏背后也需要设置偏光片。而且在后偏光片与液晶屏之间还要插入 $\lambda/4$ 波长板，这样做的结果，可使在透射模式中的入射光，与在反射模式中再入射到液晶物质层中的反射光具有相同的偏振光状态。

6.5　投射型液晶显示器

投射型液晶显示器是将写入在液晶显示盒上的图像，经放大投射到屏幕上的显示装置。这种情况下的液晶盒并不是作为显示组件，而是作为光量的控制器件而起作用的，其类似于控制液体或气体流量用的阀门，故一般被称为光阀(light valve)。

液晶光阀有的采用透射型液晶盒，有的采用反射型液晶盒。而且，在配置有三原色亚像素(sub-pixel)的全色显示盒中写入的全色图像，也能投射。透过放大投影使像素扩大，亚像素的尺寸也变大。在并置加法混色方式中，三原色各自的亚像素必须足够精细，以便超越人眼的空间分辨率，起到混色作用。容易想象，采用这种方式的投射型显示器，混色效果往往受到限制，特别是在放大倍数增高时。因此，现在的投射型显示器一般都采用三个液晶盒，每个液晶盒分别写入三原色中的单色图像[①]。在这种情况下，使三原色像素的像在屏幕上重合，即形成一个全色像素。有时将对应三原色的三个液晶盒作为光阀而使用的投射型显示器称为三板式。在直视型(即非投射型)全色显示器中，从观视人的视觉讲三原色是平滑(smooth)混合的，与之相对，在三板式投射型显示器中，三原色是在屏幕上混色。与直视型采用的并置加法混色方式相对，上述三板式投射型显示器采用的是同时加法混色方式。

图 6-37 表示三板式液晶投影机(projector)的基本构成。由光源发出的白色光首先经过分色镜(dichroic mirror)分离为红(R)、绿(G)、蓝(B)三原色的光。分色镜具有仅使特定波长的光透射，而使其他波长的光反射的功能。要显示的图像被分解为红、绿、蓝三原色的图像，分别写入三个液晶光阀中。三个液晶光阀分别入射单色光，而各个光阀的出射光由色合成棱镜合成为一个出射光束。被合成的出射光由投射透镜放大，并将放大的图像投射到屏幕上。也有色分离和色合成均由两个分色镜来完成的装置。顺便指出的是，在三板式投射型显示器中，液晶光阀中不需要设置彩色滤光片。而目前直视型全色液晶显示器中，彩色滤光片是必不可少的。彩色滤光片一般是采用将不需要波长的光吸收的方式，因此光的利用效率很低。而分色镜是将白光分离为三原色的光，显然光的利用效率高。

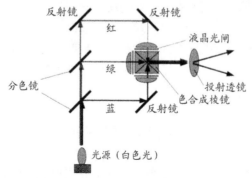

图 6-37　三板式液晶投影机的基本构成

在采用的光源中，有卤族灯、氙灯、金属卤化物灯、超高压水银灯等。其色温度(color temperature)和发光效率 η_v(lm/W)各不相同，一般情况下，200W 以上的高亮度投影机采用金属卤化物灯(η_v 为 60~80)，小型投影机采用卤族灯(η_v 为 20~35)。而且，接近点光源的超高压水银灯(η_v=60)也可用于 100W 功率级的投影机，特别需要高出力的投影机采用氙灯(η_v 为 25~40)。若光源接近点光源，入射液晶盒的光为平行光线，则可以提高集光率，有利于提高投影机的显示亮度。投影机的效率除决定于光源的效率之外，主要由分色镜的色分离效率、液晶光阀的透射效率、

---

① 被称作新单板式的投射型液晶显示器也在开发中。利用角度不同的三个分色镜(dichroic mirror)将发自光源的光分为三原色的光，再藉由微透镜阵列使其入射入一个液晶光阀的相应颜色的亚像素中。

色合成棱镜的色合成效率、投射透镜的效率等乘积决定。

　　液晶光阀的透射效率最主要地由像素的开口率决定。从这种意义上讲，光阀采用反射型盒结构，并采取将有源器件及数据线等布置在反射电极背后等措施是十分有效的。另外，与直视型显示屏相比，光阀中使用的液晶盒对角线尺寸仅为 1 英寸(25.4mm)或更小。因此，可以使用单晶硅(圆)片做液晶盒的基板，采用与 LSI 同样的工艺技术，制作三极管阵列及布线结构。与玻璃基板上形成的非晶态硅半导体薄膜相比，单晶硅半导体层中的载流子迁移率要高得多，对于 n 型半导体来说，电子迁移率约为 $700cm^2/(V·s)$，对于 p 型半导体来说，空穴迁移率约 $300cm^2/(V·s)$。而且还能进行微细加工，沟道宽度 0.35μm 的深亚微米的加工技术已相当成熟(实际上，ULSI 技术的特征线宽已达 45nm 甚至更小)。这些都保证三极管有更高的运行速度。由上述技术制作的用于液晶光阀控制的 MOS 三极管结构如图 6-38 所示。若将周边电路内藏于其中还可实现更高密度。一般将这种技术或由此技术制作的组件称为 LCOS(liquid crystal on silicon)，意思是硅基板上集成液晶。采用 LCOS 技术的液晶光阀可以得到 90% 以上的开口率。图 6-39 是 0.78型 WXGA(wide XGA: 1 280×768 像素)和 0.85 型 WVGA(wide UGA: 1 920×1 200 像素)实现高密度化的微显示盒(屏)的实例。

　　投射型液晶显示器有前投型和背投型之分。相对于屏幕来讲，观视者与投射装置位于同一侧的称为前投型(front projection)，而观视者与投射装置位于两侧的称为背投型(rear projection)。采用液晶光阀的前投型投射显示装置称为液晶投影机。作为背投型的组件而使用的光学系统称为光学引擎(optical engine)，对于液晶方式的背投显示器来说，从原理上讲，液晶投影机是作为光学引擎而使用的。图 6-40 表示液晶背投显示器的基本构成和光学引擎的模式图。在背投方式中，显示屏幕与光学引擎等一般是做成一体化的。在背投型显示器中，也有采用一块液晶光阀的单板式和采用三块液晶光阀的三板式之分。

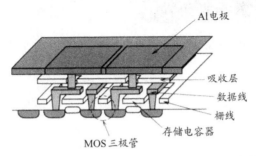

图 6-38　LCOS 微显示屏中驱动液晶像素用的 MOS 三极管的结构

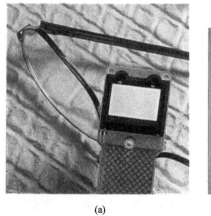

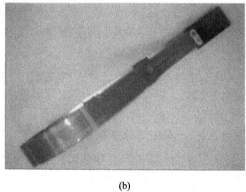

(a)　　　　　　　　　　　　　　　　　　(b)

图 6-39　(a)0.78 型 WXGA(1 280×768 像素)和(b)0.85 型 WVGA(1 920×1 200 像素)微显
示盒(屏)实例

图 6-40　液晶背投显示器的基本构成和光学引擎的模式图

第7章　TFT LCD 制作工程

7.1　液晶显示器的制作工艺流程简介

7.1.1　彩色 STN LCD 制程

彩色 STN LCD 的制作工艺流程如图 7-1 所示。彩色 STN LCD 的制作工程主要由信号电极基板制作和扫描电极基板制作两大部分组成。STN 的驱动方式是通过在纵、横布置的两个电极，即信号电极与扫描电极上施加电压，使其交叉点处亮、灭，进而实现显示。

首先介绍信号电极工程。在日本，STN、TN 用玻璃基板的主要供货商有旭硝子、中央(セントラル)硝子、日本板硝子等公司，其中日本板硝子居首位。STN、TN 用玻璃基板称为青板玻璃，其制作方法以浮法为主流。从玻璃基板厂商购入玻璃基板，首先要洗净，而后进入 ITO 膜工序。ITO 膜由溅射镀膜法制作，其所用的 In_2O_3-SnO_2 靶材供货商主要有ジャパンエナジー(Japan Energy)、東ソー、三井金属鉱業等。

目前，在玻璃基板上沉积 ITO 膜的 ITO 膜工序，特别是对于 STN LCD 应用来说，多由专业成膜厂商来进行。这些专业厂商包括倉元製作所、三容真空工业及ジオマテック等。在 ITO 膜上形成保护膜之后，进入取向膜形成工序。取向膜以聚酰亚胺膜为基材，其主要作用是保证液晶分子呈规则平行排列。在日本，取向膜的主要供货商有 JSR、窒素、日產化学等公司，其中日產化学占主要市场份额。

取向膜经烧成，在玻璃基板上固定之后，进入取向工序。所谓取向处理，是利用细的化学纤维等，对取向膜进行沿某一方向的摩擦，以形成定向刮痕。经上述取向处理后，液晶分子趋向平行于取向膜表面的刮痕排列。取向工序之后，进入散布隔离子(spacer)工序。所谓隔离子，是指均匀分布于信号电极基板和扫描电极基板之间的微小透明颗粒，其作用一是对薄型玻璃基板提供支撑，二是保证两块玻璃基板平行，特别重要的三是保证二者的间隙均匀且固定。隔离子材料有塑料、玻璃、二氧化硅等，但采用最普遍的是塑料。在日本，生产隔离子的厂商主要有積水化学工业、ナトコ(涂料公司)、日本觸媒等公司。其中積水化学工业占市场份额最大，但近年来ナトコ的进展很快。

下面再介绍扫描基板工程。从玻璃基板厂商购入玻璃基板，首先要洗净，而后进入彩色滤光片工序。所谓彩色滤光片工序是利用颜料分散法、染色法、印刷法等不同工艺，在玻璃基板上形成按规则分布的红、绿、蓝彩色膜块。关于彩色滤光片的制作，将在 7.1.3 节及 7.3 节详细介绍。

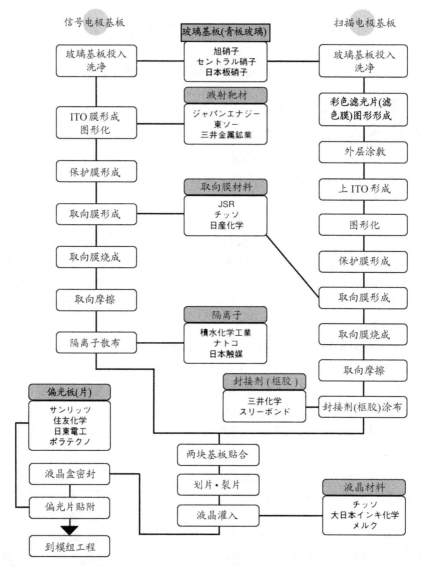

图 7-1　彩色 STN LCD 的制作工艺流程及日本的主要部件材料厂商

彩色滤光片形成后，要经过外层涂敷(over coat)工序，在其表面形成保护膜。在此之后，如同信号电极基板那样，还要经过 ITO 膜形成、ITO 膜电极图形制作、保护膜形成、取向膜形成、取向处理等各个工程。在完成上述一系列工序之后，需要在扫描电极基板的四周边，涂布封接剂(框胶)。所谓封接剂，是保证信号电极基板与扫描电极基板贴合封接的黏结剂。这种浆料态黏结剂分热固化型和紫外线固化型两大类，前者应用最多，后者也正在普及。在热固化型黏结剂的供货商中，三井化学所占市场份额绝对领先，而在紫外线固化型黏结剂的供货商中，スリーボンド(Three Bond)所占市场份额最大。

至此，在信号电极基板工程和扫描电极基板工程完成之后，还要依次进行基板贴合、划片(scribe)、裂片(break)、灌注液晶材料、密封、贴附偏光片等工序。所谓划片、裂片，是从母板玻璃上，应用途要求分割为不同尺寸的基板；所谓灌注液晶材料，是通过灌注口在信号电极基板和扫描电极基板的间隙中充入液晶材料；所谓密封，是采用黏结剂(密封胶)堵塞灌注口，经固化使其密封。在日本，液晶材料的厂商主要有窒素、大日本インキ化学、メルク等三家公司；偏光片的主要厂商有サンリッツ、住友化学、日東電工、ポラテクノ等公司，其中日東電工占主要市场份额。

上述工程称为液晶盒组装工程。完成此工程后，进入模块组装工程。对此，在下节讨论彩色 TFT LCD 的制作工艺流程时，一并加以介绍。

7.1.2　彩色 TFT LCD 制程

彩色 TFT LCD 的基本制造工程及日本的主要部件材料厂商如图 7-2 所示。与 STN LCD 制程相比，彩色 TFT LCD 制程要复杂得多，这是由于每个像素都有一个 TFT 有源开关元件，从而都要进行制备 TFT 的每一道工序所致。彩色 TFT LCD 的制作工程由玻璃基板工程、阵列 TFT 形成工程、彩色滤光片形成工程、液晶盒组装工程、模块组装工程等组成。

7.1.2.1　玻璃基板工程

TFT LCD 需要采用无碱(金属)玻璃基板制作。在日本，TFT LCD 用玻璃基板的供货商主要有旭硝子、NH テクノグラス、康宁(Corning)、日本電気硝子等四家公司，其中康宁公司所占市场份额最大。TFT LCD 所用的玻璃基板称为白板玻璃(与 STN、TN 所用的青板玻璃相对)，其制作方法有浮法(float)、重拉法(redraw)、下拉法(down draw)、熔降法(fusion)及气相化学反应法等(详见 8.1.4 节及图 8-3)。旭硝子采用浮法，其他厂商采用由康宁公司开发的熔降法。浮法的最大优点是适合大批量生产，而熔降法的最大优点是可获得表面平滑性极好的玻璃基板。

7.1.2.2　阵列 TFT 形成工程

阵列 TFT 形成工程也可以称之为图形形成工程，包括在玻璃基板上形成 TFT 元件及像素电极等。对于现在已成为主流的非晶硅(a-Si)TFT LCD 来说，包括非晶硅及各种金属层的成膜、涂布光刻胶、曝光、显影、刻蚀、剥离光刻胶等一系列工序，而且这些工序要往复 4~6 次(图 7-2)，这与半导体 DRAM 的制作工艺流程十分相似。

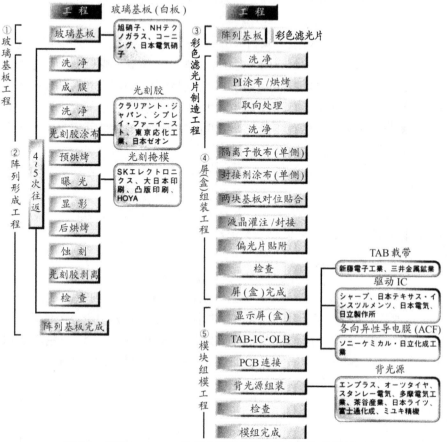

图 7-2　彩色 TFT LCD 的基本制程及日本的主要部件材料厂商

首先是成膜工序。需要在洗净的玻璃基板上，分别形成 50~300nm 厚的金属、半导体、绝缘层的薄膜。具体说来，硅的氧化膜、氮化膜等绝缘膜，a-Si 层半导体膜需要在 CVD 装置中由 PCVD 等方法沉积，而 TFT 的栅电极，源、漏电极，还有像素电极等，需要在溅射镀膜装置中由磁控溅射等方法沉积。

其次是光刻胶涂布工序。所谓光刻胶涂布是利用狭缝幕涂(slit)或甩胶旋涂等方法，将对紫外线感光的光刻胶均匀涂布于玻璃基板表面上。在日本，光刻胶的主要供货商有クラリアント、ジャパン、シプレイ·ファーイースト、東京応化工業、日本ゼオン等公司。

经过预烘烤(prebake)工序将光刻胶干燥并经热处理之后，进入光刻(photolithography)工序。光刻工程包括曝光、显影、刻蚀、光刻胶剥离等子工序。

所谓曝光，是利用曝光装置，通过带有图形的曝光掩模，用紫外线照射涂布于玻璃基板表面上的光刻胶，在其上复制出对应于像素的一个一个的电路图形。在日本，光刻掩模的供货商有 SK Electronics、大日本印刷、凸版印刷、HOYA 等公司。此后，需要在显影机(developer)中进行显影。显影之后进行刻蚀。所谓刻蚀，是沿着显影后的电路图形，将光刻胶下方不需要的膜层部分清除掉，以获得所需要的图形。目前，刻蚀多采用干法工艺，例如在减压气氛下，通过等离子体放电中的气相反应进行刻蚀等。刻蚀工序完成之后，在剥离机(stripper)中将不需要的光刻胶清除干净。经过以上工序，便完成了阵列 TFT 形成工程。与之相对的另一块玻璃基板上，要完成彩色滤光片(CF)形成工程，对此专门在 7.1.3 节讨论。

7.1.2.3　液晶盒组装工程

在阵列 TFT 基板工程及 CF 基板工程完成之后，要分别在其内表面形成取向膜。而后进入液晶盒组装工程。其中包括取向膜形成、隔离子散布、涂布黏结剂、阵列 TFT 基板与 CF 基板对位贴合、灌注液晶、封接、贴附偏光片等一系列工序。这些与 STN LCD 及 TN LCD 制作中采取的工序完全相同。

7.1.2.4　模块组装工程

模块组装工程主要由两部分组成，一是驱动 IC 的组装，二是背光源的组装。

1. 驱动 IC 的组装

驱动 IC 芯片经过封装之后要与液晶盒组装在一起形成模块。LCD 用驱动 IC 芯片的封装形式有四边扁平封装(quad flat package, QFP)、板上芯片(chip on board, COB)、带载自动键合(tape automated bonding, TAB)和玻璃上芯片(chip on glass, COG)等。从图 7-3(a)和图 7-3(b)可以看出，从 QFP 一直到 COG，封装尺寸和贴装高度不断缩小，特别是 COG，在增加引脚数的同时，贴装高度和封装面积的减小更为明显。利用 COG 技术可形成高密度的 LCD 结构。

采用 QFP 封装，要通过引线键合(wiring bonding, WB)，用金(或铝)丝将芯片电极与引线框架连接在一起。而采用 TAB、COF、COG 封装，都需要在芯片电极上形成凸点(bump)。为达到凸点金属与 Al 电极具有良好的黏附性，又要防止凸点金属与 Al 生成不希望有的金属间化合物，一般需要在凸点下金属层(under bump metal, UBM)中形成有黏附层—扩散阻挡层—导电连接层(接焊层)的多层结构。典型的黏附层有 Cr、Ti、Ni、TiN 等，扩散阻挡层金属有 W、Mo、Ni 等，导电连接层(接焊层)金属则常用 Au、Cu、Pb/Sn 等。这些多层金属化层多由真空蒸镀和溅射镀膜法制作。

形成凸点的芯片要实现 TAB 封装，并与液晶盒组装为模块，需要完成以下三道工序。

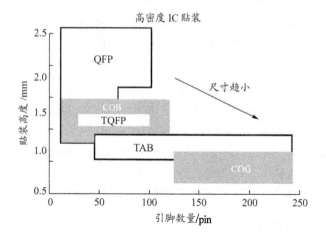

(a) 从 QFP 一直到 COG 尺寸不断趋小

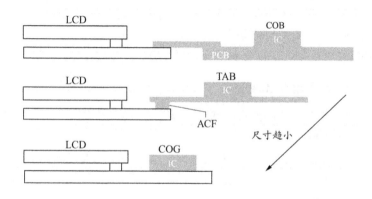

(b) 利用 COG 技术形成高密度的 LCD 结构

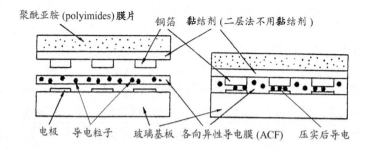

(c) 利用 ACF 在加热和加压条件下，将 IC 贴装至玻璃上

图 7-3　驱动 IC 与液晶盒组装技术的进展

(1) 内侧引线连接(inner lead bonding, ILB)。将 IC 芯片电极面朝下(俗称倒装片)，使电极凸点与带状载体的内侧电极一一对准，经热压实现连接。

(2) 浇注树脂封装。通过浇注树脂,将实现内侧引线连接的芯片与带状载体封装在一起,而后将带状载体切分成一个一个的组件。

(3) 外侧引线连接(outer lead bonding, OLB),即将 TAB 封装与液晶盒组装为模块。为此,要将 TAB 的外侧引线与液晶盒的电路布线相连接,后者一般是由 ITO 膜制成的透明电极。实现二者连接,并起导电黏结剂作用的材料,目前多采用各向异性导电膜(anisotropic conductive film, ACF)。所谓 ACF,是在树脂中分散有导电颗粒的材料,这些导电颗粒一般是表面包覆 Ni、Au、C 等导电层的塑料微球等。

当 TAB 的外侧引线与液晶盒的电路布线一一对准,并经 ACF 压接时,二者之间的塑料微球压接在一起,通过其表面包覆的导电层形成导电通路,从而实现电气连接。

如图 7-3(c)所示,COG 是利用 ACF 在加热和加压条件下,直接将 IC 芯片贴装在玻璃基板上。

驱动 IC 组装所需的主要元器件(key components)及材料包括驱动 IC、ACF、TAB 载带等。关于驱动 IC,用于 TFT 的驱动 IC 生产厂商在日本主要有夏普、日本德克萨斯仪器、日本電气、日立製作所等。在韩国,三星电子所占世界的市场份额迅速增加。

关于各向异性导电膜的生产厂商,日立化成工业和索尼化学基本上将市场一分为二。前者在大型 LCD 用各向异性导电膜方面有较强的优势,后者在面向中小型 LCD,特别是 COF、COG 用各向异性导电膜方面有较强的优势。

关于 TAB 载带,新藤電子工業与三井金屬礦業各占一半的市场份额,但新藤電子工業的发展前景更好些。

2. 液晶显示器的背光源

关于液晶显示器的背光源,大型 LCD 多采用冷阴极管型,而中小型 LCD 可采用冷阴极管型、LED 型、EL 型及前照型等各种类型。在日本,大型 LCD 用冷阴极管型背光源的生产厂商有エンプラス、オーツタイヤ、スタンレー電気、多摩電気工業、茶穀產業、日本ライツ、富士通化成、ミユキ精機等公司。

中小型 LCD 用冷阴极管型背光源,多数是由 LCD 厂商自己制作,也有些专门的供货商,例如スタンレー電気、日泉化学、日本ライツ、ヤマト電子等。LED 型背光源的供货商有オムロン、シチズン電子、スタンレー電気、日本産業コパル、日本ライツ、先锋(Pioneer)精密等公司。EL 型背光源的主要供货商有精工—精密、東北先鋒、日本黑鉛工業、日本電子ライト、綠マーク、函館セコニック等公司。最后,关于今后有望迅速普及的前光源,其主要生产厂商有三洋マービックメディア、スタンレー電気、富士通化成等公司。

7.1.3　彩色滤光片(CF)制程

与 STN LCD 相比，TFT LCD 彩色滤光片(CF)制作工艺流程有若干差异，前者对平滑性的要求比后者要高一个数量级。换句话说，对 STN LCD 用 CF 所要求的平滑性为±0.05μm，而对 TFT LCD 用 CF 所要求的平滑性为±0.3μm 左右。下面以 TFT LCD 所用 CF 的制程为例加以介绍。

CF 的制程，主要包括黑铬(Cr)成膜及黑色矩阵(BM)工序(图 7-4)、RBG 彩色滤光片成膜工程、外敷层工序和透明电极(ITO 膜)工序(图 7-5)等。

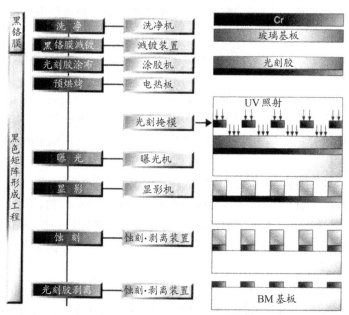

图 7-4　彩色滤光片(滤色膜)制程：黑铬膜及黑色矩阵的形成

首先是黑铬成膜工序。利用溅射镀膜法，在洗净的玻璃基板表面沉积金属铬的薄膜。

尔后进入黑色矩阵工序。在前道工序形成的黑铬层表面，利用涂胶机均匀地涂布正光刻胶，再将全表面涂有光刻胶的玻璃基板在隧道烘干机中进行预烘烤。之后，在玻璃基板之上放置光刻掩模，经过掩模，通过紫外线对正型光刻胶照射，进行曝光，再经显影。这样，可仅保留掩模遮蔽部分的光刻胶。再经过刻蚀制取相应于掩模的黑铬图形，剥离光刻胶，得到的黑铬图形正是黑色矩阵，见图 7-4。

此后，进入 RBG 彩色滤光片成膜工程(图 7-5)，即按红、蓝、绿的顺序，依次形成相应的颜料膜。形成每种颜料膜的工艺程序，与上述形成黑色矩阵的工艺程序相类似，也是采用光刻技术。以形成红色颜料为例，首先要在基板的全表面涂布红色颜料膜层，经烘烤固化。之后，在玻璃基板之上放置光刻掩模，经过光

刻掩模用紫外线对颜料照射，进行曝光，再经显影。这样，可仅保留所需要红色
颜料膜的部分。蓝色和绿色颜料膜的形成也按同样的工序进行。至此,完成了 RBG
彩色滤光片成膜工序。尔后是形成作为保护膜的外敷层,最后还要在其上形成透
明电极(ITO 膜)。这样便完成了彩色滤光片制作工艺流程。

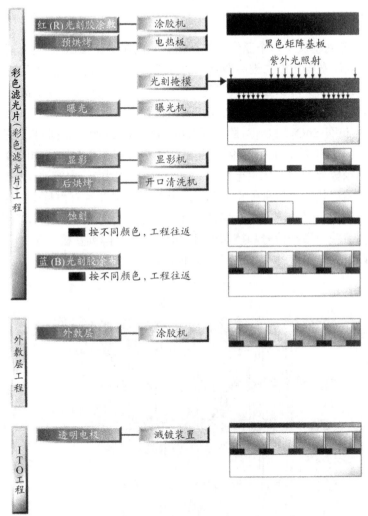

图 7-5　彩色滤光片(滤色膜)制程：彩色滤光片形成及 ITO 制作

　以上所述,是已经普及的一般透射型 TFT LCD 用彩色滤光片形成工艺的梗概。

　顺便指出,近年来,不采用铬膜而采用黑色颜料以形成黑色矩阵的产品比例
越来越高。其中,彩色 STN 约有八成,彩色 TFT 约有五成都采用树脂型黑色矩阵。

　在日本,彩色彩色滤光片的供货商很多,但针对彩色 STN LCD 和针对彩色
TFT LCD 的供应系统是不相同的。针对彩色 STN LCD 的彩色滤光片供应厂商有

アンデス電気、エーアイエス、ミクロ技術研究所、光村印刷等公司。针对彩色
TFT LCD 的彩色滤光片供应厂商有アドバンスト·カラーテック、アンデス電気、
エーアイエス、エスアイテクノロヅー、共同印刷、大日本印刷、東レ、凸版印
刷等公司。

7.1.4　TFT 元件的构造及特征

　　TFT LCD 阵列基板上一个亚像素的结构布置已在第 4 章图 4-9 中表示。实际
应用中,这种亚像素需要按二维周期有序的方式,在整个阵列基板表面整齐排列,
如图 7-6 所示。从图中可以看出,栅极(一般称之为 Y 电极)与数据电极(一般称之
为 X 电极)按矩阵排列,而薄膜三极管(TFT)则布置在这两个电极的交点处。同时,
由透明导电膜(掺有 SnO_2 的 In_2O_3 膜,即 indium tin oxide 膜,简称 ITO 膜)构成的
亚像素电极,与 TFT 的源极相连接[①]。而且,由于设有数据存储用的电容器 C_s,
其电容用的电极板要占用亚像素电极的一部分面积(本例中,电容器 C_s 的电极板
大致设在亚像素电极的中央部位)。在阵列基板的周边,布置有由每个亚像素向外
引出的电极,周边电极外侧都设有焊盘(pad),用来与外部电子回路相连接,以便
由外部电子回路获得数据信号和控制信号。图 7-7 表示阵列基板上 TFT 元件、亚
像素电极,以及存储电容器 C_s 的断面结构的实例。

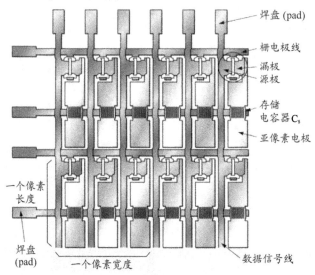

图 7-6　立体化的像素排列(圆圈内为薄膜三极管 TFT)

　　如图 7-7(a)TFT LCD 的基本断面结构所示,要制作这种结构的阵列基板,至

① TFT 漏极和源极的名称,因电流的流动不同而异。在此为了方便,将与亚像素相连接的作为源极(这与第
4 章图 4-9 中的名称正好相反,请读者注意。)

少需要以下工序：

(1) 在洗净的玻璃基板表面，由钼钽(MoTa)等金属膜形成栅极；

(2) 在栅极上沉积硅的氧化膜(SiO_x)及氮化膜(SiN_x)等，形成栅绝缘膜；

(3) 沉积作为半导体活性层的非晶硅(amorphous silicon，a-Si)层；

(4) 为降低金属电极与非晶硅之间的接触电阻，在 a-Si 层表面相应部位由离子注入形成 n^+ 型层；

(5) 沉积 Al 等金属膜，以形成漏极和源极。使漏极与数据信号线相连接，源极与像素电极(或亚像素电极)相连接[①]；

(6) 最后，为保护 a-Si 层及漏极、源极，在其外部沉积氮化膜(SiN_x)等。

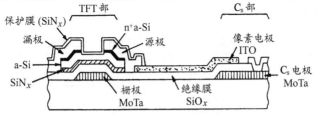

(a) 背沟道蚀刻型(背沟道切削型)TFT LCD

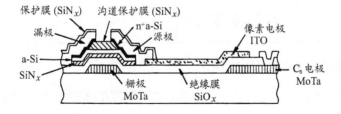

(b) 沟道保护膜型(反堆积型)TFT LCD

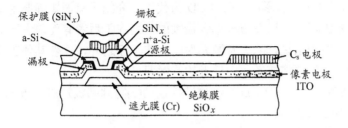

(c) 顶栅方式(正堆积型)TFT LCD

图 7-7　采用 a-Si 沟道层的各种 TFT 阵列基板的断面结构

---

① 关于漏极和源极的定义，请参照前一页的注①。

按以上工艺所形成的 LCD 称为背沟道蚀刻型(back channel etch)或背沟道切削型(back channel cut)TFT LCD。由于在这种结构的 TFT 中,栅极位于靠近玻璃基板的底部,因此被称为底栅方式,有时也称为逆堆积方式的 TFT LCD。而且,在这种逆堆积方式的 TFT LCD 中,除了上述背沟道蚀刻型之外,还有如图 7-7(b)所示,在 a-Si 层之上设有氮化膜(SiN$_x$)等,用以保护沟道的沟道保护膜型(i 堆积型)TFT LCD,这种方式也已达到实用化。

与上述结构的 TFT LCD 相对,还有如图 7-7(c)所示,栅极位于 TFT 的顶部,即栅极不仅在玻璃基板的上方,而且位于漏极和栅极之上,因此称这种结构为顶栅方式,有时也称为正堆积方式的 TFT LCD。上述三种类型 TFT LCD 的特征概括地汇总于表 7-1 中。

表 7-1　不同栅极结构 TFT LCD 制作工艺的特征

结构 工艺	逆堆积方式(底栅方式)		正堆积方式 (顶栅方式)
	背沟道蚀刻型	沟道保护膜型	
半导体活性层(a-Si)	a-Si 层厚(2 000~3 000Å)	a-Si 层薄 (300~500Å)	通过采取措施,大幅改善照相刻蚀技术,有可能减少工艺步骤,从而减少工时,降低价格
工艺特点	在对 n$^+$a-Si 层进行刻蚀时,a-Si 层也发生刻蚀。由于刻蚀的选择比小,因此要求厚 a-Si 层与之对应。工艺难度大	在对 n$^+$a-Si 层进行刻蚀时,SiN$_x$ 层也发生刻蚀。由于刻蚀的选择比大,因此薄 a-Si 层即可。工艺较容易	
PCVD 的生产效率	由于 a-Si 层厚,生产效率低	由于 a-Si 层薄,生产效率高	

7.1.5　液晶显示器的制作工艺

如第 4 章 4.1.2 节所述,液晶显示器分单纯矩阵型[无源矩阵方式 LCD,如图 4-7(a)所示]和有源矩阵型[如 TFT LCD,如图 4-7(b)所示]两大类。

在 7.1.1 节以彩色 STN LCD 为代表,介绍了单纯矩阵驱动型液晶显示器的制作工艺流程,7.1.2 节以彩色 TFT LCD 为代表,介绍了有源矩阵驱动型液晶显示器的制作技术流程。可以看出,二者最大的差别在于后者有而前者无薄膜三极管的制作工序。换句话说,除去有源元件的制作工序之外,二者其他工序基本上是相同的。因此,只要将前者作为后者的特例即可。

如图 7-8 所示,TFT LCD 的制作过程包括(a)阵列基板形成、(b)液晶盒组装、(c)模块组装等三大部分。

所谓阵列基板形成,是在玻璃基板上,将薄膜三极管按二维矩阵有序排列。由于薄膜三极管是在基板表面按阵列整齐排列,因此称其为阵列基板形成工程,又称为阵列工程或基板工程。该工程主要是针对基板进行加工,形成像素电极、数据信号电极、有源元件(薄膜三极管)等。整个工程的核心工序是制作薄膜三极管,其与制作半导体元件的集成电路工艺相类似。

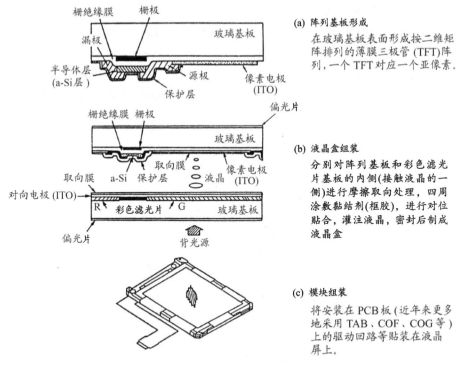

(a) 阵列基板形成

在玻璃基板表面形成按二维矩阵排列的薄膜三极管 (TFT) 阵列，一个 TFT 对应一个亚像素。

(b) 液晶盒组装

分别对阵列基板和彩色滤光片基板的内侧(接触液晶的一侧)进行摩擦取向处理，四周涂敷黏结剂(框胶)，进行对位贴合，灌注液晶，密封后制成液晶盒

(c) 模块组装

将安装在 PCB 板(近年来更多地采用 TAB、COF、COG 等)上的驱动回路等贴装在液晶屏上。

图 7-8　TFT LCD 的三大制作工程

　　液晶盒组装工程又称为液晶盒工程(cell process)，或液晶屏工程。该工程是将上述加工好的阵列基板和与之相对的彩色滤光片基板(CF 基板)，经表面处理后，进行对位、贴合、组装，并在两块基板的间隙(gap)中灌注液晶，而后经封接形成液晶盒。液晶盒又称为阵列-彩色滤光基板盒，或液晶屏。

　　模块组装工程，又称为封装工程或模块工程。该工程是将液晶盒与外部电路相连接，后者用于液晶显示器的驱动和控制。与此同时，还要将背光源及其控制电路，还有光路等，同液晶盒组装在一起。

　　下面，将针对这三大工程中涉及的主要工程，分别进行介绍。

7.2　阵列制作工程

　　从电路组件考虑，液晶显示器主要由显示图像的像素、控制向像素写入数据的薄膜三极管以及存储数据信号的电容器所构成。为了制作这些组件，要按照 5.1 节 TFT LCD 阵列设计中所述，汇总设计数据制作相应的掩模(mask)，分别形成所需要的金属膜、绝缘膜、半导体层、杂质掺杂层等，最终将一个一个的组件形成在阵列基板上。换句话说，通过阵列制作工程要在玻璃母板(参照 8.1 节)上形成数

以百万个按矩阵排列的像素阵列。

为制作这种阵列基板，需要多次采用 7.2.1 节所述的照相蚀刻技术(photo engraving process, PFP，或 lithography)，见图 7-9；7.2.1.2 节汇总了制作阵列基板的全制程(through process)；而且，在上述关键组件制造中，还要用到彼此相连的独立制程，称其为单元制程(unit process)。下面，先讨论 PFP 技术和全制程，再详细讨论单元制程。

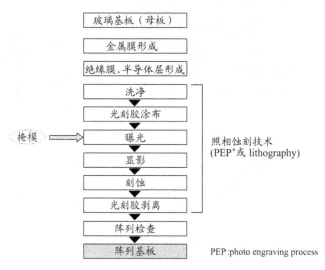

图 7-9   阵列基板制作工艺流程

7.2.1 阵列基板制程

7.2.1.1 照相蚀刻技术

阵列基板是多次使用照相蚀刻技术(光刻技术)制成的。照相蚀刻技术是将设计好的TFT、像素用存储电容器C_s及绝缘膜等的图形经掩模转写而制作在基板上，一般被称为 PEP(photo engraving process)，或 lithography。图 7-10 表示采用 PEP 形成金属膜图形的一例。

首先，对蒸镀有金属膜的玻璃基板进行洗净(图 7-10(a)/洗净工程)。而后在其上涂布对紫外线(ultra violet-ray, UV)感的光刻胶(图 7-10(b)/光刻胶涂布工程)。为使光刻胶硬化，需要在一定温度下预烘烤(预烘烤工程)。下一步，是在光刻胶上方放置掩模，并用紫外线(UV)照射[图 7-10(c)/曝光工程]。在由紫外线(UV)照射时，掩模上有图形的部分(黑色部分)不能透过紫外线(UV)，未受照射的光阻变硬。另一方面，掩模上无图形的部分(白色部分)透过紫外线(UV)，被照射的光刻胶变软(称这种光阻为正型光刻胶，而具有相反性质的光刻胶为负型光刻胶)。

下一步，为去除光刻胶，要在显像液中浸泡以去除光刻胶的软化部分[图 7-10(d)/显像工程]。而后，再次烘烤使构成图形的光刻胶坚固化(后烘烤工程)。接着，为去除不需要的金属膜部分，需要在刻蚀液中处理(湿式刻蚀)，或者利用减压气体放电的放电气体进行处理(干式刻蚀)[图 7-10(e)/蚀刻工程]。最后，为得到最终的图形，要用剥离液将不需要的光刻胶去除(湿式剥离)，或者利用减压氧气进行氧化去除(干式剥离/灰化)等几种剥离方法，将光刻胶去除[图 7-10(f)/剥离工程]。

以上所讨论的照相蚀刻(PED)制程是针对底栅方式(逆堆积方式)的 TFT，其栅极金属膜位于最底层。针对这种情况，为了提高其上重叠膜层的覆盖性，金属膜的边缘部分应保持一定的倾斜度(截面为梯形)。为此，金属膜的刻蚀多采用气体放电的干式刻蚀。

如上所述，在 PEP 工程中，为了在基板上转写描绘于掩模上的 TFT 及像素部分的图形，一次 PEP 操作基本上要对应一块光刻掩模。将在 7.2.1.2 节讨论的全制程中，为完成 5 次 PEP，需要采用 5 块光刻掩模，实际上，掩模数量的多少可以大致看成是 TFT LCD 制程复杂程度的衡量指标。

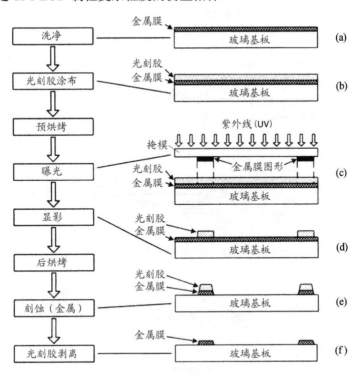

图 7-10　照相蚀刻(光刻)技术(PEP)

7.2.1.2　阵列基板的全制程

图 7-11 表示制作阵列基板的全工艺流程，下面按顺序做简要说明。

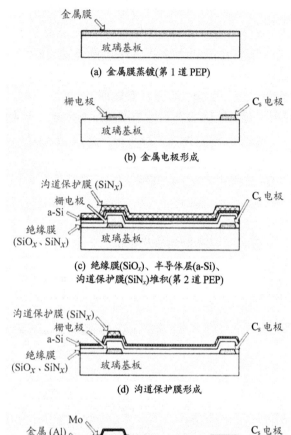

(a) 金属膜蒸镀(第 1 道 PEP)

(b) 金属电极形成

(c) 绝缘膜(SiO$_x$)、半导体层(a-Si)、
沟道保护膜(SiN$_x$)堆积(第 2 道 PEP)

(d) 沟道保护膜形成

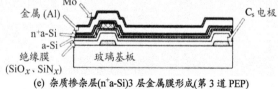

(e) 杂质掺杂层(n$^+$a-Si)3 层金属膜形成(第 3 道 PEP)

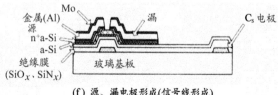

(f) 源、漏电极形成(信号线形成)

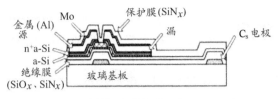

(g) 保护膜(SiN$_x$)堆积(第 4 道 PEP)

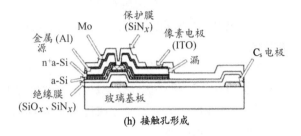

(h) 接触孔形成

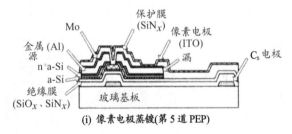

(i) 像素电极蒸镀(第 5 道 PEP)

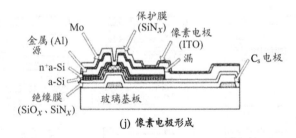

(j) 像素电极形成

图 7-11　阵列基板制作的全工艺流程

(1) 首先,对玻璃母板洗净之后,利用溅射镀膜法在基板全表面沉积金属膜(栅电极等用), 见图 7-11(a)/金属膜蒸镀。所用的金属有钽(Ta)、钼钽(MoTa)、钼钨(MoW)、铝(Al)等。

(2) 接着,利用前述的 PEP(第一道 PEP),在金属膜区域形成图形,制作栅电极和存储电容器 C$_s$ 的电极[图 7-11(b)/金属电极形成]。

(3) 利用 CVD(chemical vapor deposition,化学气相沉积)法在玻璃基板全表面形成绝缘膜(SiO$_x$、SiN$_x$)。继而,为保证膜层质量,利用 CVD 连续式装置,连续沉积半导体活性层(a-Si),而后连续沉积沟道保护膜[i 塞(stopper):SiN$_x$][图 7-11(c)/4

层薄膜形成][①]。

(4) 利用 PEP(第 2 道 PEP)，将如上沉积的沟道保护膜形成图形[图 7-11(d)/膜道保护膜形成]。

(5) 为提高与电极间的接触性(保证欧姆接触，降低接触电阻)并防止漏电流等，还要沉积掺杂杂质(n⁺：P)的半导体层(n^+a-Si)；接着，再沉积三层金属膜(Mo-Al-Mo)[图 7-11(e)/杂质掺杂，三层金属膜形成]。

(6) 利用 PEP(第 3 道 PEP)，在所希望的区域(漏极、源极)形成图形[图 7-11(f)/源极、漏极形成(信号线形成)]。

(7) 利用 CVD 在玻璃基板全表面沉积保护膜(SiN_x)[图 7-11(g)/保护膜沉积]。

(8) 利用 PEP(第 4 道 PEP)，对应接触部分形成图形[图 7-11(h)/接触孔形成]。

(9) 利用溅射镀膜法，在玻璃基板全表面形成透明导电 ITO(indium tin oxide, In_2O_3-SnO_2)膜[图 7-11(j)/像素电极蒸镀]。

(10) 利用 PEP(第 5 道 PEP)，使透明导电膜区域(像素部分)形成图形[图 7-11(j)/像素电极形成]。

如上所述，采用 5 道 PEP(掩模)工艺，最终制成阵列基板。制成的阵列基板经过 TFT 特性检查之后，再进入后续的液晶屏(盒)工序。以上完成的是逆堆积方式沟道保护型(i 塞型)。除此之外，还有逆堆积方式背沟道蚀刻型和正堆积方式，分别见图 7-9(a)和(c)。图 7-12 表示阵列基板 a-Si TFT 的种类及加工过程。

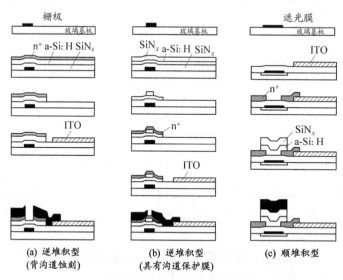

(a) 逆堆积型　　　　　　(b) 逆堆积型　　　　　　(c) 顺堆积型
(背沟道蚀刻)　　　　(具有沟道保护膜)

图 7-12　阵列基板 a-Si TFT 的种类及加工过程

---

① 为提高膜层质量，将绝缘膜(SiO_x, SiN_x)、半导体活性层(a-Si)、沟道保护膜(i 塞膜)这四种薄膜在连续式 CVD 装置中连续沉积。

7.2.2　阵列基板单元制程

7.2.2.1　金属膜形成工艺

金属膜的形成方法有真空蒸镀法、化学气相沉积法(chemical vapor deposition, CVD)、溅射镀膜法等。其中溅射镀膜具有下述优点：

(1) 能大面积均匀成膜；

(2) 能进行高熔点金属成膜；

(3) 能进行合金、化合物等的成膜；

(4) 由于成膜粒子的能量较高，可以获得致密且附着力良好的膜层；

(5) 可以连续地形成多层膜；

(6) 利用反应气体，通过反应溅射可以获得氧化物、氮化物膜；

(7) 装置简单、操作方便等。

因此，TFT LCD 用的金属膜多由溅射镀膜制作。

溅射镀膜指的是，在真空室中，利用荷能粒子轰击靶表面，使被轰击出的粒子在基板上沉积的技术，实际上是利用溅射现象达到制取各种薄膜的目的。图 7-13 表示在玻璃基板上溅射沉积 TFT LCD 用金属膜的示意图。首先在真空中由氩(Ar)及氪(Kr)等惰性气体产生气体放电，形成等离子体，由于离化作用而产生相应的离子。这些离子在电场作用下被加速而带有较高的动能。荷能粒子轰击靶(金属等)表面对其产生溅射作用，并使溅射出的靶原子沉积在与靶对向放置的玻璃基板上，形成所需要的金属膜。在溅射镀膜过程中并不发生化学反应，因此属于物理气相沉积法(physical vapor deposition, PVD)。在溅射装置中，如果在靶的背面设置磁极，使靶表面形成互相垂直的电磁场，通过控制二次电子可以大大提高溅射沉积速率，称这种方式为磁控溅射。实现上，现在工业生产中采用最多的是磁控溅射方式。

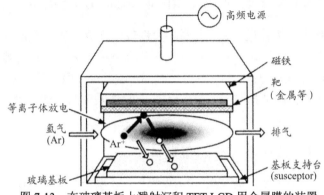

图 7-13　在玻璃基板上溅射沉积 TFT LCD 用金属膜的装置

　　实际生产线上的溅射镀膜装置，主要有串联(in-line，直列，在线)传送方式和单片处理方式两种。前者所谓串联传送方式，是将一块块(一批)玻璃基板装载在传送机构(台架/卡盘)上，由其以一定速度传送玻璃基板在长方形溅射电极(靶)的前方经过，完成溅射镀膜。由于是一批玻璃基板与传送机构一块进行处理，因此也称为批量式(batch processing)。这种串联方式，成膜有效宽度决定于靶的大小，但相对于传送方向而言，玻璃基板尺寸不受限制，因此适用于大型玻璃基板镀膜。但是，为提高成品率，必须严格限制颗粒(particles)的发生。容易产生颗粒正是直列方式的缺点之一。为减少颗粒的发生，需要不断对装置清洁维护，而清洁维护一次后的运行时间较短，因此装置的运行率不高。也就是说，传送机构易发生颗粒而需要经常清洁维护，这致使装置不能高效率地运行。

　　基于上述理由，人们开发出一块一块处理基板的单片式(single glass processing)溅射镀膜装置。图 7-14 表示多室群集型(multi-chamber-cluster)单片式溅射镀膜装置示意图。其以六角形传送室(carrier chamber)为中心，周围设有两个片盒室(cassette)和溅射及加热用的四个处理室，由于这些室一个靠近一个布置，故又称为 side by side 式，见图 7-14。

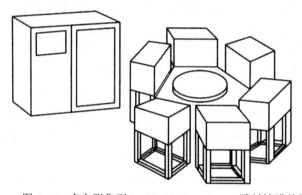

图 7-14　多室群集型(multi-chamber-cluster)溅射镀膜装置

　　这种装置利用基板传送机器人(机械手)将玻璃基板一块一块地取出、放入，经加热、溅镀之后，再一块一块地放入同一片盒室中即采用所谓片盒室到片盒室(cassette to cassette)处理方式。为减少待工时间(loss time)，两个片盒室可交互作用；为提高效率，减少生产节拍时间(tact time)，一般都采用四个处理室，同时进行加热和溅射镀膜。

7.2.2.2　绝缘膜、半导体层形成工程

　　为形成绝缘膜及半导体活性层(a-Si)等膜层，必须保证在不使玻璃基板发生变形的温度范围内(比玻璃的软化点大约低 200℃)进行。为此，多采用利用气相化学

反应的 CVD 法，并要求其反应温度低于 400℃。

　　这些薄膜的形成过程是，将玻璃基板送入 CVD 反应室，通入作为原料的反应气体，输入必要的反应能量(热或等离子体)，通过气相化学反应使反应生成物沉积在玻璃基板上，形成薄膜的种类由反应气体而定，见图 7-15、表 7-2。

　　如表 7-2 所示，用于玻璃基板上薄膜沉积的 CVD 反应，分热 CVD 和等离子体 CVD 两大类。前者仅靠热激活，又有常压 CVD 和减压 CVD 之分，热 CVD 仅部分地用于基板表面的外覆层[under coating，又称封闭(blocking)层]及栅绝缘膜形成等；后者靠等离子体使反应气体激活，在较低的温度(250~350℃)就能发生化学反应并沉积薄膜，等离子体 CVD(plasma CVD, PCVD)广泛用于阵列基板用各类薄膜的沉积。

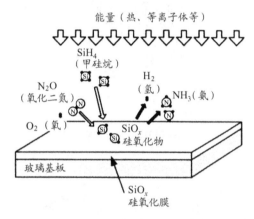

图 7-15　CVD 气相生长硅氧化膜示意图

表 7-2　利用 CVD 技术形成的薄膜种类、反应气体以及适用薄膜

薄膜种类	反应气体	反应形成	适用薄膜
SiO$_x$(硅氧化膜)	SiH$_4$-O$_2$	热氧化(350~400℃)	基板表面外覆层栅绝缘膜
	SiH$_4$-N$_2$O	等离子体激活 (250~350℃)	
SiON(硅氮氧化膜)	SiH$_4$-N$_2$O-N$_2$		
SiN$_x$(硅氮化膜)	SiH$_4$-NH$_2$O-N$_2$	等离子体激活 (250~350℃)	栅氧化膜 通道保护膜 钝化膜
	SiH$_4$-NH$_3$		
	SiH$_4$-N$_2$		
a-Si(非晶硅层)	SiH$_4$-H$_2$	等离子体激活 (250~350℃)	半导体层
P 掺杂的 a-Si(n$^+$a-Si)	SiH$_4$-PH$_3$-H$_2$	电浆激活 (250~350℃)	源、漏层

用于阵列基板薄膜沉积的 CVD 装置有串联(in-line)型批量式(batch processing)、串联型单片式(single glass processing)，以及多室群集型(multi-chamber-cluster)单片式等。图 7-16 表示串联型批量式 PCVD 纵型两面放电方式的反应室[图 7-16(a)]及 CVD 装置[图 7-16(b)]的构造。串联型装置的优点是，仅通过更换夹具(托架)就可适用于从大型到中小型的玻璃基板，但也存在下述几个缺点：

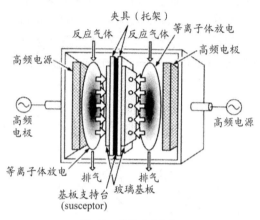

(a) CVD 装置的反应室

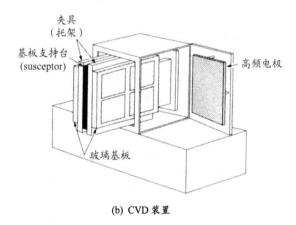

(b) CVD 装置

图 7-16　串联型批量式 CVD 装置

(1) 容易发生源于夹具(托架)的颗粒，需要经常清洁维护；

(2) 两次清洁维护之间的运行次数少，装置难以高效率地运行；

(3) 需要对夹具(托架)加热，因此功耗大；

(4) 装置所占厂房面积大。

从另一方面讲，串联型单片式 PCVD 的吞吐量(throughput)小，需要的传送机器人(机械手)多, 装置所占的厂房面积大, 但由于反应室构成的自由度高, 从而具有可按 TFT 制程自由地构成系统等优点。

另外, 多室群集型单片方式 PCVD 具有平行平板型放电方式的反应室(图 7-17), 装置所占厂房面积小, 且几个反应室可同时处理, 因此具有吞吐量大等优点, 见图 7-18。

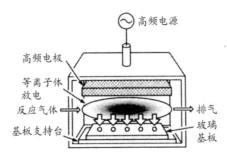

图 7-17 多室群集型单片式 CVD 装置的反应室

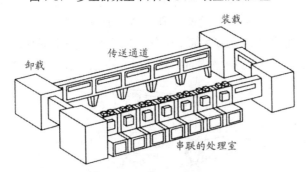

(a) 串联(in-line)型 PCVD 装置

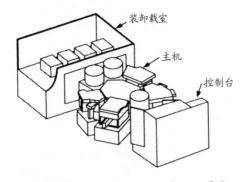

(b) 多室群集(multi-chamber-cluster)型 PCVD 装置

图 7-18 两种不同类型的 PCVD 装置

7.2.2.3 洗净工程

玻璃基板在经过制程的每道工序以及传送等，其表面都会受到一定程度的沾污(微粒及分子水平的污染物质等)。这些沾污若不经处理，微粒会引发电路图形的缺陷，污染物质会引起组件特性变差等，最终将影响显示器的性能并有损显示器的功能。为清除这些沾污，需要采用洗净工程。

从 TFT LCD 显示屏的显示不良项目及产生不良原因的关系出发，发现玻璃基板表面上粒子的附着，有机、无机沾污层，以及表面形状不良等，往往会引发面内短路、层间短路、断线、显示花斑(mura)、点缺陷等显示不良。

因此，必须去除这些沾污。实际上，洗净工程是提高 TFT LCD 制作成品率的最有效手段之一。常用洗净方法有：①毛刷(brush scrub)洗净；②高压喷射(jet)清洗；③超声波洗净(middle-sonic, mega-sonic 等)，最后还要经过干燥处理等。

1. 毛刷洗净

毛刷洗净是借助物理作用去除基板表面附着的颗粒(particle，微粒状的沾污物质)的方法，包括图 7-19 所示的圆辊刷洗净和圆盘刷洗净法两种。对于利用这些洗净方法难以去除的有机污染物质，一般要联合采用洗涤剂等，以提高去除效果。所用的毛刷材料因去除污染物质的不同而异，有尼龙、丙烯(基)、马海毛等。

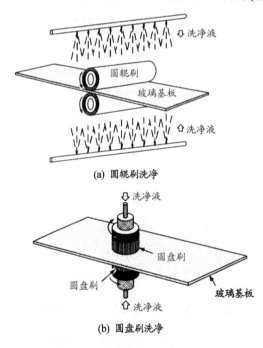

(a) 圆辊刷洗净

(b) 圆盘刷洗净

图 7-19　玻璃基板的毛刷洗净法

2. 超音波洗净

超声波洗净是利用超声波的空化(cavitation)作用①去除基板表面上的颗粒，并借助药液处理后的漂洗(rinse，洗掉)作用而达到洗净效果。由于超声波洗净属于非接触式洗净，对于不便于采用毛刷洗净的工程中也可采用。这种方式一般称为空化喷射(cavitation jet, CJ)法、中频超声喷淋(middle-sonic shower)法、超声波(ultrasonic, US)法等，超声波频率一般在 20~50kHz 范围内。这种超声波洗净脱离的颗粒往往发生再附着现象，因此需要配以洗净水的溢流(overflow)及循环过滤等措施。

作为解决颗粒再附着的对策，如图 7-20 所示，称为兆声波喷淋(mega-sonic shower, MS)方式的超声波洗净方法十分有效，其采用的超声波频率在 1~1.5MHz 之间。

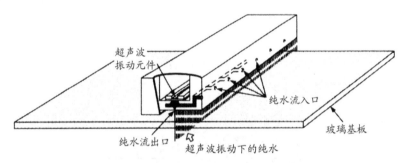

图 7-20　兆声波喷淋(Mega-sonic shower)方式的超声波洗净

目前，联合利用上述空化作用和兆声波喷淋法的超声波洗净应用广泛。由于充分发挥二者的优势，如图 7-21 所示，洗净效果很好。

3. 干燥处理

玻璃基板洗净之后必须进行去除水分的干燥处理。若干燥不充分，玻璃表面会残留水痕②或杂质，在后续工程中造成薄膜与玻璃基板之间的附着性差及性能低下等质量不能保证的情况。常用的干燥方法有气刀干燥(air-knife drying)、甩干干燥(spin-drying)、异丙醇(IPA)蒸气浴干燥等。

气刀干燥法是从上下两个狭窄的间隙(slit，狭缝)吹出高压干燥空气，当玻璃基板在两个狭峰之间透过时，吹出的高压干燥空气像刀子一样切过玻璃基板表面而实现干燥；甩干干燥法是利用旋转产生的离心力去除玻璃表面上附着的水。但无论哪种方法都必须考虑如何防止去除的水滴的再附着及源于装置的颗粒的附着

---

① 在液体中发射超声波时，由于超声波的振动在液体中产生的空洞现象。该空洞现象被称为 cavitation，是超声波洗净作用的关键所在。为高效率地发挥这种空化作用，需要最佳选择超声波频率及液体深度等条件。
② 水痕(water mark)是指洗净干燥后的玻璃基板表面残留或附着的由水滴形成的污染。

沉积等。另外，IPA 蒸气浴干燥法是利用 IPA 置换水分而实现干燥的方法。进一步去除有机物污染的有效洗净方法还有低压水银灯和 UV/O$_3$(紫外线/臭氧水)洗净方法。最近，针对电视用大型 TFT LCD，提出许多新的洗净方案(表 7-3)，并正引起人们的关注。

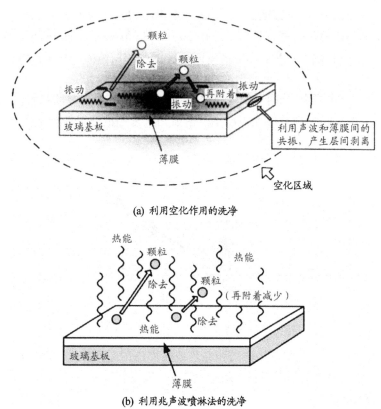

(a) 利用空化作用的洗净

(b) 利用兆声波喷淋法的洗净

图 7-21　利用空化作用和兆声波喷淋法的洗净

7.2.2.4　光刻胶(感光剂)涂布工程

照相蚀刻技术(PEP)中所用光刻胶(感光剂)的涂布，一般采用：①甩胶涂布(spin-coating)，又称旋转涂布，简称旋涂；②狭缝涂布(slit-coating)；③利用毛细管现象(CAP)的涂布等方法。对于 TFT LCD 用光刻胶(感光剂)的涂布来说，为保证涂布膜厚的均匀性，主要采用甩胶涂布和狭缝涂布。

1. 甩胶(旋涂)涂布法

甩胶(旋涂)涂布法是利用玻璃基板的旋转，将滴落在玻璃基板中央的光刻胶液向外周布散而涂布的方式。膜厚的均匀性、精度由光刻胶液的黏度、光刻胶中所含溶剂的沸点、固形物的含有量、旋转条件等决定。从设备结构分，如图 7-22

所示,这种甩胶(旋涂)涂布法有旋涂筒固定的固定筒型旋涂法[图 7-22(a)]和旋转内筒与玻璃基板一同旋转的旋转筒型涂布法[图 7-22(b)]两种。前者由于旋涂筒固定,仅玻璃基板高速旋转,而玻璃基板是长方形的,因此玻璃基板的棱角部位或玻璃基板表面会出现紊流和旋风等,在端部的边沿处,光刻胶液会出现局部的突起(隆起),从而膜厚均匀性较差。而且,甩出的光刻胶液与固定的旋涂筒碰撞而返回,以及在玻璃基板端部回流的光刻胶等会在玻璃基板上再附着等,这些都会成为颗粒污染的原因。

表 7-3　电视用大型 TFT LCD 制程中的新洗净工程

洗净对象	洗净手段	新洗净工程	过去的洗净工程
污染物	有机物	激活 UV(紫外线) O_3 水(臭氧水)	UV/O_3,O_3 水,洗涤剂
	颗　粒	物理力+电解离子水	物理力+纯水,洗涤剂
	金　属	O_3 水,DHF	—
	氧化物	DHF	DHF

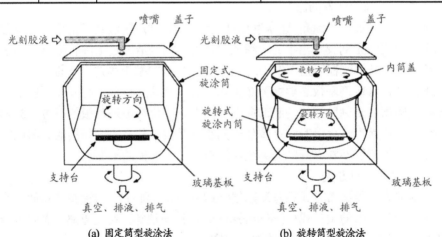

图 7-22　甩胶涂布法旋涂光刻胶

作为改善的对策,一般采用旋转筒型旋涂法[图 7-22(b)]。这种类型的旋涂设备是增设一个与基板同时旋转的旋涂内筒,并由内筒盖封闭。这样,在玻璃基板与旋涂内筒一起旋转时,光刻胶液可以在更广阔的范围内布散,且由于玻璃基板表面上的气氛也同时旋转,不会出现紊流,在端部也不会发生光刻胶的突起,因此容易获得均匀的膜厚。

2. 狭缝涂布法

狭缝涂布法是利用具有高精细度狭缝(slit,缝隙)的喷嘴(涂布头)将光刻胶液喷出，喷嘴与玻璃基板之间设定一定的间隙(gap)，在喷嘴移动并保持该间隙的同时，将光刻胶液涂布在玻璃基板上，如图 7-23 所示。由于这种狭缝涂布法不能兼用于甩胶旋涂，因此适用于大型玻璃基板(第 5 代 1 100mm×1 250mm~1 200mm×1 600mm，第 6 代 1 500mm×1 850mm)的光刻胶涂布。狭缝涂布法又称为α涂布法，无甩胶涂布法等。

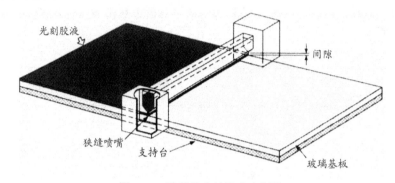

图 7-23　狭缝涂布法涂布光刻胶

3. 利用毛细管现象的涂布法

利用毛细管现象的涂布法(称为 CAP 涂布法)是利用喷嘴细管的毛细管现象，在涂布时使位于光刻胶液槽中的喷嘴上升，使光刻胶液经过毛细管喷嘴涂布于玻璃基板之上。具体过程如图 7-24 所示。首先，将玻璃基板固定在支持台上，支持台上下反转，将玻璃基板表面朝下布置。然后，移动支持台，打开光刻胶液槽的盖子，使喷嘴从光刻胶液槽的底部向上升，直至定位在玻璃基板的下方。光刻胶受毛细管作用而沿喷嘴上升，这致使光刻胶液与玻璃基板表面相接触。移动支持台，使透过毛细管不断上升的光刻胶液涂布在玻璃基板的表面上。

4. 其他的涂布方式

其他的光刻胶涂布方式还有流延辊(doctor roll，刮刀辊)型涂布法和面向彩色滤光片光刻胶涂布的微负载杆(microload bar)型涂布法等，在此省略。需要者请参阅 7.1.3 节彩色滤光片制作工程的相关内容。

如上所述，光刻胶涂布有多种方式，但不同方式各有优点和缺点，应取长补短以获得最佳涂布效果。例如，目前就有人利用甩胶(旋涂)涂布与狭缝涂布并用型涂布法等。

7.2.2.5　曝光工程

所谓曝光，是将掩模上描绘的控制液晶分子所需要的电路图形及显示图像用的像素图形等转写在玻璃基板之上。曝光装置主要包括将图形转写在玻璃基板上的曝光光学系统、掩模与玻璃基板间高精度定位的调节定位系统，以及掩模与玻

璃基板之间相对运动的自动传送系统等。曝光工程对于 LCD 的显示性能及价格等
有决定性的影响。

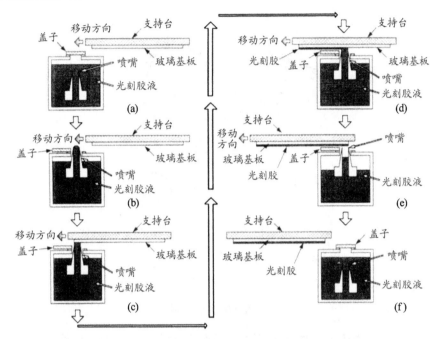

图 7-24　利用毛细管现象(CAP)的涂布光刻胶过程

液晶显示器制程用的曝光主要有图 7-25 所示的三种方式。

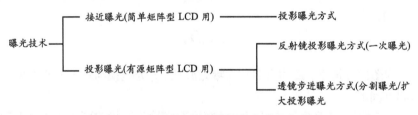

图 7-25　液晶显示器制程用的各种曝光方式

1. 接近式一次曝光

接近式(proximity)一次曝光是利用一块大型掩模，一次完成曝光过程，故称
之为"一次曝光"[①]。而且，由于是在掩模与玻璃基板之间设有微细间隙(proximity
gap)的情况下进行转写，故也称其为"接近式曝光"。

图 7-26 表示接近式(proximity)曝光装置示意图。由高压水银灯发出的光被第

[①] 一次曝光：即一次(而非步进、分步)完成的曝光。在一次曝光中，还有使用反射镜将掩模图形投影转写在
玻璃基板上的反射镜投影一次曝光。

1 反射镜反射汇聚于集光透镜(intergrator，积分仪)，而后，再被第 2 反射镜反射并由平行光管透镜(collimator lens)变换为平行光。该平行光经过掩模照射在玻璃基板上实现图形的转写。

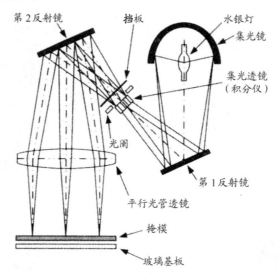

图 7-26 接近式(proximity)曝光装置

接近式曝光由于是一次曝光，生产效率高，装置比较简单、价格便宜。但是，由于掩模与玻璃基板之间留有微细的间隙(proximity gap)，因此会发生令人讨厌的光的衍射现象[1]，造成图形线条模糊。式(7-1)表示接近式曝光图像分辨率 d 的表达式

$$d = K\sqrt{\lambda g} \tag{7-1}$$

式中，d 为图像分辨率；K 为常数；为曝光波长；g 为掩模与玻璃基板之间的间隙(proximity gap)。

因此，接近式曝光多用于图形尺寸精度要求较为宽松的彩色滤光片及简单矩阵型 LCD 的制作。

2. 反射镜投影一次曝光

大直径透镜制作，控制球面像差等非常困难，而反射镜投影一次曝光是由反射镜替代透镜，将掩模图形一次投影转写在玻璃基板上，故称其为"一次曝光"。

反射镜投影一次曝光装置如图 7-27 所示。由光源发出的光照射掩模，通过掩模的光在一对凹面镜和凸面镜，以及台形反射镜的联合反射作用下，最终将掩模

---

[1] 衍射现象：又称绕射现象。照射的光绕过掩模的遮光部分而向内弯曲，即光在掩模遮光部位下方发生绕射的现象。

图形转写在玻璃基板上。由于成像区域仅限于具有一定宽度限制的圆弧状的图形，要将整个掩模图形转写在玻璃基板上，需要掩模与玻璃基板之间进行整体扫描。

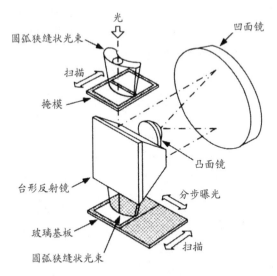

图 7-27　反射镜投影一次曝光装置

　　反射镜投影一次曝光方式曝光面积的横幅由光学系统的大小决定，纵幅方向由扫描系统的行程(stroke)决定。扫描速度决定曝光量，扫描不均匀(むら)造成曝光不均匀，扫描时的姿势变化往往造成畸变(distortion)。另外，图像分辨率及焦点深度由凹面镜、凸面镜的有效半径和透镜的数值孔径 NA[①]及非点像差[②]决定。该方式采用的是反射光学系统，因此具有无色像差，可采用多波长光源等特点。

　　3. 透镜步进式分割曝光

　　与前述反射镜投影一次曝光是经由反射镜成像的曝光相对，透镜步进式分割曝光是经由透镜成像的曝光，但由于受到所使用投影透镜有限直径的限制，一次曝光不能完成对大型玻璃基板的全面图形曝光。为此，使固定玻璃基板的支持台(stage)步进移动，按要求通过掩模的更换，完成几次步进式分割曝光。这种支持台的移动(步进动作)是在曝光挡板关闭期间进行的。依据上述动作，称这种曝光方式为"步进曝光"或简称"步进"。

　　由于这种步进曝光由几次分割曝光组成，在各次曝光之间，要求已形成的图形与新形成的图形应彼此对准衔接，并称其为调整定位(alignment)。调整定位不佳会造成三极管特性的分散和偏差，并产生显示色斑(むら，mura)等显示不合格

①　数值孔径(numerical aperture, NA)：决定于(透镜等的)曲率(曲线弯曲程度的大小)，是表征光学系统的亮度及分辨能力的参量。

②　非点像差：透镜成像的焦点(punt)变形。

的现象发生。原先经常出现的"画面衔接问题"、"步进曝光(引发的)色斑问题"等，通过装置自身的改进及合理的图形设计(图 7-28)，目前已得到解决。而且，与反射镜投影一次曝光同样，由于掩模与玻璃基板不接触，可期望获得更高的成品率。由于所使用的是作为光罩原版的原型掩模，因此适用于微细加工，又由于使用小型掩模，因此掩模价格相对来说比较便宜。

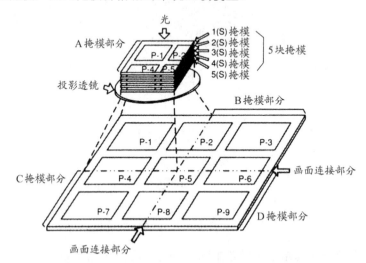

图 7-28 步进曝光与画面的衔接[图中所示为一步曝光(one shot)]

图 7-29 表示透镜步进分割曝光装置和工作原理。从光源(超高压水银灯)发出的光被椭球镜面集光后，经波长滤光器仅取出曝光所需要的特定波长的光，经集光透镜(积分仪)变成均匀照度分布的光，由孔径光阑可任意设定光束的位置和大小，进一步由聚光透镜(condenser lens)使光束照射在掩模图形上。照射并通过掩模图形的光经投影透镜放大投影，最后将图形转写在玻璃基板上。在上述曝光过程中，由于使用的是原型掩模，因此图形精度高，而且为防止掩模上附着灰尘、防止刮伤，并保证掩模的长寿命化等，一般要在掩模上贴附称为 pellicle(表皮，表层薄膜)的保护膜，即采用贴附保护膜的原掩模。在透镜步进分割曝光方式中，由于原型掩模的图形要通过投影透镜在玻璃基板上成像，因此图像分辨率 R 决定于投影透镜的性态，并由下式给出：

$$R = k\lambda / \text{NA} \tag{7-2}$$

式中，k 为过程系数($k \approx 0.7$)；λ 为曝光波长(对于 g 线，$\lambda=436\text{nm}$；对于 i 线，$\lambda=365\text{nm}$)，NA 为投影透镜的数值孔径。

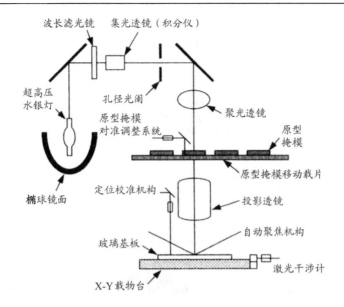

波长滤光镜　集光透镜（积分仪）

超高压
水银灯

孔径光阑

聚光透镜

原型掩模
对准调整系统

原型
掩模

原型掩模移动载片

椭球镜面

定位校准机构

投影透镜

自动聚焦机构

玻璃基板

激光干涉计

X-Y 载物台

图 7-29　透镜步进分割曝光装置

以上讨论了各种曝光技术，各种方式各有长处和短处。作为总结，表 7-4 汇总了各种曝光方式的优点和缺点。

表 7-4　各种曝光方式的优点和缺点

方式 ＼ 优缺点	优　点	缺　点
接近式一次曝光方式	生产效率高(吞吐能力大)；装置简单、价格便宜；性能价格比高	由于掩膜与玻璃基板之间留有微细的间隙(proximity gap)，难以获得高精度图形
反射镜投影一次曝光方式	由于掩膜与玻璃基板之间非接触，可期望获得高成品率；生产效率高(吞吐能力大)	需要制作高精度的大型掩膜
透镜步进式分割曝光方式	由于掩膜与玻璃基板之间非接触，可期望获得高成品率；采用价格便宜的小型掩膜，可使用表层保护膜；可应用于较大型的玻璃基板	需要保证分步曝光画面之间的衔接精度

7.2.2.6　显影工程

让我们再回头讨论照相蚀刻技术(photo engraving process, PEP)，如图 7-30 所示，PEP 的后半工序由显影、刻蚀、光刻胶剥离等工程构成，下面做简要说明。

显影的目的是形成曝光后的图形，因此要选择性地去除部分光刻胶或彩色滤光片。常用的显影工程主要有喷淋显影、浸渍(dip，浸泡)显影、旋转(puddle)显影等三种，现分别简要介绍。

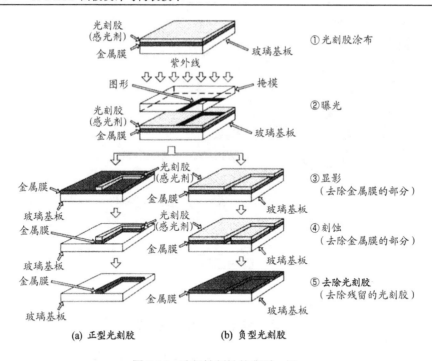

图 7-30　选择性刻蚀的典型一例

1) 喷淋显影

喷淋显影如同喷淋灌溉，按喷嘴动作分喷嘴摇摆(nozzle swing)型和喷嘴整体水平摇动型两种，见图 7-31。前者喷嘴机构的移动量小，结构紧凑，但由于喷嘴端部与玻璃基板之间的距离不断变化，药液不容易均匀散布；后者喷嘴端部与玻璃基板之间的距离不变，因此药液容易均匀散布。

无论哪种类型，在喷淋处理前，都要针对要处理的玻璃板尺寸，调整好喷嘴的摇摆振幅及水平摇动行程，目标是实现全表面的均匀显影。待装好药液后进行喷淋处理。无论哪种类型，由于药液循环使用药液劣化等原因，运行一段时间后往往出现显影图形线条不合格等情况，需要定期检查。这种喷淋显影方式，由于空气中 CO_2 的作用造成显影液劣化，还可能出现玻璃基板边角处显影不良等，需要在装置设计上加以解决。从经济上和生产效率讲，喷淋显影是最适于量产的显影方式，目前使用也最为广泛。

2) 浸渍显影

这种显影方式是将玻璃基板放入浸渍槽中，往复运动，以实现显影。由于浸渍槽底部会积存含有杂质的显影液，在设备定期保养维修时必须将这些积存的显影液彻底去除干净。而且，同喷淋显影一样，由于药液循环使用而容易出现劣化，从而造成显影图形线条不合格等，故需要定期检查。

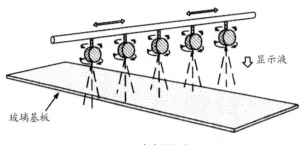

(a) 喷嘴摇摆型

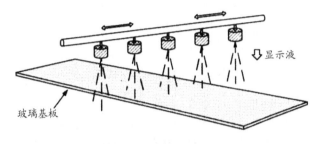

(b) 喷嘴水平摇动型

图 7-31　喷淋显影工程

3) 旋转显影

旋转显影方式犹如甩胶旋涂，利用同一旋转装置即可完成显影、水洗、干燥等全过程。这种方式生产效率高，适合大批量生产，但需要采用短时间即可完成显影的光刻胶，大型玻璃基板不适采用这种方式显影。由于每次显影都使用新的药液，显影质量有保证，这种方式可期望发展成为稳定的工艺过程。

经过上述显影工程之后，通过水洗使显影反应瞬时停止，并保证面内显影的均匀一致性。此后，为去除水分，要进行气刀干燥(air-knife drying)或甩干干燥(spin-drying)。紧接着，通过电热板(hot-plate)式加热，经过后烘烤完成显影。

7.2.2.7　刻蚀工程

所谓刻蚀，是针对金属膜、绝缘膜以及漏极、源极用膜层等，按光刻胶图形有选择地去除，以得到所需的图形。刻蚀分干法刻蚀和湿法刻蚀两种，如图 7-32 所示，前者包括批量式和单片式，二者在使用的药液和玻璃基板传送方式上有所区别，但从确保性能提高等方面出发，单片式正成为主流；后者包括等离子体型(PE, ICP)、反应离子刻蚀型(RIE)干法刻蚀。下面，主要针对代表性的单片式湿法刻蚀和等离子体型的干法刻蚀做简要介绍。

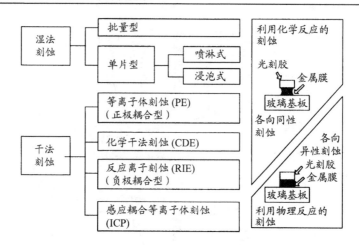

图 7-32　刻蚀工程的分类

1. 单片式湿法刻蚀

在单片式湿法刻蚀中，有喷淋式刻蚀和浸渍式刻蚀两种。无论哪种方式，玻璃基板在输入口和输出口的处理、刻蚀气氛，以及药液劣化管理等是十分重要的。与显影同样，在经过这种湿法刻蚀处理之后，还要进行水洗、干燥等。

1) 喷淋式刻蚀

这种方式与喷淋式显影同样，利用药液喷淋进行刻蚀，针对不同需求，分喷嘴摇摆(nozzle swing)型和喷嘴整体水平摇动型两种。由于刻蚀温度、压力等对刻蚀状态有决定性影响，因此温度、压力等工艺参数的控制管理极为重要。

2) 浸渍式刻蚀

这种刻蚀方式是将玻璃基板放入浸渍槽中，使基板往复运动实现刻蚀。因刻蚀对象而异，有时也与喷淋刻蚀方式并用。湿法刻蚀的反应液，以及后面将要谈到的干法刻蚀气体，汇总于表 7-5 中。

表 7-5　用于主要膜层刻蚀的湿法刻蚀液和干法刻蚀气体

需要刻蚀的膜层		湿法刻蚀液	干法刻蚀气体
金属膜	a-Si	$HF+HNO_3(+CH_3COOH)$	CF_4+O_2、CCl_4+O_2、SF_6
	ITO	$HCl+HNO_3$	CH_3OH+Ar
	Cr	$(NH_4)_2Ce(NO_3)_6+HClO_4+H_2O$	$CCl_4(+O_2)$、Cl_2+O_2
	Al	$H_3PO_4+HNO_3(+CH_3COOH)$	BCl_3+Cl_2
	W	$HF+HNO_3$	$CF_4(+O_2)$
	Mo	$HF+HNO_3(+CH_3COOH)$	$CF_4(+O_2)$
	Ta	$HF+HNO_3$	CF_4+O_2
绝缘膜	SiO_x	$HF+NH_4F$	HF、$CF_4(+O_2)$、CHF_3+O_2
	SiN_x	$HF+NH_4F$	$CF_4(+O_2)$、CHF_3+O_2、SF_6

2. 干法刻蚀

干法刻蚀是利用等离子体或微波等使反应气体激发分解，生成离子及活性基(radical)，利用这些离子及活性基照射玻璃基板并与被蚀刻层发生反应，实现刻蚀，完成图形化(patterning)的过程。

作为干法刻蚀的加工性能，主要有：①刻蚀速率；②刻蚀面内的均匀性；③刻蚀形状；④图形尺寸的控制；⑤被刻蚀膜层与基体材料的选择刻蚀性；⑥对被刻蚀加工的组件有无损伤等几项要求。为此，有关等离子体中生成离子及活性基(radical)的种类及量、向基板照射的能量、基板的温度等过程参数设计极为重要。

1) 等离子体刻蚀

等离子体刻蚀简称 PE(plasma etching)，是利用微波等产生辉光放电和等离子体，反应气体受辉光放电和等离子体激发，产生具有不成对电子结构(如激发态原子)的活性基(radical)[图 7-33(a)]。例如，当反应气体为四氟化碳(CF_4)时，就会发生产生活性基 F^* 的下述反应

$$CF_4 \longrightarrow CF_2^+ + 2F^*$$

$$或\ 2CF_4 + 2O_2 \longrightarrow 2COF_2 + 4F^*$$

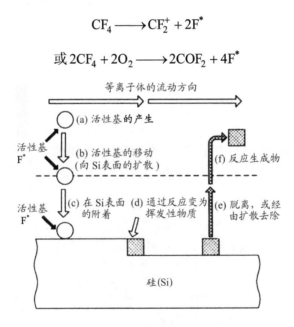

图 7-33　等离子体刻蚀的去除过程

生成的活性基 F^* 向硅基板移动(图 7-33(b))，一旦附着于硅(Si)或氮化硅(Si_3N_x)等之上(图 7-33(c))，由于发生化学反应产生挥发性物质(图 7-33(d))，通过生成物质的脱离和扩散而被去除(图 7-33(e))。上述去除过程可由下述反应式表示

$$Si\ 的刻蚀：Si + 4F^* \longrightarrow SiF_4 \uparrow$$

Si_3N_x 的刻蚀： $Si_3N_x + 12F^* \longrightarrow 3SiF_4\uparrow + 2N_2$

基于上述的去除动作，等离子体刻蚀属于各向同性蚀刻。但通过选用合适的活性基，可加快对所希望刻蚀的物质的刻蚀速率，以提高刻蚀的选择性。另外，由于等离子体发生部与刻蚀部位于同一反应室内，等离子体会对被刻蚀材料产生损伤。作为避免上述损伤的对策，可采用如图 7-34 所示将等离子体发生部与刻蚀部相分离的化学干法刻蚀(chemical dry etching, CDE)。

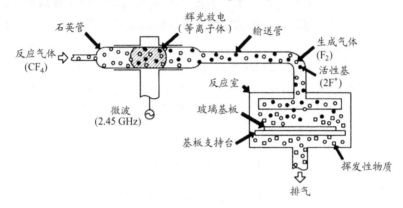

图 7-34   化学干法刻蚀

2) 反应离子刻蚀

离子刻蚀，又称溅射刻蚀(sputter etching)，是将离子加速并照射被刻蚀材料，使被刻蚀材料的原子被入射离子碰撞离位而逸出材料表面，见图 7-35。本质上讲，离子刻蚀属于物理方法，离子刻蚀发生在离子运动所指方向，因此具有均匀且各向异性的刻蚀特性。

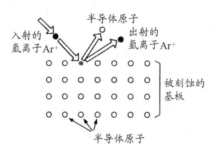

图 7-35   溅射刻蚀示意图(离子溅射去除)

将离子刻蚀与等离子体反应刻蚀相组合的刻蚀称为反应离子刻蚀(reactive ion etching, RIE)。

反应离子刻蚀兼有选择性高的各向同性刻蚀(依靠等离子体刻蚀)和各向异性

刻蚀(依靠离子刻蚀)双方的特征，对于仅靠化学反应难以进行刻蚀的二氧化硅(SiO$_2$)膜、透明导电(ITO)膜等的刻蚀也能胜任。

此外，还有能保持高的刻蚀速率，并可提高刻蚀均匀性及选择性的感应耦合等离子体(inductive coupled plasma, ICP)刻蚀等。作为小结，湿法刻蚀与干法刻蚀的比较汇总于表 7-6。

表 7-6　湿法刻蚀与干法刻蚀的比较

	湿法刻蚀	干法刻蚀
加工可控制性	×：侧向刻蚀大(各向同性刻蚀)	○：斜(锥)度控制容易(各向异性刻蚀)
均匀性	△：大型基板不太容易实现均匀性	○：良
选择性	○：可以做到很大	×：比较小
颗粒的影响	○：比较小	×：比较大
工艺过程对组件的损伤	○：小	×：大(等离子体损伤)
吞吐量(生产效率)	○：刻蚀速率大	×：刻蚀速率小，单片处理
多层膜连续处理	×：困难	○：通过玻璃基板交换来实现
装置价格	○：比较便宜	×：较为昂贵(真空装置)

○—优或良；△—中或可；×—差。

7.2.2.8　光刻胶剥离工程

光刻胶剥离工程是指，在按光刻胶图形经刻蚀形成所希望的图形之后，去除光刻胶(感光剂)的过程。光刻胶剥离工程对于三极管特性、像素特性以及成品率等都有很大影响，因此是一步十分重要的工程。

为剥离作为高分子材料的光刻胶，一般采用湿法剥离和干法灰化两种方式。如图 7-36 所示，前者是用有机溶剂或碱性水溶液与光刻胶聚合物发生络合反应使之溶解去除；后者分为等离子体灰化和臭氧灰化，等离子体灰化是利用氧的活性基等，使高分子光刻胶聚合物发生氧化分解，变成低的相对分子质量的易挥发物而被去除(ashing，使光刻胶在气相中去除)，臭氧灰化是利用臭氧(O$_3$, UV/O$_3$)的灰化过程。

在选择光刻胶剥离方法时，要综合考虑会不会对基板造成损伤、光刻胶种类及各工程中光刻胶可能发生的化学结构变化等因素。表 7-7 给出光刻胶湿法剥离与干法灰化(等离子体灰化、臭氧灰化)的比较，供选择时参考。

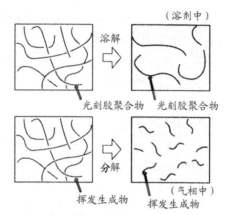

图 7-36　光刻胶聚合物的溶解与分解

表 7-7　光刻胶湿法剥离与干法灰化的比较

	湿法剥离	等离子体灰化	臭氧灰化
剥离性能、剥离能力	对于变质的光刻胶较差	很强	很强
均匀性	不太好	良好	良好
再现性	药液劣化后则较难	良好	良好
损伤	几乎无	有可能发生损伤,但向下流动式不发生	几乎无
吞吐量(生产效率)	良好	低	良好
设备价格	便宜	贵	便宜
占场地面积	大	小	小
辅助材料使用量	多	少	少
剥离介质的保存情况	需要更换剥离液	良好	良好

1. 湿法剥离

在湿剥离中,常用的有下述三种方式:① US(ultra sonic,超声波)浸泡式剥离;② 喷淋式剥离;③ 空化喷射(cavitation jet)式剥离等。

(1) US 浸泡式剥离如图 7-37(a)所示,是在浸泡槽底部放置超声波振子,向剥离液中释放超声波(20~80kHz),以促进光刻胶剥离的方式。这种方式随超声波功率的提高可促进剥离效果,但可能造成膜层损伤,需加注意。

(2) 喷淋式剥离如图 7-37(b)所示,是利用光刻胶的初期膨胀,用于主体剥离部位的辅助去除,或者用于已完成部位的辅助去除。

(3) 空化喷射式剥离是透过在水面喷射高压水,利用由水面卷入的气泡进行剥离。

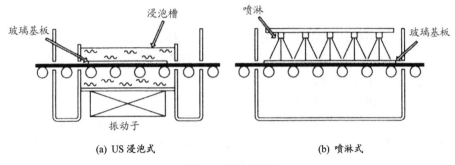

(a) US 浸泡式   (b) 喷淋式

图 7-37   湿法剥离

顺便指出，作为溶解光刻胶的有机溶剂，有酮系溶剂的丙酮、丁酮等，还有酯系溶剂的醋酸甲酯、醋酸乙酯等。

2. 等离子体灰化

所谓灰化，是利用等离子体等，在气相中使光刻胶剥离的方法，依玻璃基板放置的位置和电极构造等不同，如图 7-38 所示，有等离子体灰化(圆筒型、平行平板型)和向下流动式灰化装置。等离子体灰化是利用等离子体激发氧气体，使其解离为离子、活性基、电子等，所产生的氧离子及氧的活性基使光刻胶氧化、分解，并以气态方式被去除。

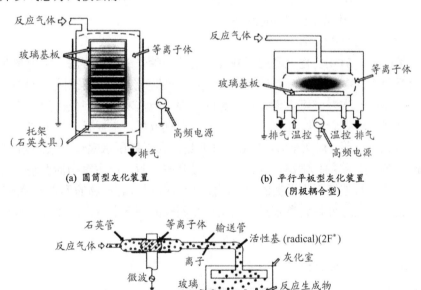

(a) 圆筒型灰化装置   (b) 平行平板型灰化装置
                                              (阴极耦合型)

(c) 向下流动式灰化装置

图 7-38   等离子体灰化装置

(1) 圆筒型等离子体灰化装置

装置如图 7-38(a)所示，由于是批量处理方式(batch processing)，适用于小型基板的光刻胶剥离，而对于大型基板的光刻胶剥离来说，由于去除速率的均匀性等较差，不宜采用这种方式。

(2) 平行平板型等离子体灰化装置

装置如图 7-38(b)所示，由于可采用单片处理方式(single glass processing)，面内去除速率的均匀性好。而且由于离子加速向基板照射，除化学反应之外，还伴有物理溅射(sputtering)，因此具有去除能力强的特点。相反，等离子体会对基板造成损伤，或者说，向基板的充电而造成组件的破坏，以及源于光刻胶的重金属、可移动离子等的污染等。

(3) 向下流动式灰化装置

装置如图 7-38(c)所示，为减少等离子体对基板的损伤，将等离子体发生部与处理部相分离。反应气体受等离子体激发，生成离子和活性基，离子在输送过程中失活，仅剩下活性基对光刻胶实施去除，这样就可以避免等离子体对基板的损伤。另外，反应气体若用氧，则由氧活性基的化学反应来分解光刻胶，但由于难以获得足够高的灰化速率，需要对玻璃基板加热。而加热玻璃基板往往造成 TFT 阵列的损伤，故不推荐采用。为了提高低温下的灰化速率，一般采用在氧中混入其他气体[如四氟化碳(CF_4)等]的方法。

3. 臭氧(O_3, UV/O_3)灰化

臭氧(O_3, UV/O_3)灰化是利用紫外线和臭氧去除光刻胶的方法。由于是在大气压下进行处理，装置紧凑，而且不发生带电粒子的损伤，又能采用单片处理(single glass processing)方式，可实现高吞吐量的处理，但其灰化速率低。为提高灰化速率，需要最佳选择紫外线强度、臭氧浓度、臭氧流量、基板温度等工艺参数。

一般认为臭氧(O_3，UV/O_3)灰化的原理是，利用低压水银灯的紫外光(185nm, 245nm)切断光刻胶的化学键，245nm 的光使臭氧分解，产生氧的活性基。这种生成的氧活性基与被切断化学键的光刻胶发生反应，以气态产物的形式去除光刻胶。

无论采用上述哪种剥离方式，在完成光刻胶的剥离之后，都要进行水洗和干燥。

7.2.2.9 阵列检查工程

TFT 阵列的制造，要反复利用薄膜形成(成膜)和照相蚀刻技术(PEP)。前者涉及各种不同(包括各种材料)的成膜技术，后者涉及加工和图形化(patterning)技术。为提高成品率，需要进行各种各样的检查。阵列检查工程大体上可分为阵列制造工程途中的检查和制造完了时的检查两部分，如表 7-8 所列。

对于阵列制造工程途中的检查来说，工程管理、静电预防管理、超净工作间

(clean room)管理极为重要。特别是,在灰尘(dust,异物)检查中,光学方式的图案(pattern)检查起着重要作用。而其中,颗粒(particle,微粒子)的存在会招致显示画面质量缺陷,因此保证超净工作间的清洁度极为重要。另外,静电会造成 TFT 阵列的损伤而成为破坏的原因,因此必须加强静电防止管理,严防可能引发电离的电离剂(ionizer)导入。将这种制造工程途中的检查结果尽早地反馈回制造工程的反馈系统(feed back system)也十分重要,这种反馈系统可大大改善制造工程,并使 TFT 阵列工程的成品率明显提高。

对于制造完了时的检查来说,显示屏上布线的断路、短路(open, short),以及 TFT 的电气特性极为重要。在这种阵列工程的检查中,除灰尘检查、静电监测之外的检查应用中,如图 7-39 所示,还要在玻璃基板上的边角及占空区域等设置测试组件(test element group, TEG),通过对这种 TEG 的膜厚、膜质、电气特性等的测试,可使阵列制造工程途中的检查及阵列制造完了时的检查变得容易,测试装置和步骤也大为简化。

表 7-8 TFT 阵列工程中的检查内容及检查装置

对象	内容和装置	检查内容	检查装置
制造工程途中的检查	玻璃基板	伤痕、翘曲、缺口 沾污、灰尘(特别是颗粒等)	玻璃基板检查装置等
	薄膜形成	图形形状、线宽 膜厚、膜质(表面电阻等) 针孔、灰尘等	玻璃基板检查装置等 图形检查装置 颗粒沾污测定装置 膜厚测定装置 表面电阻测定装置等
	PEP	图形形状 图形缺陷(断开、搭接、残缺)灰尘、颗粒等	
制造完了时的检查	TFT 特性	断路、短路 电气特性等	TFT 特性测试装置等

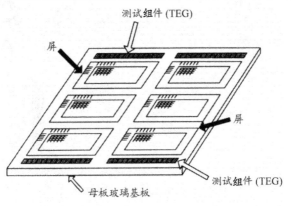

图 7-39 带有测试组件的母板玻璃基板

在结束本节之前，举一实例，图 7-40 表示代表性的 TFT 电气特性。

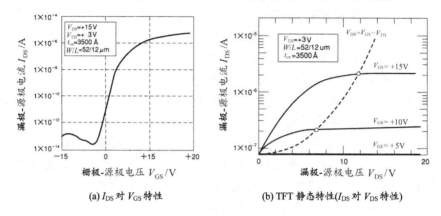

(a) I_{DS} 对 V_{GS} 特性   (b) TFT 静态特性(I_{DS} 对 V_{DS} 特性)

图 7-40 代表性的 TFT 电气特性

7.3 彩色滤光片制作工程

本节将讨论用于液晶显示器彩色化的彩色滤光片(着色膜)及其制作工程，见图 7-41。这种彩色滤光片的制作，是在母板玻璃基板(见 8.1 节)上，在与阵列制作工程(见 7.2 节)所制作的阵列基板各亚像素对应的位置,制成相应的彩色滤光片(着色膜)。图 7-42 表示彩色滤光片基板与阵列基板的位置对应关系。

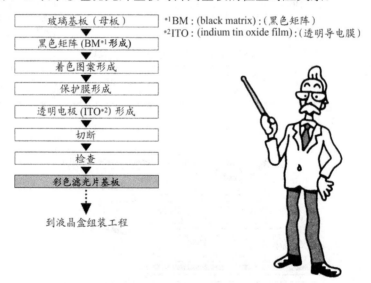

图 7-41 彩色滤光片基板制作工艺流程

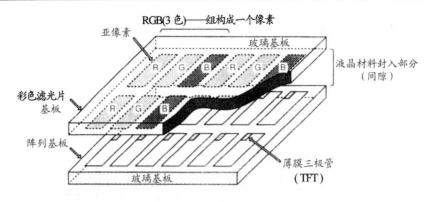

图 7-42　彩色滤光片基板与阵列基板的位置对应关系

　　彩色滤光片制作工程与阵列基板制作工程相同，也要采用照相蚀刻技术 (photo engraving process, PEP 技术，或 photo lithography，光刻技术)。在阵列基板的制作中，使用的光刻胶仅起掩模作用，当沉积的薄膜层经刻蚀形成图形之后，光刻胶已无存在必要，必须剥离干净。与之相对，在彩色滤光片制作中，颜料分散型光刻胶不被剥离，而作为残留的着色层(滤色膜)而起彩色滤光片的作用。这是彩色滤光片制造工程与阵列制造工程的主要区别。

7.3.1　彩色滤光片制程

　　彩色滤光片的制程是，先在玻璃基板上形成防止透过不需要光的黑色矩阵，而后依次用 R(红)、G(绿)、B(蓝)的颜料分散型光刻胶，形成相应的彩色滤光膜。而且，应需要在形成外敷层(over coat, OC)之后，还要形成相对于阵列基板来说作为对向电极的透明导电膜[①]，见图 7-43。如图 7-44 所示，颜料分散型彩色滤光片的简略制程所示，整个制程主要是由成膜和图形化(patterning)构成的。

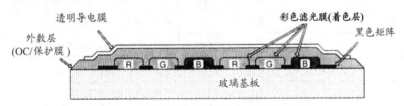

图 7-43　颜料分散型彩色滤光片的断面结构

　　表 7-9 列出彩色滤光片(滤色膜)的特性及检查项目。对彩色滤光片的特性要求(对 LCD 特性影响)主要有：① 色再现性范围要宽；② 亮度要高；③ 防止对比度下降；④ 可对应高精细化像素(亚像素)；⑤ 不出现色斑(mura)及显示缺陷；

---

① 透明导电膜(indium tin oxide film, ITO 膜)：SnO_2 作为杂质混合(固溶)入 In_2O_3 中的既透明又导电的薄膜，多用于透明电极、共用电极等，参见 2.7.1 节。

⑥ 可靠性高、寿命长等。

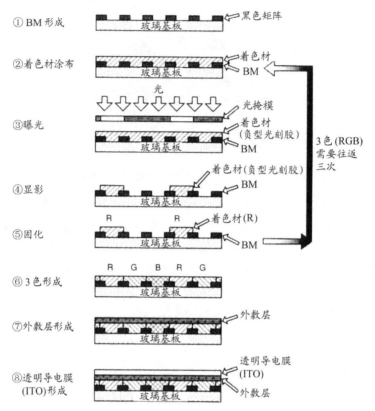

图 7-44　颜料分散型彩色滤光片的简略制作工艺流程(负型光刻胶兼作着色材料)

表 7-9　彩色滤光片的特性及研究开发项目

对 LCD 特性影响	彩色滤光片特性	对彩色滤光片的研究开发项目
色再现性	色纯度	颜料的选定，加工及分散性改良
亮度	透射率	颜料的选定，加工及分散性改良 黑色矩阵细线条化，以提高开口率 各种材料折射率的最佳配置
对比度	对比度	通过改善分散性提高消偏性 BM 遮光性的改善及反射率的降低
高精细	尺寸精度	BM 及彩色滤光片的高精细化
色斑、显示缺陷	色斑	提高涂布特性的平坦化 避免向液晶的溶出成分发生
	表面粗糙度	改善颜料的分散性，减少并避免残渣等
可靠性	密封性，可靠性	与衬底膜层及后道工序材料的附着性要好提高 耐热性、耐光性、耐药品性

　　表 7-10 列出彩色滤光片的各种制造方法。最初开发的方法，是在玻璃基板上先形成酪蛋白(casein)[①]等膜，再用染料进行染色的"染色法"。由于所获膜层的耐光性差，因此这种方法被使用颜料的"颜料法"所替代，目前几乎所有厂商都采用颜料分散光刻胶法。除此之外还有"印刷法"，但印刷法目前仅在一部分中小型显示屏的彩色滤光片中采用。以降低价格为目标，目前有些彩色滤光片厂商正重新开发印刷法的应用。另外，作为新型制作方法，还有由浆料喷射形成彩色滤光片的"浆料喷射法"和采用激光形成彩色滤光片的"转写法"等。进一步，采用塑料基板，由卷辊连续方式(roll to roll，滚动条连续方式，参照图 4-63)低价格地制作彩色滤光片(滤色膜)的开发也取得成功，并部分地应用于批量生产中。

表 7-10　彩色滤光片的各种制造方法

加工方法	着色方式	使用的着色材料	
		颜料	染料
照相蚀刻法 (photo lithography 法)	光刻胶、着色材料兼用型	颜料分散光刻胶法 彩色滤光片转写法	图案(relief)染色法
	光刻胶、着色材料兼用型	颜料分散刻蚀法	掩模染色法 染料溶解法
印刷法		颜料浆料印刷法	——
浆料喷射法		颜料浆料喷射法	染料浆料喷射法
有机材料电镀法		电沉积法	——

　　下面，主要针对已成为彩色滤光片生产主流的"颜料分散光刻胶法"概要介绍彩色滤光片制程的各个工序。

7.3.2　黑色矩阵形成工程

　　黑色矩阵具有下述作用：① 遮蔽像素区域(开口部分)之外的背光源的漏光；② 防止相邻 RGB 亚像素的混色，提高显示对比度；③ 防止光造成 TFT 误动作及工作参数发生变化；④ 防止背景光的写入(从而造成对比度低下)，可明显提高对比度等。因此，对于彩色滤光片基板来说，形成黑色矩阵是必不可少的重要工序。

　　反过来设想一下，如果不形成黑色矩阵(BM)会发生什么情况。由于像素间的间隙发生漏光，当 LCD 处于光学 OFF 时，并不呈完全的黑色，从而对比度低下(上述①，并参照 4.2.8 节)；像素间 RGB 中任意相邻的两个亚像素的彩色要么发生重叠，要么出现间隙而漏光，而这两种情况都不利于对比度的提高(上述②)；作为

---

① 酪蛋白(casein)：是以乳汁为主要成分的磷蛋白质，作为水溶性涂料、乳化剂、塑胶等被广泛使用。

TFT 的特性，因光照，TFT OFF 时会产生漏电流，致使 TFT ON/OFF 时透射率之比变差(上述③)；进一步，作为背景的照明灯光及外光等光的写入、反射，会造成 LCD 整体对比度的下降。当然，若黑色矩阵的表面如同镜面那样采用高反射率的材料作成，则背照光的写入(反射)效果变大，因此要求黑色矩阵是无反射的黑色(上述④)。如上所述，黑色矩阵的光学浓度①应保证在 3.0 以上，即要有高的遮光率。

图 7-45 表示黑色矩阵的简略制程，其中图(a)针对黑铬系 BM，图(b)针对树脂系 BM。

首先，简要介绍黑铬系 BM 的制程(见图 7-45(a))。若采用膜厚为 0.12μm 左右的黑铬膜，则光学浓度(OD 值)可达 4.0 以上，可达到完全遮光的目的。这种黑铬系 BM 必须是低反射率的，但由单层膜制作的黑铬系 BM(由于其与玻璃基板构成界面)的反射率约为 60%[图 7-46(a)]。为了减低这一反射率，在单层黑铬膜(Cr 层)的基础上，增加氧化物膜(CrO$_x$ 层)等构成二层铬膜，或使铬膜多层化以达到降低反射率的目的[图 7-46(a)、(b)]。衡量这种反射程度的标准应该是视感反射率(由人眼感觉到的反射率，即 CIE 规格中的 Y 值)。也就是说，这一视感反射率(Y 值)越小，反射越少，从而越易于观视。需要指出的是，随着全球范围内环境保护意识的提高，欧盟(European Union, EU)于 2006 年 7 月 1 日正式执行 WEEE/RoHS 法令②对六种有害物质限制使用，其中就包括铬(六价铬)。因此，铬的使用量会逐年减少。另外，对于液晶电视用彩色滤光片来说，需要采用价格更低、反射率更低的黑色矩阵。特别是，对于对角线尺寸超寸 1m 的母板玻璃基板来说，相应的溅射镀膜装置无论在技术上还是价格上都存在一些问题。因此，近年来黑色矩阵正从铬系 BM(Cr-BM)转向树脂系 BM(黑色光刻胶)。

树脂系 BM 是采用在光刻胶中分散有替代颜料的炭黑等黑色成分的材料(黑色光刻胶)，采用与颜料光刻胶制作基本相同的制作工艺制成(图 7-45(b))。这种黑色光刻胶具有高阻抗和低反射率的特征，目前已被广泛采用。

7.3.2.1　玻璃母板投入前的洗净

母板玻璃基板(玻璃母板)在玻璃制造厂出厂之前，已经过洗净，但在检查、

---

① 设入射光强度为 I_0，透射光强度为 I，光学浓度(optical density, OD 值)由式 OD=−lg(I/I_0)给出。

若膜的 OD 值为 2.5，透过膜层观看比室内更亮的风景时可略感透明地隐约可见。当 OD 值为 3.0(光透射率为 0.1%)时，透过膜层看明亮的光源时仍可辨认，但已相当模糊，几乎不能看到。

② 2003 年 7 月 13 日，欧盟正式颁布 WEEE/RoHS 法令，并明确要求其所有成员国必须在 2004 年 8 月 13 日以前将此指导法令纳入其法律条文中。该法令严格要求在电子信息产品中不得含有铅、汞、镉(cadmium)、六价铬(hexavalent chromium)，多溴联苯(polybroominated biphenyls,PBB)及多溴二苯醚(polybroominated diphenyls ethers, PBDE)。欧盟的上述法令已于 2006 年 7 月 1 日正式生效。中国大陆也颁布类似的法令，并于 2007 年 3 月 1 日正式执行。

出厂、保管以及运输等过程中还可能受到污染(如受玻璃碎渣[①]及有机附着物等的污染)，因此在投入前必须进行洗净，以进入后续工序。若玻璃母板表面附着有污染物且存留的话，在溅射沉积(sputtering deposition)铬(Cr)膜的过程中，污染物之上的成膜往往造成成膜不良，如附着力低、产生分层、起泡等。用于此目的洗净与 7.2.2.3 节所讨论的洗净工程基本相同，采用串联式(in-line)洗净装置，借助界面活性剂的洗涤，由毛刷洗净(brush scrub)和超声波洗净。

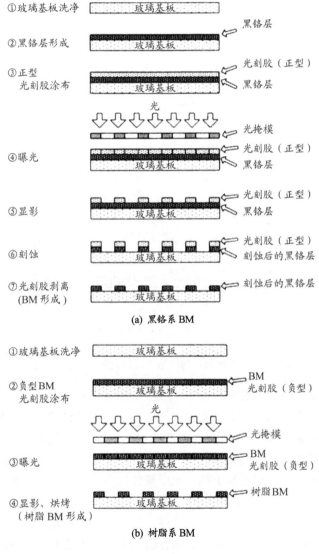

图 7-45　黑色矩阵的简略制作工艺流程

① 玻璃碎渣(glass cullet)：切断玻璃基板时发生的玻璃碎块及微细的玻璃屑等。

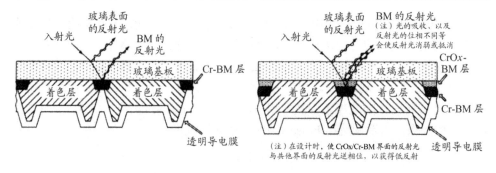

(a) 具有单层黑铬 BM 的滤色膜　　　　　(b) 具有两层黑铬 BM 的滤色膜

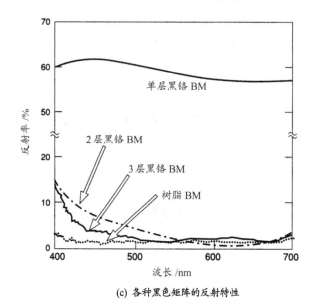

(c) 各种黑色矩阵的反射特性

图 7-46　各种 BM 的构造、反射机制及反射特性

　　在用于玻璃母板投入前的洗净中,除了 7.2.2.3 节所讨论的湿式洗净之外,还有干式洗净,表 7-11 列出洗净方法的分类。在前者湿式洗净中,有采用毛刷的洗净方法(brush scrub)、采用喷流喷射的洗净方法(BJ, CJ)以及采用超声波的洗净方法(US, MS),这些属于利用物理现象的方式,还有利用洗涤剂的洗净方法以及利用离子水的洗净方法,这些属于利用化学现象的方式。在后者干式洗净中,有利用紫外光(UV),或再加臭氧(UV/O_3)的洗净,这些属于光化学洗净,还有利用激光、等离子体的洗净等,这些属于物理洗净。关于湿式洗净 7.2.2.3 节已经讨论。下面,主要针对彩色滤光片制造中去除有机物常用的干式 UV/O_3 洗净,做简要介绍。

　　在干式 UV/O_3 洗净中,洗净源采用低压水银灯。图 7-47 表示低压水银灯的发射光谱, 其中对 UV/O$_3$ 洗净最重要的是波约为 185nm 和 254nm 的紫外光。图 7-48 表示利用 UV/O$_3$ 进行干式洗净的模式图。低压水银灯所发射的 185nm 的紫外光被空气中的氧(O$_2$)吸收产生臭氧(O$_3$)。而且, 所发射的波长为 254nm 的紫外光被这种臭氧(O$_3$)吸收产生激发态氧原子(活性基)O*。另一方面, 波长为 185nm 的紫外光由于光子能量强, 一般认为可切断有机物的分子链合。这种被切断的有机物分子同上述具有非常强的氧化能力的激发态氧原子(活性基)O*发生反应, 生成易挥发的二氧化碳(CO$_2$)和水(H$_2$O), 由于这种物质转换而使有机物去除。另外, 采用准分子激光灯的洗净也基于类似的原理, 在此省略。

表 7-11　洗净方法的分类

分类	湿式(wet)洗净		干式(dry)洗净	
	物理洗净	化学洗净	光化学洗净	物理洗净
洗净方法	毛刷(brush scrub)洗净 (圆辊刷, 圆盘刷) 喷流(spray) 喷射喷流(jet spray) 气泡喷射(bubble jet, BJ) 空化喷射(CJ)[1] 超声波(US)[2] 兆声波(MS)[3]	有机溶剂 中性洗涤剂 化学洗净剂 离子水 纯水	紫外光(UV) UV/O$_3$ 准分子激光灯	激光 等离子体 离子磨

[1] CJ: cavitation jet, 空化喷射, 超声波洗净法的一种。

[2] US: ultra sonic 的缩写, 表示超声波洗净。

[3] MS: mega-sonic shower 的缩写, 表示兆声波洗净, 其频率在 1~1.5MHz 之间。

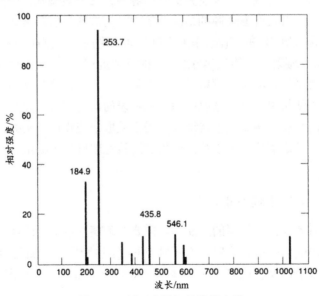

图 7-47　低压水银灯的发射光谱

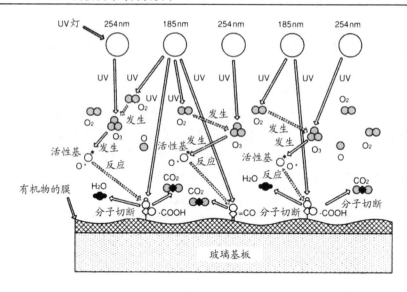

图 7-48　利用 UV/O$_3$ 进行干式洗净的模式图(利用光致分解和氧化)

7.3.2.2　铬层的溅射成膜

完成洗净的玻璃母板置于传送支架上并被送入溅射装置中。串联(in-line)型溅射装置有多个工作室串联,工作室与工作室之间呈半隔离状态。首先,主溅射室抽真空,在加热室进行脱气,以及为提高附着性,去除玻璃基板表面所吸附的水分等。在制作多层低反射 BM 膜的情况,例如,为制作二层铬 BM 膜,在第一溅射室适度添加含有氧(O$_2$)的氩(Ar)作为溅射气体,利用反应溅射装置[①]沉积氧化铬(CrO$_x$)膜,在第二溅射室利用氩(Ar)作为溅射气体沉积铬(Cr)膜。由于溅射靶材由纯铬制成,需要采用直流(DC)溅射装置。而后,经由高真空传送室、取出室将玻璃基板取出。顺便指出,反应溅射中由于靶材表面与反应气体发生反应而容易附着异物,异物的存在影响溅镀正常进行,需要采取措施克服。另外,在溅射开始时,需要对装置设定最佳工艺参数,一般要用陪片玻璃基板(dummy glass)摸索工艺条件。

7.3.2.3　铬 BM 膜图形转写

为提高铬 BM 膜图形转写的成品率,需要对玻璃基板进行洗净。首先,用紫外光(ultra violet-ray,UV 光)照射去除有机附着物,接着用纯水加毛刷(brush scrub)及高压喷射喷流(jet spray)或兆声波(mega-sonic shower, MS)等进行湿式洗净。而后

---

① 反应溅射是溅射镀膜的一种。在通常的溅射中,采用惰性气体氩(Ar)为溅射气体,而在反应溅射中,除了氩气之外还要通入适量氧气(O$_2$)或氮气(N$_2$),通过反应,在基板表面人工形成金属的氧化物或氮化物膜层。

进行气刀(air knife)干燥，再用加热板式干燥器进行彻底干燥。

在完成玻璃基板的洗净之后，涂布高感度正型光刻胶并进行掩模曝光，按掩模图形对光刻胶进行选择性显影去除，为提高保留光刻胶的耐蚀性，还要进行烘烤(后焙)。接着，以涂布的正型光刻胶图形作为掩模对铬膜进行刻蚀，最后对正型光刻胶进行剥离。

对于多层铬膜的蚀刻来说，由于各层铬膜的刻蚀速率不同，往往发生下蚀(under-etching)①现象或下部的铬膜出现刻蚀残留现象，应采取措施加以解决。蚀刻铬膜及氧化铬膜的刻蚀液常用的有硝酸铈亚铵和过氯酸($HClO_4$)水溶液等(参照表 7-5)。刻蚀之后，经纯水洗净并用气刀(air knife)干燥。

彩色滤光片是集成电路制造中所没有的，因此彩色滤光片制造工艺与阵列制造工艺有所不同。前者使用碱的水溶液作为显影液及剥离液，而剥离液的碱浓度要高于显影液的碱浓度。

7.3.3　着色层图形形成工程

在着色层形成工艺中不可缺少的颜料分散型彩色光刻胶中，含有约 30%以上的颜料固形组分。由于颜料的光吸收及散射等，使曝光时的光透射率大大降低。为此，需要采用高感度的光反应系统②。而且，黏结树脂③必须采用耐光性、透明性良好的树脂。根据这些要求，一般采用以多官能丙烯基(acryl)④和光活性基(radical)⑤发生剂为感光成分的负型光刻胶⑥。这种丙烯基系光刻胶为光聚合⑦的，曝光装置的光照射到光聚合开始剂时，则由光聚合开始剂发生的活性基使丙烯基低聚物⑧发生桥架反应⑨，以此为基础促进活性基连锁反应，实现桥架聚合(发生光硬化)。图 7-49 表示经曝光，颜料分散型光刻胶的反应模式图。需要指出的是，

---

① 又称侧蚀(side etching)和钻蚀。指向刻蚀掩模端部向侧面方向对被蚀刻材料的刻蚀。下蚀的结果造成被蚀刻线宽比掩模的线宽更窄，线条侧面不平直，易形成断路(断线)等缺陷。

② 光反应系统：指受光照射而促进化学反应的系统。例如照相蚀刻(photo lithography)用的光刻胶等。

③ 黏结(binder)树脂：使某些对象物集中在一起并起固定作用的树脂。

④ 多官能丙烯基(acryl)：具有多种官能基的丙烯基单体以及低(寡)聚物。

⑤ 光活性基(radical):指因共价键解裂，在成键轨道上具有一个电子的原子团，其活性很强。在有机化合物活性基反应的情况下，分子在夺取活性基中的一个电子之后，自身也变为活性基而引发连锁反应。活性基反应停止是由于活性基之间发生反应而生成共价键的结果。光活性基在光照射作用下而开始反应。

⑥ 负型光刻胶：光聚合型颜料分散光刻胶由各色(R、G、B)颜料、多官能丙烯基低(寡)聚物、单体、光聚合开始剂、溶剂构成。此外，还含有颜料分散剂等微量成分。所谓单体，由其聚合可形成大分子，是构成黏结剂树脂的有机材料；所谓低(寡)聚物，是由若干个单位预先反应而生成的，与单体同样，由聚合反应可形成大分子，也是构成黏结树脂的有机材料。

⑦ 光聚合型：在光能作用下，由液状转变为固体的反应称为"光硬(固)化"，而将发生光硬(固)化的合成有机材料称为"光硬(固)化性树脂"。

⑧ 丙烯基低聚物：由若干个丙烯树脂单体(monomer)的重复单元构成的较低聚合化合物。

⑨ 桥架：指高分子间通过桥接而发生的键合。

在光刻胶的下部，由于光刻胶的透光率低，活性基的发生不足，从而不容易起桥架反应，致使在显影工程中会出现下蚀(或称侧蚀或钻蚀)现象。对于这种下蚀现象的发生和彩色光刻胶的侧边缺损等引发不良的隐患，需要采取措施加以克服。

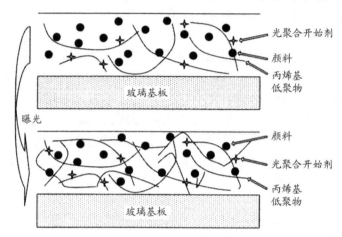

光聚合开始剂
颜料
丙烯基低聚物

玻璃基板

曝光

颜料
光聚合开始剂
丙烯基低聚物

玻璃基板

图 7-49　经曝光，颜料分散型光刻胶的反应模式图

对于上述的活性基聚合型光刻胶来说，由曝光发生的活性基因氧的作用而失活，从而容易引起感度下降。为克服这一问题，有的是在光刻胶上敷以聚乙烯醇(poly vinyl alcohol, PVA)膜，形成对氧的隔绝层。但是，现在通过材料的改进，即使没有起隔绝氧作用的聚乙烯醇(PVA)膜层，同样可以曝光，但是氧对活性基的失活作用肯定是存在的。因此，在彩色光刻胶的表面附近，桥架反应肯定会受到影响。若桥架反应不足，则在后续的显影及冲洗操作中，会发生"膜层减薄[①]"及"表面粗糙化[②]"。这种表面形貌(morphology)的不平整(ばらつき)往往成为造成显示色斑(mura)的隐患，特别是在曝光装置的照度较低时需要更加注意。另外，在曝光工程中，光未照射的未曝光部分，即未发生桥架反应的光刻胶，要用碱性显影液溶解去除。

形成 RGB 着色层的照相蚀刻(photo lithography)工程由光刻胶涂布、预烘烤(预焙)、曝光、显影、洗净、后烘烤(后焙)等工序组成。图 7-50 表示利用颜料分散光刻胶形成着色图形的制作工艺流程。

利用光刻胶形成 RGB 着色图形的照相蚀刻(photo lithography)工程由洗净工程之后开始。在涂布工程中，先均匀地涂布一层薄薄的光刻胶，再在较低的温度下加热。这种对光刻胶的加热一般被称为预烘烤(预焙)。接着进入曝光工程。在

---

① 膜层减薄：光硬(固)化树脂在硬(固)化条件等很差的情况下，膜层表面受显影液等的流动作用而膜厚减薄的现象。

② 表面粗糙化：在硬(固)化条件等很差的情况下，RGB 膜层表面出现凹凸的现象。

光照射下，光刻胶中所含的光聚合开始剂发生作用，促进光刻胶的光化学反应。此后，在碱溶液中显影并将不需要的光刻胶去除，再经后烘烤(后焙)使剩余的光刻胶硬化、稳定化，由此形成一种着色层。将这一工程按三色(RGB)重复，最后形成 RGB 的着色层。

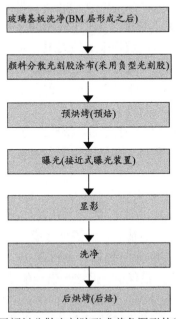

图 7-50　利用颜料分散光刻胶形成着色图形的制作工艺流程

需要指出的是，为了提高彩色滤光片的明度(value，孟塞尔记号 V)，需要减薄光刻胶的厚度，降低颜料的浓度；但为了提高彩色滤光片的彩度(chroma，孟塞尔记号 C)，需要加大光刻胶的厚度，增加颜料的浓度。换句话说，颜料分散光刻胶着色层的明度和彩度之间存在折中(trade-off)关系。而且，对应 RGB 的波长，需要合理选择颜料，考虑到散射以及对透射偏振光的干扰(消偏性)会引起对比度下降等因素，最好选择更微细的颜料粒子。

下面，分别针对着色层图形制造的不同制作工程，分别做简要介绍。

7.3.3.1　洗净

着色层图形形成中的洗净工程，除了去除作为引发不良原因的玻璃基板上的异物、污染物质之外，为确保涂布膜的附着性，还需要采用湿式及干式洗净装置进行彻底洗净。特别是，由于无机异物附着的可能性较低，对于有机膜的附着来说，紫外光(UV)洗净更为重要。

7.3.3.2　光刻胶(负型)

彩色光刻胶涂布工程过去一般采用适用于薄膜的甩胶涂布(spin-coating)，又称旋转涂布，简称旋涂，见图 7-22；但由于这种方法光刻胶的损失较多，目前采用更多的是节省光刻胶的狭缝涂布(slit-coating)法，见图 7-23。在涂布工程中，如何防止色斑的发生极为重要。尽管色斑发生的原因目前仍未搞清楚，但一般认为与光刻胶涂布时的气流不均匀、玻璃基板的温度分布、溶剂的蒸发速率等相关，作为光刻胶的特性，黏度、表面张力、非牛顿流体特性、溶剂的沸点、蒸发速率等都会产生影响。着色层的膜厚略大于 1μm，但数十纳米的膜厚差也会引发可见的色斑，因此着色层的膜厚控制极为重要。

光刻胶涂布、曝光、显影等工序之后，都要经历有机溶剂的排出、干燥过程。有关该过程的条件设定及管理等，在使用正型光刻胶时要求更为严格。

7.3.3.3　曝光

由于不同颜色的彩色滤光片(滤色膜)在黑色矩阵部位相互衔接，因此同 TFT 阵列的精度相比，不需要太高的精度，为了降低成本，一般采用生产效率高、价格比较便宜的接近式(proximity)曝光装置，见图 7-26。

曝光工程中的曝光量有一最佳值，但这一最佳值随"光刻胶的种类(光聚合开始剂的种类和添加量)"而变。而且，在曝光过程中，光刻胶的温度一旦发生变化，光刻胶的反应速度也会变化，因此对温度的控制极为重要。

曝光中使用的掩模一旦被污染，则可能发生连续的缺陷，因此对工程中使用的掩模要仔细检查，发现被污染的掩模立即更换或进行洗净。另外，长时间使用的曝光灯发光量会下降，需要对灯光进行监测并定期更换灯泡等。

7.3.3.4　显影

在彩色光刻胶的显影中，要用碱性溶液将彩色光刻胶的不需要部位溶解去除，再经充分水洗，彻底清除显影液成分。显影液依光刻胶的种类不同而异，但基本上都采用价格便宜的无机碱溶液。就显影装置而论，多采用旋转(puddle)显影①及摇动喷淋显影②，详见 7.2.2.6 节。

7.3.3.5　后烘烤(后焙)

后烘烤(后焙)的目的是使留下的彩色光刻胶烧成硬化，后烘烤多采用单片式

---

① 旋转(puddle)显影：将显影液等载于玻璃基板之上，通过旋转依次完成显影、水洗、干燥的显影方式。
② 摇动喷淋显影：显影液以喷淋方式喷出，喷嘴整体水平摇动，使显影液均布于整个基板表面进行显影，又称为"喷嘴整体水平摇动型喷淋方式"。

隧道烘干炉进行。与预烘烤(预焙)相比,后烘烤(后焙)的工艺温度更高、时间更长,以保证充分硬化。顺便指出,依光刻胶种类而异,往往会在烘烤炉内壁附着升华物[1]等,需要定期对装置进行检查和清扫。

7.3.4　保护膜、透明电极、柱状隔离子形成工程

截至上节所述的制造工程,已形成 RGB 彩色的亚像素。本节中将讨论外敷层(over coat, OC)保护膜、透明电极 ITO(indium tin oxide)膜、柱状隔离子(columu spacer)等的制作工程。

7.3.4.1　外敷层保护膜

外敷层的作用主要有两个,一是保护——防止因源于彩色滤光片的污染物浸入液晶盒而引发误动作等,二是平坦化。由于外敷层在光透过的区域形成,因此要由透明的环氧丙烯酸树脂等强固性材料作成。这种外敷层有的需要采用照相蚀刻(photo lithography)技术形成图形,有的则不需要形成图形。下面针对不采用照相蚀刻技术而形成外敷层的方法做简要说明。

外敷层是通过将材料混合涂布、脱泡、烘烤而形成的。如果外敷层表面上出现“皱折(しわきず)”、“裂纹(crack)”等,后续工程的透明电极膜形成将变得困难。为此,采用紫外光(UV)灰化装置,对涂布膜表面进行洗净,通过表面清洁化(包括活化)提高后续膜层的附着性。在普通颜料分散光刻胶法中,考虑到降低价格、提高成品率、提高密封强度等因素,往往省略外敷层这一道工序。然而,对于具有广视角特性的 IPS 方式 LCD 屏[2]来说,由于利用横向电场实施对液晶分子的取向控制,彩色滤光片基板上不必设置透明电极,但对表面有极严格的平坦化要求,而需要设置外敷层,见图 7-51(a)。另外,对于具有广视角特性的 MVA 方式 LCD 屏[3]所用的彩色滤光片基板来说,需要在外敷层之外的透明电极 ITO 膜上,形成突起电极结构,见图 7-51(b)。为形成精度良好的突起电极结构,外敷层的平坦化以及材料选择都是十分重要的制作考虑因素。而且,在单纯矩阵 LCD,即超扭曲向列 LCD(super twisted nematic LCD, STN LCD)中,由于液晶盒间隙(cell gap)小,

---

① 升华物:升华指由固态不经液态直接变为气态的过程。升华产生的气体往往在器壁上固化而成为问题。

② IPS 方式 LCD 屏:IPS(in plane switching,面内切换,横向电场驱动)模式是利用横向电场对液晶分子实施旋转驱动的方式。因此,彩色滤光片为绝缘体,黑色矩阵要求采用高阻的树脂 BM,透明电极是不需要的[见图 7-51(a)]。而且,IPS 方式 LCD 屏用彩色滤光片要求表面更平滑,着色层之上需要设置外敷层。

③ MVA 方式 LCD 屏:VA(vertical alignment,垂直取向排列)模式在无外加电压时,液晶分子相对于玻璃基板呈垂直取向排列,使光遮断;在有外加电压时,液晶分子相对于玻璃基板呈平行取向排列,使光透过。这种 VA 方式 LCD 为实现广视角,将一个像素再划分为多个区域(畴),每个区域分别对液晶分子的取向进行调整,从而在任何角度观视,光的透过量均能基本保持一致。采用这种多畴技术的 VA 模式称为 MVA(multi-domain vertical alignment,多畴垂直取向)方式 LCD 屏[见图 7-51(b)]。

彩色滤光片的平坦性对显示品质有决定性的影响，因此外敷层的作用十分关键。

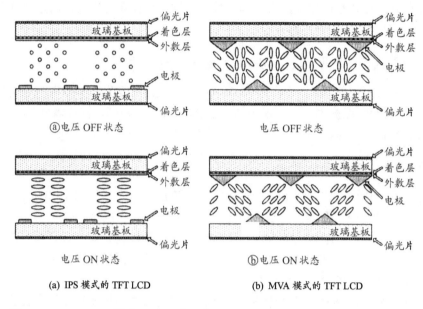

图 7-51　IPS、MVA 模式 LCD 屏的工作原理(在彩色滤光片基板上都设有外敷层)

7.3.4.2　透明导电膜(ITO)的形成——溅镀

与 TFT 阵列基板上的像素电极相对,在彩色滤光片基板上需要设置共用电极。该电极一般采用透明性、导电性优良,蚀刻特性、可靠性好的透明导电 ITO(indium tin oxide，铟锡氧化物)膜。换句话说，作为电极，应具有低的电阻率和高的可见光透射率，而且与衬底膜(彩色光刻胶，外敷层)之间具有良好的附着性。该共用电极的电阻由下式给出：

$$R = R_s \cdot \frac{l}{w} = \frac{\rho}{t} \cdot \frac{l}{w} \tag{7-3}$$

式中，R_s 为表面电阻$[\Omega/\square]$；w 和 l 分别为电极的宽度和长度；ρ为电阻率$[\Omega\cdot m]$；t 为电极膜层的厚度。

TFT LCD 的彩色滤光片电极为共用电极，不需要做成细线图形，其表面电阻 R_s 一般在 $20\sim50\Omega/\square$ 范围内。

彩色滤光片的共用电极(ITO)仅在与 TFT 阵列相对应的区域需要，屏的周边区域除电气连接的部分之外是不需要的。这种屏周边区域用于电气连接的 ITO 图形精度要求并不严格，不用照相蚀刻(photo lithography)技术而采用掩模溅镀(mask sputtering)法形成的 ITO 膜完全可以胜任。一般采用 42 合金①作金属掩模，主要是因为这种合金的热膨胀系数低。在这种金属掩模中，有不存在金属的部分(开孔的部分)和存在金属的部分，前者用于成膜，后者起遮挡作用而不能成膜。一般是通过置于玻璃基板背面的稀土永磁体将这种金属掩模固定在玻璃基板表面。

这种 ITO 的成膜多采用直流(DC)或射频(radio frequency, RF)溅镀法及离子镀(ion-plating)法(表 7-12)。通常所用的溅镀装置为串联(in-line)式，依次按装载室、基板加热室、DC 溅镀室、反应溅镀室(既可采用 DC 又可采用 RF 成膜)、隔离室、取出室等流水排列。由于透明导电膜(ITO)是在有机物上成膜，因此溅镀时玻璃基板的温度受到限制。而且，从附着性、脱气等方面考虑，紫外光(UV)洗净及真空加热等工序要充分有效地进行。溅镀透明导电膜(ITO)的靶材，一般采用含 5%~10%(质量分数)二氧化锡(SnO_2)的三氧化二铟(In_2O_3)的固溶体，由烧结法制成。在氩(Ar)气中添加氧(O_2)气进行溅镀，但氧(O_2)过量时会造成透明导电膜(ITO)的电阻值增大，因此需要严格控制。

表 7-12　透明导电 ITO 膜的形成方法

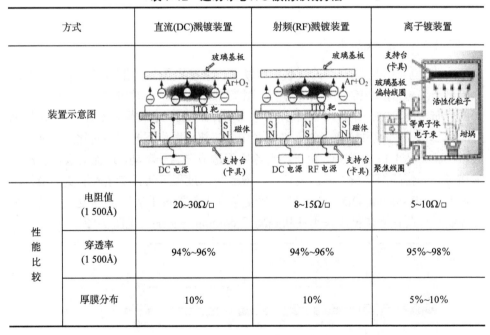

方式		直流(DC)溅镀装置	射频(RF)溅镀装置	离子镀装置
装置示意图				
性能比较	电阻值(1 500Å)	20~30Ω/□	8~15Ω/□	5~10Ω/□
	穿透率(1 500Å)	94%~96%	94%~96%	95%~98%
	厚膜分布	10%	10%	5%~10%

关于溅射成膜条件,玻璃基板温度在300℃上下时溅镀,所获透明导电膜(ITO)的电阻值小，但这样高的温度会对衬底有机物造成损伤，因此一般是在 230℃上

---

① 42 合金：在铁(Fe)中含有 42%镍(Ni)的合金。该合金的热膨胀系数与硬质玻璃及陶瓷的相接近，因此广泛用于半导体封装引线框架(lead frame)及玻璃基板上掩模溅镀用的掩模。

下进行溅镀。但是，在 230℃上下相对较低的温度下，透明导电膜的晶体生长情况欠佳，导致膜层电阻值上升，而且，刻蚀速率大，附着性也差(表 7-13)。作为解决对策，采用溅射电压低、利用强磁场产生等离子体的磁控溅镀以及利用射频激发，以进一步降低溅射电压的射频磁控溅镀。另外，当透明导电膜的膜厚变厚时，最高透射率向长波长方向移动，变薄时向短波长方向移动，因此，需要按所要求的透射率谱确定透明导电膜的最佳膜厚。

表 7-13　透明导电膜的成膜温度及膜特性

条　件 特　性	成膜温度	
	低　温	高　温
电阻率	高	低
刻蚀速率	大	小
过刻蚀	大	小
附着性	弱	强

7.3.4.3　柱状隔离子

此前，被封入液晶材料的液晶层的厚度，即液晶盒(屏)间隙(cell gap)，是由球状隔离子(spacer)来控制的，球状隔离子由散布法配置，在散布过程中，尽管隔离子的分布密度可在一定程度上可以控制，但隔离子的附着位置却是难以控制的(见7.4.2.4 节)。一旦这种隔离子进入像素之中，该部分发生漏光而使对比度下降。而且，对于大尺寸 LCD 来说，由于振动等原因造成隔离子移动，进而对取向膜产生损伤等还会使画面质量下降。近年来，液晶注入过程正从真空注入法变为滴入法(one drop fill system, ODF 法)，需要对设定的液晶层(cell 厚度)的厚度进行更严格的控制，为此正逐步推广采用柱状隔离子(column spacer)，见图 7-52。

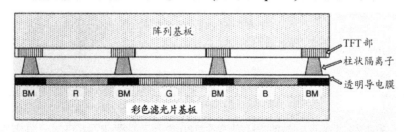

图 7-52　附带柱状间隙物的彩色滤光片基板的概念图

这种柱状隔离子可由重叠采用着色层(RGB 膜)的方法来形成，也可由专用的隔离子材料来形成，而后者采用的更多。形成这种柱状隔离子的制作工程是，在透明导电膜形成之后,由甩胶涂布(旋涂)等方法涂布隔离子材料,再经过预烘烤(预焙)、曝光、利用碱溶液显影、后烘烤(后焙)等,最后制成柱状隔离子。

关于所形成的柱状隔离子的精度,例如,对于高度为 4~6μm,宽度为 15~20μm 的柱状隔离子来说,其高度偏差 3σ 值在±3％范围内,这与通常隔离子的偏差在±3％~±15％相比,精度是相当高的。

7.3.5　切割工程

TFT 阵列基板与彩色滤光片基板之间的贴合,依各基板的成品率不同而获得的良品(合格品)率各异,因此有多种组合方式,如图 7-53 所示。例如,若阵列基板的非良品率为 1/4,彩色滤光片基板的非良品率也是 1/4,采用整体贴合的方式,在最差的组合情况下非良品率为 2/4。因此,在两种基板成品率都不高的情况下,可先对彩色滤光片基板进行切割,选出良品再分别与阵列基板贴合;也可先对阵列基板进行切割,选出良品再分别与良品彩色滤光片基板贴合等,图 7-53 表示阵列基板与彩色滤光片基板的各种贴合方法。顺便指出,这种阵列基板与彩色滤光片基板之间的贴合方法,依玻璃基板的尺寸不同及制品的成品率状况等不同也有所差异。

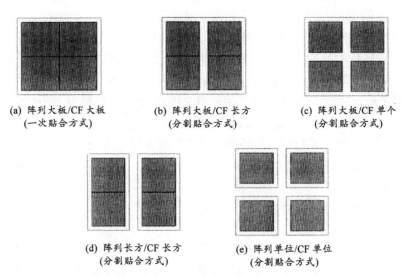

(a) 阵列大板/CF 大板　　　　(b) 阵列大板/CF 长方　　　　(c) 阵列大板/CF 单个
　(一次贴合方式)　　　　　　　(分割贴合方式)　　　　　　　(分割贴合方式)

(d) 阵列长方/CF 长方　　　　(e) 阵列单位/CF 单位
　(分割贴合方式)　　　　　　　(分割贴合方式)

图 7-53　大型玻璃基板的面取方式(阵列基板与 CF 基板的贴合方法)

为实现上述贴合,要将玻璃基板切断(scribe and break,划片和裂片工程),而且从安全性等方面考虑需要对玻璃基板的边缘进行处理(倒角工程)。为了切断玻璃基板,要用烧结的金刚石刀片垂直地划出 100μm 左右的沟槽(scribe,划片),将经过划片的玻璃基板两端固定,在沟槽的背面加弯曲力使其断裂(break,裂片)。对于前者划片来说,划片刀的选定、刀片的厚度、划片速度的设定等都很重要;

而对于后者裂片来说，由于切割时会发生大量的玻璃碎渣(glass cullet)，稍有沾污便对后续工序有极大的妨害，并成为显示缺陷的隐患，必须彻底清洗，从基板上清除干净。

7.3.6　检查工程

彩色滤光片的缺陷大致可分为白点缺陷(不良辉点)和黑点缺陷(不良暗点)两大类。前者的白色缺陷(不良辉点)属于漏光缺陷，产生的原因有黑色矩阵的脱黑、着色层的脱色等。关于着色层的脱色，由于人眼的感觉按 BRG 的顺序视感透射率 Y 变大，因此，按 BRG 的顺序，即使规格有所缓和①也是可以接受的。基于这种情况，就需要同用户商量，共同确定规格标准。关于后者的黑点缺陷(不良暗点)，是由于异物等的附着，对光产生遮挡作用而产生的，因此对观视来说为黑点缺陷。与白点缺陷相比较，这种黑点缺陷不容易被辨认，因此对黑点缺陷(不良暗点)的规格要求相对缓和些。

而且，如果着色层的厚度出现不均匀(mura②)，则分光透射率的绝对值会发生变动。人眼的感觉，在非常宽广的范围内亮度发生缓慢变化时，是不能视认的，但是对数毫米范围之内的单色光来说，亮度只要有百分之几的差别，则可感觉到"不均匀"的存在。因此，彩色滤光片的膜厚分布均匀是极为重要的，而且，黑色矩阵线宽的变动也会引起"不均匀"③，需要特别注意。

关于彩色滤光片的检查，是将色特性进行数字化来检查(check)。而且，彩色滤光片的缺陷是利用自动检查装置确定缺陷的大小和位置，对每块玻璃基板进行管理。彩色滤光片的"不均匀"是采用透射光进行"mura"的检出、测绘(mapping)，进行管理，有的还引入缺陷修补(repair)技术。

彩色滤光片的最终检查有的还要通过人眼的感性检查(check)。而且，彩色滤光片的可靠性还要通过耐热性、耐药品性、耐光性、耐环境试验等，以确保质量。

7.4　液晶屏(盒)制作工程

本节将介绍组装成 LCD 屏(盒)的制作工程。该工程是利用 7.2 节阵列制作工程所述的阵列基板和 7.3 节彩色滤光片制作工程所述的彩色滤光片(CF)基板，使二者对位贴合而组装成 LCD 屏(盒)。

---

① 规格缓和：例如，同是 $\phi30\mu m$ 脱黑的情况，若是 B 则很显眼，若是 G 则不太显眼。

② (むら)：日文单词(むら)表示(颜色)深浅不匀，斑驳；(事物)不匀，不均，不匀称；(性情)易变，忽三忽四；(印刷面的)斑点等。英文新单词 mura 即源于(むら)的日文发音。

③ 例如，对于大小约为 $300\mu m \times 100\mu m$ 的亚像素来说，如果黑色矩阵的线宽在单侧加大 $1\mu m$，则开口率减小 3%，透射光量也会减少。因此，局部区域黑色矩阵线宽的变动，会造成色斑(むら)的感觉。

这种液晶屏(盒)制作工程,包括下面将讨论的取向膜形成、取向处理(rubbing,摩擦)、液晶注入等,是液晶显示器所独有的制作工程,对显示器的显示质量有决定性的影响,是十分重要的工程。

7.4.1　液晶屏(盒)的结构及制作流程图

液晶屏(盒)制作意指液晶屏(盒)组装技术(cell assemble technology),其目的是制作起人-机界面(man-machine interface)作用的显示装置,该显示装置是在外加电压作用下,使初始取向排列(intial alignment)的液晶分子(liquid crystal molecule)的取向发生变化,将电气信号转变为可观视的图像。

为使液晶分子的取向变化转化为可视图像,需要在设有取向层(alignment layer)的阵列基板(array substrate)和彩色滤光片(color filter, CF)基板之间充入液晶材料,并在两块基板外侧配置偏光片(polarizer)。为了工业化规模地制作这种结构,一般是将液晶层(盒)的制程分为前工程和后工程,见图 7-54。

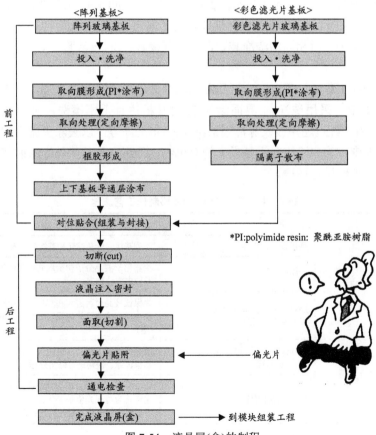

图 7-54　液晶屏(盒)的制程

前工程包括：将玻璃基板投入生产线进行洗净的"投入、洗净"工程，为实现液晶分子取向排列的"取向"工程，为装载液晶材料而形成液晶屏(盒)的"对位贴合(组装与封接)"工程(包括隔离子散布、框胶涂布、传导材料涂布等)；后工程包括：从母板尺寸(工艺流程基板尺寸)切割成单个显示屏尺寸(制品尺寸)的"切断(cut)"工程，将液晶材料充入显示屏(盒)并进行密封的"注入、密封"工程，对玻璃基板的边缘、棱角进行处理的"倒角"工程，贴附光学膜的"偏光片贴附"工程，最后是对显示屏的功能进行检测的"检查"工程，见表 7-14。作为液晶屏(盒)的制程，图 7-55 表示屏(盒)构造及制作工艺的标准流程，图 7-56 表示屏(盒)的平面图及制作工艺的标准流程。

7.4.2　液晶屏(盒)前工程

7.4.2.1　取向膜涂布前的洗净工程

将经过阵列制作工程和 CF 制作工程且检验合格的两基板(阵列基板和彩色滤光片基板)投入生产线，为了在表面形成均匀的取向膜，在涂布取向膜之前需要采用与阵列制造装置所相同的洗净装置，对两基板进行洗净(参照 7.2.2.3 节的洗净工程)。

在该洗净工程中，需要联合采用湿法洗净处理和干法洗净处理。首先，在湿法洗净处理中，采用洗净剂(界面活性剂)对基板进行毛刷擦洗，再用纯水漂洗(rinse)。而后，经过超声波及脉冲喷射(pulse jet)洗净等，以去除更微细的粒子。在干法洗净中，为去除附着于基板上的有机物，采用有效的紫外光照射装置，向基板照射紫外线进行洗净。

表 7-14　LCD 屏(盒)的简略制作工艺流程

工　程		内　容
液晶屏(盒)前工程	基板投入，洗净	阵列基板、彩色滤光片基板的投入，洗净
	取向处理	涂布用于液晶分子初始取向排列的取向材料及取向方位确定
	隔离子散布，框胶涂布对位贴合(组装与封接)	为保证液晶材料进入并实现正常显示，需要制作具有确定且均匀间隙(cell gap)的液晶屏(盒)
液晶屏(盒)后工程	切断(划片、裂片)，液晶注入，密封，倒角处理	液晶屏切断，液晶材料注入，密封，对玻璃基板边缘、棱角进行侧角处理
	偏光片贴附检查	伴随电压的 ON/OFF，为使液晶分子的取向变化转化为可视光信号变化，需要贴附作为光学材料的偏光片并对其进行检查

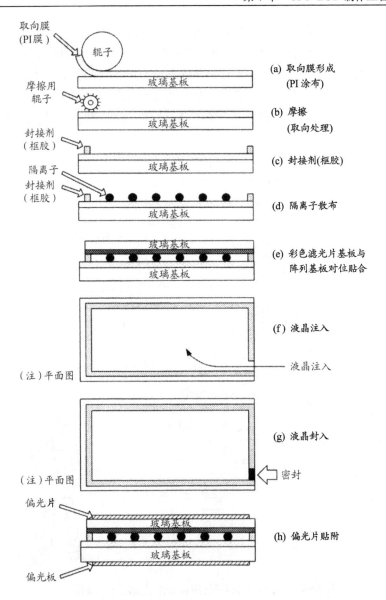

图 7-55　液晶屏(盒)的构造及其制作工艺的标准流程

最后，为了完全去除基板上残留的水分，利用加热板式及远红外线照射装置对基板进行干燥，待基板冷却之后，送入下一道工序。

7.4.2.2　取向膜形成工程(PI 涂布)

取向膜形成(PI 涂布)工程是为了使液晶分子沿特定方向取向排列，在基板表面配置称之为取向膜(alignment layer)的涂布工程，该取向膜采用聚酰亚胺树脂

(polyimide resin, PI)材料。取向膜的膜厚为 10~100nm，膜厚在整个基板表面分布的均匀性极为重要，但同阵列基板上布线形成的精度相比，**PI** 的涂布精度要求低一个数量级，因此取向膜形成一般采用印刷法(printing)。这种取向膜的形成是利用溶于溶剂(solvent)中的聚酰亚胺树脂(IP)溶液(solution)，由印刷，在基板表面涂布，经 200℃左右的温度下烧成，使溶剂成分蒸发，达到所希望的膜厚(layer thickness)。

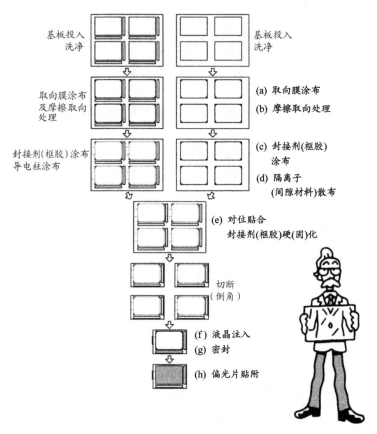

图 7-56　液晶屏(盒)的平面图和制作工程的标准流程

在图 7-57 所示取向膜的印刷形成法中，首先将取向膜材料(PI)的溶液滴落在具有微小沟槽的展料辊(anilox roller)上，利用称作流延刮刀(doctor blade 或 doctor knife)的刀刃，将 PI 液展埋于展料辊的沟槽中[图 7-57(a)]，再将取向膜材料(PI 液)转移到预先形成的所希望图形的树脂凸版上，最后将取向膜转写在玻璃基板上[图 7-57(b)]。PI 膜厚是由展料辊上的微小沟槽决定的，辊子表面的伤痕、裂纹及流延刮刀(doctor blade 或 doctor knife)刀口的伤痕、缺口等对膜层，从而显示质量会产生影响，必须严格管理与控制。另外，也有用流延辊(doctor roller)替代流延刮刀

(doctor blade)的方式，流延辊与展料辊之间的周速差将 PI 液转写到展料辊之上。所使用的树脂凸版是称作 APR 版[①]的紫外线硬(固)化型树脂，通过加工使其具有更易被 IP 液浸润的性能。

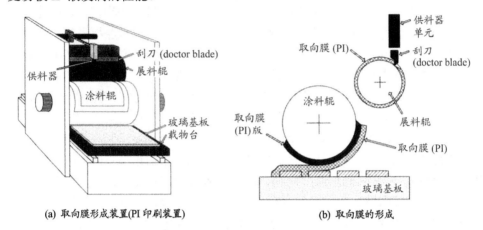

(a) 取向膜形成装置(PI 印刷装置)　　　　　(b) 取向膜的形成

(c) 取向膜形成装置(PI 多段式烧成炉)

图 7-57　取向膜的制作方法和装置

　　PI 液转写到基板上之后，需要使溶剂挥发进行干燥。因此，印刷完成之后，应立即由热板(hot plate)等进行预烘烤(pre-cure)，预干燥之后采用烧成炉进行热处理。烧成方式有远红外线加热(infrared heater)和热风循环加热炉(heated air circulating oven)方式。最近，由于采用可进行顺序处理的单片式越来越普遍，因此远红线加热方式用得越来越多。而且,从生产线的生产节拍(间隔)时间(tact time)比较，烧成工序所占的时间较长，因此更趋向于采用多段式烧成室(图 7-57(c))。

　　如果溶剂挥发干燥过程中出现"不均匀"，则容易对显示质量产生影响，因此

_____

　　① APR 是日商旭化成工业株式会社的注册商标。

需要严格管理与控制。

7.4.2.3　取向处理工程(rubbing system——摩擦系统)

取向膜形成之后，还要在取向膜上形成按一定方向排列的沟槽，以便使液晶分子按一定方向取向排列。称此为取向处理工程，一般是通过摩擦进行，因此又称为摩擦(rubbing)工程。通过这种摩擦为什么会对液晶分子取向排列产生影响，应该说在物理学上还不能解释得很清楚，但是在工业生产上可采用简便的办法，利用称作摩擦布(rubbing cloth)的纤维织物对取向膜沿一定方向摩擦，以形成沟槽。这一摩擦方向及方位(pretilt，预倾角)是影响制品性能的重要参数。

图 7-58 表示形成取向膜的制作工艺和装置。图 7-58(a)表示采用摩擦法的取向膜形成处理，图 7-58(b)表示摩擦法取向膜形成装置。采用该摩擦装置的摩擦处理是将摩擦布(rubbing cloth)卷在辊子(roller)上，在摩擦辊旋转的同时，对取向膜进行沿一定方向的摩擦处理。液晶显示屏制品的显示质量，与液晶分子的取向均一性密切相关，因此，摩擦辊旋转次数的均匀性、载物台的平整性(flatness)、平行度(parallelism)等机械精度(mechanical accuracy)至关重要。而且，随着玻璃母板的大型化，对装置自身刚性的要求越来越高，进一步，这种取向有机膜被布摩擦还会产生静电(electrostatic)，进而对组件造成损伤，对此应采取措施加以解决。

使用的摩擦布，会发生绒毛(lint，织物上的脱落物)等，为将其清除，必须洗净。此外，已完成摩擦的玻璃基板表面，如果再发生不均匀的接触，该部分会发生取向缺陷，因此，对完成取向处理的玻璃基板必须格外小心对待。

7.4.2.4　隔离子散布工程(spacer spray system)

在完成取向膜形成及取向处理(rubbing)后，需要将两块玻璃基板在保持一定间隙(gap)的条件下对位贴合，为完成这种贴合，需要先在 CF 基板上散布隔离子(spacer)。该隔离子决定液晶盒(屏)的厚度，而此厚度是决定显示性能中的响应时间(response time)及对比度(contrast ratio)的重要参数。迄今为止，一般是散布(spray)粒径分布集中的塑料圆球，但为了进一步提高液晶屏(盒)厚度的精度，最近在阵列工程及 CF 制造工程中，越来越多地采用树脂柱替代球形隔离子。

隔离子散布装置(图 7-59)是在距基板的某一高度，向下散布塑料球，主要由隔离子供给部分、散布用的喷嘴、传送基板的输运部分、载物台以及散布室(chamber)构成。为使塑料球散布均匀化，即不发生球的凝聚(黏结、团化等)，散布喷嘴(nozzle)需采用静电枪。而且，除了附着在基板上的隔离子之外，塑料球会成为污染超净工作间(clean room)的灰尘，因此必须防止隔离子向外飞散。

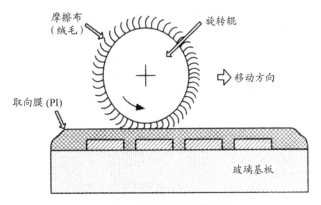

(a) 取向膜形成处理(摩擦法)

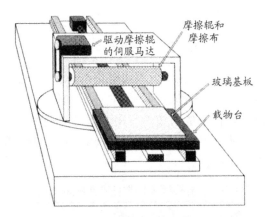

(b) 取向膜形成(摩擦法)装置

(c) 卷好摩擦布的摩擦辊

图 7-58　形成取向膜的制作工艺和装置

7.4.2.5　封接材料形成(框胶涂布)工程

为防止贴合的两块基板间隙(gap)中的液晶材料(liquid crystal materials)流出，

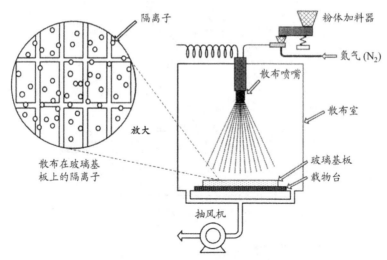

图 7-59   隔离子散布装置示意图

并使两块基板黏结在一起，需要在基板周边构筑"围墙"(seal)。这种"围墙"材料即封接材料(seal material)，一般采用黏结剂热硬(固)化型环氧树脂(epoxy resin)。为了将这种封接材料布置在基板周边，常用的方法有两种：一种是丝网印刷法(screen printing)，另一种是利用注射分配器(dispenser)将封接材料直接描画在基板上。表 7-15 是两种方法的比较。

表 7-15   封接材料形成(框胶涂布)的比较

特征　　　　　方法	丝网印刷法	直接描画法
生产节拍时间	快	慢(对于小型屏来说不利)
清洁度	不利(由于与基板接触)	有利
材料使用量	多	少
如何对应多品种	对应每个品种都要制版	只要变化描画软件即可对应

1. 框胶印刷法

这种方法称为丝网印刷法，在基板上放置网版，网版上载有框胶(封接剂)，用刮板(squeegee，刮浆板)将框胶由网版的开口部押出，在基板表面形成框胶图形(见图 7-60)。网版是由细的不锈钢丝编织成网状，再涂以光硬(固)化型树脂经曝光显影形成开口部，将丝网由框架固定做成网版。一般希望网版的大小为被印刷物的 3 倍，随着玻璃母板的大型化，印刷装置也开始向大型化方向发展。由于这种方式网版与涂布取向膜的基板面直接接触，需要对网版进行清洁擦拭。而且，伴随着使用次数的增加，网版可能会出现不可恢复的塑性变形，进而印刷精度变差而不能使用，因此网版的寿命管理十分重要。

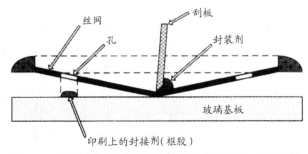

图 7-60　丝网印刷法形成封接剂图框(框胶涂布)的示意图

2. 直接描画法

这种方法是利用装有封接材料(框胶)的注射分配器(dispenser)直接在基板上描画图形，随着分配器的行走速度、描画开始的"下笔"形状、描画终了的"终笔"形状等课题的解决，该方法正逐步面向大型玻璃基板推广采用。直接描画装置主要由驱动基板沿横、纵、垂直(x、y、θ)方向移动的台架，框胶分配头(针头)，分配头移动机构，玻璃基板与针头之间距离的测长机构，吐出框胶材料的高速吐出阀门(valve unit)等构成。为了适应大型玻璃母板，有的装置配有多个描画分配头。

封接材料形成(框胶涂布)工程对于决定显示性能的显示屏厚度(cell thickness)有很大影响，如何才能形成均匀的封接层？而且，为保证有效显示区域最大化，如何形成线条更细的封接层？这些都是需要继续研究开发的课题。

在上述封接材料形成(框胶涂布)之后，还要实现阵列基板和 CF 基板上共用电极的电气连接，一般是利用分配器(dispenser)描画方式将导电胶(conductive paste)涂布在所需要的位置上，称此为共用电极传导材料(common transfer material)涂布，见图 7-61。

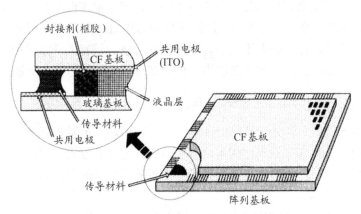

图 7-61　上下基板导通结构(传导材料涂布)

7.4.2.6 贴合工程(组装、封接)

贴合工程(panel assembly system，屏组装、封接工程)是将已配置好隔离子和封接剂(框胶)的两块基板进行组装贴合，并完成封接的过程。为保证两块基板准确对位和间隙(gap)均匀，贴合封装极为关键，横、纵(x、y)方向的组装精度直接影响制品的开口率(aperture ratio)和对比度，必须尽力保证。贴合装置(panel aligner)应具备调整(alignment)功能和加压(press)功能。为防止工程内、工程间输运时发生调整后的错动，应采用紫外线硬(固)化型黏结剂进行预固定。此后，为使封接剂(框胶)硬(固)化，要进行热处理。另外，为达到所希望的屏(盒)厚度(cell thickness)，在加压的同时加热，一般是采用机械压头(jig)对多块贴合组装件同时加压并在加热炉内进行处理。

近年来，玻璃母板快速向大型化发展，靠机械压头加压受到限制，因此正逐步采用一块一块地靠空气加压，并同时加热的单片贴合封接方式。

7.4.3 液晶屏(盒)后工程

7.4.3.1 切割工程(scribing & breaking system)

从提高生产效率考虑，自阵列工程、CF 工程，直到显示屏(盒)制造工程中的贴合(组装、封接)工程，都是使标准化①的整块大型玻璃母板在生产线上流动中进行的。在此之后，需要从母板玻璃尺寸(工艺流程尺寸)切割为单个的显示屏尺寸(制品尺寸)，即进入切割工程(scribing & breaking system)。

玻璃切割装置利用过去一直采用的玻璃切割法，即利用金刚石等超硬刀片(chip)按预先设计好的切割线(cut line)划片(scribing)，再反向加力使玻璃基板沿划线裂开(breaking，裂片)，见图 7-62。

切割加工质量由划片条件、裂片条件决定，可根据端面的切割形状调整最佳划片、裂片条件。最近，还有人通过改进超硬刀片(chip)的形状，以追求加工质量的稳定性。此外，作为完全不同于传统的切割方法，还有人开始采用激光束照射玻璃基板，利用其内部产生的热应力，使玻璃基板切断的方法，见图 7-63。

7.4.3.2 液晶注入、密封工程(filling system)

液晶注入工程是在处于真空的注入室内，向两块玻璃基板之间注入液晶材料的工程，由于是在真空中进行注入，故称为"真空注入方式"，图 7-64 表示真空注入方式注入液晶材料的原理图。将没有注入液晶材料的空盒(empty cell)和液晶

---

① 这里的标准化指各个玻璃母板厂商为适应各自有特色的显示器产品而采用的标准。为了突出产品特色并保持竞争力，目前厂商对普遍意义上的标准化并不很积极。

材料都放入真空室(vacuum chamber)内，抽出室内的空气，达到所要求的真空度，将空盒的注入口(filling hole)向下压至液晶材料液面之下，再使真空室返回到大气压，由于空盒内为减压状态，液晶材料就会从注入口进入空盒之内，实现液晶材料的注入(filling)。完成液晶材料注入之后，采用紫外线硬(固)化型密封剂(end sealing material，密封材料)填塞注入口，称此过程为"密封"(end sealing)。

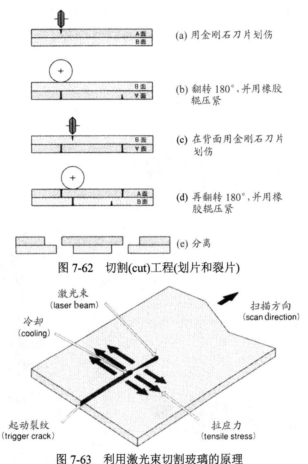

(a) 用金刚石刀片划伤

(b) 翻转 180°，并用橡胶辊压紧

(c) 在背面用金刚石刀片划伤

(d) 再翻转 180°，并用橡胶辊压紧

(e) 分离

图 7-62　切割(cut)工程(划片和裂片)

激光束(laser beam)　扫描方向(scan direction)　冷却(cooling)　起动裂纹(trigger crack)　拉应力(tensile stress)

图 7-63　利用激光束切割玻璃的原理

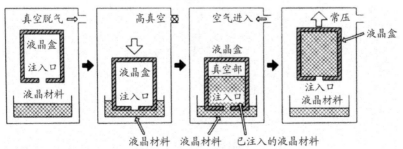

图 7-64　真空注入方式注入液晶材料的原理图

对于大型显示屏(盒)来说，注入时要将过量的液晶材料注入，而后再通过加压使过量的液晶材料吐出的同时加以密封。但利用真空注入方式进行液晶材料注入，既费时又费力，仅注入时间就要花费 1 天以上。实际上，这种真空注入液晶方式往往成为整个生产线的瓶颈，对于大型显示屏(盒)来说，矛盾更加突出。

为此，目前正推广采用被称为"滴下式注入法(one drop filling, ODF)"的新的液晶注入方式，见图 7-65。这种方式是在两块基板贴合(组装)之前，在框胶内侧

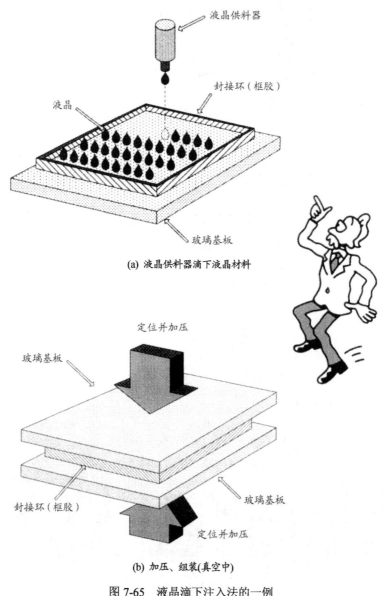

(a) 液晶供料器滴下液晶材料

(b) 加压、组装(真空中)

图 7-65 液晶滴下注入法的一例

定量滴下液晶材料 [图 7-65(a)]，而后在真空中将两块玻璃基板定位贴合 [图 7-65(b)]，框胶密封选用紫外线硬(固)化型材料。这种方式不需要注入口，也不需要堵口密封及对液晶材料洗净等，屏(盒)制造工程更加合理化。

在上述液晶材料注入工程中，液晶材料不能进入的部位，如存在气泡(void)等，会成为显示缺陷的原因，必须彻底排除。为此，对液晶材料和空盒的排气要充分进行。

7.4.3.3　洗净，倒角工程

这里所说的洗净工程是指，在完成液晶材料注入、封接、密封之后，在屏(盒)四周往往附着多余的液晶材料，需要采用洗净工程清除这些液晶材料的污染。一般是用溶解液晶材料的洗涤剂，由超声波洗净对液晶屏(盒)进行洗净。另外，液晶材料注入后，多数情况下液晶材料在显示屏内并非完全呈整齐的取向排列，需要加热使其再取向。

在温度上升时，液晶材料发生从液晶相向液体相(nematic-isotropic, NI)的相变，再取向发生在比此相变温度略高的温度下。

另外，应要求为防止后叙 TAB(tape automated bonding，带载自动键合或带载封装)布线的断线以及确保安全性等，还要对被切断的玻璃边缘及棱角部位进行倒角处理，使边缘棱角处变圆滑。

7.4.3.4　偏光片贴附工程(polarizer sticking system)

对液晶分子施加电压，可使液晶分子的取向发生变化，但为了使电压信号转变为可观视的图像信号，必须在液晶屏(盒)的两侧贴附作为光学材料的偏光片，见图 7-66。偏光板由偏光片和黏结剂、保护膜、剥离膜(separator)等构成(见 8.2.1 节)。在贴附偏光片时要剥离剥离膜，但剥离时会发生静电，必须采取防静电措施

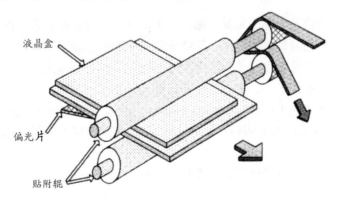

图 7-66　贴附偏光片工程的一例

并保证偏光片清洁。而且，从提高显示质量考虑，在贴附偏光片时必须清除灰尘、气泡等，因此，贴附表面的清洁工程是极为重要的。

此外，在该工程中，有时还要在两块基板的外侧贴附位相差膜(retardation film)等光学材料。随着液晶电视等显示性能的提高，对这类光学补偿膜的要求越来越高。

7.4.3.5 检查工程

检查工程是在玻璃基板上预先形成测试图形，利用检测(check)液晶屏显示性能的装置，对显示屏(盒)的显示质量以及外观进行检查的工程，图 7-67 表示用于大型 LCD 屏的检查装置。由于在显示屏(盒)制造工程内，对制程中的检查几乎是不可能的，为防止不合格品流出，提高制品质量，提高工程中的合格率，检查工程是不可缺少的。

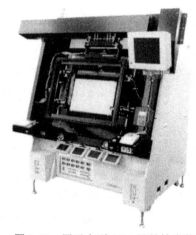

图 7-67 用于大型 LCD 屏的检查装置

近年来，为满足液晶电视高精细化、大型化、广视角的要求，在制作工程中解决了一系列的问题。例如，对于高精细化，涉及图形加工精度及组装精度(包括两块玻璃基板的对位精度及液晶盒厚度(cell thickness)控制精度)；对于大型化，涉及液晶注入时间的缩短等；对于广视角，涉及预倾角控制等取向技术的改良等。特别是关于广视角技术，IPS(in-plane switching)方式、MVA(multi-domain vertical alignment)方式、OCB(optically controlled birefringence)方式的开发成功起到关键作用。

关于近年来液晶屏制作工艺的改进请见第 7.6 节。

7.5　模块组装工程

液晶显示器按用途可分为便携用、笔记本电脑用、监视器用等 2~20 英寸中小型屏和 20 英寸以上电视用的大型屏。本节主要针对 10~20 英寸中小型屏的模块(module)[①]，做简要介绍。

图 7-68 表示液晶屏模块的制程。液晶屏模块组装共包括下述几个工序：①驱动用集成电路(driver integrated circuit，驱动器 IC)的连接(OLB 工程及 PCB 实装工程)，以便对制成的液晶屏(盒)(见 7.4 节)实施驱动；②背光源(backlight)组装工程；③为保证模块出厂质量，称为老练(aging)的检证工程；④确认最终显示画面质量的"最终检查(final inspection)工程"。经过上述工程得到的液晶屏(盒)称为"液晶模块"(LCD module)。

7.5.1　模块的结构及组装流程图

液晶显示屏的模块组装(即完成模组的过程)有如图 7-69 所示的两大类。一类如图 7-69(a)所示，是将后面要讨论的被称为 TAB(tape automated bonding，带载自动键合或称自动键合带)或 TCP(tape carrier package，带载封装)封装的驱动 IC(driver integrated circuit)连接在 LCD 屏上的 TAB 模块(TAB module)，这种模组主要涉及 OLB(outer lead bondig，外部引线连接)工程和 PCB(printed circuit board，印制线路板)实装[②]工程；另一类如图 7-69(b)所示，是将驱动 IC 不加封装的裸芯片(bare chip)搭载在 LCD 屏上进行连接的 COG(chip on glass，玻璃上芯片)模组制作工程。而对于前者 TAB 模组来讲，又分为下述两种构成方式：①使 TAB 弯折进行实装[②]的模组制作工程(弯曲 TAB 模组制作工程)；②不使 TAB 弯曲进行实装的模组制作工程(平面 TAB 模组制作工程)，见图 7-70。尽管模组制造有各种不同的工艺可供选择，但对于实际的显示屏来说，要根据其大小、显示特征和使用要求等，选择最适用的制造工艺。

---

① 模块(module)这一称呼并不仅限应用于液晶显示器。在工业界，一般将具有某一功能的集合体所构成的部件称为 module。例如，大型计算机系统(computing system)及服务器(serve)中使用的存储器(memory)等要通过封装，使存储元件自身与系统本体之间相互连接，为此，要引出布线端子、进行树脂封装、安装散热的热沉(heat sink)等，作为整体构成一个功能器件，称这种完成封装的存储器为"存储器模块"。

液晶屏(盒)经过组装之后，通过外部信号驱动，可实现各式各样的显示。完成这种组装的液晶屏又称为"模组"(module assembly)或"液晶显示器"(liquid crystal display)。

② 实装这个词源于日语(JISSO)，与汉语的"安装"有些区别，指在 LCD 屏上连接(键合等)驱动 IC，安装背光源等构成模组的工程。广义的实装(JISSO)即一般所说的电子封装工程(参见参考文献[3]和[44])。

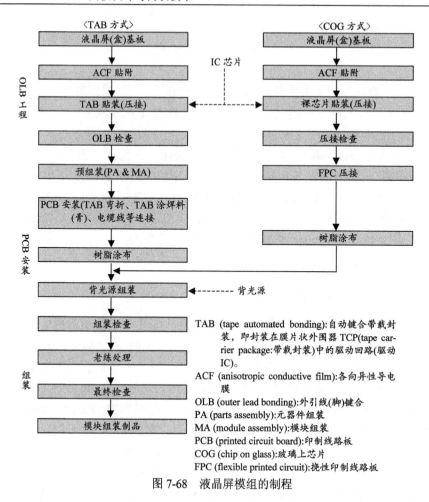

图 7-68   液晶屏模组的制程

7.5.2   OLB 工程

采用 TAB(TCP)的 LCD 屏模块的制作工程，是使用称作 ACF(anisotropic conductive film，各向异性导电膜)的起黏结剂作用且各向异性导电的膜片，将屏电极与 TAB(TCP)，或者 7.5.4 节所述的 COF(chip on film，膜上芯片)等的电极相连接的工程。

也就是说，在屏电极与 TAB(TCP)，或者 COF 的电极之间，夹一层 ACP，经调整使双方的电极对位之后，由压头加压加热，透过电极间 ACF 的流动，ACF 内的导电粒子使电极实现电气连接，见图 7-71。

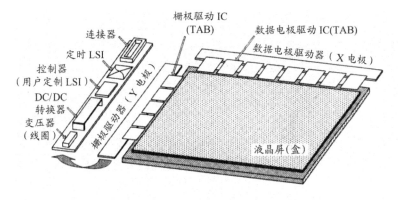

(a) TAB(TCP)实装屏模式图

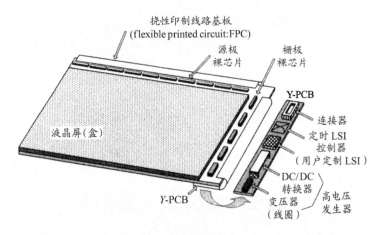

(b) COG 实装屏模式图

图 7-69　TAB 模组和 COG 模组的构造

如上所述，采用含有导电粒子的热硬(固)化型膜片(ACF)[①]进行电极间电气连接的 TAB(TCP/COF)模块制造工程，是液晶显示器独特的制造工程。下面，主要针对 TAB(TCP/COF)模块制造工程进行讨论。

7.5.2.1　TAB(TCP/COF)组件简介

封入驱动用 LSI 芯片的驱动器 IC，一般采用称作 TAB(tape automated bonding，带载自动键合或自动键合带)或 TCP(tape carrier package，带载封装)形式的封装，是将驱动 IC 封装在具有自动走带功能的带状载体上的封装形式。另外，还有与 TCP 非常类似，在更薄的膜片上载带驱动用 LSI 芯片的 COF(chip on film，膜上芯片)封装形式。

---

① 也有热塑性各向异性导电膜片(ACF)。

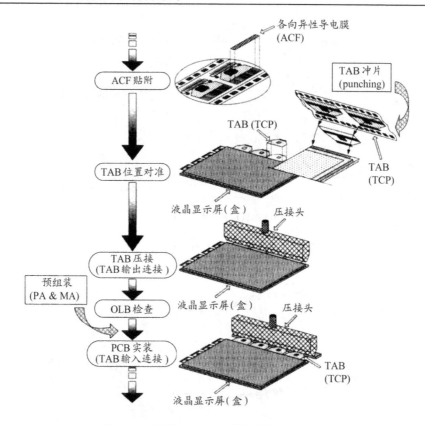

图 7-70　平面 TAB(TCP)模组制作工艺流程

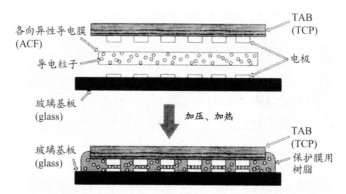

图 7-71　采用各向异性导电膜(ACF)的连接技术

这种 TAB(TCP)是在聚酰亚胺(poly-imido，PI)薄膜上通过光刻(photo etching)形成电极，在该电极上热压键合(bonding)驱动用 LSI 芯片，而后再在芯片上覆以树脂进行封装，见图 7-72。由于这种 TAB(TCP)封装载带长达 50~100m，以成卷的方式卷带和送带，见图 7-73，特别适合自动化生产。

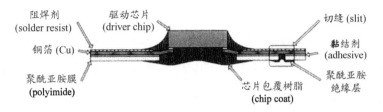

阻焊剂 (solder resist)　驱动芯片 (driver chip)　切缝 (slit)　黏结剂 (adhesive)

铜箔 (Cu)

聚酰亚胺膜 (polyimide)　芯片包覆树脂 (chip coat)　聚酰亚胺绝缘层

(a) 裸芯片正面实装(芯片电极面朝下)

(b) 裸芯片背面实装(芯片电极面朝上)

(c) 膜上芯片(chip on film, COF)

图 7-72　TAB(TCP)、COF 的结构断面图

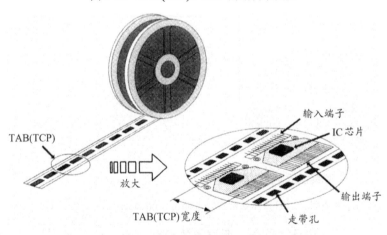

图 7-73　用于 LCD 驱动的驱动 IC 封装(TAB/TCP)

　　所使用的 TAB(TCP)是由湿法刻蚀(wet etching)来形成电极，由于各向同性刻蚀的结果，形成的电极断面呈腰部尺寸更小的台形，故微细节距电极的形成受到限制。而且，作为基板的带基较厚(厚度一般为 100μm 左右)，随着微细化的进展，电极承受弯折和振动等的能力变差，从而易断线(由脆化引起)等。

　　为了克服 TAB/TCP 的上述缺点，COF 采用更薄的聚酰亚胺膜片(PI 膜，厚度在 25~35μm)，电极形成不是采用湿法刻蚀，而是采用在带基(base film，基膜)上电镀(additive，加成法)生长或电铸(casting)成型，这样得到的电极断面近似长方形的。而且，由于基膜与铜(Cu)箔之间没有黏结剂层，采用的是两层结构，整体厚度薄，适应微细化，耐弯折和振动的性能强，从而比 TAB(TCP)具有更优良的特性。

上述 TAB(TCP)及 COF 同 LCD 屏之间由介于中间的各向异性导电膜(ACF)实现电气连接，以便提供驱动用的电气信号等，由此构成可以显示图像的 LCD 屏。

7.5.2.2　贴附 ACF 的工程

起黏结剂作用的 ACF，是在环氧树脂及丙烯基等树脂和固化剂[热硬(固)化反应剂]之中，按一定比例混入直径 3~5μm 范围内的微小导电粒子(conductive particle)构成的，该导电粒子是在树脂球上电镀镍(Ni)及金(Au)制成。将这种混合物延展成膜片状，按电极连接宽度裁成条带(slit)，为便于在生产线上使用，将 50~100μm 长的条带卷成卷状，见图 7-74。这种 ACF 的种类很多，一般按 TAB(TCP)的电极节距、电极面积等连接条件等灵活使用。ACF 连接的关键在于，各电极连接电阻的大小是否达到妨害驱动显示屏电流流动的程度，也就是说，是否能保证有足够大的驱动电流流向显示屏。而连接电极面积的大小，导电粒子的直径、含有量，还有制造工艺等对驱动电流有决定作用。

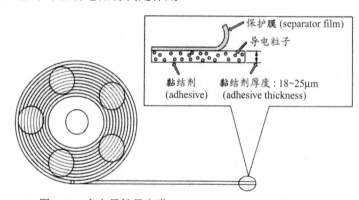

图 7-74　各向异性导电膜(anisotropic conductive film, ACF)

ACF 的贴附方法是，首先按所要求的长度切断 ACF，将其贴附在屏上或 TAB(TCP)上，而后剥离 ACF 的保护膜(separator film，剥离膜)，仅使 ACF(黏结层)露出。在实际应用中，ACF 既可以贴附于 TAB(TCP)一侧，又可以贴附于显示屏一侧，而对于后者来说，所贴附的 ACF 的长度等依显示屏的种类不同而异，见图 7-75。例如，在具有狭像素节距的屏上贴附 ACF 时，对于栅电极一侧，是以 IC 块(block)为单位，将 ACF 切断为单位长度进行贴附[屏(盒)侧分段贴附]；对于电极数目很多的数据信号源电极一侧，是按屏的定尺长度整边贴附 ACF[屏(盒)侧整边贴附]。尽管后者按定尺长度贴附 ACF 的生产效率高，但需要采取对策解决下述问题：

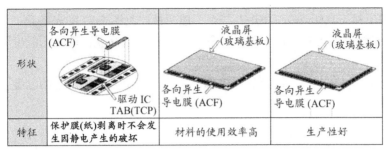

形状	各向异生导电膜(ACF)　驱动 IC TAB(TCP)	液晶屏 玻璃基板　各向异生导电膜(ACF)	液晶屏(玻璃基板)　各向异生导电膜(ACF)
特征	保护膜(纸)剥离时不会发生因静电产生的破坏	材料的使用效率高	生产性好

图 7-75　各向异性导电膜(ACF)的贴附方法

(1) 要具备定尺长度的压接工具,特别是对压头的温度分布及平行度要求很高;

(2) 在没有 TCP 的部分,压头可能附着溶解的 ACF 而受到沾污[①],从而影响后续的压接。

7.5.2.3　TAB(TCP)的预压接和实压接

为了将 TAB(TCP)实装在显示屏上,在贴附 ACF 之后,按尺寸裁剪 TAB(TCP),将 TAB(TCP)装载于显示屏侧沿之上,使屏电极与 TAB(TCP)电极间准确对位之后,进行预压接,再进行实压接。进行这种压接的装置称为"OLB[②]装置",该工程称为"OLB 工程",见图 7-76。

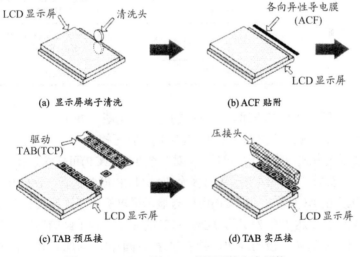

(a) 显示屏端子清洗　　　(b) ACF 贴附

(c) TAB 预压接　　　(d) TAB 实压接

图 7-76　OLB 工程(TAB 的预压接和实压接)

---

① 为了防止因附着溶解的 ACF 而引起的沾污,一般是采用硅橡胶片(silicon rubber sheet)、含有氟树脂(fluorine)的聚四氟乙烯片、薄形聚酰亚胺片(polyimide sheet)或玻璃纤维片等缓冲材料。但在压头加热时,由于这些缓冲材料往往接触彩色滤光片(color filter)及偏光片(polarizer)等的表面,有可能造成不良影响,对此应特别加以注意。

② OLB 装置是进行外侧引线连接(outer lesd bonding,外侧引线键合)的装置,利用该装置实现 TAB(TCP)在显示屏上的预压接、实压接。OLB 是相对于 TAB(TCP)的内侧输入端子连接 ILB(inner lead bonding,内侧引线连接)而使用的对比缩略语。

所用压接工具(压头)的加热方法有下述两种，见图 7-77 和表 7-16。

(1) 持续加热方式：所用的压头保持一定温度的高温，即采用温度不变的高温压头。

(2) 脉冲加热方式：每次热压接都使压头从常温升高到规定的温度，即采用升温压头。

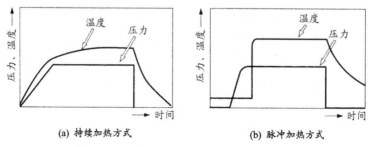

(a) 持续加热方式　　　　　　　　(b) 脉冲加热方式

图 7-77　压接工具(压头)的加热、加压方式

表 7-16　压接工具加热方式的比较

加热方式	持续加热方式	脉冲加热方式
特征	①压头的寿命长(不容易产生划伤、凹陷等)	①可降低 TAB 的热伸长(可满足微细节距的要求)
	②压头尺寸可以做得较长	②由于压头材质柔软，容易产生划伤及凹陷等
	③设备便宜	③设备较贵

而且，加压方式也有下述几种不同的方式，见图 7-78。

(1) 单压头方式：每次对一个 TAB(TCP)进行压接。

(2) 多压头方式：使用数个单压头，对多个 TAB(TCP)可任意选择地进行压接。

(3) 长压头方式：采用长压头对多个 TAB(TCP)同时进行一次性压接。

利用压头由 ACF 使 TAB(TCP)电极与显示屏电极实现连接的机制如下。首先，将压头加热，温度达 180~210℃，此时 ACF 的黏度急剧下降的树脂从两电极的间隙向外流出，充满两电极的周边，接着急速硬(固)化。与此同时，在所加压力的作用下，依靠两电极之间封入的导电粒子表面的金属膜，达到两电极间的连接，实际电气导通(各向异性导电连接)。在此过程中，一定的加热温度和所加压力的控制极为重要，但依使用的 ACF 的种类、屏电极、支撑压头装置的刚性条件等变化很大，但一言以蔽之，在 ACF 的最低黏度达到之前，应施加规定的压力，见图 7-79。

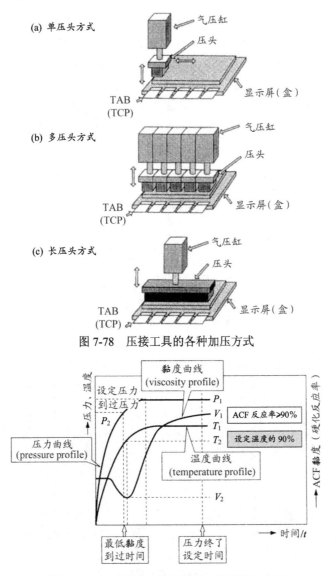

(a) 单压头方式

气压缸

压头

TAB
(TCP)

显示屏(盒)

(b) 多压头方式

气压缸

压头

TAB
(TCP)

显示屏(盒)

(c) 长压头方式

气压缸

压头

TAB
(TCP)

显示屏(盒)

图 7-78　压接工具的各种加压方式

黏度曲线
(viscosity profile)

压力、温度

设定压力
到过压力

P_1

P_2

V_1

T_1

T_2

ACF 反应率≥90%

设定温度的 90%

ACF 黏度（硬化反应率）

压力曲线
(pressure profile)

温度曲线
(temperature profile)

V_2

时间/t

最低黏度
到过时间

压力终了
设定时间

图 7-79　ACF 贴附工程中压力、温度设定曲线

TAB(TCP)的电极与屏电极之间的调整对位，是利用识别照相机，通过各个对位标志(alignment mark)来进行，见图 7-80。在标志对位过程中，可利用识别系统自动进行，也可以在观看监视器画面的同时，手动(manual)进行，因此制造工程可按自动机和手动机分类。采用自动机的 TAB(TCP)预压接、实压接工程，在自动生产线上包括① ACF 的贴附；② TCP 冲裁；③ 预压接；④ 实压接；⑤压接错位检查等一系列工序。但是，为了适应生产品种的多样化及降低初期投资金额等，ACF 贴附及 TAB(TCP)的压接等工程多采用半自动(semi-auto)装置进行。

COF 与屏电极之间的连接，与 TAB(TCP)的压接方法基本相同。但是，由于 COF 与 TAB(TCP)所用基材不同，从而黏结力，即连接后的可靠性等是不同的，而使用的 ACF 的种类和温度条件等也不相同，需要特别注意。

完成该工程的显示屏，原则上讲，当有外部信号输入时，就能容易地进行图像显示，但为了便于外部信号输入，还需要将显示屏做成模块(组)。为了模块(组)结构构成便于输入外部信号的组件，需要实装挠性印制线路板(flexible printed circuit cable, FPC)等。

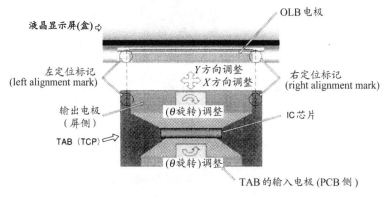

(a) TAB(TCP)与显示屏电极间的定位调整

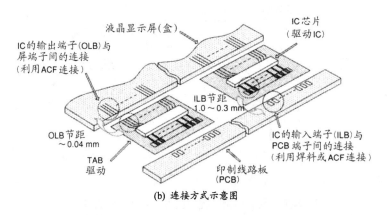

(b) 连接方式示意图

图 7-80　液晶显示屏(盒)、驱动 IC 以及印制线路板之间的连接定位及连接方式示意图

7.5.2.4　OLB 检查工程

TAB(TCP)的输出电极与屏电极之间，ACF 的压接状况是否良好，以及二者的连接程度等，需要通过检查进行判断。该检查被称为"OLB 检查工程"或"出画检查"。在这种 OLB 检查(出画检查)中，将具有与最终制品相同电极布置的探针卡(probe card)与 TAB(TCP)的输入电极相重合，实现电气连接之后，再配以背

光源(bak light, 冷阴极荧光管背光源①)。这样, 由"加压式简易背光源装置"、"信号发生装置"以及"驱动用电源单元"(为驱动 IC 供电的电源)等便构成"OLB 检查装置"。采用图 7-81 所示的这种简易型 OLB 检查装置, 可以判断屏上有无线缺陷(判断 OLB 是否良好)以及对屏上的辉点、暗点(像素缺陷)以及屏的亮度斑驳(むら)等进行检查。

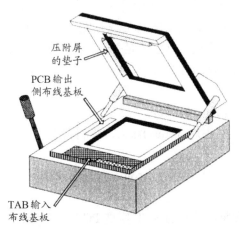

图 7-81　简单型 OLB 检查装置

在上述检查中, 重点对 OLB 工程中的驱动 IC 不良、ACF 缺失, 以及断线(OFF)不良及短路(short)不良等进行检查。OLB 工程合格以后, 还要对印制线路板(printed circuit board, PCB)及外框(bezel)等部件进行认真检查, 保证这些配件不出现任何问题。

7.5.2.5　组装(preassembly, 预装配)

为使液晶屏进行显示, 要将控制数据信号、栅信号等的控制电子电路, 以及产生高电压的高压发生电路(charge pumping circuit, 电荷泵浦电路)与显示屏相连接。这些电子回路一般由栅阵型(gate array, 面向单一顾客的专用型 LSI)等 IC 芯片构成, 由相关元器件等预先组装在印制线路板(printed circuit board, PCB)上。称该工程为组装(preassembly, 预装配)工程。组装工程包括元器件组装(parts assembly, PA)和模块组装(module assembly, MA)。无论哪种组装都主要由焊接(钎焊)工程形成, 一般是在专用预组装车间中完成的。

---

① 大型显示屏也有的采用热阴极荧光管背光源, 小型屏也有的采用 LED 背光源。但目前无论小型、中型还是大型屏, 都越来越多地采用 LED 背光源。

7.5.3　PCB 实装工程

7.5.3.1　PCB 实装工艺

PCB 实装是将组装好的 PCB 电极与 TAB(TCP)的输入端子相连接,以便向驱动 IC 供给数据信号及电压等。该工程以前是由钎焊完成,但目前除少部分制品外,均采用与 TAB(TCP)压接工程相同的工程来完成,即由 ACF 将 PCB 电极与 TAB(TCP)的输入端子相连接。这主要是基于下述几个原因。

(1) 随着像素节距的微细化,输入电极节距变窄,从而对连接强度的要求更高;

(2) 环境保护对无铅化(Pb free)的要求;

(3) 钎焊工程可能发生焊剂(flux)污染,焊料自身所含气体成分的挥发等会造成环境污染;

(4) 钎焊时发生的微细焊料粒子(solder splash,焊料飞溅物)引发焊接不良及沾污附着等问题。

下面,就 PCB 实装,针对由 ACF 实现 PCB 电极与屏上的 TAB(TCP)输入电极之间的连接方法简述如下。

OLB 工程中的屏电极与 TAB(TCP)输出电极之间的连接,由于玻璃基板很硬,其上形成的电极也是硬的,因此 ACF 的导电粒子不能压入基板之内。但是,PCB 的连接电极是铜箔(所做),很软,厚度在数十微米,相当厚,微小且很硬的导电粒子很容易被压入其中,结果不能获得良好的电气连接。而且,PCB 的材料为玻璃(纤维)环氧树脂(glass epoxy),耐热温度仅为 130℃,是相当低的,承受不了 TAB 压接中 ACF 所承受的 180~210℃的温度。因此,需要采用可适应 150℃左右较低温度的 ACF。这种 ACF 中的导电粒子采用与 TAB(TCP)连接相同的树脂球(plastic ball),但表面采用的是 Ni-Cu 转换电镀,且含有镍(Ni)及焊料等的微细金属粉末。

该工程中所用的基本压接机构与 TAB(TCP)的压接机构相同,即在 PCB 的连接电极上贴附裁短的 ACF,或者按定尺整体贴附 ACF,剥离掉保护纸(剥离膜)之后,与 TAB(TCP)的输入电极调整对位,加热、加压进行热压接。另外,对于模块结构来说,在该工程中有的要对 TAB(TCP)进行弯曲或者与电缆等进行连接。

7.5.3.2　用于保护膜的树脂涂布工程

为了防止屏电极露出部分的腐蚀,灰尘等附着引起的电极短路,弯曲及振动摩擦引起的断线等,在屏电极的露出部分以及 TAB(TCP)电极等表面,需要涂布紫外线(ultra violet, UV)硬(固)化树脂、硅树脂、丙烯酸系树脂、氨基甲酸乙酯系树脂等。

上述保护膜用树脂涂布工程，多数情况是利用简易型涂布装置(dispenser，注射式分配器)，采用手动涂布。所用的注射分配器采用高压力的干燥空气(high-compression dry air, HDA)和真空(vacuum)，通过对置于圆筒状(cylinder)容器中的中空针头(needle)的端部加压、减压，进行适量的涂布。还有的是采用相同的涂布原理，而将显示屏固定于可动台(moving stage)或固定台之上，对显示屏位置和注射分配器(dispenser)的涂布轨迹等条件编程(programming)而进行涂布的各样自动涂布装置。

今后，为适应日益多样化的液晶显示器的用途要求，而且从提高可靠性出发，作为防腐蚀和保护目的，正从传统的硅树脂涂布改用防水性能和防渗透性更优良的氨基甲酸乙酯系树脂涂布。

7.5.4　COG 模块制造工程

COG 是玻璃上芯片(chip on glass)的略称，是将裸芯片(bare chip)直接搭载在显示屏玻璃上构成的模块结构。图 7-82、图 7-83 分别表示用于 COG 的各种连接方法和 COG 实装结构图。裸芯片与显示屏电极的连接方式主要有图 7-82 所示的下述四种：① 金凸点直接连接方式；② 金丝引线键合(WB)方式；③ 银浆料连接方式；④ 各向异性导电膜(ACF)连接方式等。从批量生产等方面考虑，ACF 方式正日益成为主流。

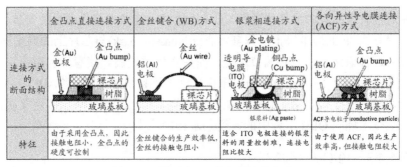

图 7-82　用于 COG 的各种连接方式

7.5.4.1　ACF 贴附工程

COG 用裸芯片(bare chip)是由硅圆片(silicon wafer)经划片、裂片(scribing & breaking)分割形成的，为了进行电气连接，在其铝电极上要预先形成高约 15μm 的金凸点(Au bump)，一般称之为带金凸点的裸芯片。而且，对于 COG 用 ACF 来说，由于连接电极之间的重合面积小，连接电阻有可能变大，因此 ACF 中所含导电粒子的直径较小，大约为 3μm；而且，导电粒子的含有密度比 TAB(TCP)用

ACF 中的含有密度高，前者是后者的 3~5 倍，即采用电气连接电阻更小的 ACF。也就是说，COG 用 ACF 同 TAB(TCP)用 ACF 在特性上有不小的差异。

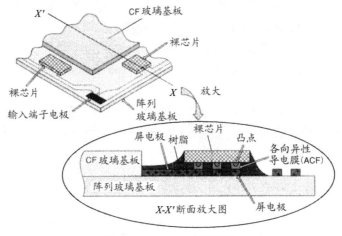

图 7-83　COG 实装结构图

COG 用 ACF 的贴附工程与 TAB(TCP/COF)模块制造工程中 ACF 的贴附工程基本相同。

7.5.4.2　裸芯片压接工程

在对带有金凸点的裸芯片进行 COG 压接时，首先将芯片进行预安装。为此，利用贴附有 ACF 的屏电极上的调整标志(alignment mark)与芯片上的调整标志，由识认装置进行识别，使二者调节对位，而后实施预安装。接着，利用压头进行实压接。这种由 ACF 的芯片电极与屏电极之间的连接机制与前述 TAB(TCP)电极与屏电极之间的连接机制相同。完成裸芯片压接工程之后，要对压接连接质量进行检查。检查工程同 OLB 工程中的检查基本相同。

7.5.4.3　FPC 压接工程

在 COG 模块制造工程中，挠性印制线路板(flexible printed circuit, FPC)[1]的压接是为了向驱动 IC 芯片供电并提供各种信号，因此是 FPC 与屏电极的连接工程，称其为"FPC 压接工程"。对于此工程来说，栅驱动 IC 芯片为电压驱动，功耗小，可利用屏上预先制成的薄膜进行布线(wiring on array, WOA；或 wiring on glass, WOG)，因此，有些显示屏不需要栅侧的 FPC，见图 7-84。完成 FPC 压接工程之后，为对 COG 模块进行保护，还要涂布保护用树脂。

---

① 有的是采用刚挠性(rigid-flexible)印制线路板。

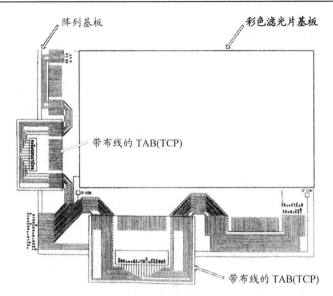

图 7-84　利用 WOG(WOA)使 TAB(TCP)与液晶屏相连接的图形实例

7.5.5　组装及检查工程

7.5.5.1　背光源等的安装工程

组装工程(assembly)包括安装背光源(back light unit)、显示屏外框(bezel)，应需要还要安装防止显示屏错动的紧固螺钉等。

在该工程中，针对出厂时预先贴附于显示屏的保护膜，剥离掉靠近背光源一侧的部分。而且，为防止漏光并更容易与外框固定，要在实装驱动 IC 部位的背面贴附黑色胶带，在显示屏表面的四周边贴附橡胶薄带。完成这些工序之后，依模块构造将 TAB(TCP)及 FPC 等向背面弯折[①]等。特别指出的是，在该工程中剥离保护膜时会发生静电，而背光源的包装材料还有各种胶带类往往会发生各种灰尘、颗粒污染，一旦这些灰尘、颗粒进入背光源和显示屏的间隙中，则会产生具有亮点缺陷和暗点缺陷的不合格品。另外，这些灰尘、颗粒等还会引起偏光片的划伤等，因此必须采取措施抑制这些灰尘、颗粒的发生。

上述组装工程几乎都是手动完成，批量产品利用传送带(conveyer)进行流水作业，但一部分高附加值产品及大型电视用屏的组装也有的采用单元(cell)式生产方式(所有的工程由一个作业者负责的组装方式)。

---

① TAB(TCP)及 FPC 的弯折，也有的在 PCB 实装工程(7.5.2 节)中进行，但多数情况是在组装工程(背光源等的安装工程)中进行。

7.5.5.2 组装检查(亮灯检查)工程

组装检查并非以检查画面质量为目的，而是对组装工程中可能落入间隙的灰尘、颗粒及组装时作业不良而引发的断线等进行检查，重点检查线缺陷及部分的不亮灯(不透光)等缺陷。一般称此为"组装检查"、"亮灯检查"。检查如图 7-85 中图形所示，按 RGB 或黑白光栅(raster)等全面亮灯状态下进行。

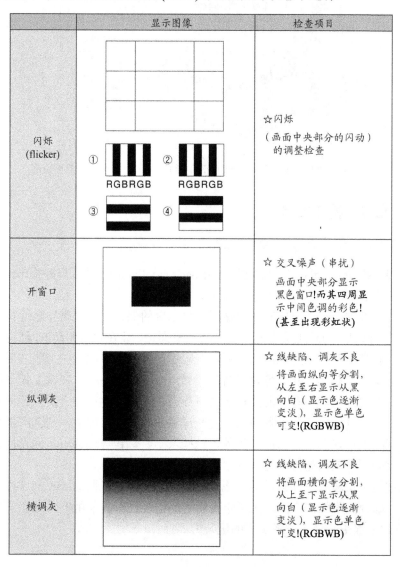

图 7-85 组装检查(亮灯检查)的一例

7.5.5.3　老练(aging)工程

老练工程是在苛刻的温度环境下，对可能发生的温度相关性不良，以及热膨胀引起的电气的、机械的不良等，进行检出的检查工程。由于老练并非破坏性试验，在液晶显示器的工作补偿温度范围内(40~50℃)，在亮灯的状态下进行。老练过程中模块内部温度有相当程度的上升，基于此，需要周围气氛温度保持一定的恒温箱(oven)，或者温度保持一定与外界隔绝的小室(booth)。由于检查是在亮灯的状态下进行，因此还需要信号源、信号分配装置以及电源装置等。

7.5.5.4　最终检查工程

老练结束的完成品，还要进行亮灯检查和外观检查，对包括屏显示不良在内，要对所有不良项目进行检出。此外，还要对驱动时的电流值、电压值进行确认。该工程称为"最终检查工程"，是决定模块质量的重要工程。最终检查的主要不良项目(图 7-86)列举如下。

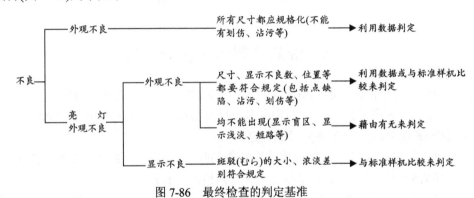

图 7-86　最终检查的判定基准

(1) 亮灯检查：出画异常、调灰不良、脱黑、漏光、灰尘颗粒、线缺陷、点缺陷、亮度斑驳、显示斑驳等；

(2) 外观检查：部件有无忘记遗漏、贴附位置不良、螺钉浮动、沾污、锈斑、疵点、裂纹等。

另外，在最终检查中还要进行各种应力(振动、冲击、面压等)的试验。

如上所述，模块制造工程是涉及显示屏能否运行的电子元器件及光学元器件的装配工程，要用到各种各样的元器件及材料，而且采用独特的技术，对生产技术有很高的要求，图 7-87 给出模块制造工程一例。

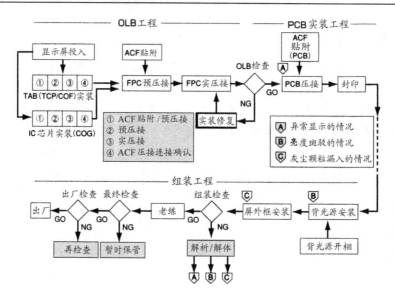

图 7-87　模块制造工程的一例

7.6　液晶屏制作工艺的改进

有源矩阵型液晶屏的制造工程，如图 7-88 所示，可分为三大部分：

(1) TFT 阵列工程。在玻璃基板[对于投射型来说，采用硅基板(LCOS)或石英基板(HTPS)]上制作 TFT 阵列及其电路；

(2) 液晶屏(盒)工程。将完成阵列制作的阵列基板与完成 RGB 三原色亚像素层制作的彩色滤光片基板对位贴合，并注入液晶材料；

(3) 模块工程。在完成贴合密封的液晶屏(盒)上组装驱动电路及背光源(对透射型)等，制成用于显示的模块。

下面，针对这三大工序，介绍近年来液晶屏制作工艺的改进。

7.6.1　阵列工程的改进——关键在于提高生产效率

作为起始工程的 TFT 阵列制作工程，同半导体集成电路(IC)制作工程相类似。与 IC 是在硅圆片(wafer，晶圆)上制作电路的情况同样，TFT 阵列是反复经由成膜工程、照相制板工程、蚀刻工程等，在玻璃基板上作出 TFT 的阵列回路(图 7-89)。这种 TFT 阵列工程中所使用的装置，原理上讲也与集成电路的制作装置相同。

正是基于此，TFT 阵列的制造技术经常与半导体集成电路技术做比较。与后者相比，前者最主要的差别在于，所用的是玻璃基板而非硅晶圆(wafer)，而二者的面积之比为数倍甚至更大，特别是，近年来玻璃基板面积的扩大速度远快于硅晶圆的扩大速度。随着市场对大型液晶显示器的需求越来越旺，在解决大型屏的制作工艺，提高显示性能的同时，必须提高生产效率，降低成本，以进一步增强市场竞争力。

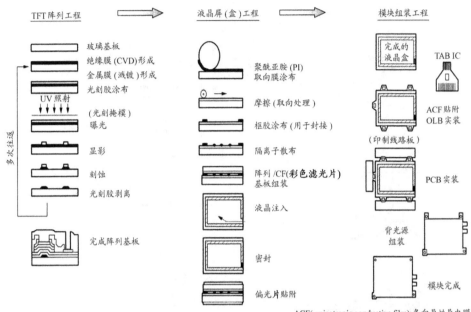

ACF(anisotropic conductive film):各向异性导电膜
OLB(outer lead bonding):外侧引线连接
PCB(printed circuit board):印制线路板

图 7-88　TFT 液晶屏的制造工程

　　如图 7-89 所示，TFT 阵列工程中成膜、光刻的反复次数一般体现为使用掩模的次数，称其为"掩模数"。掩模数越少，总体工程的数量越少，从而投资效率提高而且总工程时间缩短。直到数年前，掩模数多为 6~8 道，最近几年几乎所有显示屏厂商都采用"5 道掩模"，一部分厂商甚至引入 4 道掩模的制造工艺。图 7-90 所示 TFT 阵列制造中使用 5 道掩模的工艺，是在 SEMI 组织的活动 PCS-FPD(production cost saving-flat panel display，如何降低平板显示器的制作成本)讨论中所发表的典型工艺流程。

　　以上所述工程数的削减，与玻璃母板尺寸扩大的趋势基于相同的背景：为应对平板显示器激烈的市场竞争压力，需要不断降低液晶显示屏的制造成本，提高生产效率。

7.6.2　液晶屏(盒)工程的改进——从农业到工业

　　作为 TFT 液晶显示屏制造第二大工序的液晶屏(盒)工程，是将在阵列工程中完成的阵列基板与完成 RGB 三原色亚像素层制作的彩色滤光片(CF)基板对位贴合，并注入液晶材料的工程。图 7-91 所示的液晶屏(盒)制造工程是自 TFT LCD 问世初期就已导入的最基本的工程。

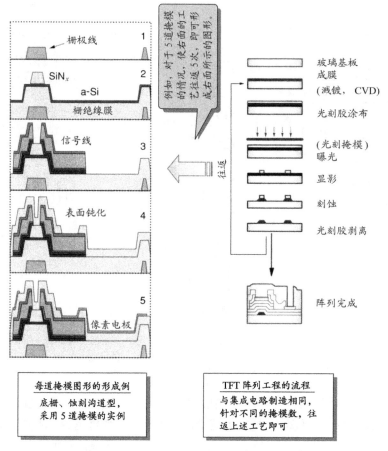

图 7-89　TFT 阵列的制造工程

　　图 7-91 中所示的隔离子散布，是保证显示屏(盒)正确间隙的重要工程，要求很高的精度。由图 7-92 以足球场所做的类比，可以想象液晶屏所要求的精度有多高。这样高的精度是保证均一的显示质量不可或缺的。

　　液晶屏(盒)工程中，取向膜处理、液晶注入等都是决定液晶显示器显示品质的重要工序，但实际工程中多数情况是依赖于作业者的经验来操作。相对于阵列工程中采用完全自动化的方式，工艺参数以科学理论为依据的"工业"方式来说，液晶屏(盒)工程是靠作业者的经验并根据每日的状态变化来进行的，犹如"农业"的经营方式。目前，正从"农业"向"工业"转化，目标是改善画面质量和提高生产率，为此正在导入许多新的手段和方法。

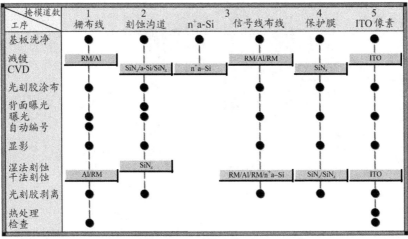

注:图中的 RM(refractory metal)表示高熔点(难熔)金属,如 Ti、Mo 等

图 7-90　TFT 阵列工程的工艺流程(5 道掩模,川崎模式)

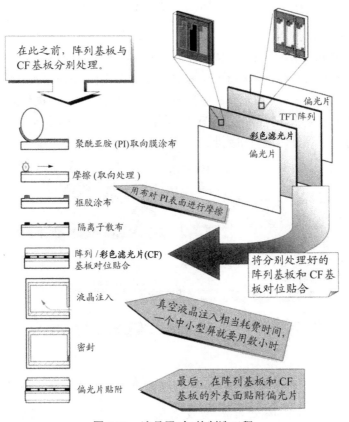

图 7-91　液晶屏(盒)的制造工程

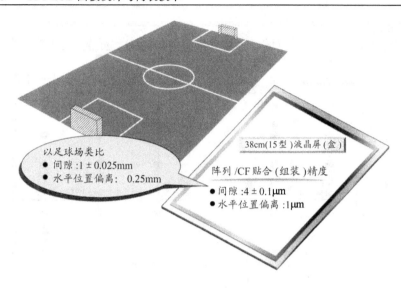

图 7-92 　以足球场作类比，可以想象液晶屏(盒)所要求的精度

　　例如，隔离球散布是保证显示屏(盒)正确间隙(gap)的重要工序，但如果散布过程中隔离球出现结块或团聚现象，则会造成显示斑驳现象发生。最近正在引入替代隔离球散布法的柱状隔离子法，这种方法如图 7-93 下图所示，是在阵列基板或 CF 基板上预先形成数微米高的隔离柱，这种隔离柱位于不透光的 TFT 部位。由这种方法可以克服球状隔离子散布的非均匀性，还可消除由隔离子造成的光散射，从而对比度等显示质量得到明显改善。

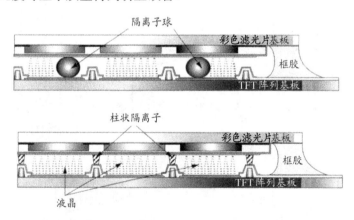

图 7-93 　液晶屏(盒)工程的变革——从隔离球散布法到柱状隔离子法

　　另外，关于取向膜处理，一般采用的方法是，先形成数十纳米厚的 PI(polyimide，聚酰亚胺)膜，再对其表面进行机械的摩擦(取向)处理。这种摩擦处理是利用圆筒外表面卷有长毛绒(纤维)布的辊子等进行机械摩擦作业。而在实际

的操作中，除摩擦速度、角度、辊子与取向膜的间距等参数之外，甚至布的卷绕方法、摩擦时绒毛的强度等都会对显示质量造成影响，这些条件的设定很大程度上取决于操作者的经验。为了改善这种"农业"式的作业方式，如图 7-94 所示，目前正在开发并导入采用离子束照射等非接触式的取向处理方法，这种处理方法可以明显提高显示质量。

　　关于液晶注入也有类似的情况。迄今为止，是在将阵列基板与 CF 基板对位贴合之后，利用真空注入法注入液晶，但这种方法最少也要花费数小时的时间。对于大型化液晶屏，特别是电视用屏，完成液晶注入要花十几小时甚至一天以上的时间，生产效率极低。在阵列工程的生产节拍(tact time)以秒计缩短的竞争中，迫切需要开发更便捷的液晶注入方式。

　　最近，为了提高液晶注入工程的生产效率，如图 7-95 所示，一改传统的真空注入方式，转而采用滴下方式。这种革新(innovation)方式是预先将液晶滴落在阵列基板或 CF 基板之上，再将两块基板贴合。因为有这种工艺，液晶屏(盒)的组装及液晶注入工程的生产效率得到重大改善。

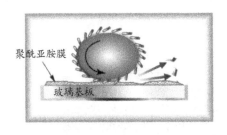

(a) 传统方式　　　　　　　　　　　　(b) 非接触式取向处理

图 7-94　液晶屏(盒)工程的变革——从机械取向到非接触取向处理

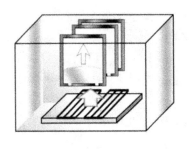

(a) 真空吸引注入方式　　　　　　　　(b) 液晶滴下方式

图 7-95　液晶屏(盒)的组装及液晶注入工程的生产效率提高

7.6.3 模块工程的改进——如何适应多品种

液晶显示屏的第三大制作工序是在完成液晶屏(盒)的玻璃基板上组装驱动 IC 和背光源，最终完成能以显示器而工作的形式，即模块组装工程。在这一工程中，由于涉及各种类型的制品和各式各样的部件，需要切实保证将相应的部件安装在各自的制品之上，不能出现差错。基于此，与生产线完全自动化的情况相比，靠手工作业组装，作业者操作的自由度高，生产效率可能更高些。其结果，在全球化浪潮中，自动化程度高的阵列工程、液晶屏(盒)工程留在先进工业国家和地区，而适合手工操作的模块工程转移到人工费较低的发展中国家。

模块组装工程如图 7-96 所示，最常用的是利用 ACF 进行 OLB 连接及 PCB 连接。最近正在开始采用将驱动 IC 芯片直接实装在玻璃基板上(chip on glass, COG)以及使用低温多晶硅(lower temperature polycrystal silicon, LTPS)将驱动 IC 直接制作在玻璃基板上的技术。这一动向，对于满足价格降低的要求，而且在减少元器件数量的同时提高抗振动等可靠性等方面，都显示出极好的发展前景。

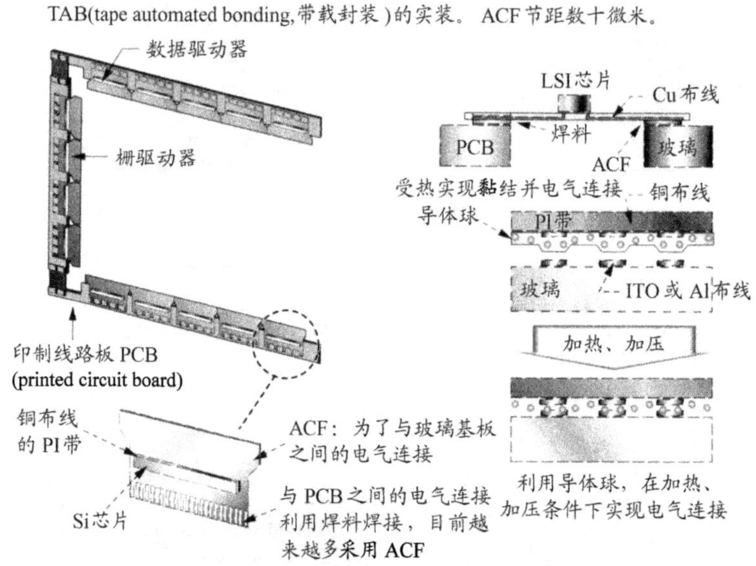

图 7-96 TFT 液晶模块的构造及制造工程

第 8 章 TFT LCD 的主要部件及材料

液晶显示器中所采用的主要部件(key components)及材料，在表 8-1 中给出。从第 7 章 LCD 制作工艺简介中可以看出，这些主要部件及材料对 LCD 特性有决定性影响。

表 8-1 TFT LCD 制作中采用的主要部件及材料

工程	基板工程	液晶盒工程	模块封装工程
主要部件(key components)及材料	玻璃基板 掩模 溅射靶材(金属等) 光刻胶 光刻胶剥离剂 显影液 蚀刻液 ITO 材料 非晶硅 气体类(氧等)	彩色滤光片 偏光片 液晶材料 取向膜材料 取向摩擦用布 隔离子材料 封接材料(框胶) 位相板 宽视角补偿板 密封材料	驱动用 IC/LSI 控制用 IC/LSI DC-DC 转换器 背光源 散光板 棱镜板(增亮膜) ACF，ACP 印制线路板 电缆 挠性基板(TAB、COF 用)
	洗净液(纯水等) 磷(掺杂用) 金刚石刀片等 玻璃研磨剂等	气体类(氮等) 丝网印刷网板 金刚石刀片 灌注液晶设备	菲涅耳透镜板 焊料及焊膏 外壳及边框 其他的电子元器件

本章中重点介绍这些主要部件及材料的基本结构和特性，并兼顾其发展动向等。

8.1 玻 璃 基 板

液晶显示器是由称作阵列基板[①]和彩色滤光片基板的两块玻璃基板所构成，在阵列基板上制作薄膜三极管及像素电极等，在彩色滤光片基板上制作彩色显示用的彩色滤光片(RGB 按矩阵状排列)等。在这两块玻璃基板之间注入液晶材料而实现液晶显示。

尽管一直有用更轻量的塑料基板[②]替代玻璃基板的想法，但由于在阵列基板制

---

① 阵列基板：为对液晶显示器实施驱动，需要在玻璃基板上制作数目巨大的像素和三极管，按结构特征，称这些三极管为 TFT。TFT 与像素一块制作在同一块玻璃基板上，称该基板为阵列基板，或 TFT 基板。

② 塑料基板：目前正在研究开发先在玻璃基板上形成像素、TFT 等，再将其转写到塑料基板上的特殊制作工艺。不久的将来极有可能出现使用比玻璃基板更轻的塑料基板所制成的液晶显示器。这种液晶显示器更轻、更薄，可折叠，且价格便宜。

作工艺流程中制作薄膜三极管 TFT 要用到非晶硅①(amorphous silicon, a-Si)，需要 400℃左右的工艺温度，因塑料的耐热性差而难以采用。目前，价格便宜的玻璃基板已普遍用于 TFT 液晶显示器。

下面，针对有源矩阵驱动型 TFT LCD 中使用的玻璃基板，简要介绍其制程(图 8-1)。

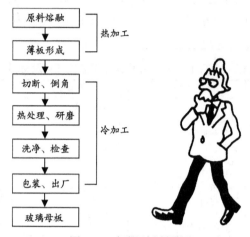

图 8-1　玻璃母板制程图

8.1.1　液晶显示器用玻璃基板的种类

对于液晶显示器来说，玻璃基板无疑是最重要的关键部件(key components)之一。一般常用于窗玻璃的平板玻璃，因其断面为青色，故被称之为"青板玻璃"，即人们俗称的"苏打石灰玻璃"②。

这种青板玻璃制作简单、价格低廉，通过在其表面进行 SiO_2 的涂层处理，即可用于简单矩阵驱动型液晶显示器(STN LCD)的玻璃基板。但是，青板玻璃中含有钠(Na)等碱金属，这类碱金属对于有源矩阵驱动型液晶显示器(TFT LCD)的薄膜三极管特性有不利影响，故青板玻璃不适用于有源矩阵驱动型液晶显示器。如同单晶硅半导体 LSI 中"易迁移离子"会引起 LSI 特性不良相类似，玻璃基板中易迁移钠离子(Na^+)的存在也会引起 TFT LCD 的特性不良。因此，TFT LCD 用玻璃

---

① 非晶硅：在 LSI 制程中，一般是在单晶硅图片上制作 MOS 三极管。但对于液晶显示器来说，为了在玻璃基板上能形成 TFT 所必需的半导体薄膜，工艺温度要低于玻璃的软化温度。为此，只能采用工艺温度在 200~450 ℃范围内的等离子体 CVD(PCVD)法。由此得到的只能是非晶硅。为了获得性能较高的低温多晶硅(lower temperature polycrystal silicon, LTPS)，需要对上述非晶硅进行快速热处理；为了获得性能更高的高温多晶硅(high temperature polycrystal silicon, HTPS)，则需要采用耐热性优良的石英玻璃基板。
② 苏打石灰玻璃：主成分为 Na_2O - CaO - SiO_2 系的碱玻璃，因其原料为苏打(Na_2CO_3)、生石灰($CaCO_3$)、硅石(SiO_2)而得名。

基板多采用铝硅酸(盐)玻璃、铝硼硅酸(盐)玻璃。表 8-2 是液晶显示器常用玻璃特性的比较。

表 8-2　液晶显示器常用玻璃特性的比较

类型	苏打石灰玻璃	硼硅酸(盐)玻璃	无碱玻璃							石英玻璃	高屈服点玻璃
用途	STN、TN	STN、TN	TFT							HTPS	PDP
厂商	日本板硝子等	日本电气硝子	康宁(Corning)公司		日本电气硝子		旭硝子	NHT 公司			旭硝子
型号		BLC	1737	EAGLE2000	OA10	OA21	AN100	NA35			PD200
制作方法	浮法	重拉法	熔降法	熔降法	溢流法		浮法	NH 法			浮法
相对密度	2.49	2.39	2.54	2.37	2.5	2.4	2.51	2.49		2.2	2.76
热膨胀系数/10⁻⁷/℃	87	51	38	32	38	32	38	37		6	83
屈服点/℃	511	535	667	666	650		670	650		1000	569
弹性模量/MPa	73 000	70 500	70 600	70 600	71 400	72 400	79 000	71 600		73 400	78 000

8.1.2　对液晶显示器用玻璃基板的特性要求

除成分之外，对 TFT LCD 用玻璃基板特性还有下述几项基本要求。

1) 玻璃基板的表面、内部无缺陷

作为缺陷，包括玻璃基板表面和内部的伤痕、气泡、沾污等。所谓无缺陷是指，对这些缺陷的数量、大小和分布都有极严格的限制(见后面表 8-3 针对第 3 代玻璃母板给出的实例)。

2) 玻璃基板表面平坦

液晶盒间隙(cell gap，阵列基板与彩色滤光片基板的间隔，即液晶层的厚度)需要控制在数微米(如 5μm)，若玻璃表面存在超过允许范围的起伏和凹凸，则会造成显示不良，因此必须保证玻璃表面平坦光滑。而且，玻璃表面的粗糙度只要超过数纳米就会造成画面不光滑(ザラツキ①)等问题。

3) 玻璃基板要具有优良的耐药品性

在阵列基板制程中，玻璃基板会受到以氢氟酸为首的各种化学药品及干法刻蚀(如等离子体刻蚀)的作用，因此必须采用耐化学反应能力强的玻璃。

4) 玻璃基板的热膨胀系数要小

阵列基板上要布置大量数十微米宽的布线以及节距为数百微米的像素。以 XGA 显示规格的显示器为例，其配置的像素数为 1 024×(RGB)×768。如果玻璃基

———

① ザラツキ指显示画面不光滑，表现为线条、图形、颜色等的不连续，过渡不自然等。

板的热膨胀系数太大，经历高温制程(在特殊情况下，温度达400℃)的阵列基板上制作的TFT的特性会受到不利影响。例如，会使光刻工程中的图形产生偏差，造成三极管沟道长度及沟道宽度变化等，致使面内薄膜三极管(TFT)的特性产生不允许的偏差，从而会引起称为Mura(むら[①])的显示缺陷，必须严格控制。

5) 对玻璃表面的微小附着物有严格要求

TFT的栅氧化膜厚度极薄(约300nm左右)，即使微小的异物(约1μm以下)也会成为引发点缺陷[②]等显示不良的原因。特别是，如果TFT部位的异物残留概率高，则TFT的源、漏间，源、栅间，以及漏、栅间发生短路或断路的概率就高，从而引发显示不良。

如上所述，对于TFT液晶显示器中所使用的玻璃基板来说，具有多项极为严格的技术要求。

8.1.3 玻璃母板的大型化

除了上述严格的技术要求之外，玻璃母板也与时俱进地向更大尺寸发展。促进这一发展的背景是，一方面液晶显示器的用途向更大尺寸的监视器和电视机扩展，要求显示屏尺寸进一步大型化；更重要的是，为了使液晶屏的制作成本下降，提高竞争力，需要在一块玻璃母板上切割(面取)更多的大型屏。实际上，玻璃母板尺寸决定整个TFT LCD生产线的投资规模、技术水平、切割面板尺寸、从而市场竞争力。

玻璃母板尺寸的变迁由业界制造装置开发的进展(适时性，timing)以及设备投资的决策(适时性，timing)决定，并表现为玻璃母板尺寸的世代交替。液晶显示器产业化竞争中玻璃母板向大型化的发展，与半导体IC产业化竞争中硅圆片向大尺寸发展十分类似(图4-48)。图8-2表示TFT LCD不同世代生产线的导入时期及对今后的预测。

表8-3给出玻璃母板尺寸的变迁。20世纪90年代初的第1代玻璃母板的尺寸为300mm×400mm，发展到目前的第8代，尺寸为2 160mm×2 400mm。在第5代之前每2~3年进展一代，第6代以后是每年进展一代，玻璃母板大型化有加速之势。与此相应，面板尺寸、像素数、像素密度也按类似于半导体摩尔定律的规律增加。

以夏普公司为例，从2006年10月开始运行的龟山第2工厂为标志，开始了第8代(2 160mm×2 400mm)玻璃母板的生产。与龟山第1工厂第6代(1 500mm×

① Mura这个词源于日语"斑"字的发音(むら)，泛指各类画面不均匀的显示缺陷，目前已在国际业界通用。
② 液晶显示器显示缺陷的一种。画面上持续存在的亮点(辉点)或黑点(暗点)，故称其为"点缺陷"。此外还有类似的"线缺陷"等。

1 800mm)相比，面积大约翻一番。第 8 代玻璃母板可面取 40 型级别的面板 8 块，50 型级别的 6 块。相比之下，第 6 代玻璃母板只能面取 40 型的 3 块，50 型的 2 块。玻璃母板大型化对生产线效率的提高效果显著。

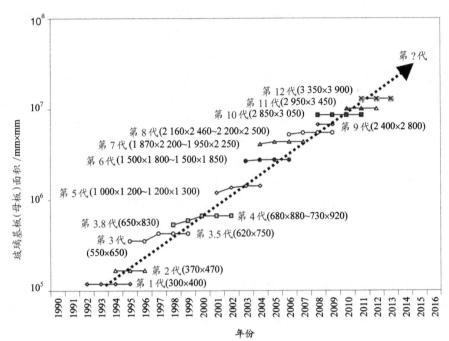

图 8-2　TFT LCD 不同世代生产线的导入时期及对今后的预测(资料来源：ADR)

表 8-3　玻璃母板尺寸的变迁

代别	玻璃母板尺寸/mm×mm	开始使用年代[①]	液晶屏的代表性用途[②]
第 1 代	300×500	1991 年~	笔记本电脑，手机，PDA，汽车导航系统
第 2 代	370×470 400×500	1993 年~	笔记本电脑，手机，PDA，汽车导航系统
第 3 代	550×650 600×700 650×830	1996 年~	笔记本电脑，计算机监视器
第 4 代	680×880 730×920	2000 年~	计算机监视器
第 5 代	1 000×1 200 1 100×1 300 1 300×1 500	2002 年~	计算机监视器
第 6 代	1 500×1 800	2004 年~	液晶电视
第 7 代	1 870×2 200	2005 年~	液晶电视
第 8 代	2 160×2 400	2006 年~	液晶电视
第 9 代	2 400×2 800	2007 年~	液晶电视
第 10 代	2 600×3 100	2008 年~	液晶电视

①依液晶显示器厂商不同，开始使用年代有些差异。

②只列出典型用途。

目前正在筹建的更大规模生产线，第 9 代玻璃母板尺寸为(2 400mm×2 800mm)，第 10 代为(2 600mm×3 100mm)，大型化的竞争更加激烈。与之相呼应，液晶显示器工厂的建设计划也相继实施。以夏普为例，除了增强龟山第 2 工厂的投资合计 3 500 亿日元(2007 年末达到月产 8 万块玻璃母板的基础规模)之外，还计划对采用 IPS α-Technology 的面板投资 1 100 亿日元[年产 250 万块(按 32 型)换算]，对生产 S-LCD 显示器(第 8 代屏)的新工厂投资 3 000 亿日元。

另一方面，为追求轻量化，液晶显示器玻璃基板厚度多为 1.1mm 及 0.7mm，手机等便携用则更薄些，如 0.5mm。总的趋势是向更薄的方向发展。若同普通窗玻璃数毫米厚的情况相比，液晶显示器用玻璃基板可谓是超薄的。

综上所述，液晶显示器用玻璃基板要有良好的平坦性，很强的耐药品性，热收缩要小等特性，特别要求大面积且非常薄。考虑到这些方面的综合要求，则不难理解为什么需要极高的玻璃基板加工技术。

这种玻璃基板的制程与普通平板玻璃的制程基本相同，即包括原料熔融、薄板形成、缓冷等"热加工工程"和机械切割、面取、洗净等"冷加工工程"。

8.1.4　热加工工程

热加工工程包括原料熔融、薄板形成、缓冷等工序。特别是薄板形成工序依玻璃制作厂商不同而异，各家都有其独特的制作方法，但主要采用的是浮法和溢流法。

8.1.4.1　原料熔融工程

熔融工程的第一道工序是配料。主料有硅石(SiO_2)、氧化铝(Al_2O_3)等，澄清剂(消泡剂)有芒硝(结晶硫酸钠)、亚砷酸、氧化锑等，还原剂有碳等。此外，还要在原料中调配一些未完成制品的玻璃屑。首先利用计算机控制的系统对上述原料进行称量、调配、混合，而后送入高温炉中进行熔融(温度大致在 1 400~1 600℃)。炉中发生玻璃化反应，反应完成后玻璃中含有大量气泡。为消除这些气泡，需要使熔融态的玻璃基板在高温下维持，进行脱泡及澄清化处理。微小的气泡可以在温度下降的过程中被玻璃所吸收。

8.1.4.2　薄板形成工程

由熔融工程获得的玻璃板，在薄板形成工程中，经过严格控制达到玻璃基板厚度的目标值。制作 LCD 用玻璃基板曾经采用的方法如图 8-3 所示，主要的：① 浮法(float technology)；② 重拉法(redraw)；③ 流孔下拉法(slot bushing down draw)；④ 溢流法(overflow fusion prows)；⑤ 化学气相反应(CVD)法。目前采用最普遍的是①、③、④。表 8-4 是这三种主要工艺技术的比较。

表 8-4　制作 LCD 用玻璃基板的 3 种主要工艺技术的比较

制作技术 参数	浮法技术(float technology)	流孔下拉技术(slot bushing downdraw)	熔融溢流技术(overflow fusion prows)
成分	钠钙硅玻璃	钠钙硅玻璃/硼硅低碱玻璃/硅酸盐无碱玻璃	硼硅低碱玻璃/铝硅酸盐无碱玻璃
产量/(t·d⁻¹)	400~700	5~20	5~20
熔解温度	高	高	高
熔炉建造所需空间	占地面积大	占地面积小，但要挑高	占地面积较小，但要挑高
投资金额	大	中间	大
建造时间/月	18~24	15~18	15~18
熔融方式	天然气/重油/电力辅助	电力/天然气/燃油	电力/天然气/燃油
有无气体控制	有(N_2/H_2)	无	无
拉出方向	水平	垂直向下	垂直向下
成型介质	液态锡	铂铑合金流孔漏板(Pt/Rh slot bushing)	可供溢流的熔融泵浦(fusion pipe)
所用的物理原理	利用液态锡与玻璃膏间不同密度	重力	重力
厚度的范围，成型的瓶颈	0.5~25mm 如何保证槽中熔化均匀、液面平稳且稳定地引出均质的玻璃板	0.03~1.1mm 如何保持铂合金的流孔不变形	0.5~2.5mm 如何维持熔融泵浦的水平度，维持玻璃膏稳定流量
面积的大小	大面积	中小面积	中大面积
退火方式	水平在线退火	垂直在线退火	垂直在线退火
平坦度	合格	合格	合格
原始玻璃表面数	单面	无	双面
后续加工性能	居中	最高	最低
代表厂商	旭硝子(Asahi)	NEG	康宁、NHT

1. 浮法(float technology)

作为平板玻璃高质、高效的生产方法，浮法早已在建材用平板玻璃(窗玻璃)的大规模生产中成功采用。工艺流程如图 8-4 所示，将配好的原料在熔融炉中熔化，经澄清槽，使熔化的玻璃流向液态金属浮槽，浮槽由耐火材料制成，槽中充以熔融的锡(Sn)，并保持还原气氛。由于熔化的玻璃浮在熔融锡的表面(故称之为浮法)，且容易在表面流动摊平，利用熔融锡的平坦表面即可大批量生产平坦的平板玻璃制品。浮法的生产成本低，从薄板玻璃到厚板玻璃都可以制作。这种浮法工艺的川幅(即槽宽,可制作玻璃板的宽度)可达 4m 左右,特别适合大尺寸玻璃基板的制作。

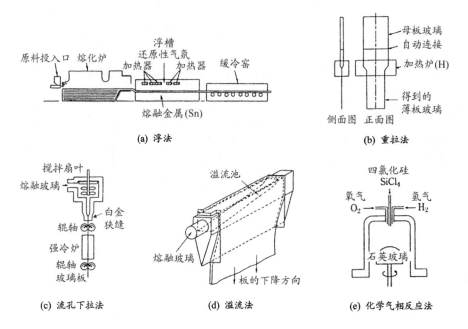

图 8-3　LCD 用玻璃基板的各种制造方法

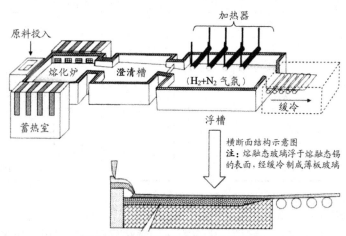

图 8-4　薄板玻璃浮法生产线示意图

但从不利的方面讲,由于这种玻璃表面的获得靠的是熔融锡表面的平坦化,因此存在会对 LCD 屏产生不利影响的玻璃基板表面的微细起伏以及锡的沾污等,需要对玻璃基板进行研磨。伴随着玻璃基板尺寸的大型化,研磨操作的难度越来越大,因此研磨技术的革新已成为当务之急。

2. 重拉法(redraw)

先由浮法等制成厚玻璃板(称其为母板)，再如图 8-3(b)所示，经加热、拉伸，直至达到所要求的厚度。这种方法也如同浮法那样，玻璃表面往往存在起伏及金属沾污等，也需要表面研磨。

3. 流孔下拉法(slot bushing downdraw)

又称为拉下法、狭缝流下拉制法等，如图 8-3(c)所示，将熔融的玻璃通过白金狭缝成形，并由成对的辊轴以一定的张力向下方拉出。这种方法利用宽窄可变的狭缝，可控制玻璃板的厚度，可连续生产各种规格的玻璃板，特别适合薄板生产。而且，通过控制下拉张力，可以消除易引起显示不良的表面波纹等。

但是，采用狭缝容易引起表面划伤。在实际生产中如何保证狭缝质量以及控制下拉张力等，都是需要认真对待的问题。

4. 溢流法(overflow fusion prows)

这种方法最早由美国康宁(Corning)公司开发成功。所谓溢流法是使熔融态玻璃由特制的溢槽两侧溢出，溢出的幕状玻璃在溢槽下方汇合，利用溢流(fusion)的方式制作平板玻璃，见图 8-5。

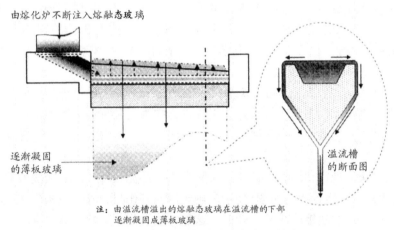

注：由溢流槽溢出的熔融态玻璃在溢流槽的下部
逐渐凝固成薄板玻璃

图 8-5　薄板玻璃溢流法生产线示意图

采用溢流法为获得厚度均匀的玻璃，要通过精心设计和严格调整，保证熔融玻璃在入口的进入量与出口的溢出量相等。而且溢出的熔融玻璃依靠重力在非接触地降落的同时，达到澄清化的目的，得到的玻璃表面光洁而平滑。因此玻璃表面不需要研磨。实际上，对玻璃基板表面的研磨往往造成微量研磨剂的残留，以及表面的微细划伤等，致使 TFT LCD 屏制造工程的成品率降低。因此，从 TFT LCD 屏制作角度，希望采用无研磨的玻璃，从这一点看来，溢流法是有利的。

但从不利的方面讲，溢流的川幅(即槽长，可溢流玻璃板的宽度)一般在 1~2m，不便于制作大尺寸玻璃基板。但随着近年来面向大型玻璃基板的技术革新，制作 2m 以上的玻璃基板已不在话下。

近年来，日本主要玻璃厂商应用上述方法，或联合采用几种方法，大批量生产 LCD 显示器用玻璃基板。如康宁公司采用沉降法，NH Techno Glass 公司采用 NH 法，日本电气硝子公司采用 overflow 法(用于 TFT)及重拉法(用于 TN、STN)，日本板硝子公司采用浮法(用于 TN、STN)等。

另外，采用高温多晶硅(high temperature poly-silicon, HTPS)的 TFT LCD 与采用非晶硅(amorphous- silicon, a-Si)的 TFT LCD 相比，由于前者的制造工艺温度高，一般需要采用石英玻璃基板。制作这种石英玻璃，通常采用图 8-3(e)所示的气相化学反应法，即通过四氯化硅($SiCl_4$)、氧(O_2)、氢(H_2)等之间的气相化学反应，析出二氧化硅(SiO_2)，成型为玻璃锭，再经切割加工成板，制成所需要的尺寸和规格。

8.1.5　冷加工工程

经过薄膜形成工程的玻璃基板被移送到缓冷窑，通过多根移动辊进行长距离移动，逐渐冷却至室温。在缓冷窑的高温部分，玻璃基板需缓慢冷却，因此周围需要一定的气体氛围；而在缓冷窑的低温部分，空气直接接触玻璃基板进行强制冷却，因此不需要特定的气体氛围。最后，冷却至室温的玻璃基板被切割成目标尺寸，经倒角、洗净、检查工序等，包装出厂。下面，先讨论切割、切角及倒角工程。

1. 玻璃面板大小与成品率

切割(切断)工程是指，利用切割机将玻璃母板切割成所要求尺寸的工序。经过玻璃基板制作工程的玻璃母板，在工程进行中由于某种原因可能引起伤痕、缺陷等，也可能产生气泡等内部缺陷。这些缺陷尽管尺寸很小，但对于玻璃面板的成品率却有很大影响。相对于工艺川幅来说，如果要切割的面板尺寸很小，则可以避开这些缺陷进行切割，从而可以获得较多的面板[图 8-6(a)]；而随着显示屏大型化，面板尺寸若接近工艺川幅，切割时则难以避开伤痕、缺陷、气泡等[图 8-6(b)]。结果，大尺寸玻璃面板的成品率较低，这是造成大尺寸面板价格居高不下的原因之一。因此，迫切需要在制造工程中尽量减少玻璃母板的上述缺陷。

2. 切角

为保障良好的作业、安全性等，需要切除玻璃基板的四个角。而且，在阵列基板的制程中，要用到多枚光刻掩模来制作像素及薄膜三极管，必须保证掩模装载方向的一致性。为此，需要确定某一标志，以保证在显示屏制作过程中，玻璃基板的表、底、左、右按确定的方位定向。为便于识别，在玻璃基板的四个角中，有一个较之其他三个切下的更多些，以作为标志，称该切角为"定位面"(orientation flat)。

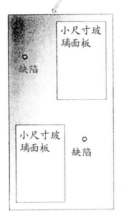

(a) 小尺寸玻璃母板可避开缺陷
进行切割，因此成品率高

(a) 大尺寸玻璃母板难以避开缺陷
进行切割，因此成品率低

图 8-6　玻璃母板的切割方式与成品率的关系

3. 倒角

被切割成所希望大小的玻璃基板，其四个端面都是直角，一方面易划伤人手及设备的其他无件，另一方面易受碰撞形成缺口等，特别是由此产生的颗粒(particles)是阵列基板和彩色滤光片基板后续制程中的大敌，必须极力避免。倒角工序是将直角端面加工成鼓形或曲面形，这样一方面克服搬运时棱角易损的问题，特别是可抑制颗粒的发生。

8.1.6　热处理工程

1. 玻璃基板加热后的再收缩

玻璃基板从高温冷却过程中会继续收缩，如果玻璃在冷却工序中被强制冷却，则玻璃基板会保持收缩途中的状态。这种玻璃基板在阵列工程中再度被加热到高温时，受阵列制程高温作用，玻璃基板在降温时会重新开始收缩过程。受这种重新开始的收缩作用，玻璃基板的体积会发生变化。如果变化过大，对布线及薄膜三极管的各种尺寸都会产生影响，从而影响数组(TFT)的特性。

玻璃基板加热后的再收缩特性如图 8-7 所示(图 11-13)，从熔融到薄板成形过程中，每单位重量的体积变化(比容变化)按 A→B→C 的顺序进行。若将维持体积变化 C 状态的玻璃基板在阵列制程中再度加热并冷却，则体积变化会经 C→D→E→F 的过程进行，最终的体积变化落在 F 状态，即玻璃的体积减小。因此，该体积收缩越小，对阵列(TFT)特性的影响越小。

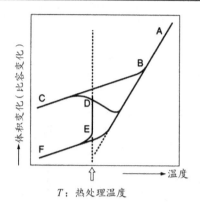

图 8-7　热收缩引起的玻璃基板的体积变化

2. 热处理工程中如何防止热收缩

抑制玻璃基板加热后再收缩的措施有两条：第一条是对玻璃基板进行退火，让其具备预先的热履历(如儿童打预防针)，即增加热处理工程；第二条是采用高软化点玻璃。从价格考虑一般不采用热处理工程，而多数情况是采用高软化点玻璃基板。而对于低温多晶硅(lower temperature polycrystal silicon, LTPS)TFT LCD 所用的玻璃基板，由于对玻璃基板的特性有特殊要求，故一般采用热处理工程。

8.1.7　洗净检查，包装出厂

1. 洗净工程

切割、倒角处理后的玻璃基板，使用洗涤剂进行毛刷洗净，或经高压喷射洗净，最后经水和兆声波(mega-sinic)洗净，干燥后待检查出厂。

2. 检查工程

检查工程通过目视和自动检查装置进行，检查有无伤痕和缺陷等。特别是对于玻璃基板表面附着的颗粒(0.1μm 以上)要用激光进行检查。

3. 包装出厂

玻璃基板要用预先作好沟槽(放置玻璃基板的沟槽)的发泡苯乙烯箱子包装出厂。近年来，随着超大型玻璃基板的出现，采用上述箱子包装出厂困难加大。因此已开始采用在玻璃基板与玻璃基板之间夹以薄胶片，将几块玻璃基板重叠，作为整体强度提高，再一块包装出厂。

作为实例，表 8-5 表示第 3 代玻璃基板(550mm×650mm)的规格标准，以供参考。

表 8-5　第 3 代玻璃基板(母板)的规格标准

规格标准项目[①②]	示意图	规格标准(允许范围)
(a) 基板尺寸	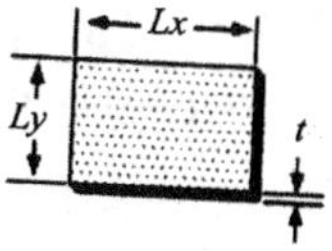	长边 $L_x=650\pm0.4$mm 短边 $L_y=550\pm0.4$mm 厚度 $t=1.1\pm0.1$mm 或 $t=0.7\pm0.07$mm
(b) 直角度	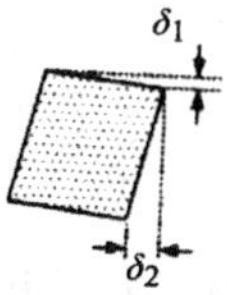	长边 $\delta_1=\pm0.55$mm 短边 $\delta_2=\pm0.65$mm
(c) 翘曲、定向面 (orientation flat)	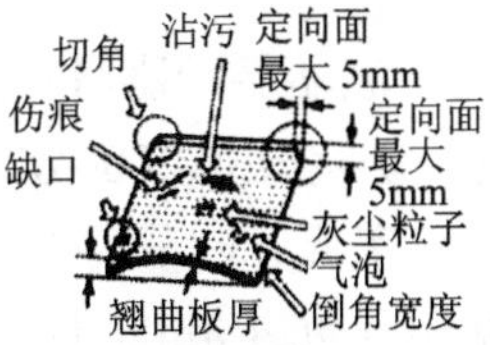	最大翘曲$=0.4$mm 最大定向面$=5$mm$\times5$mm
(d) 有效制程区域 和有效图形区 域	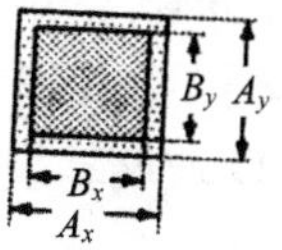	有效制程区域 $A_x=640$mm $A_y=540$mm 有效图形区域 $B_x=630$mm $B_y=530$mm
(e)倒角	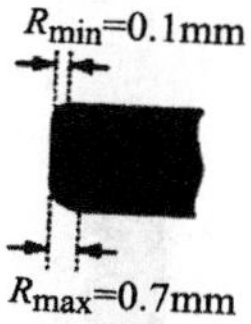	最小倒角 $R_{min}=0.1$mm 最大倒角 $R_{max}=0.7$mm
(f)切角 (corner-cut)	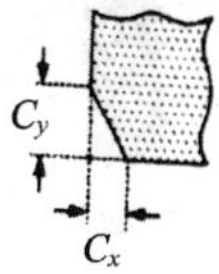	小切角 C_x、$C_y=1.0\pm0.5$mm 大切角 C_x、$C_y=1.5\pm1.0$mm

① 应标记的表面粗糙度

平坦度：由非接触式位移计测量表面形状。测定条件是采用带宽为 0.8~8mm 的带通滤波器，每 20mm 长度上的不平度为 0.1 μm 。

表面粗糙度：0.02μm 。

② 应标记的缺陷

倒角、切角部位允许缺陷的尺寸规格：长为 0.5mm，深为 0.5mm。

8.1.8　全球 LCD 玻璃基板产业化动向

1. LCD 产业对玻璃基板的需求

虽然玻璃基板只占 TFT LCD 原材料成本的 6%~8%，但却是最重要的构件，有很高的技术与质量要求，生产技术十分复杂。TFT LCD 生产线的更新换代必须以玻璃基板生产厂商提供新一代生产线所生产的玻璃基板为前提。

目前，全球可生产大屏幕面板的液晶生产线已达到 12 条，计有夏普 1 条 8 代线，LPL 1 条 7.5 代线，三星 2 条 7 代线，其中一条为三星控股并与索尼合资的 S-LCD 拥有。6 条 6 代线分别为夏普、LPL、友达、广辉、华映以及由东芝、日立、松下合资的 IPS α-Technology 所拥有。奇美 1 条 5.5 代线。另外，中国台湾友达的一条 7.5 代线已开始量产，但还未达到满载，奇美的 1 条 7.5 代线已于 2007 年量产。

受 TFT LCD 产业高速发展的带动,近几年液晶显示器用基板玻璃的需求一直处于快速增长态势。据富士总研和中国台湾工研院 IEK(2006/07)有关全球 LCD 用玻璃基板的资料，2005 年市场规模达 49.75 亿美元，产量为 77.4Mm^2，2006 年市场规模成长 15%，达 56.99 亿美元，产量提升至 96.4Mm^2。据预测，到 2008 年全球液晶面板生产所需玻璃基板为 150Mm^2，而玻璃基板实际生产能力为 130Mm^2，其缺口为 20Mm^2。预计全球 TFT LCD 厂商对玻璃基板的需求量将以每年 30%~50%的速度继续增长。图 8-8 表示全球 LCD 玻璃基板市场规模及发展预测。

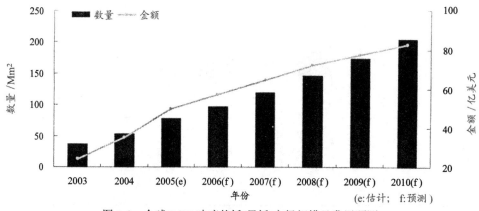

图 8-8　全球 LCD 玻璃基板(母板)市场规模及发展预测

资料来源: 富士总研; 台湾院 IEK(2006/07)

2. 玻璃基板的生产能力

由于液晶显示器用玻璃基板的生产技术高度复杂，目前世界上掌握其核心生产技术并能批量稳定生产的公司只有 5 家，全球 TFT LCD 用玻璃基板市场都为其瓜分。他们是：美国的康宁(Corning)、日本的旭硝子(Asahi Glass)、电气硝子(NEG)、板硝子(NH Technology)、德国的肖特(Schott)公司。以上企业尤其是前四家几乎垄断了全行业的液晶玻璃生产与供应。全球 STN/TN 用玻璃基板，主要由日本板硝子、旭硝子及中央硝子供应，合计市场占有率达八成五以上，其中以日本板硝子供应为主，占 47.8%；而美国康宁公司仍稳居 TFT LCD 用无碱玻璃基板供货商首位，市场占有率超过五成，日本电气硝子、旭硝子、日本板硝子及 Schott 也供应部分 TFT LCD 用玻璃基板；PDP 用玻璃则以旭硝子为最大供货商，市场占有率超过八成，其次为日本电气硝子。

　　表 8-6 列出各供应厂商的产量、市场占有份额及 TFT 玻璃的主要客户。他们大多数也向市场供应 TN、STN 用玻璃，而欧洲皮尔金顿也少量供应 TN、STN 用玻璃。

表 8-6　液晶显示器用玻璃基板的主要生产商

玻璃供货商	2006 年市场份额/%	2006 年生产能力/Mm²	熔炉数量	主要产地	主要客户
Corning	55~60	44.1	55	美国 7 炉、韩国 29 炉、日本 9 炉、中国台湾 10 炉	SEC，LPL，BOE-Hydis，夏普，友达，瀚宇彩晶，奇美，群创，广达
Asahi	15~20	14.5	7	日本 4 炉、中国台湾 3 炉	日立，夏普，奇美，友达，三洋，CPT，广达
NEG	15~20	11.7	15	日本 15 炉	飞利浦，乐金，NEC，友达，爱普生，卡西欧
NHT	5~10	5.2	11	日本 5 炉、中国台湾 3 炉、新加坡 2 炉	SEC，富士通，友达，奇美，广达
Schott	1		2	德国 2 炉	
总计	100	75.5	90		

　　其中，康宁共有 55 座 TFT LCD 用玻璃基板熔炉，生产能力可达 4410 万平方米/年；日本旭硝子共有 7 座 TFT LCD 用玻璃板熔炉，生产能力可达 1450 万平方米/年；日本电气硝子共有 15 座 TFT LCD 用玻璃基板熔炉，生产能力可达 1170 万平方米/年；日本板硝子共有 11 座 TFT LCD 用玻璃基板熔炉，生产能力可达 520 万平方米/年。

　　表 8-7 给出全球 LCD 玻璃基板产能及新熔炉设立情况。康宁公司为增加产能，以便在全球占有率超过 60%，不仅在美国肯塔基州设有生产线，更在日本静冈、韩国 Gumi、Cheonan 及中国台湾地区的台南、台中等五个生产基地设立熔炉，而

TFT LCD 面板第 8 代线用玻璃基板，也已于 2006 年第 3 季配合夏普的 8 代线产能开出而进入量产；旭硝子于日本京滨、关西及中国台湾地区的云林三地设立熔炉；日本电气硝子则于滋贺高月新建四座熔炉，并与 LG Philips 于韩国合资成立坡州电气硝子，进行玻璃基板后段切割；NH Technology 在日本四日、新加坡及中国台湾地区设有熔炉。

表 8-7　全球 LCD 玻璃基板产能及新熔炉设立情况

公司	地点			2005 年下半新设熔炉状况	2005 年底产能/Mm^2
	国家及地区	位置	座		
康宁	日本 美国 韩国 中国台湾地区	静冈 肯塔基州 Gumi, Cheonan 台南，台中	8 7 23 7	日本新建 1 座 韩国新建 3 座 中国台湾地区新建 3 座	45.6
旭硝子	日本	京滨工厂	3	高砂新建 1 座	22
	日本 日本 中国台湾地区	关西工厂 关西工厂 云林	1 1 2		
日本电气硝子	日本 日本	滋贺高月 能登川	4 10	滋贺高月新建 4 座	16.8
NHT	日本 新加坡 中国台湾地区	四日市 台南	5 2 2		6
日本板硝子	日本 日本	千叶 舞鹤	1 1		
中央硝子	日本	堺工厂	1		
碧悠	中国台湾地区	竹东	1		0.4
首德	德国		2	德国新建 1 座	2

资料来源：富士总研；台湾工研院 IEK(2006/07)。

此外，日本板硝子及中央硝子也于日本设立熔炉。Schott 的熔炉则设在德国，但在韩国亦设有玻璃切割线，而 Schott Kuramoto 也于 Schott 投资下，提供第 5 代和第 5 代以上的大型玻璃基板的加工技术，2007 年底已正式投产。

中国台湾地区玻璃基板厂商碧悠，经过数年努力，终使位于竹东的生产线投产，样品正送面板厂验证。

3. 中国大陆的产业化进展

2007 年，中国大陆液晶电视销量占其平板电视总量的 91.6%。40 英寸以上，全高清(full HD)，绿色概念产品正逐步占领市场。仅 2007 年前 8 个月，液晶电视产量就达 939 万台，比 2006 年同期增长 77%。这意味着大陆液晶显示器产业开始腾飞(详见 4.6.4.2 和 4.6.4.5 节)。

从 20 世纪 90 年代开始，中国大陆相继建成多条 TFT LCD 液晶显示面板生产线。目前，京东方、上广电-NEC、龙腾光电的 5 代液晶面板生产线建成投产，上海天马的 4.5 代生产线、聚龙光电的 6 代生产线也在筹建中。但迄今为止，大陆还没有一条与之配套的玻璃基板生产企业。尽管中国是世界最大的平板玻璃生产大国，但 LCD 用超薄电子玻璃目前还主要依赖进口。

2005 年到 2007 年，河南安彩、彩虹、洛玻等大型专业公司和 TFT 企业上广电、京东方等先后进入玻璃基板产业，详情见表 8-8，最新进展见 4.6.4.5 节。

表 8-8　中国大陆 LCD 用玻璃基板产业化现状

企业	合作单位或依托	目标	投资规模	进展
安彩高科	郑州建设投资总公司(郑州市政府投资主体)	年产第 5 代 TFT 用玻璃基板 300 万平方米	22 亿	2005 年底合资成立安彩液晶显示器有限公司。项目处于论证、申报阶段
彩虹集团	与长虹集团合作，双虹联合	分两期完成 5 代及 5 代以上的 TFT 玻璃基板生产线。第一期投资 7 亿元，建设期 12 个月，年产 75 万~90 万平方米，满足国内 1%的市场需求，销售收入 3.39 亿元，利润 1.2 亿元	13 亿	2007 年 1 月 16 日在咸阳举行奠基仪式，有望建成国内第一条液晶玻璃基板生产线
洛玻集团		已建成 CSTN 用薄板玻璃生产线。但对于 TFT 用玻璃基板，目前没有实质性的动作	2.6 亿	2006 年 5 月生产出 0.55mm 厚的 CSTN 玻璃基板
京东方	与美国康宁合作	第 5 代 TFT 用玻璃基板，单条生产线月产 1200 万平方英尺(属于后段加工，不建立玻璃熔炉生产线)		2006 年 11 日 3 日奠基动工，2008 年上半年建成投产
上广电	与日本电气硝子合作	产能达月产 14 万片 TFT LCD 用玻璃基板(属于后段加工，不建立玻璃熔炉生产线)		2006 年 11 月 28 日开工打桩，预计 2007 年底完工

8.2　偏光片及位相差膜片

液晶是细长的棒状分子，具有仅使沿某一方向振动的光(偏振光)透过的性质。

利用这种偏振光，液晶可作为光开关(光闸)，因此对于液晶显示器来说，"偏振光"是极为重要的概念。

薄膜三极管有源矩阵型液晶显示器(thin film transistor liquid crystal display, TFT LCD)问世之前，多采用超扭曲向列单纯矩阵型液晶显示器(super twisted nematic liquid crystal display, STN LCD)。由于这种 STN LCD 利用的是旋光性和双折射性，因此显示的颜色略显蓝色或黄色。为进行色补偿，需要采用位相差膜。而且，对于有源矩阵型液晶显示器(TFT LCD)来说，倾斜方向观视时，对比度差，且颜色会发生变化。为对此进行补偿，一般采用 IPS[①]及 MVA[①]等扩大视角的技术，在这些广视角技术中也要用到视角增大膜，将这种膜贴附于偏光片上进行视角增大的补偿。另外，显示屏画面会反射外光，如反射室内日光灯的灯光等。作为防止这种现象发生的对策，还要贴附低反射膜及具有防眩功能的表面处理膜等。

本节介绍液晶显示器中为进行光的 ON/OFF 所必需的部件及材料，主要涉及偏光板的构造、材料、制造工艺，以及与偏光片同时使用的补偿用光学膜(位相差膜、视角增大膜、低反射膜等)，见图 8-9。

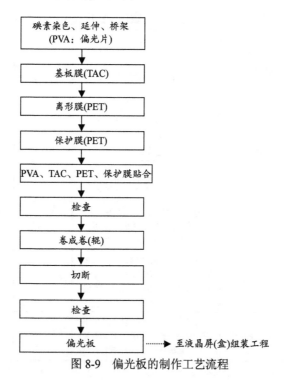

图 8-9 偏光板的制作工艺流程

---

① IPS(in plane switching)指面内切换或横向电场驱动模式；MVA(multi-domain vertical alignment)指多畴垂直取向模式。

8.2.1　偏振光与偏光片的构造

光是电磁波的一种，具有波动性。作为波动的一例，先直观地讨论跳绳游戏中绳子的运动。如图 8-10 所示，当两人松缓地各持绳子的一端，其中一人用手摇动绳子时，则有波向前传播。依手摇动的方向不同，跳绳既可以沿上下，又可以沿左右方向振动。太阳光及由液晶显示器背光源发出的光，并不是仅沿特定方向振动的光，而是沿所有方向振动的自然光。沿所有方向振动的光，可以分解为沿垂直方向和水平方向这两个特定方向的振动成分。液晶显示器正是利用这种沿特定方向振动的光进行显示的。称这种沿特定方向振动的光为直线偏振光。

图 8-10　用帘子模型说明偏光片的功能

若在仅沿垂直方向振动的光波传播途中，放置一个纵向的帘子，如图 8-10 所示，则沿垂直方向振动的光能透过，而沿水平方向振动的光不能透过，反之亦然。如果将图 8-10 所示人手的振动作用比做"起偏片"，则帘子的作用相当于"检偏片"，在液晶显示器中，起偏片和检偏片共同起作用，二者统称为"偏光片"。

既然光是电磁波，那么电子发生偏移的分子置于光路中会起什么作用呢？实际上，构成偏光片的分子，其电子密度在纵向和横向的差异很大，而且分子在偏光片中按特定方向择优排列。具体说来，在被称为聚乙烯醇(polyvinyl alcohol, PVA)的高分子膜中添加"碘化物①"，对这种 PVA 膜片进行拉伸，可以获得如图 8-11 所示，碘分子平行排列的膜片。与这种膜片中碘分子长轴方向平行振动的光(即图 8-10 中所指横向振动的光)被碘分子吸收，而与碘分子长轴方向垂直振动的光透过碘分子。这种膜片正是液晶显示器中所用的偏光片。

① 碘(iodine,I)化物被称为二色性染料(色素)，此外还有二色性有机染料(色素)等。在偏光片中采用的是碘分子。

图 8-12 给出偏光板的断面构造。为了提高这种偏光片的可靠性，PVA 膜片被夹在两片三乙酰纤维素(triacetylcellulose, TAC)基板膜之间，为保护该膜层，还要在其下面贴附含有黏结剂的聚对苯二甲酸乙二醇(polyethyleneterephthalate, PET)离形膜。而且，为了保护偏光片免被外部损伤，在 PVA 膜的上面，还要贴附保护膜。

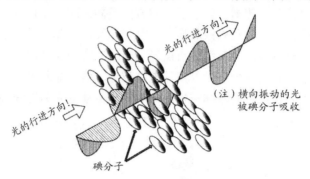

图 8-11 有碘分子平行排列其中的偏光片

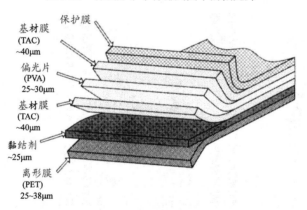

图 8-12 偏光板的断面构造

除了透射型偏光片(图 8-13(a))之外，还有图 8-13(b)所示的反射、半透射型偏光片，其结构特征是下方设置有全反射或半反射、半透射板，主要用于反射型(如LCOS)或半反射、半透射型液晶显示器(图 4-10、图 6-1)。

偏光片的作用是，在 360°所有方向振动的光中，仅使沿一定方向振动的光透过，而将沿其余方向振动的光遮断(吸收)。称使光透过的方向(轴)为透射轴，而与此垂直的方向(轴)为吸收轴。单块偏光片透射率的理论极限值为 50%。

定义两块偏光片的透射轴沿同一方向重叠时的透射率为平行透射率 T_1，使透射轴互相垂直时的透射率为垂直透射率 T_2，则偏光度 P 可由下式算出：

$$P = \sqrt{\frac{T_1 - T_2}{T_1 + T_2}} \times 100\% \tag{8-1}$$

参照图 8-14 可以看出,透射轴相互垂直的两块偏光片系统的理想偏光度为 100%。

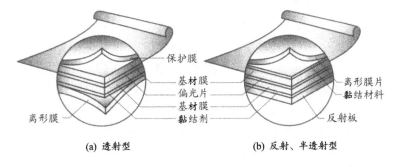

(a) 透射型　　　　　　　　　(b) 反射、半透射型

图 8-13　透射型和反射、半透射型偏光片的构造

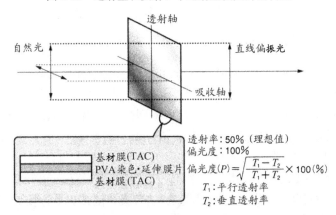

图 8-14　偏光片的功能和构成

尽管也有不使用偏光片的宾-主(GH)型、高分子分散(PDLC)型、手性向列型等液晶显示模式,从而提出"偏光片是否绝对必要"的议论,但目前看来,无论是今天还是将来,偏光片仍然是不可或缺的关键材料。但更为重要的是,需要由表面处理、与附加功能膜片一体化等,使其性能进一步提高(详见 8.2.4 节)。

8.2.2　基材膜片

要想制成具有图 8-12 所示构造的偏光板,需要将为发挥偏光作用而添加碘的偏光膜(PVA)置于中心,再从里至外依次贴附提高可靠性的基材膜(TAC)以及保护用的离形膜(PET)等。图 8-15 给出偏光板的制作工艺流程。下面简要介绍偏光板的制作方法。

8.2.2.1　偏光膜(PVA)

偏光膜片采用的是添加碘且单轴延伸的聚乙烯醇(polyvinylalcohol, PVA)膜片[①]，在与延伸方向相同的方向上，PVA 中所含的碘分子(偏光子)被吸附取向，如图 8-16 所示，实现单方向均匀取向，从而具备偏光功能。上述碘(二色性染料)呈细长的分子形状，具有作为偏光子的特性：沿分子长轴方向振动的光被其吸收，而沿垂直于长轴方向振动的光得以透过。换句话说，将 PVA 膜片进行机械的单方向延伸，则 PVA 中曲折的碳链被拉直，并趋于单方向排列。其中若添加碘，则碘分子被吸附于 PVA 分子之间。碘分子与 PVA 分子形成络合物，几个碘分子相连形成聚碘，并单方向排列，见图 8-16。由于这种聚碘的形成，碘系偏光膜片具备非常好的偏光特性，对光学性能要求高的 TFT LCD 中多采用这种偏光膜片。

8.2.2.2　基材膜(TAC)及其制造

对设置于偏光片两侧，以提高其可靠性为目的基材膜(三乙酰纤维素(triacetylcellulose, TAC))来说，要求采用不容易发生双折射、穿透性好、能有效从偏光膜吸除水分、黏结性等优良的材料。特别是，采用碱(alkali)等对表面进行皂化(碱化)处理的情况，同其他材料相比，要求具有容易被 PVA 系黏结剂黏结的特性，因此多采用醋酸(乙酰)系树脂。

近年来，随着 LCD 屏整体超薄化、轻量化的进展，要求包括偏光片在内的光学膜片进一步薄膜化。首先介绍基材膜(TAC)薄膜化的情况。随着 TAC 的薄膜化，膜片的平面性有劣化的趋势，由此可能引发起因于偏光片的"浓淡斑驳"显示缺陷。而且，为防止偏光片中碘及染料的劣化，偏光片应具备吸收紫外线的功能。因此，即使薄膜化，偏光片也需要维持应具备的紫外线吸收功能。另外，为保证 TAC 膜片具有较小的双折射性，还应防止偏光板的机械强度过低、尺寸稳定性变差等。

下面再介绍基材膜(TAC)的制造。首先，将基材膜(TAC)的原料用合适的溶剂溶解为聚合物的浓溶液(dope)，再由定量泵输送，经过滤器，送到被称为"流延机"的涂布装置。聚合物浓溶液经过位于流延机上方的模具下部所开的狭长开口，流延在不锈钢载带上，并在旋转过程中被干燥，见图 8-17。待流延在载带上的 TAC 膜的原液逐渐干燥到所定的含水量，则从载带上剥离，再过热处理机[②]、调湿机以及检查等，由卷绕机卷成卷获得制成品。其中，所用的载带环绕于一对滚轴之外，无接口且转速可调。为使流延的膜片表面平坦光滑、无缺陷，载带(一般由不锈钢制作)要加工成镜面。在实际的装置中，要向载带的外周面、内周面吹热风，以促

---

① PVA 原料膜片的制片方法与 8.2.2.2 节所述基材膜片(TAC)的制作方法基本相同，采用的是溶解流延法。

② 热处理机：向膜片吹热风，使膜片的结晶度等发生变化的装置。

使 TAC 的原液干燥。这种制作方法称为"溶解流延法(浇注法)"。也有的装置是用转筒代替旋转载带，并称其为"转筒式流延机"。

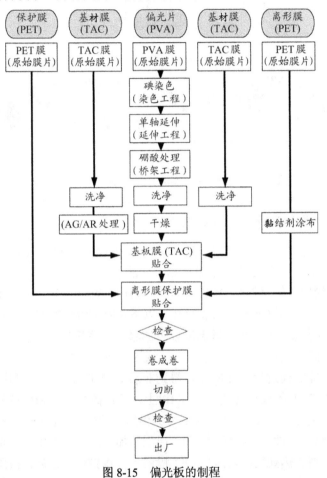

图 8-15 偏光板的制程

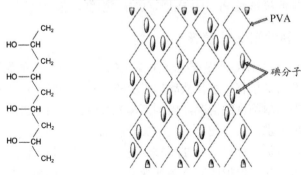

(a) PVA 高分子   (b) 延伸后的 PVA 膜片

图 8-16 PVA 高分子与延伸后的 PVA 膜片

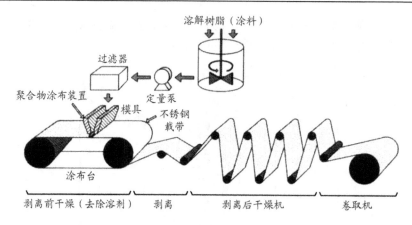

图 8-17　基板膜(TAC)制造装置(溶解流延法/浇注法)

8.2.2.3　离形膜(PET)的制造

下面介绍对偏光片具有保护和支持功能的 PET[①](polyethyleneterephthalate，聚对苯二甲酸乙二醇)二轴延伸离形膜的制造方法。

图 8-18 给出二轴延伸法 PET 离形膜的制作工艺。首先，为防止加水分解，将干燥的 PET 原料片(chip)投入装料斗，以不吸附空气中的水分的状态供给压出机，在 PET 的熔点以上，热分解温度以下的温度，使其完全熔融。而后，将熔融体由高精度过滤器过滤，由齿轮泵定量，通过“流延机”以一定宽度流延之后，将其封闭于冷却圆筒进行急冷固化，得到非晶形的 PET 片。再利用加热辊将该 PET 片加热到 PET 的玻璃转变温度(T_g)以上，藉由改变入口和出口的滚轴传送速度，使纵向产生 3~6 倍的延伸。接着将其供给展幅(宽)机(tenter)，在玻璃转变温度(T_g)以上的温度条件下，在幅(宽度)方向上施加拉应力，产生 3~4 倍的延伸。进一步还要进行高温热处理，以提高 PET 膜的尺寸稳定性。最后，按用户要求将如此得到的二轴延伸离形膜(PET)裁成规定的幅(宽)度，包装出厂。

8.2.2.4　黏结剂及保护膜

为保证被基材膜(TAC)所夹的偏光片靠LCD屏一侧与屏的黏结，需要采用黏结剂。对黏结剂的要求有：容易从离形膜(PET)剥离；同LCD屏玻璃面的黏结良好；而且，偶遇贴附不良的情况，当剥离偏光片时，不对LCD屏造成任何损伤。为满足这种剥离要求，需要在黏结剂中加硅胶(silicon-coating)。

另一方面，为防止相对于LCD屏来说相反一侧基材膜(TAC)受外部损伤，还需要外加保护膜。这种保护膜应具备外观良好，具有防静电效果，而且无光学缺

---

① PET(polyethyleneterephthalate)：聚对苯二甲酸乙二醇，是一种透明且廉价的非晶形聚合物(膜)。

陷等特性，目前多使用 PET 膜。

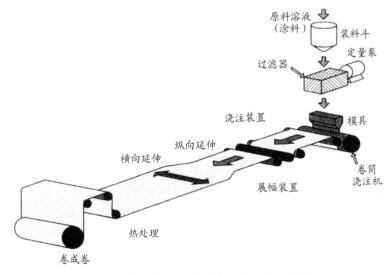

图 8-18　离形膜(PET)的制作工艺(二轴延伸法)

8.2.2.5　其他膜层

在将偏光片贴附于 LCD 屏表面的同时，还要满足下述附加功能：① 防止偏光片表面被划伤的功能；② 防止外光映入的功能；③ 防止偏光片表面被沾污的功能等。下面针对如何获得这些功能做简要介绍。

1. 基材膜(TAC)的硬化层(hard coat)处理

为防止偏光片表面的划伤，一般要在基材膜(TAC)表面形成硬度高、滑动性优良的硬化膜[1]。也有的是在这些硬化膜中加入二氧化硅、三氧化二铝，以及二氧化钛等透明微细颗粒等。采用这些措施处理的表面，都达到良好的防划伤效果。

2. 防止外光映入的功能处理

作为防止 LCD 屏外光映入[2]的对策，要进行防眩处理(anti glare, AG)和低反射处理(anti reflection, AR)。

前者所谓防眩处理，是在偏光片的基材膜(TAC)的表面，形成微细的凹凸，利用光的散射效果防止外光的映入。这种凹凸的形成，有采用喷砂(sand blast)的方式及凹凸印(embossing)的方式等形成粗化面(mat)的方法，以及加入微细添加物的填料(filler)方式。现在采用填料的方式较多。图 8-19 给出在偏光片的基材膜(TAC)

---

① 硬化膜：例如，硅系等紫外线硬(固)化型树脂。

② 外光映入：当光射入折射率不同的物质界面，在该界面发生光的反射和折射。也就是说，通过空气中的光，达到玻璃等的表面时产生反射，从而成为外光映入的原因。

表面，涂布含有球径 3μm 左右微细颗粒的树脂，进行防眩处理的实例。这种防眩处理层(AG 层)还可以兼做硬化层，一举两得的硬化防眩(hard coat anti glare)膜具有廉价的优势。但是，由于这种膜对光产生散射作用，在抑制外光映入的同时，对显示屏发出的光也产生散射效果，从而招致对比度和图像分辨率降低。因此，作为不引起画质下降的防眩方法，目前已开始，并越来越多地采用光干涉型防反射方式。

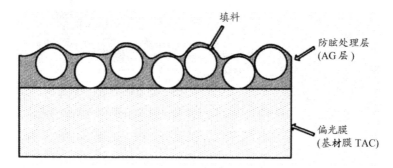

图 8-19　加入填料的防眩处理(AG 层)

后者所谓防反射(AR)处理，是在为提高基材膜(TAC)及离形膜(PET)的强度而形成的硬化树脂层(hard coat)之上，由于溅镀或真空蒸镀等方法，沉积折射率不同的材料(如 SiO_2、TiO_2 等)，形成复合镀层，利用这种复合膜的干涉效果，降低由表面入射光的反射。但是，由溅镀等形成的复合膜制作成本高，因此大型 LCD 屏不宜采用，目前正在开发利用湿式方法在硬化层(hard coat)上形成复合膜的方法。这种湿式方法以硬化性氟树脂膜(折射率在 1.34~1.42 范围内)作为低反射层(AR)层，可以做到高生产效率和高功能化兼得，见图 8-20。

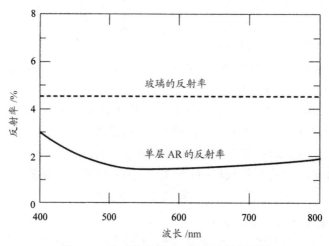

图 8-20　玻璃和单层 AR 膜的反射率特性

8.2.3　偏光板制造工程

如前节所述，偏光板是由产生(或检出)偏振光的偏光片(PVA)、为提高其可靠性及起支持作用的基材膜(TAC)、起保护作用的离形膜(PET)以及起防止外部损伤作用的保护膜等组成。因此，偏光板是由各种膜片贴合而制成的。下面，以偏光片(PVA)为中心，简单介绍偏光板的制作方法。

8.2.3.1　偏光片(偏光膜)的制造工程——染色[①]、延伸、桥架工程[②]

偏光片的制作工程是，利用具有二色性的碘或二色性染料，将如前节所述制造的 PVA 原始膜染色(染色工程)，再进行单轴延伸(延伸工程)，进一步利用硼酸及硼砂等进行桥架处理(桥架工程)，最后经洗净、干燥制成偏光片(偏光膜)。接着贴附 TAC、PET 等膜片，经检查后卷成卷，再经切断、最终检查而制成偏光板(图8-15)。即使在制作偏光片的染色、延伸、桥架工程中，由于延伸工程的取向轴分散(ばらつき)精度因制作条件而不能保证，也会对偏光片的性能(透射率及偏振光度)产生影响。

图 8-21 表示偏光板的制作工艺流程。由提供 PVA 原片的供给装置以卷状供

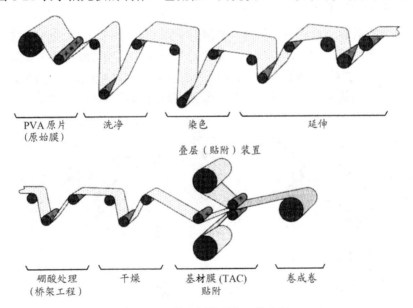

图 8-21　偏光板的制作工艺流程

---

① 染色、延伸、桥架：这种染色、延伸、桥架的各个工程一般不必要个别进行，同时进行亦可；而且，各工程的顺序也有一定程度的自由度。

② 桥架：利用硼化物进行固定化处理。

应原料膜片，该膜片在处理装置中经过处理槽，进行洗净、染色等处理，利用延伸装置进行单轴延伸，而后进行热处理，利用叠层(贴附)装置在延伸膜的两面贴附 TAC 等保护膜片，将得到的偏光片进行干燥，最后利用卷绕装置将偏光板卷成卷。如此所述，偏光板连续制造设备由原料膜片供应装置、处理装置、延伸装置、干燥装置、叠层(贴附)装置、卷绕装置等构成，是一个庞大的生产设备系统。

8.2.3.2　切断

由偏光板制造设备生产出来的偏光板，最终是以卷状提供的，使用时需按 LCD 屏的大小切断为合适的尺寸。这种切断过程是首先切成大片，而后再按屏的形状用模具冲剪成一个一个的偏光板(片)。为将偏光片贴附于 LCD 屏上，先要剥离偏光板(片)的离形膜，利用离形后残留的黏结剂将偏光片贴附于阵列基板和彩色滤光片基板的外表面上，并使二者的偏光轴呈相互正交(cross Nicol，正交尼科耳)布置。为此，在以卷状偏光板切断(cut)为偏光板(片)时，偏光板(片)的偏光轴应与卷状偏光板的轴向呈 45°角的关系。这样做的结果，势必造成大片两端部的切断损失，见图 8-22。对于大型 LCD 屏来说，这种损失更大。

8.2.3.3　检查与评价

对偏光板的检查项目包括色泽、厚度、屏尺寸、角度、黏结剂的特性，以及外观等。对偏光板的这些检查，以自动化检查为主，但最终而且最重要的检查是人的目视检查。在此，分析一下与偏光片的透射率相光的偏光度。如图 8-23 所示，当两块偏光片的偏振光轴相互正交布置而使用时，穿透率的理论最大值为 50%(而

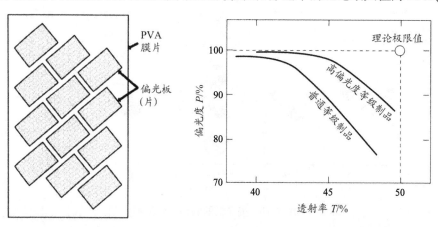

图 8-22　偏光板(片)的切断　　　　图 8-23　偏光片的透射率及偏光度

偏光度的理论最大值为 100%)①。目前碘系偏光片的性能已接近其理论极限，但与提高画质、显示屏大型化、降低价格等要求相伴，包括染料系在内的许多应该进一步改良的课题仍有很多。与 LCD 屏的性能提高密切相关，今后人们对碘系偏光片的开发寄予厚望。

另外，在偏光片中有碘系和染料系两大类，与碘系偏光片相比，染料系偏光片的偏差性能较差但耐光性非常高。适合于对耐光性要求高的汽车用 LCD 屏。

8.2.4　位相差膜，视角扩大膜

位相差膜、视角扩大膜是共同为进一步提高液晶显示器画面质量的光学补偿膜。下面针对这些补偿膜做简要介绍。

8.2.4.1　位相差膜

单纯矩阵型 LCD(STN LCD)是利用液晶的双折射效应②，从而造成出射光的椭圆偏振光状态依波长而变化，因此在不加电压时，画面呈黄色或蓝色。为将其变为白色，利用相反位相差的屏与前者相重叠，从而使由光的位相差产生的椭圆偏振光变换为直线偏振光，而不再着色，即用向列液晶逆螺旋状的扭曲层与原来顺螺旋状的扭曲层相重叠进行补偿，称这种液晶显示器为双超扭曲向列(double-super twisted nematic, D-STN)。这种方法是使两块 LCD 屏相贴合进行色补偿，既重又厚，而且价高。

比较好的解决方法，是利用位相差膜进行色补偿，即采用 FSTN(film super twisted nematic)LCD。如图 8-24 所示，FSTN LCD 是在显示屏表面贴附位相差膜，利用位相差膜的折射率椭球与屏的折射率椭球相正交进行位相补偿。这种位相差膜使用聚碳酸酯(polycarbonate, PC)的单轴延伸膜。它的制作方法与聚对苯二甲酸乙二醇(polyethyleneterephthalate, PET)膜的相同，即使聚碳酸酯原料膜片单轴延伸③，制成具有适度折射率椭球的膜片。

最近正在开发用于反射型 LCD 的与通常的材料物性相反的位相差膜，这种位相差膜的特点是，波长越短，双折射率(Δn)越小。而且，由于 STN LCD 与聚碳酸酯位相差膜的温度特性不一致，对使用温度的补偿效果很小。作为对策，也正在开发温度补偿型位相差膜。

---

① 高偏光度等级产品：PVA 膜片中的碘、PVA 结合物的构造，生成过程对碘系偏光片的高性能化十分重要。通过对这些进行解析，导入新的加工技术，已开发出高偏光度等级的碘系偏光片产品。

② 双折射率效果：光线在透过某种物质时，依光的振动面方向不同，折射率不同，由此引发的现象被称为"双折射率效应"(参照 2.4.4 节)。

③ 聚碳酸酯(polycarbonate, PC)膜的延伸：尽管不需要像聚乙烯醇(polyvinylalcohol, PVA)等那样高的延伸率，但要求以位相差计的精度在 2% 以下的延伸技术。

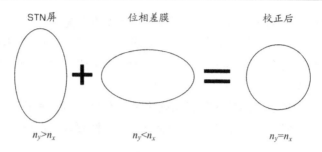

注：定义 y 轴的折射率为 n_y，x 轴的折射率为 n_x

图 8-24　利用位相差膜对 STN LCD 进行色校正的原理

8.2.4.2　视角扩大膜

有源矩阵型 LCD(TFT LCD)使用的是具有双折射效应的扭曲向列(twisted nematic, TN)液晶，因此，高对比度的范围窄，若以一定的倾斜角观看，会发生所谓"调灰显示的色反转(调灰反转)"、"泛白"、"脱黑"等现象。为减轻这些现象，扩大视角，需要采用位相差膜。

通常，TFT LCD 采用常白(normal white)模式。也就是说，外加电压时显示黑，此时液晶分子的排列指向电场方向，折射率椭球也指向电场方向。但是，由于液晶分子是椭球，依观视方向不同，折射率会产生各向异性，从而产生视觉效果的差异。

为对此进行补偿，与位相差膜的考虑方法基本相同，采用的对策是：对正的单轴性液晶分子，贴附负的单轴性膜片，从整体上看，达到各向同性效果，从而不再产生双折射性。在这种情况下，外加电压时，TN 液晶分子并非全部向着电场方向，在玻璃基板近旁，由于受取向膜制约，液晶分子平行于基板方向排列。为对基板近旁的液晶分子进行补偿，位相差膜也应该混合取向，见图 8-25。

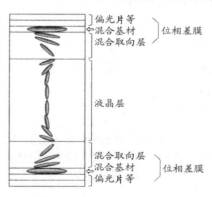

图 8-25　混合取向的位相差膜

为实现上述要求，可以采用使圆盘状化合物混合取向的位相差膜，具有负的倾斜成分的宽视角(wide view, WV)膜以及使棒状化合物倾斜取向的位相差膜(视角改良膜/NH 膜)等。

下面，以宽视角膜为例，对其制造工艺进行介绍。首先，以基材膜(TAC)作支持体，在支持体上设置取向膜进行摩擦处理，再在其上涂布三亚苯(triphenylene)系圆盘状(discotic)化合物①。该化合物层被赋予混合取向，经加热、紫外线照射，实施桥架处理，使结构固定。而且，基材膜(TAC)支持体的高分子链也为膜层面内取向，作为光学补偿膜的一部分而被使用。

以上所述是在偏光片中采用基材膜的情况，但目前也在开发基材膜与宽视角膜共用的技术。也就是说，使两块基材膜变为一块，由于是作为光学补偿的一部分而使用，因此要求基材膜的双折射性要高，而且与偏光膜(PVA 膜)的粘结工程中，也要赋予适当的宽视角特性。

8.2.4.3　液晶显示器中采用的各种光学膜层

随着大尺寸液晶电视的普及，人们对视角、响应速度、对比度等显示性能的要求越来越高。为适应这种要求，在原来 TN 显示模式的基础上又出现了 IPS、VA、OCB 等多种显示模式。这些显示模式都要与光学补偿板(位相差板)相组合，以获得更大的视角。光学补偿板(位相差板)是通过延伸控制其双折射性，以便同液晶屏(盒)中取向状态所产生的光学各向异性相抵消。对光学补偿板除了可进行单轴取向延伸外，还可进行双轴(面内、厚度方向)取向延伸。

图 8-26 表示对光学补偿板进行折射率控制的范围和效果。对于大型监视器及电视中正广泛采用的 VA 模式来说，通常的单轴取向膜不能奏效，需要采用具有二轴性的光学补偿板，另外在 IPS 模式中也开始使用这种光学补偿板。今后，随着更大尺寸液晶电视的出现，为低价获得大面积且位相差均匀的光学补偿板，目前正对涂布(coating)方式进行开发。

另一方面，对于中小型便携设备中广泛使用的半透射、半反射型 LCD 来说，采用的是圆偏振光模式。这是因为，对于反射式显示来说，要求采用一块偏光片。为了在可见光全波长范围内发挥圆偏振光的作用，补偿板应在全波长范围的具备 1/4 λ板(1/4 波长板)的功能。为了具备上述位相差值的波长分散特性，需要 1 块或 2 块补偿板相组合，而从薄形化、广视角、低价格等方面考虑，目前各种不同类型的补偿板都在使用。

---

① 圆盘状化合物(discotic)：通常的液晶分子是棒状的，而 discotic 化合物是圆盘状的。

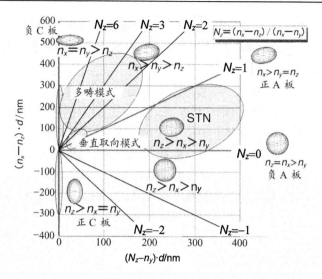

图 8-26　对光学补偿板进行折射率控制的范围和效果

现在,由各种延伸技术制作的补偿板为主流,但从薄形化及低价格角度考虑,今后涂布方式的光学补偿板会逐渐实现量产化。

图 8-27 表示各种 LCD 中采用的光学补偿板(位相差膜片)等。

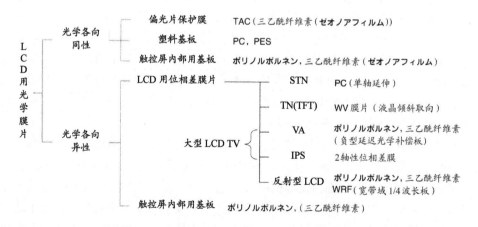

图 8-27　各种 LCD 中采用的光学补偿板(位相差膜片)等

8.3　背　光　源

8.3.1　背光源在液晶显示器中的应用

液晶显示器不同于自发光型的 CRT、PDP 等，由于液晶本身并不发光，为进行显示，外部光源不可或缺。作为外部光源，通常可以采用下述三种：

(1) 冷阴极管(荧光)灯(cold cathode fluorescent lamp, CCFL)；

(2) 发光二极管(light emitting diode, LED)；

(3) 电致发光板(electroluminescence, EL)，无机 EL 和有机 EL(OLED)。

从适应大尺寸显示屏、亮度和价格等方面考虑，目前采用最多是(1)，但从便携性和发光效率考虑，采用(2)和(3)的情况正逐渐增加(表 8-9)。

位于显示屏背面的光源称为背光源。按光源(荧光灯、LED、EL 等)与导光板间的位置关系，背光源有下置式和侧置式(侧光式)之分，此外还有不设导光板的面状光源等。图 8-28 表示背光源在液晶显示器中的应用及分类。

表 8-9　各种背光源技术比较

光源[①]	CCFL	EEFL	LED	OLED	FFL
相对价格 (2006 年初)	1×	1×	2.5×~3×	?	?
相对价格 (2H'06-1H'07)	1×	0.9×	1.8×~2×	?	?
起始电压	1kV~1.2kV	1.5kV~2.5kV	<10V	<10V	<10V
色再现范围 (NTSC)	70%~72%	70%~72%	100%	100%	100%
寿命/h	50k~60k	>60k	50k	12k~156k	100k
放电气体	Ar, Ne	Ar, Ne	–	–	–
节能省电	很差	好	很好	好	不太好
驱动器设计/成本	简便/低	更低	简便/低	简便/低	很简便/很低
灯管个数(针对 32 英寸屏)	16	20			
汞含量	4mg	<4mg			
颜色均匀度	好	好	不太好	好	
发光效率 /lm/W	60~80	60~80	20~30	20	20
供应状态	充足	有限	受限制	?	?
待解决问题	汞污染问题，色彩饱和度不高问题	供应 40 英寸及更大尺寸屏幕	成本，散热控制，设计	寿命，产能，设计	产能，耗能，成本

来源：Display Search 报告

①CCEL(cold cathode fluorescent lamp)：冷阴极荧光灯管；EEFL(external electrode fluorescent lamp)：外部电极荧光灯管；LED(light emitting diode)：发光二极管；OLED(organic light emitting diode)：有机发光二极管，又称有机 EL；FFL(flat fluorescent lamp)：平面荧光灯。

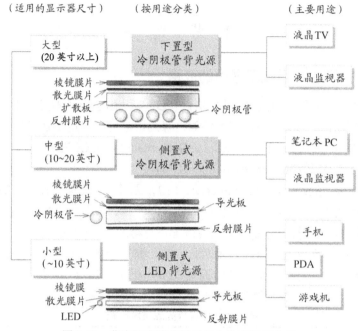

图 8-28　背光源在液晶显示器中的应用及分类

下置式冷阴极管背光源(图 8-29)的优点是，光利用率高，容易实现大面积，通过调节灯管数量和功率等便于控制光源的亮度，缺点是由于受灯管亮度和色温度的直接影响，观看时会感觉到亮度不均匀，而且厚度尺寸大。近年来，以液晶电视为中心，在 20 英寸以上的大尺寸液晶显示器中，这种下置式冷阴极体背光源的应用迅速扩大。

在笔记本电脑、台式计算机监视器等中型显示器(10~20 英寸)领域，为适应薄型化、轻量化的要求，采用图 8-30 所示侧光式冷阴极管背光源正逐渐成为主流。

而为满足便携设备(如手机、数码相机、PDA、游戏机等)小型化(10 英寸以下)、高亮度、低功耗的要求，采用侧光式 LED 背光源的越来越多。

下面，主要针对 LCD 用背光源的关键材料、无件以及制作工程(图 8-31)，做简要介绍。

8.3.2　背光源的种类及构造

自液晶显示器问世以来，背光源在亮度、重量、厚度、节能等性能方面都进行过诸多改良，图 8-32 表示背光源(back light, BL)的技术开发进展。由于这些改良，背光源的种类越来越多，但主要有图 8-33 所示的三大类：

(1) 下置型背光源。如图 8-33(a)所示，在 LCD 屏的正下方，设置光源(多根日光灯管)和反射膜及光幕(lighting curtain)，作为面光源而使用；

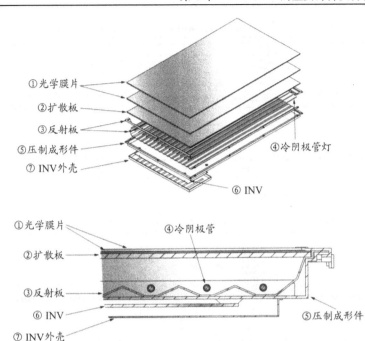

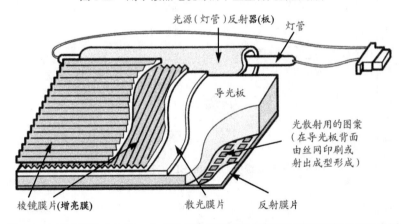

图 8-29　用于液晶电视等的下置型背光源的结构

图 8-30　用于笔记本电脑、台式计算机监视器的侧置型(侧光型)背光源示意图

(2) 侧置型背光源(edgelight)。如图 8-33(b)所示，将线光源的荧光灯管置于丙烯酸树脂做成的导光板的侧面，由线光源变换为平面光源；

(3) 平面光源型背光源。如图 8-33(c)所示，光源自身为平面而被利用的平面光源型背光源。

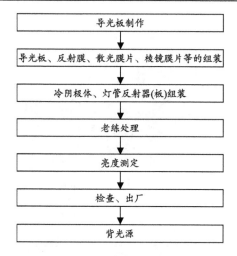

图 8-31　背光源的制作工艺流程

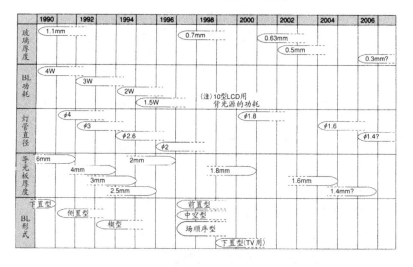

图 8-32　背光源(back light, BL)的技术开发进展

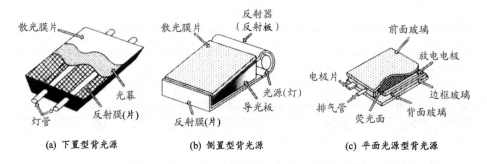

(a) 下置型背光源　　　(b) 侧置型背光源　　　(c) 平面光源型背光源

图 8-33　各种背光源的构造(除图中所示之外，还有采光型背光源和前置型光源等)

在各种背光源中,下置型和平面光源型为面光源,因此光的利用率高;而侧置型(edgelight 或 sidelight)是将线光源灯置于屏的侧面,因此光的利用率低。图8-34 表示为提高侧置型背光源光的利用率所采取的各种措施。如在导光板的底部形成使光发生散射的白色点状图案(最近是利用射出成形在导光板底部形成点状图案),以及使光再利用的反射膜,为降低亮度斑驳插入扩散膜片,以及为提高亮度而设置棱镜片及偏振光分离片。这些措施的采用,使侧置型背光源的性能得到明显提高。

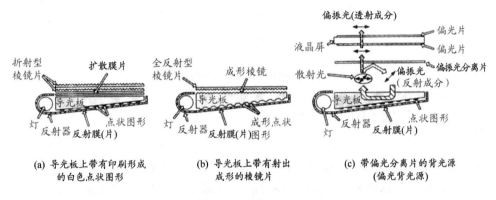

(a) 导光板上带有印刷形成   (b) 导光板上带有射出   (c) 带偏光分离片的背光源
的白色点状图形   成形的棱镜片   (偏光背光源)

图 8-34 侧置型背光源提高亮度的几个措施

最近,在侧置型背光源(edgelight 或 sidelight)中已成功地采用发光二极管(light emitting diode, LED),而且,设置于液晶屏幕前方侧面的前置型光源也已达到制品化。另外,针对室外使用,将外部光收入背光源内,在室内使用时,切换为背光源的采光型背光源也已问世(图 8-35)。

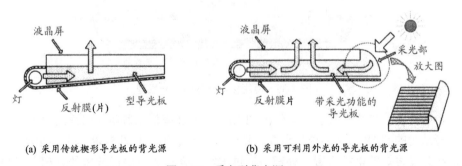

(a) 采用传统楔形导光板的背光源   (b) 采用可利用外光的导光板的背光源

图 8-35 采光型背光源

另一方面,在平面光源型背光源中,也开始使用电致发光(electroluminescence, EL)及平面型荧光灯做发光光源。前者的电致发光(EL)中采用有机分散型 EL,但由于低亮度、短寿命等,只能在小型 LCD 屏中使用。对于大型电视用 LCD 屏来说,从高亮度考虑,适合采用下置型背光源。最近,兼备高亮度和轻量化而不采用导光板的中空型背光源也已发表，见图 8-36。

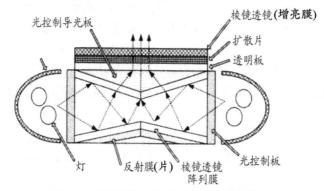

图 8-36 大画面尺寸屏用中空背光源的构造

8.3.3 冷阴极管灯(CCFL)的构造及发光原理

冷阴极管荧光灯(cold-cathode fluorescent lamp, CCFL)的发光原理如图 8-37 所示，被电场加速的电子同氩(Ar)原子碰撞，使后者激发或电离，激发态的氩(Ar)原子及被电场加速的氩离子(Ar^+)使汞(Hg)原子激发或电离，它在返回基态时以紫外线的形式放出能量，放出的紫外线使荧光体激发，变换为可见光的发光。这种荧光灯不仅仅限于使用氩(Ar)，氖(Ne)、氪(Kr)、氙(Xe)等惰性气体单独或混合使用均可，灯电极形状(面积)、荧光体的材质等共同决定灯的亮度和寿命等性能。

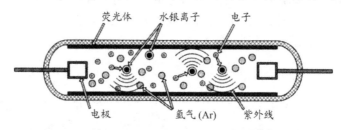

图 8-37 冷阴极荧光灯的发光原理

为提高这种冷阴极管荧光灯(CCFL)的亮度和降低功耗等，已开发出采用两层灯管结构的双层(double)冷阴极灯，并已达到实用化，见图 8-38。与此同时，人们正在开发将灯的电极设置于外部，通过电容耦合作为电极而放电的外部电极阴极灯(external electrode fluorescent lamp, EEFL)，由于这种 EEFL 具有高亮度、低功耗，一组灯可以由一个变换器(inverter)来驱动等特点，已开始引起人们的注意。而且，无水银背光源的开发及采用发光二极管(LED)的背光源的开发也在进行之中，目前各种高性能的背光源已花开满园。

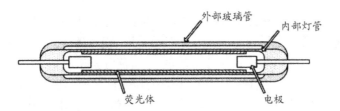

图 8-38　具有双层管结构的冷阴极灯的构造

8.3.4　光学膜片的种类及特征

在背光源中，为将线光源和面光源发出的光高效率地照射在 LCD 屏上，需要利用各种光学膜片。下面介绍几种代表性的光学膜片。

8.3.4.1　棱镜膜片

为了提高液晶屏幕的亮度，需要采用棱镜膜片(prism sheet，简称棱镜片，又称增亮膜)。这种棱镜片有下述两大类：① 折射型棱镜膜片(向上设置棱镜的膜片)；② 全反射型棱镜膜片(向下设置棱镜的膜片)。

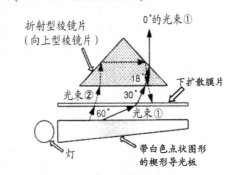

(a) 折射型棱镜片的偏角原理

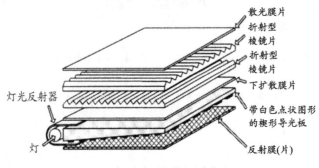

(b) 采用折射型棱镜片的背光源

图 8-39　利用折射型棱镜片(增亮膜)的背光源

前者折射型棱镜膜片是将热可塑性[1]树脂膜片在高压下转印形成。如图 8-39 所示，这种棱镜膜片的顶角为 90°，上下两块相互正交配合使用。在这种棱镜膜片的下部，为产生偏角效应，设置下扩散膜片(简称扩散片)，进一步还要设置导光板、反射膜片等。位于这种棱镜膜片下方的导光板下部，还要印刷白色点图案[2]，利用该图案的散射效果，产生与法线大约呈 60°角峰值的出射光束①，再利用下扩散膜片的散射折射效果，变为与法线呈 30°的偏角，进一步藉由折射型棱镜膜片，使光束转向法线方向射向显示屏(图 8-40)。这样，由相互正交的两块棱镜膜片，将光的水平、垂直成分一块向法线方向集中，使亮度提高。在这里，经过下扩散片的光束中，存在向着折射型棱镜膜片的法线方向入射的光束②。这种光束②射到折射型棱镜膜片的两个斜面上，经过多次反射，返回到导光板，再由相同的效果，实现提高亮度的再利用。这种机制，由于是光在多种材料中透过，存在菲涅尔(Fresnel)反射损失和光的吸收损失等，因此光的利用效率有所降低。

另一方面，后者全反射型棱镜膜片是在聚酯(polyester)膜片上利用紫外线硬(固)化型树脂，转写为棱镜膜片的形状而形成的。如图 8-40 所示，这种棱镜膜的顶角为 60°~70°，同扩散膜片、带透镜的导光板、反射膜片等组合使用。与折射型棱镜膜片相比，所使用的部件及材料少。这种全反射型棱镜膜片，对于相对于法线方向呈 65°~70°角为峰值的由导光板出射的光束，全反射效果使其转向法线方向而射入显示屏(图 8-40)。这种机制，由于利用了光束的全反射，菲涅尔反射损失及光的吸收损失等小，因此光的利用率高。

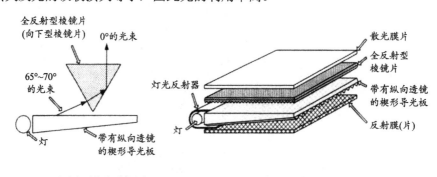

(a) 全反射型棱镜片的偏角原理　　　　(b) 采用全反射型棱镜片的背光源

图 8-40　利用全反射型棱镜片的背光源

---

[1] 热可塑性：在热和压力作用下可发生塑性变形的特性。

[2] 白色点图案：设置于导光板的下部，具有所需要的散射(散光)效果。如后面所述，利用射出成形也可以形成点图案。

8.3.4.2　反射膜片

反射现象如图 8-41 所示，分镜面反射和扩散反射(漫反射)两大类。前者[图 8-41(a)]是由平面镜等，将某方向入射的光束反射为沿同一方向出射的光束，即镜面反射；后者[图 8-41(b)]是由泛白面(粗糙面)等，将某一方向的入射光反射为各个方向的出射光(漫反射)，即扩散反射。镜面反射多见于玻璃表面、平坦的塑料表面、金属表面等。作为反射膜，有镀银(Ag)薄膜，由于不发生光吸收，反射特性优良，广泛用于灯光反射膜。这种镀银(Ag)薄膜一般是在聚酯薄膜上由溅镀法制取。而扩散反射一般是由形成微细的不平滑凹凸表面及形成具有孔质结构的表面等来实现。

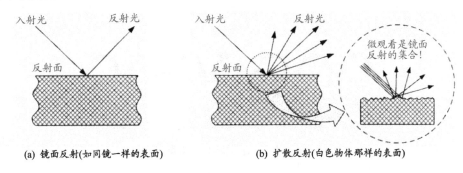

(a) 镜面反射(如同镜一样的表面)　　　(b) 扩散反射(白色物体那样的表面)

图 8-41　镜面反射和扩散反射的对比

代表性的反射膜，有白色聚酯膜(颜料填加型)和超白色聚酯膜[①]等。白色聚酯膜(颜料填加型)是通过在树脂中添加二氧化钛(TiO_2)等白色颜料，由于颜料吸收光的一部分，反射率不太高。与之相对，超白色聚酯膜是在白色聚酯膜的内部，形成许多扁平的空洞(void)，因此与白色聚酯膜相比有较高的反射率，见图 8-42。这种空洞(void)是以添加的形核剂为起点，在对膜片进行延伸时，由于局部剥离而产生的。

如上所述，有几种类型的反射膜(片)。这些反射膜(片)为使光向导光板内部反射以减少行进光的衰减，通常设置于导光板的底部。而且，为高效率地取出灯光，在灯的周边也要设置反射器(反射膜)。

另一方面，最近还发表了同棱镜膜片一体化的导光板用反射膜，在聚酯(poly ethylent terephthalate, PET)膜片上设置表面空心敷层，形成界面多重反射型反射膜片，见图 8-43。

---

① 超白色聚酯膜：被称为界面多重反射型反射膜片，此外还有多孔聚丙烯(poly propylene)膜片及微细发泡聚酯板(polyester)等。这种界面多重反射型反射膜片的薄膜性好，而且高温下尺寸变化小，具有良好的耐热性，因此可设置在灯近旁作为反射膜片，而且利于背光源的薄型化。

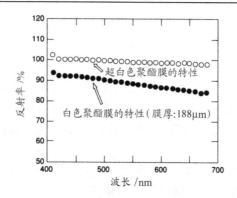

图 8-42　反射膜片的反射特性

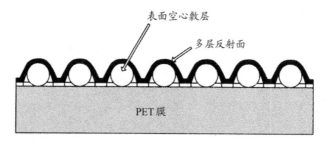

图 8-43　设置有空心敷层的界面多重反射型膜片

8.3.4.3　扩散膜片

为提高液晶屏的亮度，增加光的扩散以及防止显示斑驳等发生，需要采用扩散膜片(又称散光膜片)。为增强扩散，有的是使聚酯(PET)膜片表面粗糙化，有的是在 PET 表面封入丙烯酸树脂微球等，见图 8-44。

如上所述，液晶显示器中要用到各种各样的膜片(sheet)，这些膜片对于提高液晶显示器的性能是必不可少的。

8.3.5　导光板

对于侧置式背光源来说，需要将置于侧面的灯发出的光，在导光板内全反射的同时向前传播，为此，需要使导光板上加工的反射点图形发生变化，利用比全反射角小的光的部分由导光板表面射出的现象，将线光源变为面光源。起这种作用的就是图 8-45 所示的导光板。

导光板底部设置的反射点，有通过印刷形成的白色点图案(丝网印刷法)，或者由射出成形形成的点图案[注射成形(injection)法]。前者利用印刷法形成白色点图案的步骤是，将二氧化钛(TiO_2)及沉降性硫酸钡($BaSO_4$)等颜料与丙烯酸系黏结剂相混合，由丝网印刷，在导光板底部形成白色点图案。如图 8-46 所示，这种由印刷法形成的白色点图案，在靠近灯的部位，点直径小、数量少，在远离灯的部位，点直径大、数量多。顺便指出，如图 8-46(a)所示，在离灯最远的部位，由于设置了反射膜片，因此该部位的点直径略小些，数量也略少些。这样布置的点图形可保证整个显示屏的亮度均匀一致。

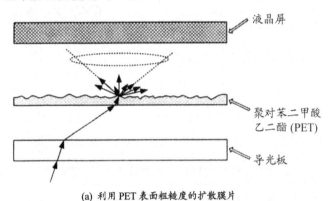

(a) 利用 PET 表面粗糙度的扩散膜片

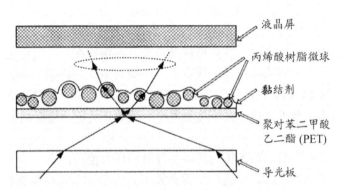

(b) 在 PET 表面封入丙烯酸树脂微球的扩散膜片

图 8-44　不同类型的扩散膜片举例

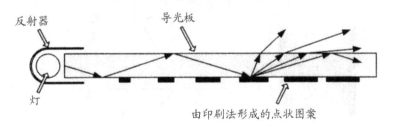

图 8-45　导光板内光的传播

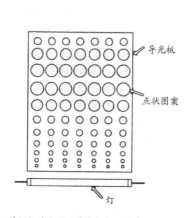

(a) 单侧灯背光源用导光板印刷图案一例

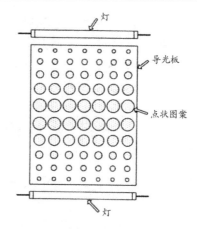

(b) 双侧灯背光源用导光板印刷图案一例

图 8-46　导光板底部由印刷法形成的点状图案举例

早期，这种导光板是由聚甲基丙烯甲酯(poly methyl methacrylate, PMMAf[①])板材切割来制作，随着生产量的扩大及价格的降低等，目前更多的是采用射出成形法制作。射出成形装置及工作原理如图 8-47、图 8-48 所示，下面做简要介绍。

(1) 射出成形开始之前，首先使模具打开，并保持在一定间隙之下；

(2) 在保持一定间隙，打开的状态下，向模具中注入树脂，填充；

(3) 伴随填充，模具内的压力升高，伴随定位杆的伸长，模具打开的间隙变大；

(4) 树脂填充完了之前，在模具腔内全面地填充树脂，经探测证实填满之后，高速加压；

(5) 树脂填充之后，在保压的同时进行阶梯压力控制；

(6) 在冷却完成之前，一直保持最终压力，冷却完了形成导光板。终以上步骤制成导光板。

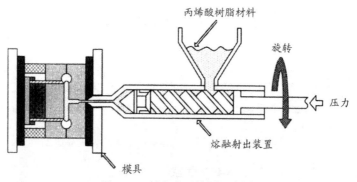

图 8-47　射出成形装置示意图

---

① PMMA：是一种透光性良好的热可塑性塑料，质轻、高强度、耐环境性优良。

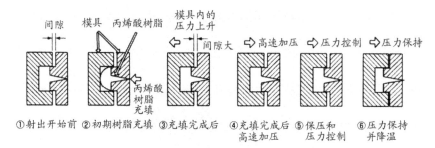

图 8-48 模具同射出压力间的相互作用

8.3.6 背光源的组装工程

背光源的制造,是从由丙烯酸树脂制作导光板开始。在这种导光板的制作中,采用塑料制作等常用的射出成形装置(图 8-47)。在形成的导光板上制作使光散射用的白色点图案(图 8-46)。而后,贴附反射膜片、扩散片、棱镜膜片等光学膜片(sheet),并进行组装。此后装配冷阴极荧光灯管(CCFL)及灯管反射器等,组装成背光源。图 8-49、图 8-50 分别表示侧置型、下置型背光源的组装工程。

最后,为了排除初期不良品,还要进行老练处理、亮度测试等的性能检查,检查合格品包装出厂。

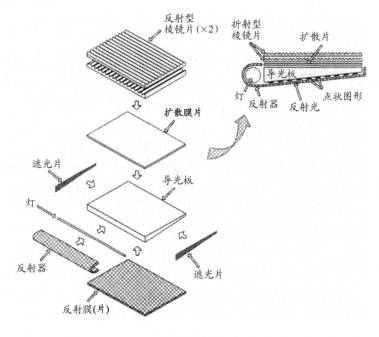

图 8-49 侧置型背光源的组装工程一例

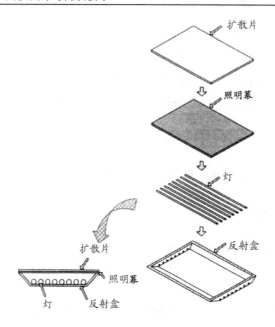

图 8-50　下置型背光源的组装工程

8.3.7　背光源的改进

8.3.7.1　复合功能导光板

近年来，伴随着 LCD 的发展，背光源的市场急速扩展，图 8-51 给出 LCD 背光源的市场动向。与此同时，市场对液晶显示器提出更严格的要求，即以更便宜的价格提供更亮、更艳丽、更赏心悦目、更轻、更薄、更容易操作的产品。这些要求几乎都与背光源密切相关。目前作为导光板增亮的手段，主要采用美国 3M 公司生产的增亮膜片(BEF、DBEF)。为了打破其市场垄断状态，人们正开发一种将导光板与光扩散膜片通过中间一层微透镜结构做成一体化的复合功能导光板，其在满足各单层功能要求的前提下，由于构成单元结构，从而效率更高、视角可控制性更好，更容易做到薄型化、轻量化，而且价格更便宜。

1. 开发动向

LCD 用背光源由灯(光源)、导光板(扩散板)、反射膜片、扩散膜片、增亮膜片、转换器(inverter)、外壳(housing)等构成(图 8-52)。为适应高性能和低价格的要求，迫切需要对背光源进行重大技术革新，表 8-10 汇总了背光源部件及材料的开发动向。在对背光源部件及材料的开发过程中，仅着眼于某一部件和某种材料性能的提高是远远不够的，必须考虑到相邻部件的性能，强调整体效果(参照图 8-53)。在强调整体功能的基础上，还需定量评价每一部件及材料的贡献，并加以改进。

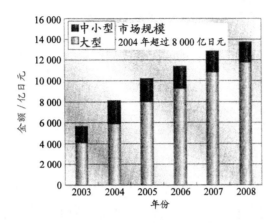

图 8-51　LCD 用背光源的市场动向

图 8-52　LCD 用背光源的构成部件及材料

表 8-10　背光源部件及材料的开发动向

部件名称	开发项目	商品实例
光学膜片(增亮膜)	薄型化 高亮度 低价格	thin BEF(3M 公司) RBEF, BEF Ⅲ(3M 公司) 倒棱镜(三菱レ) 复合棱镜透镜(e-fun)
扩散膜片	薄型化 角度控制 防止划伤	
导光板(扩散板)	薄型化，耐紫外线辐射 提高耐热性，减少翘曲 高亮度，低价格	带(反射)图案的导光板，带(反射)图案的扩散板，加入扩散剂的导光板，ゼオノア(ゼオソ)
光源(灯)	减少 Hg 的用量，提高亮度 长寿命，低价格	CCFL(Hg, Xe) LED
反射膜片	耐紫外线辐射 提高反射率 反射角控制，降低价格	

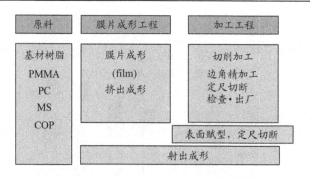

图 8-53　导光板、膜片制造工程中的相互关联因素

　　另外，在背光源的开发中，从始至今人们一直在追求降低价格。降低价格的重要手段之一是提高每个部件的生产效率，为此人们正采取各种措施。若将所占价格比率较高的光学膜功能集成在导光板上，以减少部件数量，从而降低包括材料、加工、装配、运输在内的总价格，这不失为一种很好的方案。本节讨论的复合功能导光板正是在这种指导思想下应运而生的。

　　2. 关键技术

　　即将上市的背光源用复合功能导光板，是一种"将导光板与扩散膜片通过中间一层微透镜结构实现一体化的导光板"，背光源所需的功能可通过一块导光板的复合化来实现。由于采用导光膜片作为基材，可以做到更薄、更轻，若采用 LED 光源，则特别适用于数码相机、手机、PDA、笔记本电脑等便携用途的背光源。而且，相对于以前采用多层膜片的情况，这种复合功能导光板不需要装配，从而可大大提高生产效率。图 8-54 表示实现各种功能集成的导光板实例。其中的单面方式是通过对导光板反射面的一侧进行微细加工，以代替过去用于出射光均匀化的圆点图案印刷工序；双面方式是既在导光板反射面一侧，又在出射面一侧加工成棱镜图案，以代替分立的棱镜膜(增亮膜)；而本节中所论及的复合功能导光板是将起扩散膜和棱镜膜作用且具有微透镜结构的特殊膜层，与导光板贴合，实现一体化。这种由单层即可实现原来三层结构功能的背光源单元体，更容易做到薄型化，而且质量和性能稳定，价格更低。

　　3. 基本结构

　　复合功能导光板的基本结构如图 8-55 所示。其中光学图案膜由光固化树脂制作，一般采用厚度大约 100μm 的基材膜(材质为聚碳酸酯、PET、丙烯酸树脂等)。预先在基材膜上，在与光固化树脂相反的一面涂敷厚度大约 20μm 的扩散层，而在导光板的出射面一侧通过黏结剂(图中未画出)将光学图案膜黏合。来自光源的入射光在导光板中传输的过程中，在由与透镜顶部接触的部位射入透镜中，再利用透镜球面(与空气层的界面)的全反射，成为由导光板正面出射的背光源光。通过调节透镜球面的曲率，可控制出射光的集光性。一般离光源近的部分透镜密度低，远的部分透镜密度高，这样可利用透镜的密度分布使出射光的分布均匀化。

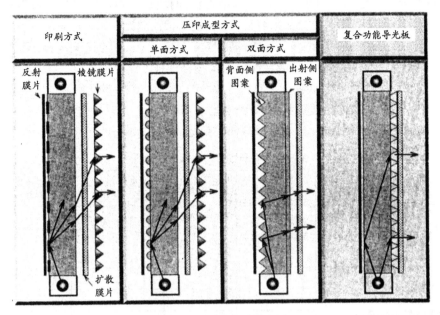

图 8-54　功能复合型导光板

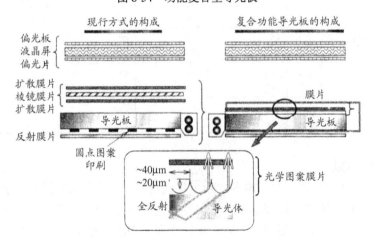

图 8-55　功能复合导光板背光源构成

4. 光学特征

表 8-11 及图 8-56 表示复合功能导光板的光学特征。表中，与广视角型和集光型两种复合功能导光板同时列出的，还有目前市售的监视器用背光源结构的 2个实例。表中无论哪一种背光源都是使用同一个光源、液晶屏及各自相同的单元

测定的。比较项目包括中心亮度、中心亮度比(即与印刷导光板+两块扩散膜片结构的背光源单元的亮度比)、光取出效率以及亮度不均匀性等，其中光取出效率是通过积分球测定总光通量，并以印刷导光板+两块扩散膜片结构背光源单元的光通量为100%，以相对百分数来表征的。在视角特性的比较中，是以亮度比为1/2、1/3、1/10，按中心部分的角分布来测定的。

综上所述，采用复合功能导光板的背光源具有下述特征：

(1) 由于利用了全反射，光的利用效率高，约达20%；

(2) 通过调节微透镜形状可以控制视角；

(3) 导光体做成单元化，可减少部件数量，便于操作。

表 8-11　复合功能导光板的光学特性

种类		(a) 现行 1	(b) 现行 2	(c) 复合功能导光板广视角型	(d) 复合功能导光板集光型
构成		印刷型导光板扩散膜片两块 LCD	印刷型导光板扩散膜片 1 块 BEF LCD	贴附 OPF 型导光板 LCD	贴附 OPF 型导光板 LCD
中心亮度/(cd/m^2)		247	321	314	409
中心亮度比/%		100	130	127	166
光取出效率(相对值)		100	95	117	121
亮度偏差(13 点，max/min)		1.27	1.36	1.25	1.54
视角/(°)	亮度不小于 1/2　上下　左右	82　93	60　92	67　100	40　98
	亮度不小于 1/3　上下　左右	100　113	68　102	87　115	55　112
	亮度不小于 1/10　上下　左右	142　148	80　129	132　145	115　144

5. 今后的方向

随着LCD应用范围的扩展和显示质量的提高，对背光源的要求越来越高。为适应画面质量的提高，如高精细化、优良的色再现性，以及作为显示装置的薄型化、轻量化、节约资源等要求，背光源应实现高亮度、视角可控、薄型化和低价格。图8-57表示以LED为光源，采用复合功能导光系统的超薄背光源的开发实例。图中第一代采用了具有复合功能的特殊膜(不包括反射膜)，可以实现超薄的背光源；第二代是在上述特殊膜中加入扩散剂，可以做得更薄。上述用复合功能导光膜代替复合功能导光板的超超薄背光源正在开发之中。

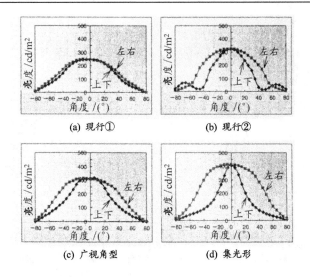

图 8-56　中心部位的亮度按角度的分布(透过 LCD 屏之后)

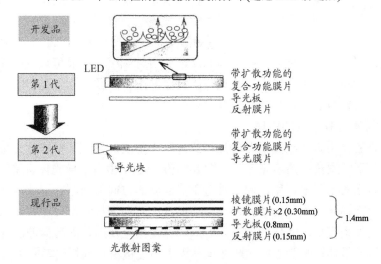

图 8-57　超薄型 LED 背光源

8.3.7.2　背光源中的棱镜膜(增亮膜)

1. 棱镜膜的种类和制作方法

背光源中所用的棱镜膜主要有两大类，一类以美国 3M 公司生产的 BEF 为代表，属于上向设置的棱镜膜；另一类如同钻石刀那样，属于下向设置的棱镜膜。而两种棱镜膜的主要差别在于其微棱镜(透镜)的顶角不同。关于棱镜膜的构成部件，以前的市售产品均是在热塑性树脂膜上通过热转写形成微棱镜。从 1992 年开始，是在聚酯膜上通过紫外线固化型树脂进行转写赋形形成微棱镜(图 8-58)，并称其为"钻石刀"。

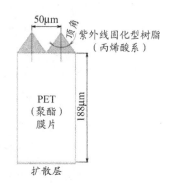

(a) "钻石刀"的电子显微镜照片(M165)　　　　(b) "钻石刀"M268系列的材料与结构

图 8-58　由转写赋形形成"钻石刀"微棱镜的增亮膜

"钻石刀"棱镜膜上的微棱镜节距在 50μm 以下，要求制品在转写赋形时能准确地形成如此精细的形状。由于采用紫外线固化型树脂，制造设备不需要很高的转写压力。紫外线固化型树脂采用丙烯酸系单体合成技术。作为基板的聚酯膜，不包括棱镜层的厚度主要为 188μm 和 125μm 两种规格，一般可采用已成功用于光学用途的制品，但由于还要在棱镜膜的反面贴附扩散膜，而且为了防止与液晶的黏结等，需要对表面进行特殊处理。

2. 棱镜膜提高亮度的原理

棱镜膜的作用是，改变来自导光体的出射光角度，并使其以平行光垂直于液晶屏入射。下向型棱镜的增亮原理如图 8-59(b)所示，由楔形导光体射来的光，受下向棱镜斜面的全反射作用，向着垂直于液晶屏的方向射出，由于棱镜使光在液晶方向集中而提高亮度。也就是说，由于成列的下向型棱镜密排在背光源的出射面上，从而使由楔形导光体倾斜方向射来的光发生全反射，而转向液晶屏方向。为此，棱镜的最佳顶角为 60°~70°(注意其大小与棱镜材料的折射率有关)。

相比之下，上向型棱镜的增亮原理如图 8-59(a)所示。通过其改变光行进方向

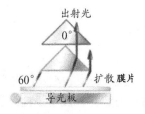

(a) 上向型两片棱镜系统的实例　　　　(b) 下向型棱镜系统的实例

图 8-59　增亮的原理[两片棱镜系统中(左)由点线画出的一块(上)表示直行棱镜]

的导光功能，使由棱镜的出射光变为沿扩散膜片法线方向行进的光。例如，射向棱镜斜面的光由于折射作用而转向扩散膜片法线方向。这种棱镜还可使不需要(不合适)角度的入射光发生反射，而返回到扩散膜片的功能。为兼顾上述功能，上向型棱镜的顶角为 90°。

下向型"钻石刀"棱镜膜的优点如下：

(1) 高亮度：对于侧光式单灯管楔形导光板的情况来说，可实现亮度为 $2000\sim4000cd/m^2$ 的背光源；

(2) 轻量、低价格：相对于采用两块棱镜膜和其他膜层的情况来说，可以减少为只用一块棱镜和一块扩散膜片；

(3) 出射光的可控制性强：出射光除了沿液晶屏的法线方向入射外，还可以调节为其他方向。

下向型"钻石刀"棱镜膜的缺点如下：

(1) 容易观看到品质缺陷：由于利用的是平面镜的原理，容易显露出导光体内存在的缺陷；

(2) 需要选择与之组合的导光板：要达到上述棱镜膜的效果，需要选择合适的楔形导光板；

(3) 难以调整背光源的品位：由于是无遮掩地反映出导光体的品质，这为调整背光源的品位带来困难。

3．"钻石刀"棱镜膜的选择和应用

"钻石刀"棱镜膜是通过在导光体上方并排设置与线光源平行的微棱镜系列，且棱镜顶部与导光体相接触而发挥作用的。来自导光体的出射光，进入棱镜内，在棱镜的斜面上发生全反射，光线沿垂直于液晶屏方向射出，从而提高亮度。因此，为最大限度地发挥增亮效果，通过测量从导光板出射光的出射角 α，即可确定使反射光垂直于显示屏射出的棱镜的顶角 ϕ 的大小，从图 8-60 可以看出，$\phi=90-\alpha$。例如，若 $\alpha=27°$，则棱镜顶角 $\phi=90°-27°=63°$

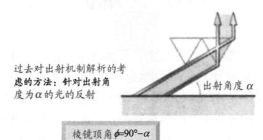

图 8-60　最佳棱镜顶角的选择

另外，从导光体射出的光，以其峰值亮度方向为中心，呈一定的亮度分布(见图 8-61)。通过采用图 8-62(b)所示集光型高亮度棱镜膜，还可以将普通"钻石刀"棱镜膜的集光效率最大提高 30%。

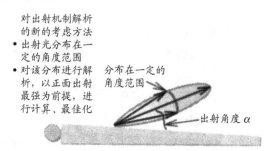

图 8-61　按出射光的亮度分布提高棱镜膜片的集光效率

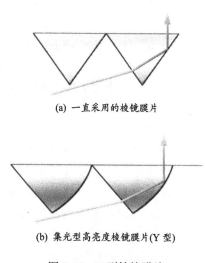

(a) 一直采用的棱镜膜片

(b) 集光型高亮度棱镜膜片(Y 型)

图 8-62　Y 型棱镜膜片

由于"钻石刀"棱镜膜只能控制由光源射出的向着垂直方向的光，而对水平方向的光没有集光功能，为了更有效地增亮，需要采用对水平方向的光也有集光功能的导光体。这种导光体(见图 8-63 所示的使用实例)是在不与棱镜膜相接触的面上设置与棱镜上的棱镜相正交的棱镜系列，由此使由光源发出的向着水平方向的光集中到垂直方向。为了防止其与液晶产生干扰，棱镜节距以 50μm 为宜。

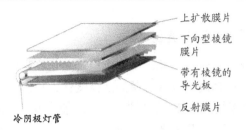

图 8-63 棱镜导光板的使用

图 8-64 是下向型"钻石刀"膜 M165 与楔形导光体相组合的背光源出射光亮度按角度分布的测定实例，图中表示其与采用两片 BEF-II 膜的背光源出射光亮度分布的对比。

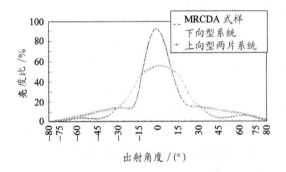

图 8-64 组合系统出射光亮度分布的对比

图 8-65 是将楔形导光体分别与集光型高亮度棱镜膜(Y 型)M268Y 和"钻石刀" M165 相组合，出射光亮度按角度分布的对比。

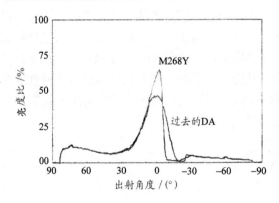

图 8-65 使用通常型的系统与使用 Y 型的系统的亮度分布比较

8.3.8 便携液晶用 LED 背光源

对便携设备用显示器来说，高画质、小型轻量化、长时间稳定工作是极为重要的性能。但是，这些都离不开背光源的高亮度化、超薄化、低功耗这三个基本要求。下面，从便携液晶用 LED 背光源的基本性能出发，以如何满足上述三个基本要求的观点，就扩散型 LED 背光源及更高效率、可降低功耗的矢量辐射型 LED 背光源做概要性介绍。

1. 便携液晶用 LED 背光源的基本性能

LED 背光源的基本功能(图 8-66)可考虑分为下述三条：

(1) 使由 LED 发出的光扩展；

(2) 经导光板由单侧均匀射出；

(3) 向正面方向(屏方向)集光。

对于便携液晶用 LED 背光源来说，光源并非采用冷阴极灯管(CCFL)那样的线光源，而采用离散的复数个 LED 点光源。因此，为满足上述(1)、(2)两项功能要求，入射端面必须严格控制为平行方向。而且，便携设备以单人应用为前提，为满足上述功能(3)，从高效率化的观点，需要指向性更集中而不是发散(供多人观视的液晶电视需要后者)。当然，对于 LED 背光源方式来说，上述(1)~(3)的实现方式也是不同的。下面分别对每项功能的实现方式加以说明。

2. 扩散方式的原理与特征

扩散方式的 LED 背光源的构成如图 8-67 所示。

在导光板端面，离散地配置多数个 LED，经导光板使入射的光在导光板上、下面发生全反射的同时扩展开来。在导光板的下面，形成凹凸图案，射向该图案的光被扩散至各个不同方向，一部分光从导光板出射。通过对扩散程度的调整，使光线向面状扩展，并对其方向及出射光量在面内分布进行控制。

这种方式是由凹凸图案，以实现(1)使由 LED 发出的光扩展，(2)经导光板，光由单侧出射这两项功能。由于利用导光板单体进行指向性的控制较难，为实现第(3)项功能，即向正面方向(屏方向)集光，需要附加棱镜膜片，由此可实现高效率，但会增加这部分厚度。

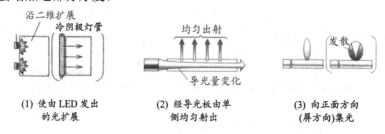

(1) 使由 LED 发出的光扩展　　(2) 经导光板由单侧均匀射出　　(3) 向正面方向(屏方向)集光

图 8-66　LED 背光源的基本功能(括号中所示为 CCFL 背光源的情况)

3. 矢量辐射耦合型 LED 背光源
1) 背景与目标

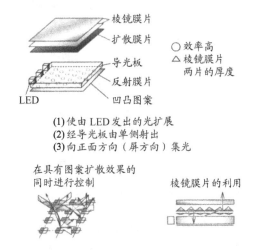

图 8-67 扩散方式背光源的构成

对于亮度要求相对较低的单色 LCD 用 LED 背光源来说，仅依靠导光板的凹凸图案产生的扩散效果，就可以对上述(1)~(3)三项功能进行控制。由于不需要采用棱镜膜片等，对于小型、轻薄化是有利的。另一方面，对于彩色用途，需要利用追加材料实现上述三种功能的一部分，以使控制性提高。这样做的结果，较容易实现高效率化，但小型、轻量化变得困难(图 8-68)。为同时实现高亮度化、小型轻量化、低功耗化，那么导光板单体并提高其光控制性是必不可少的。

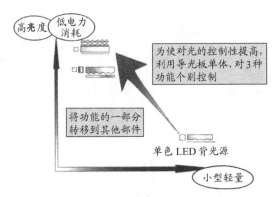

图 8-68 LED 背光源应实现的目标

背光源的光控制性，受导光板中光传输路径(导光路径)的影响很大。如图 8-69所示，导光板中没有扩散图案的场合，光由 LED 直线传输导光。如果能确定各点的导光路径，就能把握方向及强度，则控制就变得容易。

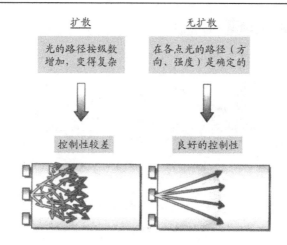

图 8-69　光的可控制性

　　另一方面，通过配置凹凸图案，使光出射，由于扩散，导光路径按级数增加，变得复杂化。从而光的控制就很困难。也就是说，从光控制观点，所谓理想的导光板，是通过配置使光出射的凹凸图案，并使光直线传输进行导光。

　　2) 基本原理

　　以提高光控制性为目标的本方式，是通过确定导光板中的导光路径，分析前述 LED 背光源基本性能(1)~(3)三种功能，合理设计，以实现最佳化。

　　图 8-70 表示矢量辐射耦合型 LED 背光源的构成。导光路径的确定按下述程序：

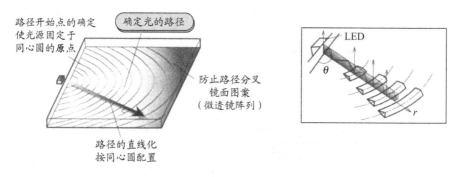

图 8-70　矢量耦合方式的构成

　　(1) 光源集中于一个场所，确定导光路径的起始点；

　　(2) 作为凹凸图案，像圆柱形微透镜等那样，表面光滑、单方向长，采用一样的形状，并防止导光路径分叉；

　　(3) 将长方向布置为垂直于光源的方向，并使导光路径直线化。

　　图 8-71 表示对(1)~(3)三种功能的控制方法，三种功能可分别由同一参数进行

控制，从而设计变得简单。进一步，若能各自独立控制，可以实现各自的最佳化，性能改善更容易。

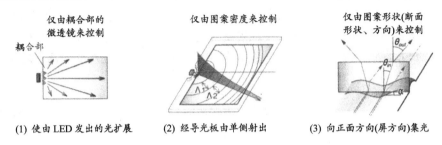

图 8-71　向量耦合方式的光控制方法

3) 设计方法

(1) 使由 LED 发出的光扩展。

对于本背光源来说，由于是以直线方式传输导光，所以光源的指向性控制十分重要。图 8-72(a)给出理想的光源的指向性 $I(\theta)$。由于 $I(\theta)$ 同 $(\theta,\theta+d\theta)$ 之间的导光板的面积成正比，在对角 θ_a 方向上会出现峰值，故需要对光源指向性进行修正。

在图 8-72(a)中，是利用耦合部微透镜凹形状曲率的变化进行修正。图 8-72(b)中表示导光板光源耦合部微透镜的上面图。在这种方式中，正确修正出现在半面，其受光源中心位置的偏差影响很大。

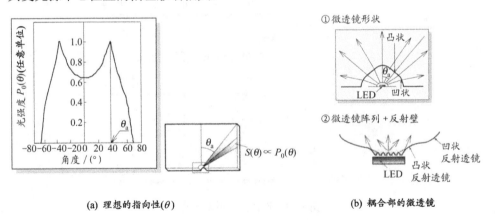

(a) 理想的指向性(θ)　　　　　　　　(b) 耦合部的微透镜

图 8-72　设计方法说明图①

在图 8-72(b)中，是利用耦合部的阵列化，使指向性大致符合图 8-72(a)的 $I(\theta)$。而且，利用反射壁，使光回归也可进行修正。采用这种方式，修正的精度略粗，且受 LED 位置偏差的影响很大。由于偏离理想指向性的发生，进而会出现与 θ 方向相关的亮度斑驳，但通过使亮度强的方向图案密度变低，使亮度与亮度低的方向的亮度相一致，进而达到亮度均匀化的目的。

(2) 经导光板由单侧均匀射出。

为实现由导光板射出光的均匀性，提高出射效率，需要进行解析、设计和最佳化。而这些是由导入辐射损失系数(导光方向每单位长度的导光量出射率)来实现的。导光路径是以 LED 为中心呈放射状且直线状态，因此每个导光路径可认为是独立的。各直线上亮度分布保持一样的辐射损失系数α与离光源的距离r之间的关系(图 8-73)可表示为

$$\alpha(r)=2r/(L^2-r^2) \tag{8-2}$$

式中，L 为常数。该辐射损失系数α可因图案配置密度的变化而变化，而且与图案断面形状相关。因此，直到最大值α_{max}，可以自由变化。

利用式(8-2)所表述的$\alpha(r)$的分布，在不超过α_{max}的范围内，当确定可实现最高分布的L值时，所对应的出射率为最大。

也就是说，此时的图案密度就所使用的图案的断面形状来说，是最佳解。顺便指出，以 LED 为中心，每个呈辐射状发出的导光路径的导光距离是不同的，为使在整个面上均匀，需要求出各自的辐射损失系数分布。

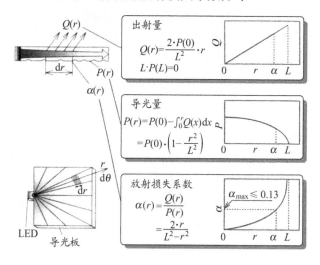

图 8-73　设计方法说明图②

(3) 向正面方向(屏方向)集光。

出射光的指向性由图案的弯曲化和断面形状来控制。作为实例，如图 8-74 所示，将r、θ看作是平面参量，则图案是以中心角为γ的圆弧状。向图案表面入射的光，当相对于图案表面的入射角ϕ大于临界角时[图 8-74(b)]，发生反射，则光从导光板的上部出射，而入射角ϕ小的情况[图 8-74(c)]，一旦向下部一侧的空气中出射，则会向同一图案的后面再入射而导光。在此，再入射光仍然看作是位于r、θ

平面内,按由图案一次出射时的折射而扩展,由于再入射时的准直(collimate)作用,导光方向几乎是不变的。与之相对,反射光以对应中心角γ的角度扩展,并由此自导光板出射。如此,在保持直线导光的同时,有可能仅对出射光的指向性进行控制,ϕ_θ方向出射光的指向性[图 8-74(a)]仅受中心角γ所控制。

另一方面,ϕ_r方向指向性可以做到仅受由参量 z、r 所决定的断面表状控制,可由二维的几何光学来设计。

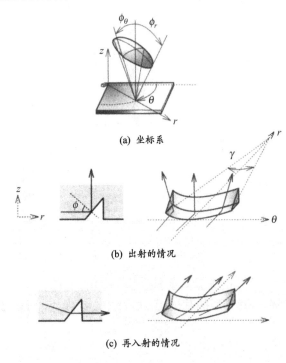

(a) 坐标系

(b) 出射的情况

(c) 再入射的情况

图 8-74　设计方法说明图③

4) 试作实例

以导光板厚度 0.67mm,发光面积 30mm×40mm,而且光源采用一颗白色 LED(日亚化学制 NASW008B)的背光源为例加以说明。图案是采用半导体技术制作光刻胶原盘,利用电铸法制成镍(Ni)合金的模具原型,再以此制成成型模具。由射出成型法制作导光板。材质选用性优良的 COP(环烯聚合物)。

图 8-75 是制作图案的 SEM 照片。各个图案按以光源为中心的同心圆布置,为进一步扩大指向性,按中心角γ取 32°的圆弧状弯曲。LED 的顺向电流为 30mA 时导光板的发光状态如图 8-76 所示。亮度为 3 400nit,单位消耗电流下的亮度为 113nit/mA。

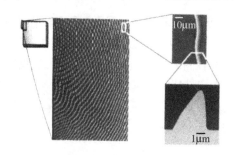

图 8-75　图案形状

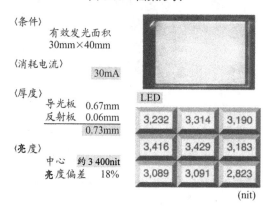

图 8-76　制作实例①

4. 联合采用棱镜膜片的矢量辐射耦合型 LED 背光源

在矢量辐射耦合型背光源的基础上,再附加棱镜膜片,可以做到指向性更窄、效率更高。

图 8-77(a)表示矢量辐射耦合型+棱镜膜片 LED 背光源的构成。棱镜膜片位于导光板的上方,棱镜膜片中的棱镜为下向型,按同心圆布置。如图 8-77(c)所示,在导光板中所传导的光,由导光板的图案,从导光板上面向倾斜方向射出。这种出射光在下向棱镜的作用下,向垂直方向偏转。此时,光由导光板以 LED 为中心呈辐照状沿导光板表面出射。因此,棱镜膜片需要采取以 LED 为中心的同心圆形状。

图 8-78 是棱镜模片制品的实例。

5. 今后的动向

以便携设备用 LCD 照明为突破口,人们已成功开发出以 LED 为光源的矢量辐射耦合型 LED 背光源。采用本方式,可实现高亮度且低功耗的背光源,而且,导光板的均匀性、出射效率、出射光的指向性等都可以实现设计最佳化。在此基础上,进一步采用同心圆状棱镜膜,有可能实现更高的亮度。

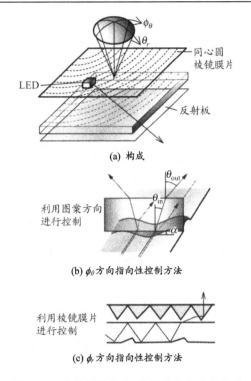

(a) 构成

(b) ϕ_θ 方向指向性控制方法

(c) ϕ_r 方向指向性控制方法

图 8-77　向量耦合方式+棱镜膜片方式的构成

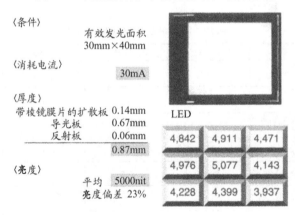

〈条件〉　有效发光面积
　　　　　30mm×40mm

〈消耗电流〉　30mA

〈厚度〉
带棱镜膜片的扩散板 0.14mm
导光板　　　　　　 0.67mm
反射板　　　　　　 0.06mm
　　　　　　　　　 0.87mm

〈亮度〉
平均　5000nit
亮度偏差 23%

图 8-78　制作实例②

今后，随着背光源厚度的进一步减小，需要将同心圆状棱镜膜片与扩散膜片一体化等，而随着背光源面积的扩大、亮度要求进一步提高，需要采用许多颗 LED(如 32 英寸 LCD 电视用背光源就需要采用 2 400 颗 RGB 的 LED)，从而需要研究开发的课题是很多的。面对旺盛的市场需求，LED 背光源的春天即将来到。

8.4　适应高响应速度的液晶材料

液晶显示器在超薄、高精细的基础上，近年来在扩大视角方面取得突破，从而在笔记本电脑、台式计算机监视器、液晶电视、数码相机及手机等各种各样的应用方面获得飞快进展。目前，液晶显示器的课题是，为适应动画显示，需要进一步改善高速响应特性。为适应高速响应的要求，现正采取的措施主要有：

(1) 使显示器中使用的各种材料和部件最优化；

(2) 开发新的驱动模式；

(3) 改良显示屏设计；

(4) 为提高识认性，进一步改进驱动信号。

虽然目前液晶电视对高速响应的要求最为迫切，但随着液晶显示器、手机、音影无线 DAB 等显示高速动画的要求提到议事日程——它们对高速响应的要求可能比液晶电视更高，特别需要开发高速响应液晶材料。

下面将针对适应高速响应的液晶材料的组合，包括低黏度液晶材料、高Δn液晶材料、高$\Delta\varepsilon$液晶材料等，进行简要介绍，同时指出开发这些液晶材料需要解决的问题。

8.4.1　低黏度液晶材料

表 8-12　各种低黏度材料的物性值

	$T_{N-1}\langle ext\rangle$	$\Delta\varepsilon\langle ext\rangle$	$\Delta n\langle ext\rangle$	$\eta/(mPa\cdot s)$
	46.4	0.3	0.021	16.3
	25.0	0.1	0.030	18.0
	60.4	−0.6	0.044	15.5
	−39.0	1.0	0.017	15.6
	26.4	3.0	0.070	17.3
	−32.9	1.0	0.018	15.8
	3.5	6.3	0.070	16.8
	−22.3	2.1	0.104	15.2
	27.0	4.1	0.150	17.7
	−49.3	6.3	0.067	15.1

注：$T_{N-1}\langle ext\rangle$，$\Delta\varepsilon\langle ext\rangle$，$\Delta n\langle ext\rangle$分别是在 ZL1-1132 中溶解 15%时的外推值。$\Delta\varepsilon$、Δn 是在 25℃测定，η 是在 20℃测定。

　　为实现高速响应，最有效的方法是降低液晶材料的黏度。表 8-12 给出人们熟知的低黏度材料的物性值。一般的倾向是，外推转变点(透明转变点)T_{N-1} 低的液晶材料，其黏度 η 也低。但是，随着液晶屏的多样化，液晶实际的使用温度范围正在不断扩展。因此，若仅针对黏度而论，在设法降低液晶材料黏度 η 的同时，透明转变点 T_{N-1} 也会同时变低。因此，在开发低黏度液晶材料的过程中，平衡考虑 T_{N-1} 和 η 是十分重要的。

　　图 8-79 是针对传统液晶材料和新开发液晶材料，表示它们的黏度 γ_1 与透明转变点 T_{N-1} 之间关系的曲线。在新材料中，有些是不流动的，因此难以使用，但是利用改良的注入方法(或利用滴下注入法)，这些材料就变得可以使用了。这也表明，通过显示屏制造技术的革新，可以扩大液晶材料的选择余地。但是，外推 T_{N-1} 低的一部分属于低的相对分子质量材料，它们的使用在有些情况下受到限制。图 8-80 表示不同液晶材料黏度 γ_1 的温度特性，可以看出，各种材料具有几乎相同的变化梯度，而低温区域的变化梯度多少有些差异。最近，低温下液晶材料的响应特性日益引起人们的更大关注，因此，黏度-温度特性数据的重要性越来越大。

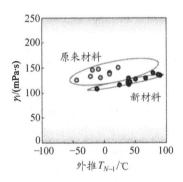

图 8-79　液晶材料的黏度 γ_1 与 T_{N-1} 的关系(γ_1 是在 ZL1-1132 中溶解并在 25℃时的实测值)

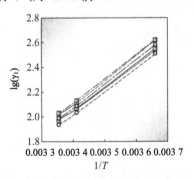

图 8-80　液晶材料黏度 γ_1 的温度特性

8.4.2 提高Δn 实现窄间距化以提高响应速度

图 8-81 表示液晶材料的黏度η与Δn 的关系。从图中的几组材料可以看出，Δn 大的材料η也高。这样，若液晶组成物是由相近程度Δn 的材料组成，Δn 低的， η 也低，则对于高速响应特性肯定是有利的。另外，液晶屏(盒)间距 d 越窄，由于响应时间与 d 的平方成正比，因此响应时间越短，即响应速度更快。图 8-82 分别给出 TN 模式和 OCB 模式中响应时间与液晶盒间隙关系的曲线。设液晶屏的延迟(retardation)一定，若采用Δn 大的液晶材料，则 d 可以做到更小，从而能实现高速响应。这样看来，采用图 8-83 最右侧一组Δn 最高的液晶材料，容易获得高速响应特性。

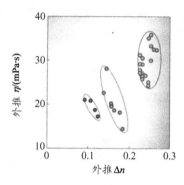

图 8-81　液晶材料的黏度η与Δn 的关系

外推Δn 和外推η是在 XL1-1132 中溶解 15%时的外推值。Δn 是 25℃在测定，η是在 20℃测定

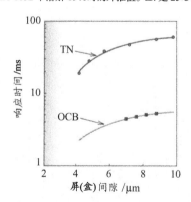

图 8-82　响应时间与液晶屏(盒)间隙的关系

下面，利用模式图对实际液晶材料的开发是如何变迁的加以说明。图 8-83 以液晶材料的芯部结构(即硬的苯环部分)变化为参数，表示 T_{N-1} 与Δn 之间的关系。到目前为止材料的开发都是沿箭头所指方向进行的。若将各个项目及用途中所使

用的液晶材料通用化，则生产品种相对集中可降低成本。进一步当需要考虑液晶的波长分散性时，将 Δn 相近的材料进行组合是有利的。但是，随着液晶显示器的用途越来越广，分类越来越细，已经有必要按项目和用途选择液晶材料。目前，人们正按照图 8-83，对迄今仍未使用的液晶材料进行逐个盘查，以探讨其应用的可能性。

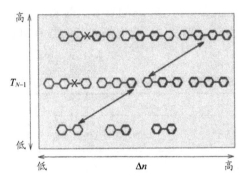

图 8-83　液晶材料的 Δn-T_{N-1} 关系图

8.4.3　高 $\Delta\varepsilon$ 材料

低黏度材料几乎都是电中性的，而为了实现屏驱动，必须使这些材料同 $\Delta\varepsilon$ 不为零的液晶材料相组合。不言而喻，若使用黏度小而 $\Delta\varepsilon$ 大的液晶材料，则显示器可实现高速响应。$\Delta\varepsilon$ 的大小正负主要取决于分子结构，并可近似地由下式表示：

$$\Delta\varepsilon \propto \{\Delta\alpha{\cdot}C{\cdot}\mu^2/2kT(1-3\cos^2\beta)\}{\cdot}S \tag{8-3}$$

式中，$\Delta\alpha$ 为分子的极化率各向异性；C 为常数；S 为有序化参数；μ 为偶极矩；β 为分子长轴与偶极矩之间的夹角。

由式(8-3)可以看出，为增加大 $\Delta\varepsilon$，设法提高 μ，且使偶极矩方向尽量平行于分子长轴方向(即 $\beta\rightarrow0°$)是有利的。

有人利用半经验的分子轨道法(MOPAC Ver 6.0 AMI 法)，针对图 8-84 所示各种氟系化合物液晶的最稳定结构，对其偶极矩 μ 及 μ 与分子长轴方向的夹角 β 进行计算，计算结果汇总于表 8-13 中。可以看出，μ 值的大小随着化合物中氟原子置换数的增加而显著增加，而且，与含有一个苯环的情况相比，含有两个苯环的情况 μ 值也增加。而且，β 的值随着液晶分子结构相对于其长轴对称性的增加而变小。$\Delta\varepsilon$ 的实测值也表现出相同的趋势。根据式(8-3)，$\Delta\varepsilon$ 既同 μ 相关也同 β 相关，则上述计算和实测结果不难理解。进一步，对于两个苯环之间由酯相结合的化合物来说，它的 μ 和 $\Delta\varepsilon$ 都显示出最高数值。由此可以看出，三氟化合物及由酯组合的化合物，对于提高液晶组成物的 $\Delta\varepsilon$ 来说是极为重要的。

图 8-85 给出液晶组成物的黏度 η 同 $\Delta\varepsilon$ 之间的关系。图中，第一代为含有二氟化合物，第 2 代为含有三氟化合物，第 3 代为含有三氟代酯代物，第 4 代为含有二氟甲氧基结合的液晶组成物。对于液晶组成物来说，黏度同 $\Delta\varepsilon$ 之间也具有正的相关性，即 $\Delta\varepsilon$ 增大的同时 η 也增大。然而，即使在 $\Delta\varepsilon$ 相同程度的前提下，如图 8-85 中所示，按第 1 代(●)→第 2 代(■)→第 3 代(△)→第 4 代(◆)液晶材料的顺序，η 逐渐变小。另外，液晶组成物的 η 同 Δn 的关系如图 8-86 所示。相对于过去系统来说，在具有相同程度的 Δn 的前提下，含有第 4 代的二氟甲氧基结合的液晶组成物的黏度更低些。

表 8-13　各种氟系化合物液晶偶极距 μ 的大小和方向(计算结果)

	μ/Debye	$\beta/(°)$	$\Delta\varepsilon_{ext}$
C_3H_7—⬡—◯—◯—F	2.1243	3.50	6.3
C_3H_7—⬡—◯—◯〈F,F〉	3.4325	17.5	9.0
C_3H_7—⬡—◯—◯〈F,F,F〉	4.1592	3.3	11.7
C_3H_7—⬡—◯—COO—◯〈F,F,F〉	6.1141	7.2	24.3
C_3H_7—◯—◯—◯〈F,F,F〉	4.2514	1.4	14.7
C_3H_7—◯〈F,F〉—CF_3O—◯〈F,F,F〉	7.1154	4.7	27.7

计算方法：MOPAC Ver.6.0AMI。

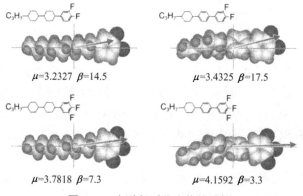

$\mu=3.2327$ $\beta=14.5$

$\mu=3.4325$ $\beta=17.5$

$\mu=3.7818$ $\beta=7.3$

$\mu=4.1592$ $\beta=3.3$

图 8-84　各种氟系化合物的结构

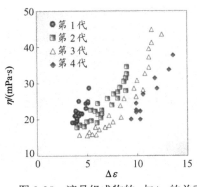

图 8-85　液晶组成物的 η 与 $\Delta\varepsilon$ 的关系　　　图 8-86　液晶组成物的 η 与 Δn 的关系

因此，将上述的低黏度材料、高 Δn 材料及高 $\Delta\varepsilon$ 材料相组合，有望实现更高的响应速度。当然，为此还有不少问题需要解决。

8.4.4　高速响应液晶材料有待开发的问题

随着含有高 $\Delta\varepsilon$ 液晶材料的液晶屏窄节距化的进展，一些特有的问题会展现在人们面前。图 8-87 表示液晶色层分离(chromatogram)效果示意图。当液晶材料向液晶屏间隙中浸透时，在注入口附近经常会观测到杂质被吸附的现象。设液晶的泳动距离为 l_2，杂质的泳动距为 l_1，二者的比值 $R(=l_1/l_2)$ 随着液晶屏(盒)间隙的变小而减小。这说明，液晶屏间隙越小，杂质会越发向注入口凝聚。而且，杂质浓度高时，在整个间隙中会有一定分布，但在某一浓度以下时，杂质会集中分布在注入口附近。这意味着，对于窄间隙化用的液晶材料来说，要求的纯度比目前要高得多。但是，过高的纯度要求，环境和工艺条件是否允许，仍需要进一步实验验证。

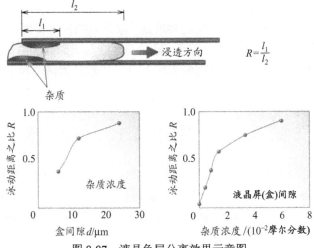

图 8-87　液晶色层分离效果示意图

图 8-88 表示液晶组成物在紫外光照射后的电压保持率之比与Δn 的关系。紫外光的照射能量为 26.4mJ，Δn 从 0.085 变到 0.090，说明紫外光照射前后的电压保持率之比接近 1。与之相对，随着Δn 增加，紫外光照射前后的电压保持率之比则多少会减小些。在液晶屏制造过程中，液晶不受紫外光照射是难以做到的，而且，随着开口率的提高及偏光片等性能的改善，背光源光对液晶材料的影响也应在考虑之中。

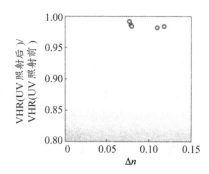

图 8-88　液晶组成物经 UV 照射前后的电压保持率与Δn 的关系

使液晶材料相组合，若能保证即使在相同Δn 的条件下，受紫外光的影响又最小，当然是人们所希望的。

以上对低黏度材料、高Δn 材料及高Δε材料进行再考查，以探讨适应更高响应速度要求的可能性。但是，在追求更高响应速度的同时，可靠性问题变得更加严峻，暂时处于"鱼和熊掌不可兼得"的状态。为提高液晶材料的可靠性，除了应充分考虑液晶材料与各种部件、材料的匹配性，并尽量减低紫外光影响之外，对液晶材料本身的开发显得更为迫切。如果液晶显示器实现更高的响应速度，其应用领域无疑会进一步扩展。

高速响应对液晶材料提出的关键要求是"兼有大的各向异性和低黏度"，再加上"高可靠性"，这两个要求缺一不可，显然门槛会越来越高。由于液晶显示器许多新的用途和新的模式大都与高速响应相关联，今后新型液晶材料必然会成为开发的重点。

8.5　驱动、控制用 IC/LSI 制造工程

LCD 是利用线顺序驱动实现显示的显示器，因此需要用于驱动的驱动 IC(integrated circuit，集成电路)和用于控制的 LSI(large scale integratedcircuit，大规模集成电路)。这些 IC/LSI 是由半导体集成电路厂商制作的，在此不做详述，但大致的制作工艺流程如图 8-89 所示。

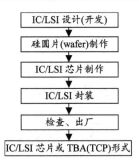

图 8-89　驱动、控制用 IC/LSI 制作工艺流程

首先，进行 IC/LSI 设计(IC 式样决定/设计工程)，并制作 IC/LSI 制作中所必需的掩模(坐标处理/掩模制作工程)。其次，拉制所需要的单晶硅，制作 IC/LSI 所需要的硅晶圆(wafer)。在硅晶圆上，由预先设计的掩模，完成所需要的电子回路的制作(薄膜沉积、蚀刻等)、栅氧化膜形成及杂质扩散等工程，制成 IC/LSI 芯片[①](IC/LSI 芯片制作工程)。此后，按照所需要的封装形式(对于 LCD 来说，主要采用 TCP[②]和 COF[③])，对 IC/LSI 芯片进行封装(IC/LSI 封装工程)，通过最终检查，对电气特性和寿命等进行评价，而后包装出厂(检查工程及出货)。

图 8-90 表示 IC/LSI 制造工程的概略流程。

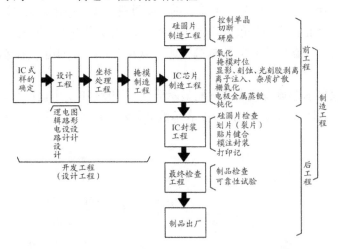

图 8-90　IC/LSI 制造工程的概略流程

---

① IC/LSI 芯片：这里所指是未经封装的裸芯片(bare chip)。

② TCP：带载封装(tape carrier package)的缩略语，指自动安装在带状基膜表面的外围器(芯片)。原来是用于 LCD 的封装形式，但最近 ASIC(application specific integrated circuit，用户专用型 IC/LSI)等也越来越多地采用这种封装形式。

③ COF：膜上芯片(chip film)封装。比 TCP 的基膜更薄，引脚更细的挠性封装。

第 9 章　TFT LCD 的改进及性能提高

9.1　液晶显示器的最新技术动向

液晶显示器作为平板显示器中的龙头老大，在现代信息化社会中已成为不可缺少的重要器件。在从便携设备到大型电视的广阔应用领域，液晶显示器正迅猛占领市场。这一方面得益于显示屏技术的不断突破，从而其性能飞速提高；另一方面得益于生产技术的改进，从而其价格不断下降。本章针对液晶显示器的最新技术动向，结合产业化动向进行简要评述。

9.1.1　液晶显示器的市场及产品动向

9.1.1.1　面向 21 世纪，迅猛扩展的液晶显示器产业

目前，液晶显示器已稳居各类平板显示器的第一把交椅，作为"信息之窗"，在当今信息化社会中，已成为不可缺少的重要器件。液晶显示器自 20 世纪后半期实用化以来，产业化稳步进展，市场不断扩大，在以手机为代表的便携用途，以笔记本电脑及监视器为代表的计算机用途，以及更大尺寸的电视用途都已占据中心位置。

作为平板显示器典型代表的液晶显示器，自 1973 年实用化以来，经过 30 余年，目前已开创巨大的市场。图 9-1 表示液晶显示器产业大致以 10 年为周期的变革与进展。

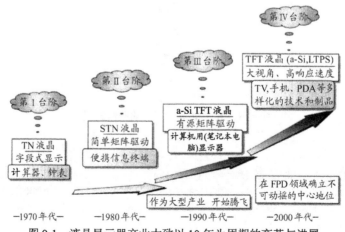

图 9-1　液晶显示器产业大致以 10 年为周期的变革与进展

20 世纪 70 年代最早开发成功的是 TN 液晶，当时主要针对计算器等用的字段(segment)式显示。

20 世纪 80 年代开发出 STN 液晶。以上述两种液晶为基础，针对各式各样的应用，当时在市场上引起不小的轰动。此后，有源驱动方式开发的成功使大尺寸、高清晰度画面显示成为可能。

20 世纪 90 年代，以计算机应用为基础，a-Si TFT 液晶在显示器市场获得长足进展。此后，随着性能的进一步改善，液晶显示器空前普及。今天，液晶显示器在我们身边可以说是无处不在，即使在电视领域，TFT 液晶正逐渐将 CRT 淘汰出局。

直到 20 世纪 90 年代末，液晶显示器的工作模式基本上以 TN 型为主。进入21 世纪，为适应宽屏动画显示，人们先后开发出各种新的工作模式，如 IPS、MVA、OCB 等，并均已达到实用化。得益于性能的改善，液晶显示器大大扩展了以电视为中心的应用领域。以多样化的产品和技术为支撑，液晶显示器已在平面显示器领域确立了不可动摇的中心地位，预计今后会有更加飞跃性的发展。

正如图 9-1 所示，液晶显示器在技术上大致按每 10 年登上一个新的台阶，不断变革和成长。对应每个时代所要求的制品，透过相应的技术进步而不断实现。可以说，液晶显示器产业是一步一个脚印踏踏实实地成长着。上述每 10 年登上一阶的"台阶"，与目前街谈巷议的表示玻璃母板尺寸的"代"是不同的，前者是表示液晶显示器产业实质性成长的重要指标。为了与玻璃基板尺寸的"代"相区别，如图 9-1 中所示，上述液晶产业每 10 年一代的世代进步用罗马数字表示。

9.1.1.2　液晶显示器的应用领域

因搭载液晶显示器的设备用途不同，液晶显示器的大小(显示画面的对角线)和显示的像素数有很大差异。对画面尺寸讲，从手机用的 1~2 型到电视用的数十型，分布在宽广的领域中，如图 9-2 所示，对应每种用途，所要求的性能也是各不相同的。

近年来，PDP 在大尺寸领域有上乘表现，而以有机 EL 开始的新型显示器的实用化也有不小的进展。但是，今后数年之内，液晶在整个平板显示器产业领域中仍会独领风骚，继续保持绝对领先地位。预计 2007 年，液晶显示器的产值在所有平板显示器的总产值中，将占大约 80%。

9.1.1.3　液晶显示器的应用的显示规格

如果着眼于画面尺寸考察液晶显示器的应用，从小尺寸的对角线长度为2.5cm(1 型)左右，到大尺寸的对角线长度为 10m(数百型)以上，涵盖了十分广阔的领域。其中，不仅涵盖了 CRT 的常用领域——从对角线 30cm(十几型)级到对角线 90cm(三十几型)级，还涵盖了 PDP 的得意领域——从对角线 90cm(30 型)级到对角线 150cm(几十型)级。对应于这些各种各样的用途，显示器的显示规格各不相同。表 9-1 分别针对计算机用、电视用、手机用等不同用途，列出相应液晶显示器的显示规格。

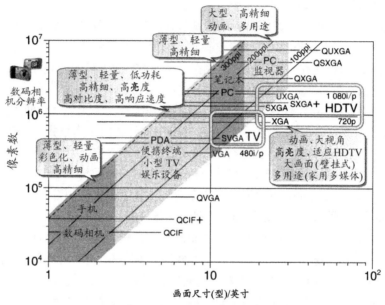

图 9-2 电子显示器的应用领域(按画面尺寸分类)

对于计算机用途，为适应显示信息量的增加和显示画面的高分辨率要求，正向着更高的显示规格进展；对于电视用途，适应高清晰度电视(HDTV)播放的 1 920×1 080 显示规格，已达到目前实用化的上限；对于手机用途，为进一步提高画面的精细度，也正向更高显示规格转变。

表 9-1 针对不同用途的液晶显示器的显示规格

用途及显示规格名称		像素数		总像素数/万	画面的宽高比
		水平方向 H	垂直方向 V		
计算机用途	VGA (Video Graphics Array)	640	480	31	4:3
	SVGA (Super VGA)	800	600	48	4:3
	XGA (eXtended Graphic Array)	1 024	768	79	4:3
	SXGA (Super XGA)	1 280	1 024	131	5:4

续表

用途及显示规格名称		像素数		总像素数/万	画面的宽高比
		水平方向 H	垂直方向 V		
计算机用途	SXGA+(SXGA 的宽高比取 4∶3)	1 400	1 050	147	4∶3
	UXGA (Ultra XGA)	1 600	1 200	192	4∶3
	QXGA(Quadruplet XGA：XGA 的 4 倍)	2 048	1 536	315	4∶3
	QSXGA(Quadruplet SXGA：XGA 的 4 倍)	2 560	2 048	524	5∶4
	QUXGA(Quadruplet UXGA：UXGA 的 4 倍)	3 200	2 400	768	4∶3
计算机用途宽画面	Wide-VGA(VGA 画面向水平(宽)方向扩展)	800	480	38	16∶9.6
	Wide XGA(XGA 画面向水平(宽)方向扩展)	1 280	768	98	16∶9.6
	Wide UXGA(UXGA 画面向水平(宽)方向扩展)	1 920	1 200	230	16∶10
	Wide QUXGA(QUGA 画面向水平(宽)方向扩展)	3 840	2 400	922	16∶10
电视用途	480i(隔行扫描)/480p(顺序扫描)	720	480	35	4∶3 16∶9
	720p，高清晰度电视	1 280	720	92	16∶9
	1080i，高清晰度电视	1 920	1 080	207	16∶9
	1080p	1 920	1 080	207	16∶9
手机用途	QCIF(CIF 的 1/4 倍)	176	144	2.5	11∶9
	QCIF+(QCIF 进一步高清晰化)	220	176	3.9	5∶4
	CIF (Common Interface Format)	352	288	10.1	11∶9
	QVGA(Quarter VGA：VGA 的 1/4 倍)	320	240	7.7	4∶3
	W-QVGA(QVGA 的宽画面型)	400	240	9.6	16∶9.6

9.1.2 液晶显示器技术的最新动向

9.1.2.1 电子显示器应具备的特性

显示器作为电子信息设备与人之间的界面，起着举足轻重的作用，应具备高效率显示并传输信息的特性。与此同时，以电视为代表，对于追求娱乐欣赏性的场合，需要显示的图像自然逼真。表 9-2 对作为显示器应具备的特性进行了整理。

从大的方面分，表中共包括：①功能；②性能；③产品形象三种特性。其中，①功能：作为显示器必备的基本特性；②性能：为显示更清晰的图像应有的特性；③产品形象：被市场更广泛接受应具备的要素。

表 9-2　电子显示器应具备的特性

特性分类	特性说明
①作为显示器件应具备的 "功能"	·画面尺寸：对角线长度(型或 cm)，高宽比(4∶3，宽屏，等) ·显示信息量：像素数[显示规格(display format)，播放规格]，灰阶数 ·便携性：更薄，更轻，更低的功耗 ·可靠性，耐久性(寿命)
②为显示自然逼真的图像应具有的 "性能"	·图像分辨率：像素尺寸，ppi(pixel per inch) ·视角：在一定的对比度下，观视方向与显示屏法线之夹角，有上下左右之分 ·亮度：显示画面的亮度 ·响应速度：亮度特性相对于输入信号的延迟程度，动画显示需要更高的响应速度 ·对比度：最大亮度与最小亮度的比值，对比度高时，图像明快，活泼 ·灰阶(grey scale)：表示彩色明暗差别的等级 ·色再现性(color gamut)：所能显示的色域范围，该范围越宽越好 ·显示画面的均匀性：不存在显示色的深浅不匀等
③被市场更广泛接受应具有的 "产品形象"	·价格：对市场的扩展影响极大 ·环境友好：生命循环(制造，使用，废弃时)中最大限度地节能 ·为适应最终组装成整机的产品设计 ·最终制品的用途(对于中小型液晶显示器来说特别重要) ·工厂形象 ·部件及材料供应状况

9.1.2.2 作为信息显示器件 "功能" 的提高

1. 显示信息量的增大(计算机用途)

20 世纪 90 年代的液晶屏，主要是应个人计算机(包括笔记本电脑和台式计算机)的需求而打开市场的，计算机用显示屏的最主要特点是其 "作业性"。而为满足作业性，画面的大型化自不待言，而更为本质性的指标是能显示更多的信息量。能显示多大的信息量，决定于显示器的像素数，像素数不断增加是高分辨率液晶屏，而且也是全体液晶显示器的发展趋势。而为实现高分辨率，像素的微细化是必不可缺的。

图 9-3 针对计算机用液晶显示器，表示画面大型化和高精细化的发展方向。目前的液晶显示器一般都超过 CRT 图像分辨率的极限，并且正向更高精细化的方向发展。通常的计算机用途，图像分辨率一般在 100ppi(pixel per inch)左右，通过图像分辨率的提高，可以更加平滑细腻地显示图像。如果图像分辨率达到 200ppi，在通常的观看距离(40~50cm)下，一个像素与相邻像素间的视角差，已达到人眼分辨率的极限。也就是说，在这种情况下，人的眼睛已不能区分一个一个分立的像素，从而看到的是平滑而细腻的文字和图像。其结果，液晶屏可实现与纸上印刷物同等的表现力。像这种具有纸上印刷物表现力的显示器，称为"似纸显示器"。

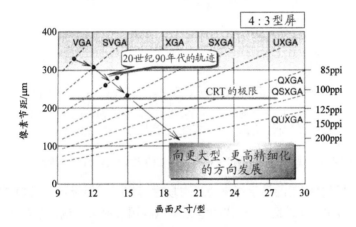

图 9-3 计算机用液晶显示器画面大型化和高精细化的发展趋势

2. 显示画面的大型化(电视用途)

20 世纪 80 年代，液晶电视从几英寸(型)尺寸的小型产品实用化以来，2000 年前后，15 型级的液晶电视达到实用化。此后，画面尺寸迅速进入大型化，目前 30~60 型电视商品已摆在家电商店的柜台上，而且 80~100 型也有样机展出，从而进入大画面液晶电视的开发竞争时代(图 9-4)。

作为高清晰度电视(HDTV)的前提，画面大型化自不待言，而画面宽型化也是重要指标之一。人们对电视用显示器的特殊要求，一是显示应富有临场感，二是显示的图像应自然而逼真。为满足第一个要求，需要有尽量大的像角(显示画面在观视者眼前所成的角度，又称画角)，这就是为什么电视用液晶显示屏多采用 16：9 宽屏的理由；对于第二个要求，近几年来为提高电视画面的显示特性，众多公司进行了卓有成效的研究开发，相关情况请见 9.1.2.3 节。

3. 为适应便携用途的"功能"提高

即使对便携用途的显示器来说，也是向着画面大型化和高精密化两个方向进展。关于画面尺寸，当初为 1 型，最近超过 2 型的产品已不新鲜；关于显示规格，一直在不断提高，其结果如图 9-5 所示，画面的图像分辨率继续向高精细化方向进展。近几年更是从高清(HD)向全高清(full HD)、超高清(super HD)方向发展。

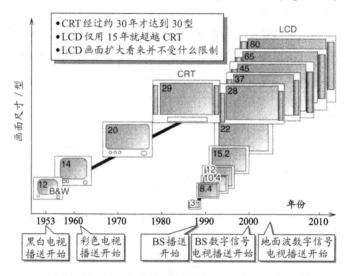

图 9-4　电视播送的进化和电视画面尺寸的大型化(以日本的情况为例)

当然，对便携应用的显示屏来说，市场对薄型化、轻量化、低功耗等方面的要求更为强烈。以 20 世纪 90 年代的笔记本电脑用液晶屏为例，为满足上述要求，各显示屏厂商积极研究开发，激烈的竞争一直延续至今。其他便携设备用的液晶模块也迅速向薄型、轻量化、低功耗方向发展。

为达到上述薄型、轻量、低功耗的目标，人们在液晶模块结构及材料等方面采取了各种各样的措施，主要包括：

(1) 进一步改善、优化构成液晶模块的部件和材料，如采用更薄、密度更低的玻璃基板等，使液晶模块更薄、更轻；

(2) 采用低温多晶硅(low temperature poly-crystal silicon, LTPS)技术，将驱动电路做在玻璃基板之上，以减少元器件数量；

(3) 采用反射型液晶显示器，以便去掉背光源，从而实现薄型、轻量化。

9.1.2.3　作为大型电视用显示器"性能"的改善

9.1.2.2 节所述作为信息显示器件"功能"的提高，主要是指 20 世纪 90 年代计算机用显示器的竞争。目前针对电视用途的画面尺寸的大型化，仍然是上述竞争的继续。但从另一方面讲，进入 21 世纪，面向大尺寸液晶电视的竞争重点是显示质量的提高。

与计算机主要是用于数据显示的显示器相比，对 AV 用显示器的要求更为严格。AV 用液晶屏所要求的显示质量，主要包括在表 9-2 中②项所列，有视角、亮度、响应速度、对比度、灰阶、色再现性(color gamut)等。而且，由于人眼的灵敏度极高，对于画面内彩色等均匀性的要求也极为严格。在上述项目中，扩大视角、提高响应速度、改善动画性能可算是液晶显示器的弱项，难度是相当大的。时至今日，在这些方面，液晶显示器同其他类型的平板显示器仍处于激烈的竞争之中。

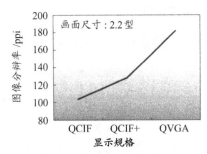

图 9-5　便携用显示器画面高精细化的发展趋势

1. 扩大视角技术

相对个人用的计算机而言，大型电视供多人观视，因此要求大视角。在表 9-2 中②为显示自然逼真的图像应具有的"性能"一项所列，到目前为止，视角及响应速度特性仍是液晶显示器的弱项。对过去的 TN 型来讲，是在垂直于画面的方向施加电场对液晶取向实施驱动，进而控制光的 ON/OFF。利用这种方式，画面的正面可以看到清楚漂亮的图像，但在倾斜方向观看时，由于对比度低下，产生色偏差，从而不适合用于电视用显示器。

为了克服 TN 型液晶的缺点，近年来在扩大视角方面开发出各种各样的模式，并均已达到实用化。其中包括 IPS(in plane switching，面内切换，横向电场驱动)、多畴(multi-domain)取向、MVA(multi-domain vertical alignment，多畴垂直取向)、OCB(optical compensated bend mode，光学自补偿弯曲)模式等，如图 9-6 所示。

IPS 模式是通过在阵列基板上布置电极，对液晶施加平行于阵列基板表面的横向电场，通过横向电场驱动的面内切换，控制平行于画面方向的光的增加或减少，从而改善横方向的视角。

多畴取向模式是通过将一个像素分割为若干个畴，使液晶分子按畴沿不同方向取向，由此扩大视角。

MVA 模式是通过在液晶盒内表面取向膜上设置微突起，从而使液晶分子按不同方向垂直取向，从而达到扩大视角的效果。

OCB 模式通过光学自补偿弯曲，除具有扩大视角的效果之外，还具有提高响应速度的效果。

需要特别指出的是，上述扩大视角的技术一反传统计算机用途中较为单纯的像素设计，都需要在像素结构上采取各种各样的措施。其结果，在电视用液晶屏尺寸越来越大的同时，像素尺寸却在逐渐变小，而且像素内的结构变得更加微细和复杂。为此，各个生产厂商都开发出独特的制造方法和相应的制作工艺，作为高度技术机密严加保守。由于生产线上采用了这些技术，因此需要按照这些技术和工艺的要求，订制专用设备。液晶显示器生产厂商与设备制作厂商需要建立紧密联系，彼此建立牢固的互信关系。

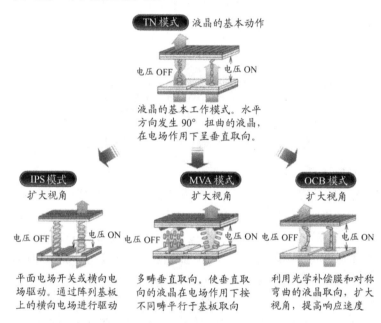

图 9-6　为扩大视角开发出各种各样的液晶工作模式

除了上述几种扩大视角的模式之外，通过采用各种补偿膜扩大视角的技术也已达到实用化。

2. 改善动画显示技术

除了视角特性较差之外，液晶显示器的另一个缺点是动画显示特性欠佳。如图 9-7 所示，这是由于液晶的响应速度慢和显示方式为维持(hold)型而非为 CRT 的瞬时(impulse)型所致。关于响应速度的改善，通过在液晶屏(盒)结构上采取措施，并在液晶材料和驱动方式上下工夫，使响应时间保持在动画一帧时间(16ms)之内已不成问题。

由于液晶与 CRT 的工作模式不同，为获得与传统 CRT 相同的自然而逼真的动画效果，仅仅靠改善液晶的响应速度还是不够的。相对于 CRT 中在电子束轰击荧光屏的瞬间发光而言，液晶的工作模式是在一帧之中都处于 ON 状态，即采用的是维持型发光。为了尽量克服这种差异，或采用背光源亮灭驱动，或在一帧之中插入全黑画面等方法(图 9-7)，这些都已取得良好的效果。

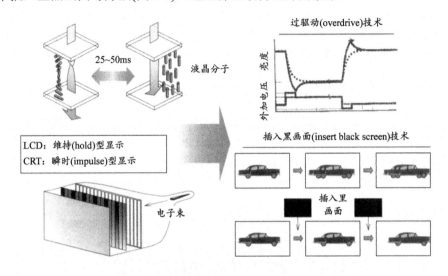

图 9-7　液晶显示器工作原理与 CRT 的差别及改善动画显示特性的措施

3. 其他改善液晶电视显示效果的技术

作为电视用液晶显示器，除采用上述两项改善技术之外，还有许多要改善的项目，其中包括表 9-2②中所列的亮度、对比度、灰阶、色再现性等多项。由于众多厂商和研究机构的努力，目前液晶显示器的综合性能已达到甚至超过 CRT 的性能，从而为开拓新的市场创造了条件。

例如，关于表征色域范围的色再现性，最近通过采用 LED 作背光源，与过去采用冷阴极荧光管背光源的情况相比，可以获得更宽的色域范围。其结果，有可能超越按播放规格规定的 NTSC 72％的色域范围。由此打开的新的应用领域，人们正拭目以待。

9.1.2.4　"产品形象"的提高

提高表 9-2③中所列的"产品形象"，对进一步开拓液晶显示器的市场至关重要。其中最主要的一项是产品价格。迄今为止，各厂商都采取降低价格、扩大市场的战略，因此降低价格是竞争的重点。今后，除了价格指标之外，环境友好、为适应最终组装成整机的产品设计、最终制品的用途(对于中小型液晶显示器来说特别重要)、工厂形象等项目也会成为重要的指标。在众多液晶屏厂商参与竞争的今天,价格势必进一步下降,技术上的竞争也会更加激烈,而最后的竞争点必将是"产品形象"。

1. 液晶屏幕的价格构造

为使液晶显示器的价格进一步下降,了解显示屏的价格构造十分重要。图 9-8 列出计算机用途液晶屏价格构造的明细,可以看出,所用部件及材料占了大约一半。而且制造设备的折旧费占 15%~20%。而在折旧费中,阵列工程生产设备费约占 50%。上述估算模型是在 SEMI PCS-FPD Phase-III 活动中讨论设备投资效率时使用的,使用对象是 17~18 型液晶监视器。

另一方面,最近电视用液晶屏的高性能化多依赖于各种补偿膜、背光源、驱动 IC 等关键零件及材料。其结果,相对于过去显示屏价格结构中部件及材料费约占一半而言,电视用液晶屏的部件及材料费所占的比例明显增加。因显示屏的大小及性能不同而异,目前在电视用液晶屏中,部件及材料费要占到 70% 以上。近年来,为进一步降低显示屏的价格,关键是降低部件及材料成本。

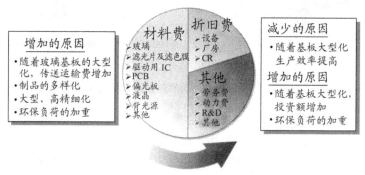

伴随着制品的高性能化(大型化、高精细化、高品质化),
部件及材料费所占的比例明显增加

图 9-8　液晶屏(计算机用)价格构造的明细

为了降低部件及材料成本,最近液晶屏的生产据点出现非常强的集团化趋势。这些据点被称为"晶谷"(crystal valley)或液晶产业园区,以液晶屏厂商为核心,集中了玻璃基板、彩色滤光片等部件及材料的生产厂商,目的在于提高液晶屏的生产效率、降低成本、提高竞争力。另一方面,为彻底(drastic)削减部件及材料费用,将几个部件的功能集中在一起的构想(如 8.3.7 节所述)也在实施之中。

2. 玻璃母板扩大的趋势

关于图 9-8 中所示的设备折旧费部分,到目前为止是通过玻璃母板尺寸的扩大,将这部分价格尽量降低。实际上,将 TFT 液晶屏生产线的发展历史称为玻璃母板尺寸扩大的历史并不为过。

图 9-9 表示 TFT 液晶生产线上玻璃母板尺寸的发展趋势。玻璃母板尺寸扩大的背景，除了有降低价格的驱动力之外，还有液晶屏尺寸急速扩大的驱动力。如图中所示，按液晶屏的用途从笔记本电脑、监视器、大型电视转变，其画面尺寸的扩大比率越来越大。为了高效率地生产更大尺寸的液晶屏，需要玻璃母板尺寸做得更大。图中纵坐标表示的显示屏面积，是指当时最领先产品的面积大小，实际生产的大部分显示屏的面积要比图中所标的数值小。

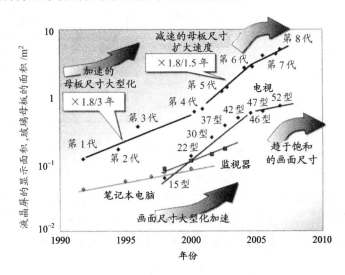

图 9-9　玻璃母板尺寸的扩大趋势及其背景

3. 极为重要的 "产品形象"

表 9-2③所列的 "产品形象" 并非仅包括价格，与环境友好相对应的产品制作也是极为重要的方面。而且，为了追求同其他公司的差别化，以显示技术实力的 "公司形象" 或 "名牌效应" 也是十分重要的。不具备这些，单靠价格竞争往往难以实现高效率。

特别是，如果在工厂建设及产品设计、生产过程中，贯彻再利用、再循环的理念，在环境友好，防止地球温暖化，以及有害物质使用量削减、禁用，建设循环型经济社会等方面作出切切实实的贡献，必将会提高企业形象和产品形象，从而在激烈的市场竞争中处于有利地位。

9.1.3　液晶显示器的今后展望

9.1.3.1　2010 以后将进入创能型显示器时代

如 9.1.1.1 节所述，液晶显示器自 20 世纪 70 年代实用化以来，液晶产业每 10 年登上一个新的台阶(图 9-1 及表 9-3)，进而形成目前巨大的产业。

表 9-3 液晶产业每 10 年登上一个新的台阶

液晶产业的进化	器件类型	液晶工作模式	显示信息	主要用途
第 I 台阶(20 世纪 70 年代)	无源驱动	TN 字段式显示	符号	计算器、钟表
第 II 台阶(20 世纪 80 年代)		STN 简单矩阵式	文字	便携信息设备
第 III 台阶(20 世纪 90 年代)	有源驱动	TFT(TN 模式)	图像	笔记本电脑，监视器等
第 IV 台阶(21 世纪 前 10 年)		TFT(IPS, MVA, OCB 等种各样的模式)	动画	大型电视，计算机，监视器等
第 V 台阶(2010 年 以后)	创能型	可支持用户的各种各样的附加功能		可在任何场合使用

从 20 世纪 70 年代到 80 年代来，是液晶显示器无源驱动的时代，器件是以显示符号及文字为主要目的的；20 世纪 90 年代，进入以计算机用途为主要目的的有源驱动时代，显示器显示的信息也从文字进展到图像；进入 21 世纪，虽仍为有源驱动，但为适应以大型电视为中心的应用要求，开发出各种各样的工作模式，使液晶显示器能显示更自然、更逼真的动画，从此液晶显示器开始傲立于各种平面显示器之首。

如果对从 2010 年开始的下一个 10 年做大胆预测，液晶显示器将不仅仅是迄今为止那样的单纯的显示器件，说不定会成为在整个互联网中使用户个人产生新价值的、具备各种各样功能的新型器件，姑且把这种器件称为"创能型显示器"。

互联网在当今信息社会中已广泛普及，下一步的发展方向大概是所有的信息都可在互联网上共享。其中，显示器所起的作用将远非仅仅显示的功能。人们利用显示器既可以从事创造性的活动，又可以通过显示器以界面(interface)的形式将每个人的创造性活动提供给互联网。

在显示器功能飞跃性提高的同时，随着市场的扩大和普及，要求显示器的价格继续下降。对于这种新时代的器件来说，可以想象，其结构和制作方法(生产模式)等都会与现在有相当大的不同。

9.1.3.2 向纸的挑战

显示器是信息的窗口。可以说，即使没有微型计算机，显示器照样会出现。这说明显示器大有用武之地。为了能在任何时候、任何地点看到信息，需要可适应不同场合的各种各样的显示器。不妨可以说，显示器的终极形态是可以取代纸的"电子纸"或"似纸显示器"。

纸的优点很多，如可以印刷清晰的文字和图像，无论何地何时都能方便地观视，而且还能手写等。特别是，无论是看还是写，都不需要能量。这些对于目前的显示器来说，可谓是望尘莫及。

现在的电子显示器，可以显示各种各样的数字化信息，透过互联网，不但可以检索世界范围内的信息，而且还能写入、修改、保存等。在此基础上，人们所期待的终极形态的"电子纸"(图 9-10)具有印刷水平的高精密度，可以在任何时间、任何地点进行显示，与此同时，还能手写输入以及保存等，既轻又薄，能携带到任何地方，而且是能长时间显示的节能型。"电子纸"，即像纸那样的终极型显示器，不仅要像纸那样的薄，而且能再现如同印刷品那样的高精细化也是极为重要的。为实现这样的显示器，除了终极的超薄化之外，达到印刷品那样的高图像分辨率也是必要的。关于超薄化，目前还有以有机 EL(OLED)为代表的各种各样的技术作为有力的候补，但从高精细化(高图像分辨率)来说，液晶是无与伦比的。而且，液晶也可以实现可弯曲性的挠性显示器。总之，液晶显示器在与其他平板显示器技术既竞争又促进的过程中，实现"电子纸"是完全可能的。

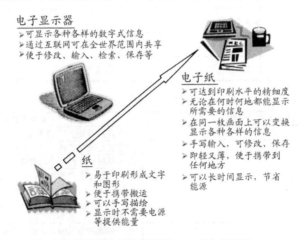

图 9-10　终极型态的显示器——"电子纸"

9.1.3.3　为实现更低价格的生产技术革新

液晶屏的价格，如表 9-4 所示，按每年以 20% 以上的比率急剧下降。如果这一趋势持续，则到 21 世纪下一个 10 年后半期，单位面积价格也会降低到目前的 1/10 以下。而为了实现这样的低价格，液晶显示器的价格构造需要发生彻底的变革。

迄今为止，是采取玻璃母板尺寸大型化、多面取，而使生产效率提高的措施，同时实现画面尺寸大型化和显示屏价格下降这两方面要求的。与此同时，制造装置本身也通过提高生产节拍(tactup)等，以提高生产效率和节约材料用量。表 9-5 中汇总了制造装置中采取的代表性的技术革新。从表中可以看出，到第 6 代之前，不断有各种各样的新技术导入，特别是到第 7 代和第 8 代，还引入浆料喷涂(ink-jet，简称喷墨)技术。

将来，对于更大面积的用途，例如制作贴附于墙壁或窗玻璃上的显示器，需要采用挠性基板，卷辊连续(roll to roll)方式，或者说，可能完全不再采用真空工艺和曝光技术，而全部采用印刷技术。

另一方面，最近在液晶屏的成本结构中，部件及材料所占的比率越来越高。针对这种情况，需要进一步采取措施降低部件和材料的价格。大幅度地降低部件和材料的价格也意味着显示器件结构的重大变革。

表 9-4　液晶屏的价格趋势(大型屏)

项目 年代	单位面积价格/日元/cm^2	主要应用	产品价格范围
20 世纪 90 年代后半期	约 200	笔记本电脑	10 型级为数万日元
21 世纪前几年	几十	监视器	15 型大约为 4 万日元
2010 年起	10~20	大画面电视	整机：每型 1 万日元
2020 年前后	<1	壁挂电视等	整机：每型 1 千日元

表 9-5　液晶屏制造中生产技术的革新

TFT 生产线的代	革新的内容
第 1 代(1991~)	建立真正意义上的 TFT 生产线
第 2 代(1994~)	由批量处理方式转变为单片处理方式
第 3 代(1996~)	玻璃母板尺寸扩大，以提高投资生产效率
第 4 代(2000~)	减少工艺过程中的掩模数量，以减少投资额
第 5 代(2002~)	利用 ODF(one drop fill，液晶滴入技术)提高液晶屏(盒)的生产效率；利用储料器(stocker)搬运技术提高超净工作间中的生产效率
第 6 代(2004~)	利用狭缝涂布机(slat coater)大幅度提高光刻胶的使用效率；建立环境友好型的生产线
第 7 代(2005~)	CF 用的浆料喷涂(ink-jet，喷墨)技术
第 8 代(2006~)	PI 用的浆料喷涂(ink-jet，喷墨)技术
将来的生产线	挠性基板，卷辊连续(roll to roll)方式 整个工程全部采用印刷或浆料喷涂(ink-jet，喷墨)工艺 液晶屏结构、材料的革新

9.1.3.4　需要开辟新的市场

现在，各种平板显示器已完全处于平等竞争状态，性能价格比高的产品必将在市场上占据有利的地位。到目前为止，平板显示器的市场一直被液晶显示器的进化所左右。液晶本身的竞争重点也随着时代而变化。液晶显示器自 20 世纪 70 年代实用化以来，由于在"功能"的充实方面得到卓有成效的开发，因此在市场上已打开广阔的天地。而现在进入在"性能"方面同其他 FPD 竞争的阶段。

如此说来,开辟平板显示器时代的液晶显示器的历史,就是"功能"和"性能"不断提高的历史。进一步讲,如图 9-1、表 9-3 所示,在每 10 年一代的进步中,每个时代都有具体而明确的应用对象,或者说,每个时代都是开辟新应用的历史。可以这样说,以技术开发和提高生产效率为武器,不断开拓新的应用市场——这就是液晶显示器产业的发展史。

目前,紧随液晶之后的其他类平板显示器,正在不断蚕食液晶显示器开辟的市场,力求在性能竞争之中扩大市场份额。这些平板显示器往往以液晶显示器视角和响应速度特性较差为主攻目标,力图在画面质量的对比中,获得竞争优势。但液晶显示器靠多年研究开发获得的技术积累和性能提高,仍使其他类型的 FPD 望尘莫及。

现在,经常有人问这样的问题:液晶电视与 CRT 电视相比占多大的市场比例?到哪一年液晶才能全部取代 CRT?若仅仅着眼于此,似乎目光不够远大。实际上,液晶显示器发展到今天的规模,远不仅仅是靠取代已有的技术和市场,而是在不断开发新的应用、不断开拓新的市场过程中快速发展的。

不仅是液晶,包括所有平板显示器在内,都是在日益完善的过程中,不断开辟新的市场。近年来,PDP、OLED,还有最近加入的 SED 都取得令人瞩目的进展。这些对于液晶显示器产业来讲是好事而不是坏事。通过竞争,可以发挥各自的优势,相互促进,共同开拓市场,共享先进技术,从而促使平板显示器产业更快地发展。

9.2 TFT LCD 开口率的提高

为提高液晶屏的表面亮度,在增加光源亮度的基础上,还必须提高液晶屏的透光率。这其中除了提高所用光学部件、材料的透射率之外,特别要提高 TFT LCD 的开口率。

为提高 TFT 的开口率,一般需要采取下述措施:

(1) 提高 TFT 阵列基板与 CF 基板的对位精度;

(2) 布线微细加工技术的导入;

(3) 为降低栅、源电极间的重叠电容,采用自整合(self-alignment)型 TFT;

(4) 降低栅线的电阻;

(5) 提高 TFT 的电子迁移率。

下面分别做简要介绍。

9.2.1　提高 TFT 阵列基板与 CF 基板的对位精度

为提高 TFT 阵列基板与 CF 基板的对位精度，可以考虑采用黑膜贴附于阵列(BM on array)技术和彩色滤光片贴附于阵列(CF on array)技术等。前者所谓 BM on array 技术是将黑色矩阵贴附于像素与像素(TFT 有源矩阵)的间隔之上，即直接将 BM 贴附于 TFT 阵列基板上的技术。目前一般是采用将 BM 贴附于彩色滤光片(CF)基板上的结构[图 9-11(a)]，但采用这种结构，TFT 阵列基板与 CF 基板的对位精度势必对 TFT 开口率造成影响。而采用图 9-11(b)所示的黑膜贴附于阵列的技术则可以避免上述对位精度造成的影响。除此之外，还有图 9-12 所示将彩色滤光片(CF)贴附于 TFT 阵列基板上(CF on array)的技术。这些技术的导入，可以消除液晶屏组装工艺中由于 TFT 阵列基板与 CF 基板的对位精度对 TFT 开口率造成的影响。但是，采用上述的黑膜贴附于阵列及彩色滤光片贴附于阵列的技术等，不可避免地会降低 TFT 阵列基板的成品率，还有可能增加价格。因此，这些技术的采用需要建立在严格的技术论证和实践检验的基础上。

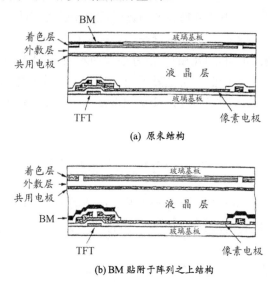

(a) 原来结构

(b) BM 贴附于阵列之上结构

图 9-11　利用黑膜贴附于阵列之上的技术提高开口率

9.2.2　布线微细加工技术的导入

TFT LCD 的微细加工技术随着半导体集成电路微细加工技术同步进展。如图 9-13 所示，从产业化规模的水平看，半导体集成电路的特征线宽从 20 世纪 70 年代进入约 $10\mu m$，逐步进展到目前的 130~90nm 的水平。与此相对，液晶显示器的微细加工技术是从 1990 年初的约 $10\mu m$ 水平开始的。按 $10\mu m$ 的设计标准计，TFT

阵列的开口率大约为 35%，但若微细加工的特征线宽达到 5μm 水平，在其他因素配合的前提下，开口率可达到 80%左右，对开口率的提高效果十分显著。因此，为提高 TFT 阵列的开口率，栅电极及布线等的微细化是必不可少的。TFT 阵列微细化的设计标准(特征线宽)在 2000 年达到约 3μm，目前已达到约 1.5μm 的水平(图 9-13)。在其他因素配合的前提下，TFT 阵列的开口率与微细加工技术的关系示于图 9-14。

　　相对于在抛光的硅圆片上制作大规模集成电路而言，在玻璃基板上制作 TFT 阵列有其困难的一面。一是玻璃基板的面积很大，如第七代线为 1 870mm× 2 200mm，增加了成膜、光刻、蚀刻、清洗等一系列工序的难度；二是玻璃基板的表面质量(包括表面平整度、凹凸、气泡、翘曲度等)远不能与硅圆片相比，从而进一步增加了微细加工的难度。

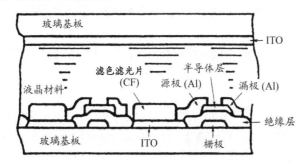

图 9-12　利用彩色滤光片贴附于阵列之上的技术提高开口率

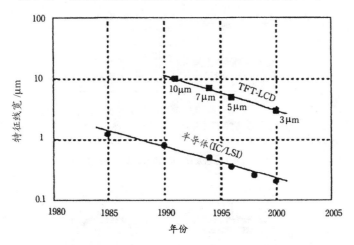

图 9-13　半导体集成电路与 TFT LCD 的特征线宽随年代的进展

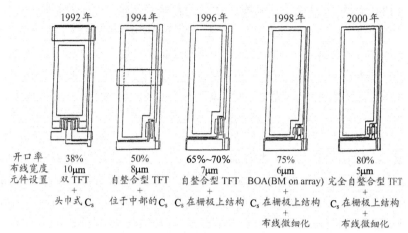

图 9-14 TFT 阵列的开口率与微细加工技术的关系

9.2.3 采用自整合(self-alignment)型 TFT，以降低栅、源电极间的重叠电容

采用图 9-15 所示的自整合型 TFT，可以降低栅、源电极间寄生的重叠电容，同时可节省空间。其结果，自整合型 TFT 阵列与普通型 TFT 阵列相比，前者的开口率可提高 10% 左右(图 9-16)。

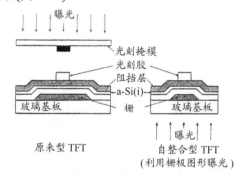

(a) i 阻挡层型 TFT 图形的不同形成法

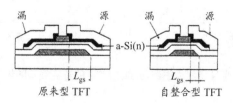

(b) 结构的不同

图 9-15 自整合型 TFT 与原来型 TFT 的结构比较

这种自整合型 TFT,是通过在玻璃基板的背面,以栅极作为掩模进行曝光而形成的,因此如图 9-15 所示,仍会保留部分寄生重叠电容(L_{gs} 部分的电容)。而采用图 9-17 所示的离子注入技术,可以形成完全自整合型 TFT,从而可更好地消除上述重叠电容。目前这种技术已达到实用化。

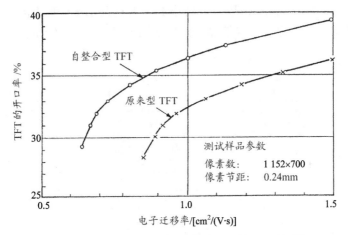

图 9-16　自整合型 TFT 与原来型 TFT 的开口率对比

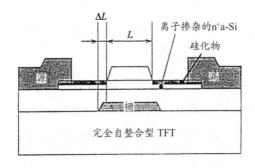

图 9-17　采用离子注入(掺杂)的完全自整合型 TFT 的构造

9.2.4　降低栅线的电阻

栅线电阻高及栅脉冲的延迟时间增大,导致对像素的数据信号写入不足而造成对比度下降,以及对液晶材料所加直流电压的失真而产生亮度梯度等,这些都会引起画面质量的下降。为对此进行校正,可以增加栅极布线宽度,但这与提高 TFT 阵列的开口率相矛盾。因此,降低栅线电阻不失为有效的办法。已成功采用的方法包括:采用由铝(Al)包覆的铬(Cr)及钼钽(MoTa)等的包覆铝(clad Al)的布线电极,以及引入钨(W)等的布线技术。由此可以获得低电阻的栅极。

9.2.5 提高 TFT 的电子迁移率

目前已广泛采用的液晶显示器是由非晶硅 TFT 做有源驱动元件的 TFT LCD。但非晶硅 TFT 的电子迁移率低，采用低温多晶硅(LTPS)、高温多晶硅(HTPS)、连续晶界(continuous grain, CG)硅、单晶硅 TFT 是提高电子迁移率的有效方法。图 9-18 表示非晶硅、多晶硅、连续晶界硅的结构示意，表 9-6 给出三者中电子迁移率的对比。

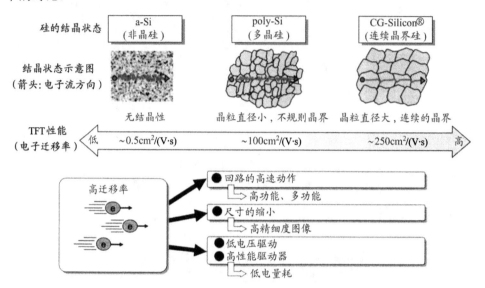

图 9-18　非晶硅、多晶硅和连续晶界硅的比较

表 9-6　多晶硅 TFT 的性能与系统液晶的发展预测

世代	第 1 代	第 2 代	第 3 代
TFT 特性	高迁移率	均一性	宽通道 TFT
载流子迁移率	$200cm^2/(V \cdot s)$	$300cm^2/(V \cdot s)$	$400cm^2/(V \cdot s)$
特征线宽	$3 \sim 4\mu m$	$1.5\mu m$	$0.8\mu m$
金属布线	Al 布线	多层布线	低电阻布线材料
设计环境	以 LSI 为基准的设计环境	针对 TFT 特殊要求的设计环境	考虑生产线(如提高生产效率等)的设计环境
工作频率	3MHz	5~10MHz	20~30MHz
集成功能	驱动器 电源回路	DA 变换器 定时控制器 存储器	逻辑运算回路 模拟回路 输入器件

最近，还有人发表通过扩大像素电极区域，以提高 TFT 阵列开口率的技术。这种被称为 FSP(field shield pixel，场遮挡像素)的技术如图 9-19 所示，将低介电常数的感光性聚合物膜涂敷于 TFT 阵列之上，平坦化之后，在其上部由透明导电膜(ITO 膜)形成像素电极，由于像素电极扩大至阵列电极之上，从而可以扩大 TFT 阵列的开口率。基于 FSP 的结构，这种技也被称为 ITO 位于阵列之上(ITO on array) 技术。采用这种技术，像素电极与数据线间的重叠率可达约 11%，但实际的像素电极扩大效应约为 5%。其结果，可使 TFT 阵列的开口率从大约 63%扩大到大约 80%。

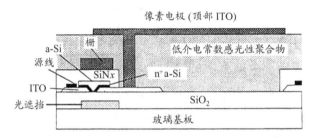

图 9-19　FSP(field shield pixel)型 TFT 的构造图

9.3　扩大视角技术

9.3.1　采用光学补偿或取向分割扩大 TN 模式液晶显示器的视角

近年来，视角特性优于 TN LCD 的 IPS LCD 及 VA LCD 正得到开发。与此同时，改善 TN LCD 视角的技术也取得进展，其中之一是光学补偿，之二是取向分割。

TN 模式视角特性的改善，可通过设置与向列液晶物质层具有对称光学各向异性的位相差膜来实现。常白型 TN LCD 在暗状态下，指向矢基本上垂直于基板方向取向，在理想状态下其与 DAP LCD 不加电压时的状态相同。因此，在 6.2.4 节所述 VA LCD 的原理中，通过采用负的单轴性位相差膜可以改善其视角特性。但实际上，因取向处理造成的锚定力的影响，基板界面处的取向存在过渡区，因此，即使采用负的单轴性膜，也不能达到完全的光学补偿。

目前人们已经开发出新的位相差膜，其在包括指向矢取向过渡区域都能进行光学补偿。在外加电压状态下的 TN 模式液晶物质层中，会产生如图 9-20 所示意的指向矢的取向变形、向列液晶可由光轴与指向矢平行的正的单轴性折射率椭球来表示。因此，若采用光学补偿膜使其负的单轴性折射率椭球的光轴与液晶物质层的指向矢分布，在厚度方向呈对称分布，则可实现完全的光学补偿。这样的光学补偿膜是由称作盘状液晶(discotic liquid crystal)的液晶材料制作的。盘状液晶中，圆盘状的分子按一定次序排列。其指向矢定义为分子圆盘法线方向的平均取向。盘状液晶源于其分子形状而显示出负的光学单轴性。因此，按照图 9-20 所示意的取向状态，就能得到所希望的补偿膜。在向列液晶物质层中，指向矢的取向相对于层中央的面呈对称分布，因此，上下补偿膜分别承担液晶物质层上半部分和下半部分的光学补偿。

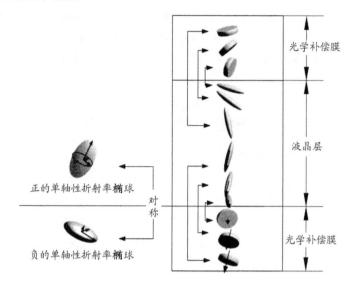

图 9-20 采用盘状液晶材料制作的光学补偿膜改善 TN LCD 视角特性的原理

实际的补偿膜是采用使盘状液晶化合物取向并交联的高分子膜，而由三乙酰纤维素(triacety cellulose, TAC)作为支持体。从光学角度 TAC 支持体的物性也包括在设计之内。图 9-21 以实际测量的一例表示这种方式扩大视角的效果，与图 6-18(b)相比，等对比度曲线在所有方位角几乎都相等且均得到扩展。这种 TN LCD 用的视角改善膜，也可以通过采用高分子液晶(liquid crystal polymer)来实现。

下面顺便对盘状液晶和高分子液晶做简要介绍。

首先看一下盘状液晶分子。如 2.5 节所述，液晶物质的分子形状不一定限于棒状，圆盘状的分子也可以形成各种液晶相。由称作盘状液晶(discotic liquid crystal)的圆盘状分子构成的液晶相分两大类。第一类是由圆盘状分子上下堆积形成柱状组织(column)，柱状组织按某种取向次序构成柱状相(columnar phase)，图 9-22(a)表示其中一例。另一类是非柱状相，而与棒状分子具有相同的有序结构[见图 9-22(b)]。光学补偿膜中应用的盘状液晶相就是非柱状相之一，是由圆盘状分子形成的向列相(discotic nematic phase)。为形成图 9-22(b)所示的取向有序结构，指向矢要与圆盘法线的平均取向方向平行。同棒状分子形成的向列相为光学正的单轴性相对，由于盘状分子与棒状分子相比，长、短轴发生转换，因此由前者构成的盘状液晶的向列相显示出负的单轴性。

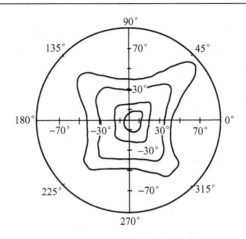

图 9-21　采用光学补偿膜的有源矩阵结构 TN LCD 的视角特性

再看高分子液晶。被形容为棒状和圆盘状的液晶化合物分子，按分子量的观点都属于低分子。另一方面，例如大多数的低分子液晶化合物通过化学键合构成的高分子也能形成液晶相。这类液晶被称为高分子液晶(liquid crystal polymer，亦称液晶聚合物)。构成高分子的原子团中与低分子液晶化合物相当的部分称为中间取向基(mesogenic group)。若干个中间取向基由柔性链相连接而构成的高分子，称为主链型高分子液晶；而中间取向基在高分子主链中由被称为间隔团(spacer)的柔性原子团相连接而构成的高分子，称为侧链型高分子液晶。在高分子液晶中，中间取向基可以形成如同低分子液晶那样的向列相及层列相等有序性的取向结构，见图 9-23。

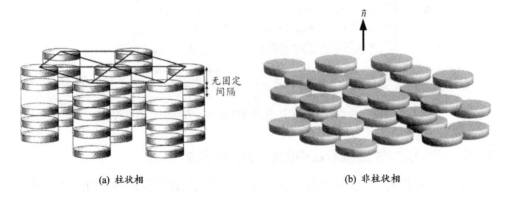

(a) 柱状相　　　　　　　　　　　　　　(b) 非柱状相

图 9-22　盘状向列液晶

下面再返回来讨论取向分割法对 TN 模式视角特性的改善。现举例说明。图 9-24 表示一个像素的断面，在一侧基板表面通过预处理，将其按预倾角分为相互对称的两个区域。在外加电压时，液晶分子在直立状态下的视角特性，由于两个区域呈互补关系，从而可降低像素光透射率与视角的相关性。为实现这种取向结构，需要在一个像素中制作摩擦方向不同的两个区域。为此，要采用掩模使摩擦处理分两次完成。这里采用的掩模并非金属掩模，而是光刻胶膜，需要成膜、图形化等，摩擦处理后还要去除干净等，涉及一整套烦琐复杂的工艺。因此，直到现在采用不同摩擦方向的取向分割结构仍未达到实用化。而与取向分割考虑方法当初便不相同的 IPS LCD 及 VA LCD 却已达到实用化。

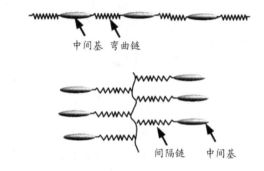

图 9-23 高分子液晶

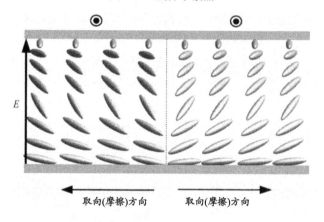

图 9-24 为改善 TN LCD 视角特性而采用的取向分割结构

9.3.2 IPS 模式液晶显示器中的取向分割结构

9.3.1 节对扩大 TN LCD 视角的讨论中，只谈到对比度视角特性的改善效果。实际上，还必须考虑调灰特性及色度等对视角的相关性。正如 6.2.3.2 节所述，关于对比度的视角特性，IPS LCD 从本质上讲要优于 TN LCD。而且，IPS LCD 也会涉及色转变(colour shift)问题。在实际的 IPS LCD 中，作为色转变的改善技术，取向分割的考虑方法已获得应用。

IPS LCD 中的取向分割,如图 9-25 所示,通过采用"く"(日文平假名)字形电极结构来实现。由于电力线在与基板平行的面内向着两个方向,外加电压时的指向矢取向也存在两个方向。其结果,当从倾斜 45°的方位角观视时,着色差异就会显著降低。另外,对图 6-18(b)中看到的对比度与视角相关性中的非对称性(尽管并不严重)也能得到改善。这些特性也同"く"字形电极的曲折角度相关。图9-26 表示在被称作超-IPS(super-IPS)的取向分割方式 IPS LCD 中,对比度视角特性的一例。

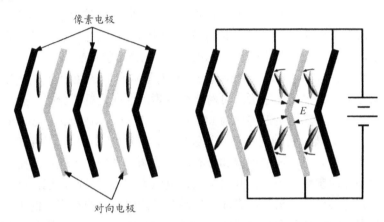

图 9-25　为进一步改善 IPS LCD 的视角特性而采用的取向分割结构(super-IPS LCD)

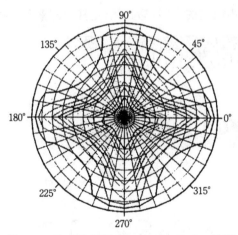

图 9-26　取向分割超 IPS(super IPS)LCD 的视角特性

9.3.3　VA 模式液晶显示器中的取向分割结构

6.2.4.2 节已经指出,VA 模式也具有优于 TN LCD 的对比度视角特性。同时还指出，对于 VA LCD 来说，外加电压时，为使指向矢在同一面内发生同样的倾斜，往往需要在相对于垂直方向使指向矢稍微产生一些预倾斜。但是很容易理解，若在一个面内使指向矢产生同样的取向状态，则对比度等与视角的相关性会变得更严重。为了改善 VA 模式的视角特性，取向分割仍然是有效的。

在 VA 模式的显示屏幕中，通过在基板表面形成如图 9-27 所示的突起，以便获得预倾角不同的区域，或利用电力线的弯曲，使像素内液晶分子的倾斜方向不同等方法均可实现取向分割。在这些屏中，没必要通过摩擦而能自动地使指向矢的倾斜限定在同一面内。例如，通过在两块基板表面设置的电极上形成条状图形等。如图 9-28 所示，利用面内电极间隙部分的空间，就可使电力线产生弯曲。这种结构的液晶显示屏幕称为 PVA(patterned VA，花样电极 VA)屏。

在 VA 模式的屏中，通过设置突起结构进行取向分割的场合下，如图 9-29 所示，若使突起结构为"く"字形，可对一个像素的取向进行四分割。采用 VA 模式且具有这种取向分割结构的屏称为 MVA(multi-domain Vertical alignment，多畴垂直取向)液晶显示器，目前这种产品已经面市。上述突起结构十分精细，构成突起的许多因素都会对电力线的形状和分布产生影响，其中不仅包括高度、宽度、间隔等形状和几何参数，还包括介电常数、电阻率等电学性能，因此必须选择合适的材料，并精心设计。另外，界面上液晶分子的取向由两个因素的平衡决定，一个因素是取决于垂直取向膜材料的取向锚定力的大小，另一个因素是与突起结构的形状及花样相关的液晶物质中的弹性能。因此，突起结构的最佳设计和合理选材对于保证显示区域中取向的有序排列，防止其局部紊乱是极为重要的。

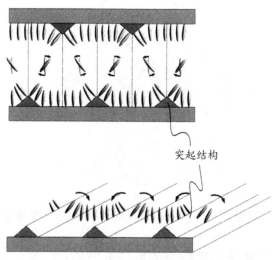

突起结构

图 9-27　透过设置突起结构进行取向分割，以改善 VA LCD 的视角特性(MVA LCD 的原理)

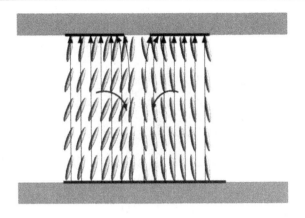

图 9-28　通过在面内电极上设置缝隙进行取向分割，以改善 VA LCD 的视角特性
(PVA LCD 的原理)

在 MVA 屏中，通过使 TFT 基板与彩色滤光片基板上的"〈"字形的位置发生少许错动，可使其产生如图 9-29 所示，一个亚像素所涉及的指向矢以四个方位角倾斜。采用这种结构的 MVA LCD，其对比度的视角特性如图 9-30 所示。在对比度 10 以上，可以获得上下左右各 160°以上的对称性。而且，无论对哪一个视角来说都不发生调灰反转现象。其基本的响应时间与 VA 模式相同。对于实际的 MVA LCD 来说，其调灰响应特性优于 TN LCD，但有报道指出，从黑色到灰色的响应不如 TN LCD 快。但是，对实际的显示来说，人眼对这种水平的灰阶变化反应不太灵敏，而在黑色与白色之间等灰阶变化大的场合，人眼对高速响应特性感觉更灵敏，因此，给人的印象是，MVA LCD 的响应特性要优于 TN LCD。

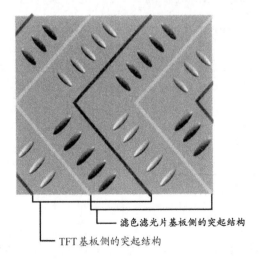

滤色滤光片基板侧的突起结构

TFT 基板侧的突起结构

图 9-29　在 MVA LCD 中为改善视角特性而采用的取向分割结构

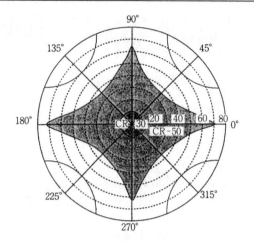

图 9-30　MVA LCD 的视角特性(等对比度曲线)

9.3.4　三种扩大视角液晶显示器中的彩色转变

图 9-31 是利用 CIE 1931xy 色度图表示膜补偿型 TN(film-compensated TN,

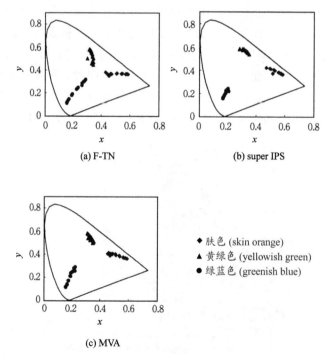

(a) F-TN

(b) super IPS

(c) MVA

◆ 肤色 (skin orange)

▲ 黄绿色 (yellowish green)

● 绿蓝色 (greenish blue)

图 9-31　F-TN、super IPS 和 MVA 三种模式液晶屏中三个标准色的彩色转变(水平视角)

F-TN)、super IPS、MVA 三种不同模式的液晶屏，在使视角沿平行于屏面方向变化时，发生彩色转变的对比实例。三个色度点分别代表肤色(skin orange，R：100%、G：50%、B：25%)、黄绿色(leaf green，R：50%、G：100%、B：25%)、绿蓝色(sky blue，R：25%、G：50%、B：100%)，根据三原色的视角相关性测量而计算的结果。从上述比较结果可以看出，super IPS 模式的显示屏幕彩色转变最小。但是，如图 9-32 所示，在暗状态下，从对所有视角的色度变化看，MVA 模式的效果最好。即使对于纯粹的 RGB 三原色来说，如图 9-33 所示，MVA 模式的彩色转变特性也是最好的。当然，关于彩色转变特性，IPS 模式与 MVA 模式的比较不能以偏概全，应全面比较。

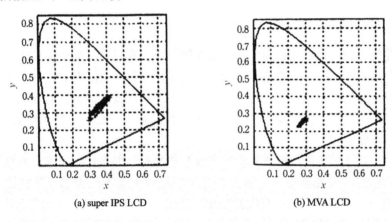

(a) super IPS LCD　　　　　(b) MVA LCD

图 9-32　super IPS LCD 和 MVA LCD 显示屏中暗状态的彩色转变

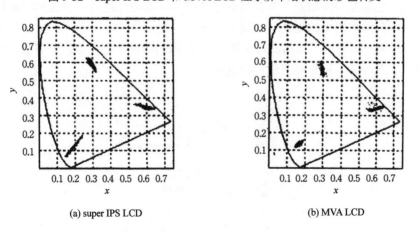

(a) super IPS LCD　　　　　(b) MVA LCD

图 9-33　super IPS LCD 和 MVA LCD 显示屏中 RGB 三原色的彩色转变

9.3.5　光学补偿位相差膜在各种显示模式中的应用

液晶显示器自成功在计算器上搭载以来，显示性能飞速提高，画面尺寸急速扩大，目前已成为家用电视的主流。大型电视应满足整个家庭从不同角度观看，因此对大视角、高亮度、高对比度有更高要求。目前市场上销售大屏幕液晶电视的视角，有的声称上下左右都达到 180°，换句话说，无论在什么角度，都可以观看到美丽的画面。其中，偏光片及位相差膜等光学薄膜的作用功不可没，经过不断的技术革新，其性能和作用已充分体现。下面，简要讨论位相差膜视角补偿原理及应用实例，介绍液晶电视用位相差膜的开发动向。

9.3.5.1　视角补偿原理

所谓视角，是指相对于显示屏表面法线倾斜方向观看时，能确保识认性的角度，一般定义为对比度能保证在 10 以上的角度范围(见 4.2.10 节)。由于对比度指显示亮时的亮度与显示暗时的亮度之比，为扩大视角，要求倾斜方向观视时，对比度要尽量高。因此，位相差膜视角补偿的基本要求是，相对于倾斜方向观看来说，显示暗时要足够"黑"。

对于大型显示器来说，视角补偿的对象是液晶层和偏光片：对前者补偿的是随视角不同引起的位相差变化，对后者补偿的是随视角不同引起的正交尼科耳(cross Nicol)布置的偏振光轴正交性的变化。下面主要讨论对液晶层的视角补偿。

图 9-34 表示 VA 模式(vertically aligned mode，垂直准直取向模式)液晶显示装置示意图，液晶盒中采用的是具有负介电各向异性的向列液晶，液晶分子呈均质垂直排列。在图中所示的光源与一对正交尼科耳偏光片的布置下，无电场作用时显示黑，故为常黑模式。液晶层可用图 9-35 所示的折射率椭球表示。下面，利用上述模式对液晶层的视角补偿做简要说明。

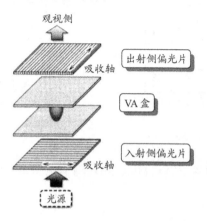

图 9-34　VA 模式液晶显示装置示意

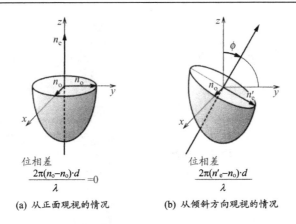

位相差
$$\frac{2\pi(n_o-n_o)\cdot d}{\lambda}=0$$

(a) 从正面观视的情况

位相差
$$\frac{2\pi(n'_e-n_o)\cdot d}{\lambda}$$

(b) 从倾斜方向观视的情况

图 9-35　液晶层产生的位相差

1. 从正面观视的情况

从正面观视时，如图 9-35(a)所示，透过光的透射率即为正交尼科耳布置的一对偏光片的透射率，显示为"真黑"。由于透过入射侧偏光片的直线偏振光的光轴与向列液晶的光轴平行，位相差为零，因此光的偏振光状态不发生变化。从液晶层出射的直线偏振光完全被出射侧的偏光片吸收，因此显示黑。

2. 从倾斜方向观视的情况

从倾斜方向观视时，如图 9-35(b)所示，透过入射侧偏光片的直线偏振光要倾斜地透过向列液晶。在这种情况下，液晶层成为各向异性介质，从而产生位相差。因此，透过液晶层的光成为椭圆偏振光，不能被出射侧偏光片吸收的光就会漏出。

为了解决这一问题，可设计视角补偿用位相差膜来抵消由液晶层发生的位相差。图 9-36 表示采用折射率椭球计算出的，折射率差与光在液晶层中传输角度(视角)的关系。假设光的光轴在 yz 平面内，与 z 轴的夹角为 ϕ，用与该光轴垂直的平面切割折射率椭球，则截面为椭圆。因此，与 x 轴平行的折射率(椭圆的短轴半径)为 n_o，与 x 轴相正交的折射率(椭圆的长轴半径)为 n'_e，则可以求出折射率之差 n'_e-n_o。

在 $\phi=0°$ 的情况下，折射率之差等于零，但随着角度 ϕ 增加，折射率之差变大。为对此进行补偿，在选择位相差膜时，要求随着角度 ϕ 增加，折射率差要向相反方向变化(图 9-36)。若用折射率椭球来说明，如图 9-37 所示，液晶层(椭圆球)和位相差膜(扁球)二者相组合的结果为一球体，即折射率为各向同性的，位相差被消除。这样，无论在哪一个角度看，透过液晶层和位相差膜的光的位相差都近似为零，即使视角变化，穿透光的偏振光状态仍能保持直线偏振光。

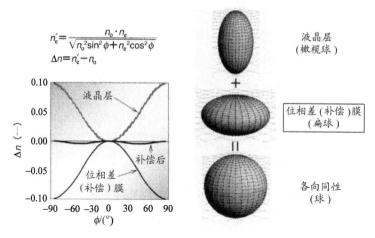

图 9-36　折射率差与视角的关系　　　　图 9-37　折射率椭球

9.3.5.2　显示模式及应用实例

图 9-38 表示典型的液晶显示模式及相关的光学补偿膜使用实例。位相差膜可按折射率椭球的形状来分类。在折射率椭球中,可定义三轴坐标系,但按习惯,定义位于位相差膜面内的两个轴分别为 A 轴和 B 轴,而与该面垂直的为 C 轴。

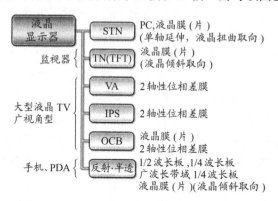

图 9-38　各种显示模式及光学膜使用实例

在单轴性位相差膜中光学轴位于面内的情况,光学轴取 A 轴,则称其为 A 板。若 A 轴方向的折射率大于其他方向的折射率,则称为正 A 板(positive A plate),小于则称为负 A 板(negative A plate)。同光,光学轴位于 C 轴的称为 C 板,若 C 轴方向的折射率大于其他方向的折射率,则称为正 C 板(positive C plate),小于则称为负 C 板(negative C plate)。代表性正 A 板的实例有 1/2 波长板和 1/4 波长板等单轴延伸膜等。可近似看作负 C 板的有二轴延伸膜等。下面结合图 9-38,简要介绍光学补偿膜在各种液晶显示模式中的应用。

1. STN 模式

STN 模式采用简单矩阵驱动即有可能实现大容量显示。但由于不满足摩根条件(Mauguin limit[①])，因此不能进行黑白显示。为了克服这一缺点，利用色补偿膜可实现黑白显示；与彩色滤光片相组合，可实现彩色显示。所采用的色补偿膜的实例，有单轴延伸的聚碳酸酯和使用液晶高分子的液晶膜等。液晶膜具有开关结构，通过对扭曲角及位相差值的控制，还可用于透射型以外的反射型及半透射型彩色液晶显示器中。

2. TN 模式

TN 模式是应用最广泛的液晶显示模式。从手表、计算机到笔记本电脑、计算机监视器等各种不同的领域都采用 TN 模式。TN 模式可实现高画面质量、大画面显示，但其最大缺点是视角窄。以常白型来说，显示黑时液晶盒中央的液晶分子呈垂直直立状态。但是，电极近傍的大部分液晶分子受取向膜的锚定(anchoring)作用，力求保持与取向膜呈平行的状态。结果，由于液晶层中产生双折射而使视角特性变差。为了解决这一问题，提出了采用使液晶分子混杂(hybrid)取向的复合膜方案，并已得到广泛应用。

3. VA 模式

VA 模式是典型的广视角、高响应速度的显示模式，在大型液晶电视中多有采用，其特征是采用垂直取向膜以及具有负介电各向异性的向列液晶。由于采用无外加电压时显示黑的常黑型模式，大部分液晶分子呈垂直取向排列。如 9.3.1.1 节视角补偿原理中所述，为对液晶层进行补偿，可采用负 C 板，而为了兼对偏光片的视角进行补偿，现多采用正 A 板和负 C 板相组合，或采用二轴性位相差模的方式。

4. IPS 模式

相对于玻璃基板，采用水平方向横电场控制显示像素开关的 IPS 模式，基本上不需要对液晶层进行补偿就可以获得广视角。但是，在相对于正交尼科耳布置的偏光片的偏振光轴呈 45°方位观视时，可发现光的漏出。对于大型液晶电视来说，为对偏光片的视角进行补偿，需要采用特殊的二轴性膜。

5. OCB 模式

OCB 模式具有上下对称弯曲(bend)的取向结构，用于下一代大型液晶电视，可望获得最快的响应速度。采用 OCB 模式的液晶盒，上层液晶和下层液晶可彼此相互补偿，在结构上具有良好的自补偿效果。但即使这种对称性高的 OCB 模式，左右的视角仍是非对称的。对于液晶电视来说，为对弯曲取向盒的正面位相差进行光学补偿，以达到更宽的视角，一般采用盘式液晶(discotic liquid crystal)

---

① 为获得旋光性(optical rotatory power)需要满足的位相差与扭曲角之间的关系，即由式(6-6)所表达的关系。

与二轴性位相差膜相互积层的混合膜进行补偿。

6. 反射及半透射模式

为适应便携用途及手机等户外应用及低功耗的需求，反射型及半透射型液晶屏幕的使用越来越普遍。在这些应用中，一般是利用 1/4 波长板等，将透过偏光片的直线偏振光变成圆偏振光而对光实施控制。从原理上讲，1/4 波长板就可以用，但在更宽的波长领域，多采用具有 1/4 波长板特性的延伸膜，以及兼有广视角特性的液晶膜。前者是将两块位相差膜的迟相轴相正交进行积层，或者使 1/2 波长板与 1/4 波长板按特定布置相积层，还有的是对膜的波长分散进行控制来实现的；后者是使高分液晶按混杂向列(hybrid nematic)取向，从而兼有视角补偿和 1/4 波长板的复合功能。

9.3.5.3　位相差膜的开发动向

光学部件及材料占液晶电视价格的比率超过 60%，需要大幅降低其价格。降低光学部件及材料价格的措施主要有：

(1) 降低原料膜片的价格；

(2) 降低偏光片加工费用；

(3) 通过合理设计，减少部件及材料的使用用量。

尽管原料膜片的低价格化可利用熔融挤出法制取"毛胚膜片"来实现，但还需要提高成品率等，进一步降低价格。一般说来，在光学部件价格组成中，材料价格所占比例较小，简化制程及削减部件数量对于降价更为有效，因此，优化加工过程及消减使用部件数量十分重要。

作为一个例子，介绍 VA 模式中所使用的光学部件。如图 9-39 所示，广幅二轴延伸的"毛坯膜片"正用于 VA 型液晶显示器的位相差膜片。使位相差膜片的幅(宽)度与偏光片的幅度相一致，就可以采用图 9-40 所示的卷辊连续式(roll to roll)贴合装置，使二者贴合。另外，在偏光板制程中，使位相差膜兼做偏光片保护膜，就可以省略掉位相差膜的贴合过程，从而可降低偏光板的加工费用。

为削减使用部件的数量，也在探讨从原来相对于液晶盒配置上下两块二轴性位相差膜，变为配置一块二轴性位相差膜的结构。

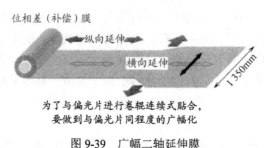

为了与偏光片进行卷辊连续式贴合，
要做到与偏光片同程度的广幅化

图 9-39　广幅二轴延伸膜

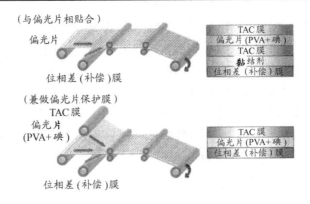

图 9-40　卷辊连续式(roll to roll)贴合实例

　　为了大幅削减光学部件的价格，像上述位相差膜兼做偏光片保护膜的情况那样，功能复合化和工程简约化的趋势将进一步加快。

9.4　提高响应速度

9.4.1　瞬时型与持续型显示方式的差异

　　前面 3.3.2 节已经指出，在液晶物质上施加电场时，或将施加的电场去除时，指向矢取向要达到能量上的稳定状态需要时间，并分别由式(3-47)和式(3-48)表示。像素和亚像素的透光强度随时间变化与指向矢取向变形随时间变化之间有若干差异。但可以认为，光学的响应时间同液晶物质及屏结构的相关性与指向矢的响应特性相同。

　　以透射型为例，将电压 OFF 和电压 ON 且透射光强度变化达到饱和的电压(saturation voltage，饱和电压)这两个基准电压状态下的透光强度之差，取为电光效应中透射光强度变化的 100%。通常定义 10%透光强度与 90%透光强度之间的透射光强度变化所需要的时间为光学响应的响应时间。施加电压时的响应时间称为上升时间。施加电场越强，上升时间较短。而电压去除时的响应时间称为下降时间。一般说来下降时间同液晶材料的黏度及弹性、液晶屏中液晶物质层的厚度相关。而且，信号电压施加之后到透射光强度开始变化所用的时间称为延迟时间，达到 90%透射光强度所用的时间为 ON 时间，而信号去除之后到剩下 10%透射光强度所用的时间为 OFF 时间。有关光学响应时间的一般定义由图 9-41 给出。

　　对于实际的时分割驱动显示屏来说，如第 5 章所述，对每一个像素液晶物质上施加的电压是单纯的阶梯电压而并非开关(ON-OFF)电压。在无源矩阵驱动的情况下，为避免交叉噪声(cross-talk)的影响，将帧时间除以扫描电极数目，以其商值作为凸凹脉冲列电压波形的时间宽度。在脉冲峰值电场作用下，指向矢会向其平衡状态发生再取向动作，但达到平衡状态前，脉冲波已经发生变化。帧时间的典型值为 16ms 左右，即使扫描电极数为 480 条，脉冲宽度也为 35μs，是极短的。TN 模式的上升时间最短也与一帧时间不相上下，显然，在一个选择脉冲下，指向矢取向绝对不能到达平衡状态。因此，在一帧时间内，指向矢取向往往只能达到与等效电场强度相对应的平衡状态。在有源矩阵驱动的理想状态下，与选择脉冲的峰值对应的电压在一帧时间内是维持不变的，尽管如此，为实现指向矢的再取向，也需要与帧时间同等以上的时间。

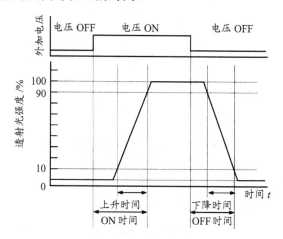

图 9-41　光学响应时间的定义

在调灰显示的情况下，相对于中间灰阶的信号电压来说，上升时间就显得更长。而且，两个中间灰阶之间的响应时间也有变长的倾向。使所有调灰灰阶间的响应时间都比一帧的时间短，这是液晶显示器时间响应特性起码应达到的一个目标。为此，需要减小液晶材料的黏度、增大双折射性、使延迟保持在适当的值，与此同时还要减薄液晶层的厚度等。但是，改善液晶材料的物性有一定限度，减薄液晶层的厚度也受到显示屏制造技术的限制等。总之，要达到上述目标并非容易做到。

如此，在液晶显示器的情况下，在线顺序扫描的驱动中，不仅是在扫描电极的选择时间内，而且在一帧时间内，来自像素的光刺激都要进入观看者的眼中。这种显示介质的响应模式称为持续响应，相应的显示器称为持续型。与之相对，在 CRT 中，像素荧光体受电子束脉冲的激发而发光，在被激发时间带以外的帧时间内，像素并无光发出，而是靠人眼的残像效应来感知图像存在。这种应对很窄宽度脉冲信号的响应称为瞬时响应。而利用显示介质瞬时响应的显示器称为瞬时型。

与瞬时型相比，持续型显示器的动画显示性能要差得多。当在视野中存在运动物体时，眼注视该目标的同时要追随其运动。眼球的这种运动称为追踪运动。
在追踪运动的情况下，运动目标物的像不变地投影在视网膜的同一位置，如图 9-42
所示，假定该位置为 A 点。实际上，连续运动物体的像不变地位于 A 点。但是，
作为持续型显示器的特征，液晶显示器画面中的物体的运动并不是连续的，而是
以帧时间为单位的断续运动。即使目标物在画面上处于静止的一帧时间内，由于
眼球连续的追从运动，其间，目标物的像也会从 A 点发生偏离。进入下一帧时间，
再返回到 A 点。而且在此一帧的时间内，像是从 A 点慢慢偏离的，这种现象反复
发生。

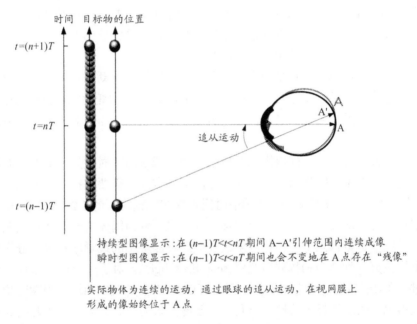

持续型图像显示：在 $(n-1)T<t<nT$ 期间 A-A' 引伸范围内连续成像
瞬时型图像显示：在 $(n-1)T<t<nT$ 期间也会不变地在 A 点存在"残像"

实际物体为连续的运动，通过眼球的追从运动，在视网膜上
形成的像始终位于 A 点

图 9-42　在持续型显示器中，动态图像的轮廓部位会产生渗阴，即发生图像模糊(blurring)现象
　　　　　(眼球的追踪运动与视觉系统时间积分效应的结果在 AA'线范围内产生知觉)

　　人视觉系统的响应利用的是所谓的时间积分效应，如果断续入射光刺激的时
间间隔在 20ms 以下，则感觉上可将 2 个光刺激合二为一；但如果时间间隔达 70ms
左右，2 个光刺激可以相互不受影响地被人感知为完全独立的刺激。由于液晶显
示器的一帧时间为 16ms，射向视网膜上 A 点的光刺激在该时间内积分而被感知。
其结果，被感知的图像中，沿目标物的运动方向会模模糊糊，而不是清晰明快。
轮廓部位可看到的渗阴现象称图像模糊(blurring[①])。由于这种模糊，引起图像锐度
下降。这便是持续型显示器在动画显示时显示性能较差的原因。目标物的运动速

---

　　① blur 作为照相用语，有混乱、模糊、不清晰之意。

度越快，则其在视网膜上的像从 A 点偏移的距离越大，而由于时间积分效应，图像的锐度变差就越发严重。

而在瞬时型显示器中，由于激发产生的瞬时强光刺激，射入视网膜上的 A 点，并利用人眼的残像效应，由 A 点不发生偏离地被感知。即使对于实际上连续运动的物体，其与在追踪运动的眼球视网膜上 A 点所形成的不变的像是等价的，或者说连续运动的物体的像始终就是 A 点，从而不会感觉到图像模糊不清。

对于液晶显示器来说，为了实现与 CRT 同等的瞬时响应，必须使响应时间做到比信号电压脉冲宽度更窄。可以得到与此接近的响应特性的驱动方式称为超速驱动(overdrive，过驱动)方式。采用这种驱动方式，在由选择脉冲决定的像素光响应的过渡时间内，瞬时地施加高电压，从而将液晶物质的响应时间缩短到一帧时间以内。称这种驱动的响应为拟瞬时响应。

为实现拟瞬时响应型液晶显示器，在利用超速驱动方式使液晶物质的光学响应高速化的同时，还需要导入称为消隐(blanking)的瞬变功能。更确切地讲，为实现消隐，液晶物质需要具备高速拟瞬时响应特性，而与之对应的驱动方式称为超速驱动。

通过在每一帧时间内插入全黑的画面，或采用瞬时发光型的背光源都可以实现消隐。采用在图像信号中插入全黑画面的方式，需要数据的写入速度为通常的2 倍，对于液晶物质来说，其响应时间也应在一帧时间的 1/2 以下。采用瞬时发光型背光源有两种方式，一种为扫描方式，另一种为闪光方式。前者是在冷阴极管并排的下置型背光源中，使冷阴极管对应液晶屏幕的线顺序扫描，分先后一个一个地亮灭，称其为扫描式背光源(scan-back-light)。对于一个画面来说，显示是通过每条线(灯)的扫描来实现的，因此可以看作是与 CRT 相近的拟瞬时型显示，能获得优良的动画显示特性。但是，由于冷阴极的发光量与其发光时间成正比，发光时间降低从而造成画面亮度大幅度下降。后者是光源灯一同亮灭，称其成为闪光式背光源(blink-back-light)。与扫描式背光源相比，可以解决冷阴极管亮度低下的问题。

9.4.2　过驱动(overdrive)实现高速响应

采用 CRT 电视显示人或物，即使是运动的，也同静止的情况一样，清晰逼真，形象感人。但采用以前的液晶显示器，当显示快速运动的景物时，画面显得模糊，严重时，运动的物体会拖着一条尾巴，既不清晰又欠逼真，观看这样的画面毫无乐趣而言，显然是不受欢迎的。这是由于液晶显示器的动画响应性，更确切地讲是动画显示质量(简称动画质量)不良所致。为改善液晶显示器的动画质量，人们正开发各种各样的技术。

9.4.2.1 新的液晶驱动模式改善动画质量

造成液晶显示器动画质量劣化的主要原因有两个,一个是液晶的响应时间慢,另一个是液晶显示器采用的是持续型而非瞬时型(CRT 属于后者)显示方式。这里先针对第一个原因进行讨论。电视图像由每秒钟 60 个画面(片)所构成。也就是,每六十分之一秒由播放台传送一个画面(片)。这种画面(片)称为场(field)或帧(frame)[①]。因此,即使在显示器中某一场的面画正在显示,1/60s 之后,下一个场的画面也必须立即显示。应这种画面的变化,液晶显示器内的液晶分子也必须快速响应,改变方向(图 9-43)。但是,原来液晶(分子)的响应时间比 1/60s(=16.7ms)慢,跟不上电视画面的变化,因此,当画面内容快速运动时,产生模糊不清的现象,运动的图像相互交叉,显示质量很差。

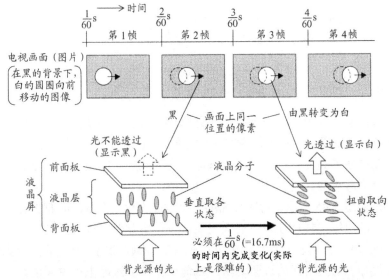

由播放台每秒钟传送 60 个画面(图片,即 frame)形成电视图像。显示屏内的液晶分子也必须与之响应,快速改变取向,但原来的 TN 模式响应时间比 $\frac{1}{60}$s(=16.7ms) 还慢,从而**成为图像模糊的原因**

图 9-43　电视画面与液晶(TN 模式)的响应

提高液晶响应速度的方法主要有两个,一个是加快液晶自身的响应,另一个是改善驱动方法。关于前者,由于在液晶屏内,棒状椭球状的液晶分子呈规则排列,这种排列方式称为"动作模式"。改善液晶响应的技术关键是采用"高速响应

---

① 采用隔行扫描的 CRT,开始粗扫描出现的画面及其后扫描出现的画面分别按半帧(即场,field)计算,每两个半帧(两个场)组成 1 帧(frame)。因此,1s 内的图像显示由 60 个场(field),即 30 个帧(frame)构成。由于 TFT LCD 按行、列扫描(非隔行),因此场和帧是一致的。

动作模式"。过去液晶的代表工作模式为 TN 模式，如图 9-43 所示，采用这种模式，不能满足以电视为代表的响应速度必须在 16.7ms 以下的高速响应要求。与之相对，采用新开发的模式，液晶分子的运动更加平滑、方便，从而响应速度大大提高。这些新模式有 VA 模式、IPS 模式、OCB 模式(图 9-44)等，目前均已在液晶电视中成功采用。9.4.4 节将详细讨论各种模式下的响应时间。

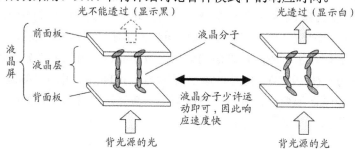

作为改善液晶响应时间的方法，如图中 OCB 模式所示，由于液晶分子改变取向所必须的运动小，因此可大大提高响应速度

图 9-44　高速响应运动模式的一例

9.4.2.2　过驱动(overdrive)改善画质

改善液晶响应速度的另一条途径是在驱动方式上想办法。在液晶电视中，通过驱动回路，对液晶施加与图像内容相对应的电压，使液晶分子的取向发生变化，由此来控制画面的亮度。但是，由于液晶自身的响应时间很慢，即使施加电压，液晶也不会立即响应。

但如果像图 9-45 所示，对应画面的亮度发生变化，在某一时刻施加比通常驱动电压更高的电压，加速使液晶取向发生变化，由此便可改善响应时间，这便是过驱动(overdrive)法。这好比为使汽车加速，瞬间脚踩油门那样。前面讲到的高速动作模式再加上这里所述的过驱动法，目前已在许多液晶电视中采用。

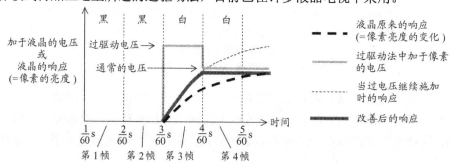

对应画面亮度的变化，在某一时刻对液晶施加比通常驱动电压更高的电压，加速使液晶取向发生变化，由此便可改善液晶的响应时间

图 9-45　在过驱动(overdrive)驱动法中施加在液晶上的电压及液晶的响应

9.4.3 插入黑画面改善画质

虽说采用上述措施已达到相当不错的效果，但对于实际的液晶显示器来说，还有一个造成动画质量劣化的原因，即液晶显示器采用的是持续型而非瞬时型(CRT 属于后者)显示方式。由此造成，液晶显示器的光的变化(运动)与观视者眼睛的运动不能很好地统一。人眼的视野，就快速可见的高视力范围而论，是非常窄的。例如阅读文字的视野，按角度算，最大限度只不过有 2°~3°而已。因此，当仔细看运动的物体时，人的眼球必须运动，使眼的中心追随该物体的运动。由于从液晶显示器画面发出光的变化(运动)方式与人眼球的这种运动不能很好地协调，从原理上讲即会产生运动模糊现象。

图 9-46 表示从 CRT 和液晶电视面画发出的光随时间变化的对比。若仅着眼于画面的一部分，对于 CRT 来说，每帧(1/60 s)最多只有一次瞬时的强光产生(瞬时型(impulse)显示)。与之相对，对于液晶电视来说，作为驱动回路，因为在各像素中埋入的 TFT 的作用，对液晶所加的电压在一帧期间均保持(hold)一定。因此，在一帧期间持续发出相同亮度的光(持续型(hold)显示)。光随时间的变化如图所示是连续的，理想情况呈阶梯状。这种阶梯状光的变化(运动)若由观看者的眼球运动来追随，由于视觉的作用，如图 9-47 所示，从原理上讲会产生运动模糊现象。

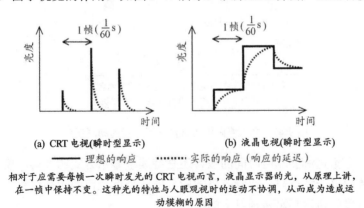

(a) CRT 电视(瞬时型显示)　　　　(b) 液晶电视(瞬时型显示)

———— 理想的响应　　········· 实际的响应（响应的延迟）

相对于应需要每帧一次瞬时发光的 CRT 电视而言，液晶显示器的光，从原理上讲，在一帧中保持不变。这种光的特性与人眼观视时的运动不协调，从而成为造成运动模糊的原因

图 9-46　画面上某一位置的光随时间的变化

作为减少上述运动模糊，改善动画质量的方法，一般是采用像 CRT 电视那样的接近瞬时型的显示方法。具体说来，或采用使液晶显示器的背光源相应于每帧发生亮灭的方法(背光源亮灭法)，或采用在帧与帧之间有意识地插入黑面画的方法(插入黑画面法，见图 9-48)。这些方法的改善效果相当显著，由此可获得与 CRT 电视不相上下的良好动画质量。

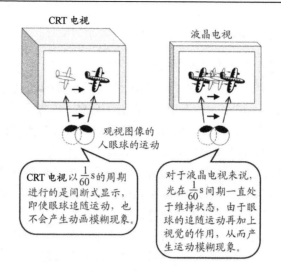

图 9-47　持续型显示所造成的运动图像模糊的原理

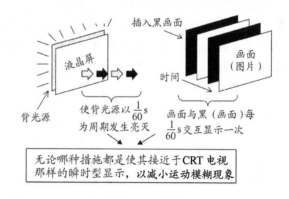

图 9-48　插入黑画面改善持续型显示的动画质量

当然，无论是液晶响应时间的改善还是持续型显示方式的改善，仅采用一种措施的改善效果毕竟有限，双管齐下才能奏效。最近上市的液晶电视，越来越多地都在同时采取两种甚至两种以上的措施。

9.4.4　液晶材料如何适应高速响应

为适应动画显示，液晶显示器应具备高速响应特性，而对于液晶材料来说，需要对应高速响应的要求。

下面针对各种不同的驱动模式，提炼出与响应时间相关的液晶材料的物性参数，从液晶材料的角度，讨论适应高速响应的要求。对各种驱动模式割爱详细的理论分析，重点是对与响应时间相关的共同参数做必要的说明。

在此基础上，依然紧扣响应时间，从液晶材料与显示屏相关联的角度，讨论如何才能实现高速响应，并给出开发高速响应液晶材料的努力方向和关键所在。

9.4.4.1　各种驱动模式的阈值(临界)电压和响应时间

1. 扭曲向列(TN)模式

如图 9-49(a)所示，TN 模式中，驱动电场垂直于基板方向。在液晶盒内，指向矢与 xy 平面的夹角为 θ，指向矢在 xy 面上的投影与 x 轴的夹角为 ψ，在假定②在基板界面上液晶分子不动；②指向矢的变形并不引起介电常数的空间分布变化的条件下，自由能密度 F_d 可表示为式(9-1)

$$
\begin{aligned}
F_d = (1/2)[&(K_{11}\cos^2\theta + K_{33}\sin^2\theta)(\mathrm{d}\theta/\mathrm{d}z)^2 \\
&+ \cos^2\theta(K_{22}\cos^2\theta + K_{33}\sin^2\theta)(\mathrm{d}\psi/\mathrm{d}z)^2 \\
&- \varepsilon_0\Delta\varepsilon E^2\sin^2\theta]
\end{aligned}
\tag{9-1}
$$

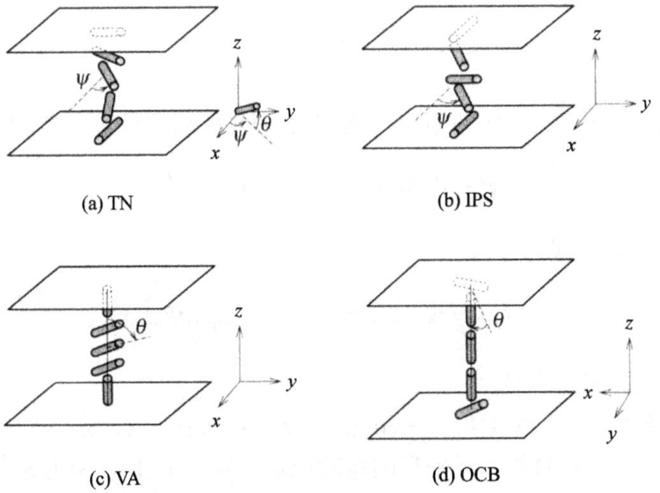

图 9-49　各种显示模式中的指向矢配置

式中，K_{11}、K_{22}、K_{33} 分别是指向矢的展曲(spray)、扭曲(twist)、弯曲(bend)变形的弹性系数；ε_0 是真空介电常数；$\Delta\varepsilon$ 是介电常数各向异性；E 是电场强度。求解欧拉-拉格朗日(Euler-Lagrange)方程，并做扭曲变形处处一样的近似，得到液晶盒间隙 d 相对于 θ 的关系式

$$
K_{11}(\mathrm{d}^2\theta/\mathrm{d}z^2) + \left[(2K_{22} - K_{33})(\pi/2d)^2 + \varepsilon_0\Delta\varepsilon E^2\right]\cdot\theta\left[1 - (2/3)\theta^2\right] = 0
\tag{9-2}
$$

进而求出由式(9-3)表示的阈值(临界)电压

$$V_{\text{th}} = \pi(K / \varepsilon_0 \Delta \varepsilon)^{1/2} \tag{9-3}$$

式中，$K = K_{11} + (K_{33} - 2K_{22})/4$。

下面，关注在对 TN 盒施加电压情况下，ψ 相对于时间的变化，建立扭矩平衡方程式

$$\begin{aligned} K(\partial^2 \psi / \partial z^2) + \varepsilon_0 \Delta \varepsilon E^2 \sin \psi \cos \psi \\ = \gamma_1(\partial \psi / \partial t) \end{aligned} \tag{9-4}$$

式中，当 ψ 很小时，有近似关系 $\sin\psi\cos\psi \approx 1-(2/3)\ \psi^2$；$\gamma_1$ 为旋转黏滞系数。

设电压施加时的响应时间为 τ_{on}，则

$$\tau_{\text{on}} = \gamma_1 / \varepsilon_0 \Delta \varepsilon (E^2 - E_c^{\ 2}) \tag{9-5}$$

当突然切断电压时，有

$$K(\partial^2 \psi / \partial z^2) = \gamma_1(\partial \psi / \partial t) \tag{9-6}$$

忽略高次的特殊解，定义切断电压后的响应时间为 τ_{off}，设 A 为常数，则

$$\psi = A \cdot \exp(-t / \tau_{\text{off}}) \cdot \sin(\pi z / d) \tag{9-7}$$

进而求出 τ_{off} 的表达式

$$\tau_{\text{off}} = \gamma_1 \cdot d^2 / (\pi^2 K) = \gamma_1 / \varepsilon_0 \Delta \varepsilon E_c^{\ 2} \tag{9-8}$$

2. 横向电场(IPS)模式

横向电场模式，又称面内开关(in-plane switching)模式，是在同一块基板上设置叉指电极，由其施加与基板平行的驱动电场。图 9-49(b)表示 IPS 驱动模式。此时的自由能密度 F_{d} 由式(9-9)表示

$$F_{\text{d}} = (1/2) \left[K_{22}(\mathrm{d}\psi / \mathrm{d}z)^2 - \varepsilon_0 \Delta \varepsilon E^2 \sin^2 \psi \right] \tag{9-9}$$

作为结果，阈值(临界)电压 V_{th} 由式(9-10)表示

$$V_{\text{th}} = (\pi l / 4)(K_{22} / \varepsilon_0 \Delta \varepsilon)^{1/2} \tag{9-10}$$

式中，l 为叉指电极的间隔(μm)。式(9-10)显示阈值(临界)电压 V_{th} 与液晶盒厚度无关，但根据大江、近藤等的研究结果，阈值(临界)电压的公式中还应考虑液晶盒厚度 d。

下面，关注对 IPS 液晶盒施加电压的情况下 ψ 随时间的变化，并建立扭矩平

衡方程式

$$K_{22} = (\partial^2 \psi / \partial z^2) + \varepsilon_0 \Delta \varepsilon E^2 \sin\psi \cos\psi$$
$$= \gamma_1 (\partial \psi / \partial t) \tag{9-11}$$

ψ 很小时，有近似关系 $\sin\psi\cos\psi \approx 1-(2/3)\,\psi^2$。因此施加电压时的响应时间 τ_{on} 可由式(9-12)表示

$$\tau_{on} = \gamma_1 / \varepsilon_0 \Delta \varepsilon (E^2 - E_c^2) \tag{9-12}$$

另外，关注电压突然切断后 ψ 随时间的变化，并建立扭矩平衡方程式

$$K_{22} = (\partial^2 \psi / \partial z^2) = \gamma_1 (\partial \psi / \partial t) \tag{9-13}$$

忽略高次的特殊解，定义电压切断后的响应时间为 τ_{off}，设 A 的常数，则

$$\psi = A \cdot \exp(-t / \tau_{off}) \cdot \sin(\pi z / d) \tag{9-14}$$

进而求出 τ_{off} 的表达式

$$\tau_{off} = \gamma_1 \cdot d^2 (\pi^2 K_{22}) = \gamma_1 / \varepsilon_0 \Delta \varepsilon (E^2 - E_c^2) \tag{9-15}$$

3. 垂直取向(VA)模式

垂直取向(VA)模式如图 9-49(c)所示，指向矢垂直于基板方向布置，电场垂直于基板方向施加。此时的自由能密度 F_d 由式(9-16)表示

$$F_d = (1/2)\left[K_{33}(d\theta / dz)^2 - \varepsilon_0 \Delta \varepsilon E^2 \sin^2\theta \right] \tag{9-16}$$

进而求出(9-17)表示的阈值(临界)电压 V_{th}

$$V_{th} = \pi \left(K_{33} / \varepsilon_0 |\Delta \varepsilon| \right)^{1/2} \tag{9-17}$$

下面，关注对 VA 液晶盒施加电压的情况下 θ 随时间的变化，并建立扭矩平衡方程式

$$K_{33}(\partial^2 \theta / \partial z^2) + \varepsilon_0 \Delta \varepsilon E^2 \sin\theta \cos\theta$$
$$= \gamma_1 (\partial \theta / \partial t) \tag{9-18}$$

θ 很小时，有近似关系 $\sin\theta \cos\theta \approx 1-(2/3)\theta^2$。因此施加电压时的响应时间 τ_{on} 可由式(9-19)表示

$$\tau_{\text{on}} = \gamma_1 / \varepsilon_0 |\Delta\varepsilon| (E^2 - E_{\text{c}}^2) \tag{9-19}$$

另外，关注电压突然切断后 θ 随时间的变化，并建立扭矩平衡方程式

$$K_{33}(\partial^2\theta / \partial z^2) = \gamma_1 / (\partial\theta / \partial t) \tag{9-20}$$

忽略高次的特殊解，定义电压切断后的响应时间为 τ_{off}，则

$$\tau_{\text{off}} = \gamma_1 \cdot d^2 / (\pi^2 K_{33}) = \gamma_1 / \varepsilon_0 |\Delta\varepsilon| E_{\text{c}}^2 \tag{9-21}$$

4. 光学补偿弯曲(OCB)模式

在光学补偿弯曲(OCB)模式中，指向矢相对于基板呈弯曲取向，而电场垂直于基板方向施加。图 9-49(d)表示电场施加时的模式图。此时的阈值(临界)电压 V_{th} 符合式(9-22)所示的关系

$$V_{\text{th}} \propto (\pi / d)(K_{33} / \varepsilon_0 |\Delta\varepsilon|)^{1/2} \tag{9-22}$$

下面，关注对 OCB 液晶盒施加电压的情况下 θ 随时间的变化，并建立扭矩平衡方程式

$$\begin{aligned} K_{33}(\partial^2\theta / \partial z^2) &+ \varepsilon_0 \Delta\varepsilon E^2 \sin\theta\cos\theta \\ &= \gamma_1(\partial\theta / \partial t) + (1/2)(\gamma_2 - \gamma_1)(\partial V_x / \partial z) \end{aligned} \tag{9-23}$$

其中，V_x 是 x 轴方向的液晶流速度，并可由式(9-24)表示

$$(\partial\theta / \partial z)\left[\eta_{\text{c}}(\partial V_x / \partial z) + \alpha_2(\partial\theta / \partial t)\right] = 0 \tag{9-24}$$

式中，α_2 是 Leslie 扭曲黏滞系数($|\alpha_2|=\gamma_1$)；η_{c} 是 Miesowicz 黏滞系数。

另外，关注突然切断 OCB 液晶盒电压后 θ 随时间的变化，并建立扭矩平衡方程式

$$K_{33}(\partial^2\theta / \partial z^2) = \gamma_1(\partial\theta / \partial t) - (1/2)(\gamma_2 - \gamma_1)(\partial V_x / \partial z) \tag{9-25}$$

在此基础上容易想象，施加电压时的响应时间 τ_{on} 和切断电压后的响应时间 τ_{off} 可分别由式(9-26)和式(9-27)给出的正比关系式表示(严格讲，τ_{on} 和 τ_{off} 同 K_{11}、K_{22}、K_{33}、γ_1、γ_2、η_{a}、η_{b}、η_{c} 等参数都有关系，但为了下面讨论方便，粗略地采用下述正比关系式)。

$$\tau_{\text{on}} \propto \gamma_1 / \left\{\varepsilon_0 |\Delta\varepsilon| (E^2 - E_{\text{c}}^2)\right\} \tag{9-26}$$

$$\tau_{off} \propto \gamma_1 \cdot d^2 / (\pi^2 K_{33}) = \gamma_1 / \varepsilon_0 |\Delta\varepsilon| E_c^2 \tag{9-27}$$

由上述分析可以看出，在式(9-23)和式(9-25)中含有关于液晶流的项，正是由于这种液晶流的效应(flow 效应)，使 OCB 模式的响应时间同其他模式相比，变得非常短。

将上述得到的关系式汇总于表 9-7。无论对于哪种模式来说，随着 γ_1 及 d 变小以及 $\Delta\varepsilon$ 变大，上升时间(τ_{on})都变小。而且，随着 γ_1 及 d 变小以及弹性系数(K，K_{22}，K_{33})变大，下降时间(τ_{off})都变小。

表 9-7　各种驱动模式下响应时间的理论关系式汇总

模式	τ_{on}	τ_{off}
TN	$\gamma_1 \cdot d^2 / \varepsilon_0 \Delta\varepsilon (V^2 - V_c^2)$	$\gamma_1 \cdot d^2 / (\pi^2 K)$
IPS	$\gamma_1 \cdot d^2 / \varepsilon_0 \Delta\varepsilon (V^2 - V_c^2)$	$\gamma_1 \cdot d^2 / (\pi^2 K_{22})$
VA	$\gamma_1 \cdot d^2 / \varepsilon_0 |\Delta\varepsilon| (V^2 - V_c^2)$	$\gamma_1 \cdot d^2 / (\pi^2 K_{23})$
OCB	$\gamma_1 \cdot d^2 / \varepsilon_0 |\Delta\varepsilon| (V^2 - V_c^2)$ - 液晶流效应	$\gamma_1 \cdot d^2 / (\pi^2 K_{33})$ - 液晶流效应

注：$K = K_{11} + (K_{33} - 2K_{22})/4$。

特别是，在 OCB 模式中，由于存在液晶流(flow)效应，τ_{on} 和 τ_{off} 会进一步明显减少。下面对这种液晶流效应做进一步说明。

图 9-50 表示 OCB 盒与准直取向盒中指向矢的扭矩与液晶流关系的对比。在准直取向盒的情况下，从电场施加的状态到电场取消状态的返回过程中，液晶层的上半部分与下半部分之间，产生逆方向的流动。从而对促使液晶分子返回的扭矩产生减弱作用。这种作用使下降的响应时间 τ_{off} 变得相当慢。称此为返流(back flow)效应。

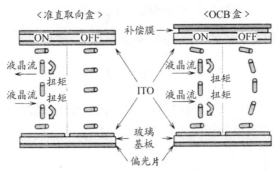

图 9-50　OCB 盒与准直取向盒中指向矢的扭矩与液晶流关系的对比

与准直取向盒相对，在 OCB 盒情况下，从电场施加的状态到比均匀变曲(spray bend)转变电压(V_{cr})略高的电场施加状态的返回过程中，液晶层的上半部分与下半部分产生同方向的流动，从而对促使液晶返回的扭矩产生增强作用。这种液晶流效应使下降的响应时间 τ_{off} 变得非常快，从而有可能实现高速响应。

9.4.4.2　开发液晶材料适应高速响应

1. 与显示屏相关的条件

如图 9-51 所示，TN 型器件的透射率同参数 d、Δn 以及光的波长 λ 相关。由相互平行的两块偏光片所夹的 TN 型组件的透射率 T 可由式(9-28)表示

$$T = \sin^2\left[(\pi/2)\left(1+u^2\right)^{1/2}\right]\Big/(1+u^2) \tag{9-28}$$

式中，$u=2\Delta nd/\lambda$。由图 9-51 可以看出，u 取特定值时透射率为零。为提高对比度，应使 Δn 和 d 最佳化，但在第 1 极小值点(first minimum)下所选择的值，由于在整个可见光波长范围内不一定满足 Mauguin 条件($\Delta n\cdot 4d\gg\lambda$)，从而成为并非所希望的着色的原因。

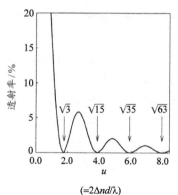

$$(=2\Delta nd/\lambda)$$

图 9-51　TN 模式(常自型)的透射率

另外，IPS 型器件的透射率 T 可由式(9-29)表示

$$T = \sin^2\left[(\pi/2)\cdot u\right]\sin^2 2\theta(V) \tag{9-29}$$

式中，$u=2\Delta nd/\lambda$；$\theta(V)$ 是在不同施加电压时，液晶分子长轴与入射偏光方向之间的夹角。如此就可以求出各种模式下最佳的 Δnd。

2. 液晶材料的开发动向

1) 从响应时间的公式来考察

如表 9-7 所示，无论对于哪种模式来说，黏度(γ_1)越小，而且介电各向异性($\Delta\varepsilon$)越大，响应时间均越短。因此，如果采用 γ_1 小、$\Delta\varepsilon$ 大的液晶材料，显示器则可实现快速响应。$\Delta\varepsilon$ 同液晶分子的结构密切相关，可近似由式(9-30)表示

$$\Delta\varepsilon \propto \left[\Delta\alpha - C \cdot \mu^2 / 2kT(1 - 3\cos^2\beta)\right] \cdot S \qquad (9\text{-}30)$$

式中，$\Delta\alpha$ 为分子的极化率各向异性；C 为常数；S 为有序化参数；μ 为偶极矩；β 为分子长轴与偶极矩的夹角，根据式(9-30)，为提高 $\Delta\varepsilon$，应增大 μ，而且偶极矩的方向应尽量取与分子长轴平行(β=0°)的角度。

在 8.4 节表 8-13 中汇总了由半经验的分子轨道法(MOPAC Ver 6.0 AMI 法)，针对图 8-84 所示氟系化合物最稳定结构，计算出的偶极矩 μ 及 μ 与分子长轴方向的夹角 β。表中 $\Delta\varepsilon_{\text{ext}}$ 是在 ZL1-1132 中溶解 15%(质量分数)样品时的介电常数各向异性的外推值。可以看出，μ 值的大小随着化合物中氟原子置换数的增加而显著增加，而且，与含有一个苯环的情况相比，含有两个苯环的情况 μ 值也增加。同时，β 的值随着液晶分子结构相对于其长轴对称性的增加而变小。$\Delta\varepsilon$ 的实测值也表现出相同的趋势。根据式(9-30)，$\Delta\varepsilon$ 既同 μ 相关也同 β 相关，则上述计算和实测结果不难理解。

2) 盒间隙 d 与折射率各向异性 Δn

恩田等针对 TN 模式及 OCB 模式，就响应时间与液晶盒间隙 d 进行了计算机模拟。不论哪种情况，当 d 增大时，响应时间的变化趋缓，但随着 d 减小，响应时间急剧变小(图 9-52)。因此，当液晶盒的延迟(retardation) Δnd 一定时，如果采用 Δn 大的液晶材料，d 可以减小，从而能实现高速响应。顺便指出，Δn 由下面的关系定义：

$$\Delta n = n_{\text{e}} - n_{\text{o}} = n_{/\!/} - n_{\perp} \qquad (9\text{-}31)$$

$$n_{/\!/}^{2} - n_{\perp}^{2} = \Delta\varepsilon \propto \Delta\chi \cdot S \qquad (9\text{-}32)$$

式中，n_{e} 为非寻常光折射率；n_{o} 为寻常光折射率；$n_{/\!/}$ 为对与指向矢平行的偏振光的折射率；$n_{\perp}$ 为对与指向矢垂直的偏振光的折射率。根据式(9-32)，Δn 同 $\Delta\varepsilon$ 和向列相的取向有序度 S 有关。

3. 对今后液晶材料开发的建议

为缩短响应时间，一般应采取下述措施：

(1) 减小液晶材料的黏度(η，γ_1)；

(2) 增大液晶材料的介电常数各向异性($\Delta\varepsilon$)；

(3) 减小液晶盒的间隙(d)。换句话说，增大液晶材料的折射率各向异性(Δn)。

	μ^*/Debye	β/(°)	$\Delta\varepsilon_{ext}$
C₃H₇—◯—◯—◯—F	2.124	3.5	6.3
C₃H₇—◯—◯—◯F	3.433	17.5	9.0
C₃H₇—◯—◯—◯F	4.159	3.3	11.7
C₃H₇—◯—COO—◯F	6.114	7.2	24.3
C₃H₇—◯—◯F	4.251	1.4	14.7
C₃H₇—◯—CF₂O—◯F	7.115	4.7	27.7

计算方法：MOPAC Ver. 6.0 AM1

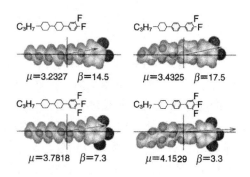

$\mu=3.2327$　$\beta=14.5$　　$\mu=3.4325$　$\beta=17.5$

$\mu=3.7818$　$\beta=7.3$　　$\mu=4.1529$　$\beta=3.3$

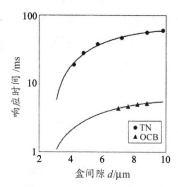

图 9-52　响应时间与盒间隙的关系

　　但是，$\Delta\varepsilon$及Δn大的液晶化合物一般说来黏度较大，从而对缩短响应时间并非完全有利。

　　然而，由液晶材料的最佳组合，例如在即使同等程度的$\Delta\varepsilon$下，通过选择黏度小的液晶组成物及含量，最终达到缩短响应时间的效果(图 9-53)。

　　作为上述(1)的实例，图 9-54 中给出的新液晶材料是有效的。与过去的液晶材料相比，新液晶材料的透明点较高，但γ_1可控制在较低的数值。这种液晶适用于滴入式(one drop filling, ODF)注入方式，其用量正逐步增加。

　　作为上述(2)的实例，图 9-55 中给出的新液晶材料是有效的。与过去的液晶材料相比，新液晶材料透明点高，$\Delta\varepsilon$也大。$\Delta\varepsilon$大意味着，相对于某一设定电压，材料的选择余地大，由此便于寻找响应时间更短的组合，这无疑是有利的。但是，随着$\Delta\varepsilon$变大，有可能对电气特性产生不利影响，对此应予注意。

　　作为上述(3)的实例，图 9-56 中给出的新液晶材料是有效的。与过去的液晶材料相比，新液晶材料Δn较高，但γ_1可控制在不很高的数值。迄今为止，通过减小盒间隙实现高速化的努力，均由于Δn增加但γ_1也变大，致使效果不理想。但由于新液晶材料的使用，在维持黏度一条的条件下，可获得更高的Δn，从而可实现更快的响应速度。

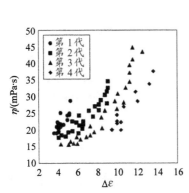

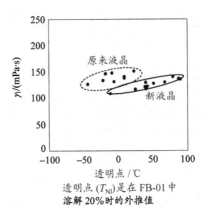

图 9-53　各代液晶材料的 η 与 $\Delta\varepsilon$ 之间的关系　图 9-54　2 环化合物的 γ_1 与透明点的关系

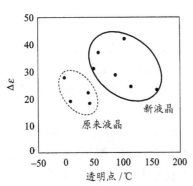

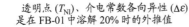

透明点 (T_{NI})、介电常数各向异性 ($\Delta\varepsilon$)
是在 FB-01 中溶解 20% 时的外推值

图 9-55　各种液晶化合物的 $\Delta\varepsilon$ 与透明点的关系

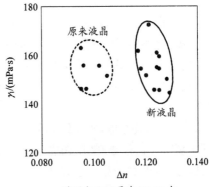

透明点 (T_{NI}) 是在 FB-01 中
溶解 20% 时的外推值

图 9-56　3 环化合物的 γ_1 与 Δn 的关系

　　以上，从液晶材料的角度，对如何实现高速响应做了简要介绍。从仅靠降低液晶的黏度而难以奏效的情况，到今天关注显示屏条件以及注入方式的变革等，在提高响应速度方面，做出了一定的贡献。当然，在探讨低黏度液晶材料方面，还有许多工作要做。

　　今后，在开发新型液晶材料方面，仍会在综合考虑各种因素的基础上，着重于响应速度的提高。

9.5 液晶电视发展现状

9.5.1 市场动向

与其他平板显示器比较,液晶显示器近年来在诸多技术方面获得突破,性能明显改善,从而其市场占有率空前提高。据统计,2007 年(最新的进展请见 4.6 节)中国大陆液晶电视销量占其平板电视总销量的 91.6%。液晶电视的辉煌成就,使其登上前所未有的高峰,并继续迅猛发展。

9.5.1.1 尺寸变大,价格降低

在摩尔定律的催促下,所有的电子产品整体都遵循着一个不变的规律:降价。而液晶电视在经历了连续两年的大幅度降价后,整个产业已经相对成熟。根据IT168 发布的 2007 年度液晶电视关注报告来看,32 英寸液晶电视的关注度仅占17.1%,而 40 英寸的关注度是 21.4%,42 英寸更是达到了 24.1%。而市场中的众多厂商也纷纷把 40 英寸液晶电视作为自己的主流产品进行推广。从中可以看出,40 英寸及以上的大屏幕液晶电视已经成为今后市场的主流。再加上众多有利于切割大屏幕的液晶玻璃基板生产线投入生产,人们有理由期盼 2008 年的液晶电视主流尺寸"长大"到 42 英寸以上,价格也将从 2007 年的 2 万元左右进入到 1 万元左右的"主流"价位。

继 LG-Philips 在 2006 年 3 月 8 日发布当时全球最大 100 英寸液晶电视(图 1-16)之后,日本夏普公司于 2007 年初展示出 108 英寸液晶电视(图 9-61),并计划于 2008年晚些时候推出正式产品。这表明,液晶电视尺寸大型化的发展前景并无障碍。

9.5.1.2 全高清(full HD)成为主流

2008 年初,在美国拉斯维加斯举办的国际消费类电子产品展览会(CES)上,所有参会巨头所展出的 40 英寸以上的液晶电视产品,无一例外地采用了全高清(full HD, 1 920×RGB×1 080 像素)甚至更高的图像分辨率。

在中国大陆市场,从 2007 年年底开始,三星、索尼等国外厂商和海尔、海信等国内厂商就不断推出全高清液晶电视。40 英寸以上的大屏幕领域,液晶已开始过渡到全高清时代。

2008 年北京奥运会将成为现代奥运史上第一次全面采用全高清设备进行电视转播的一届盛会,这无疑加大了 full HD 平板电视对人们的诱惑力。

9.5.1.3 进一步薄型化

过去因为 CRT 电视过于厚重,液晶电视、等离子电视显得很薄,直到陆续有

厂商展示仅 1cm 厚的面板以及最薄处仅 1.9cm 的液晶电视后，各厂商纷纷加紧脚步做薄型化、轻量化系列产品的开发。在液晶屏超薄型化方面，TCL 在 2007 年推出了首款商用化的最薄的液晶电视，厚度仅为 6.7cm。夏普厚度为 20mm 的 52 英寸超薄型液晶电视，日立厚度仅为 19mm 的 32 英寸超薄型液晶电视，JVC 公司厚度为 37mm 的 42 英寸的超薄型液晶电视等超薄液晶电视，都想在 2008 年进入商品化生产。

夏普 2008 年初在拉斯维加斯举办的 CES 上，展出一款 65 英寸的液晶电视(图 9-57)，厚度只有 1 英寸多一点，重量较现有机型轻 23%。

图 9-57　夏普于 2008 年初展示的 65 英寸超薄液晶电视，厚度只有 1 英寸多一点，重量较现有机型轻 23%(源于《参考消息》2008 年 1 月 8 日)

9.5.1.4　强调节能、环保

日本于 2006 年 4 月修正并通过了《节省能源法》，并且将液晶电视和等离子电视列入了监控范围。官方已经制定出 2008 年各种尺寸平板电视的年度耗电量目标，以促使各个厂商努力配合实现节能目的。

2007 年年底，中国信息产业部曾表示，2008 年有关部门将致力于降低平板电视的能耗。实现上，CES2008 的主题正是"绿色环保"。这说明节能和绿色已成为世界潮流，其重要性已被越来越多的厂商所认识，并积极参与其中。

夏普公司表示，降低能耗已经成为他们的研究重点，他们正在着手研发的下一代 52 英寸和 65 英寸液晶电视能耗将只有现在主流产品的一半；LG 则认为，随着奥运会的临近，预计市场将会刮起一阵"绿色之风"，各大电视厂商在环保节能方面定会不遗余力。LG 也在自己的产品中加入一种新的功能，它能够根据外部光线的变化自动调整电视的亮度，这样既能够保护观众的视力，又能够有效降低电视的耗电量；东芝公司近年来在液晶电视降低功耗方面卓有成效，以东芝 37

英寸液晶电视为例,自 2003—2006 年间每年耗电约降低 33%,比起重量方面每年减少 12%的幅度更大。关键在于可感测环境亮度,在不影响观看者对屏幕亮度感受的情况下,降低背光亮度而达到省电节能目的。

按照液晶电视节能技术的发展趋势,2008 年 40 英寸/42 英寸的液晶电视开机耗电功率会从目前的 200~280W,降低至 100~140W,这样更加深了竞争对手如 PDP、OLED 在大型化时的发展障碍。

现在绝大部分液晶电视的背光模块都用的是冷阴极荧光灯(CCFL),其致命的缺点是含汞,且色彩表现不够。一旦 CCFL 中的汞被列入完全禁用之列,则对无汞替代光源的强烈需求,必将带动 LED 背光源模块产业迅速腾飞。

9.5.1.5　关注色彩和画质

液晶电视在经历了响应速度、大屏、宽屏、动态对比度等一系列革命后,下一阶段的发展将回归到彩色和画质这两个还未彻底解决的要素中来。而要达到色彩和画质的同时提升,LED 背光模块是必不可少的组成部分。

采用现在通用的 CCFL 和彩色滤光片相组合的方式,所能获得的最佳色彩表现范围(色再现范围)仅为 NTSC 色域的 72%,而且二者的组合也降低了显示亮度,迫切需要开发色彩表现范围更宽的其他方式。RGB 三元色 LED 的发光波长范围窄,可以发出色纯度高的光,以 LED 为背光源的液晶显示器获得厂商高度重视。如 2006 年三星电子发布了采用 LED 背光源的 40 英寸液晶电视,与该公司以冷阴极灯管(CCFL)作为背光源的液晶电视相比,色域范围扩大了 46%。其他如采用多色滤光片,以及不同组合方式等也被广泛研究。通过调整各像素的排列方式,如采用六个亚像素(RGB/GBR)代替原来的三个亚像素 RGB 排列方式,可以提高显示图形色彩的层次感和连续感。在 RGB 亚像素结构上追加白色亚像素的四色 sub-pixel 结构可以提高显示亮度。

夏普从 2006 年起就使用了带有红色 LED 的背光模块,并成功配置在其顶级产品 57 英寸液晶电视上,带来的变化就是将以前难以表现的深红色忠实再现,实现了丰富多彩的彩色表现,如逼真显示有透明感的肤色等中间色等。

9.5.2　性能提高

9.5.2.1　综合性能提高

从市场需求看,对液晶显示器的要求首先是可视性好,显示质量高。其中,监视器、电视机等大尺寸商品对这方面的要求更为突出。所谓高显示特性,主要包括高对比度、高亮度、广视角、高响应速度等。此外,还有高精细度,对于便携用途还有轻量、薄型等。在此基础上,高可靠性、低功耗也是必不可少的要求事项。

　　上述要求事项及要求程度等，因液晶显示器所搭载商品(应用)的不同而异。而且，为达到所要求的性能，部件设计和主材料至关重要。例如液晶材料对对比度和响应速度有决定性影响，而且，可靠性水平也同液晶材料密切相关。偏光片对亮度、视角有决定性影响，而且对可靠性水平、(因偏光片对表面的附加功能而对)外光的防反射、增加背底白度等可靠性、显示质量等方面也有很大影响。上述方方面面之间的相互关系如表 9-8 所示。

表 9-8　对 LCD 所要求的事项及实现技术(资料来源：RINIT)

市场需求事项		用途					LCD 实现技术				
		监视器	笔记本电脑	液晶电视	便携应用	其他	设计	液晶材料	偏光片	光源	其他
高显示质量大尺寸	高对比度高亮度						高开口率化		DBEF NIPOCS		透光隔离子
	广视角						MVA IPS ASV PVA		WV LC 光学补偿膜		
	高响应速度						OCB			闪烁式	驱动方式
高精细	高图像分辨率			全高清超高清			低温多晶硅				IC 连接 ACF
易观视不易疲劳	无反射·低反射								AG AR LR		
	窄边框										密封胶 ITO 电阻
	像纸那样白						PNLC		Ag 反射 RDF·TDF W 系		
轻量薄型				大画面							挠性 LCD 薄型玻璃
高可靠性		长寿命		长寿命	车用投影机				染料系		
低功耗				《节约能源法》要求						前照光	反射膜

　　在近几年 TFT LCD 已占主导地位的平板显示市场，大尺寸、高分辨率、低功耗以及轻量薄型化是液晶电视的追求目标。现在市场上 50 英寸以上的液晶电视，以其全高清的分辨率充分证明了液晶显示器大尺寸、高分辨率的技术已经成熟。

表 9-9 TFT LCD 中采用的新技术

结构及工作原理		TN	TN+WV补偿模型	IPS 横向电场 面内响应	FFS 横向电场 面内响应	MVA 垂直取向	ASV 垂直取向	PVA 垂直取向	OCB 弯曲取向
	OFF 状态	偏光片 玻璃基板	位相差板			光学补偿膜			位相差板
	ON 状态								
特性(一般)	透射率	◎	○	△	△	○	○	○	○
	对比度	○	○	○	○	◎	◎	◎	◎
	视角	△	○	◎	◎	◎	◎	◎	◎
	响应速度	○	○	○	○	○	○	○	◎
用途(目标产品)	笔记本电脑	■	■						
	监视器			■	■				
	电视					■	■	■	
	数码相机，摄像机等								■
研究开发厂商			大多数厂家	日立日本电器、LG、三星等大多数厂	现代	富士通 CHIMEI 等多数厂商	夏普	三星	松下电器、LG、三星
备注					IPS 的派生形式	在液晶盒取向膜的内侧，形成用于取向控制的微突起	在同一像素内，设置不同的取向角	通过 ITO 电极的狭缝花样，形成条纹状电场	

IPS: in-plane-switching(面内切换、横向电场驱动)　　　ASV: advanced super-V(改进超垂直取向)

FFS: fring-field-switching(条纹电场驱动)　　　PVA: patterned vertical alignment(花样电极垂直取向)

MVA: multi-domain-vertically-aligned(多畴垂直取向)

OCB: optically comensated birefringence(光学补偿双折射)

9.5.2.2　广视角技术

经过长期的技术开发和改进，LCD 的显示性能有明显提高，但其视角窄的问题一直到 20 世纪 90 年代后半期仍未有效解决。这曾是 LCD 在监视器，特别是在电视机中应用推广的瓶颈。克服视角窄的方法，开始是在通常的液晶模式中增设视角增大膜，而后是采用更有效的 IPS(in plane swiching)和 VA(vertically alignment)模式。后两种模式液晶在 ON/OFF 动作方式上不同于原来 TN、STN 模式。而在VA 模式中，不同生产厂商还分别开发出 MVA、ASV、PVA、SVA 等，同样是垂直取向，但在设计细节上是各不相同的。表 9-9 列出 TFT LCD 中新技术模式的采用及对显示性能的改善。

与 PVA(pattern vertical alignment)技术相比，IPS 技术的视角特性更好，并进化到 super IPS，在采用了高电压驱动和薄液晶盒后，使液晶响应速度也得到提高。而比之 IPS 技术，PVA 在对比度和亮度方面更具优势，透过采用"く"字形(chevron)像素构造、减小黑矩阵幅宽，可进一步提高响应速度和开口率。图 9-58 表示改善液晶显示器视角特性的技术概况。

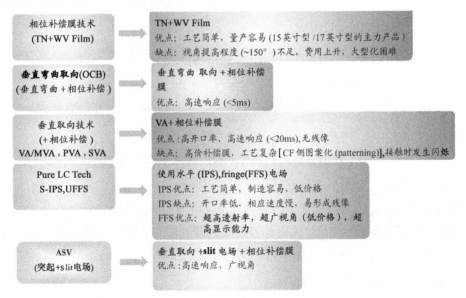

图 9-58　新技术模式的采用及对显示性能的改善

图 9-59 给出各种宽视角技术的可视角度与响应速度的对比。需要指出的是，很长时间以来，液晶显示器的视角定义为对比度下降到 1/10 时的角度(参照表4-6)。这是一种很宽松的定义方式，因此，很多标称视角能达到±80°液晶显示器，实际上并不能产生令人满意的效果。面对液晶电视对视角的严格要求，现在有许

多厂商将视角定义为画面效果保持不变的可视角度。在新的定义方式下，水平视角应达±30°，垂直视角应达到±20°。

9.5.2.3 高响应速度

关于液晶显示器响应速度的改善，特别是针对电视等用于动画显示的显示器件，一直不十分理想，相关技术的开发仍在积极进行之中。为此，需要在"以液晶材料为中心的器件设计"、"新模式液晶的开发"、"新驱动方式"等几个方面采取措施。已经采用或正在开发的典型方法举例如下：

(1) 器件设计。包括降低液晶材料的黏度、更窄的液晶层厚度、与之相伴的 $\Delta n \cdot d$ 设计等。

(2) 新模式液晶的开发。如采用 OCB 模式等。

(3) 新驱动方式及显示方式的采用。采用超速驱动(overdrive，或过驱动)方式；采用闪烁式背光源(blink-back-light)及全黑画面插入等。

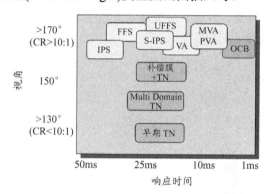

图 9-59　各种广视角技术的可视角度与响应速度(时间)的对比

需要指出的是，由于液晶显示器的显示采用的是持续方式，与自发光的 CRT 等的瞬时方式相比，具有本质上的区别。仅在液晶响应速度上想办法仍难以解决显示中出现的拖尾、不自然、欠逼真等响应迟缓现象。近年来，由于采用上述"新驱动方式及显示方式"，在视觉上已达到相当好的效果。

9.5.2.4 LED 背光源的开发

目前，大尺寸液晶电视采用 LED 背光源的最大障碍，依然是与 CCFL 的价差过大。

以 32 英寸液晶电视为例，假设要求亮度为 500nit，由 LED 光源经过多层光学膜等，最终只有 5% 的光能透射(较笔记本电脑及液晶监视器低，参照图 4-32)，则 LED 的整体表面亮度至少应达到 10 000nit。如果采用 RGB 三色混光背光源，则约需 600 颗红光、600 颗蓝光及 1 200 颗绿光 LED，共计 2 400 颗。但如果使用 CCFL 做背光源，大约只需 16 支灯管，两者之间价差约在新台币 8 000 元左右(2005 年 11 月的情况)。

由 CCFL 与 LED 价差比较可知，除非是用于高档液晶电视或者特殊规格产品，否则很难说服厂商转换原有的 CCFL 背光源模块，转而投入 LED 背光阵营。此外，虽然目前投入 LED 背光模块的厂商很多，但真正能配合影像画面来控制 LED 背光模块，做到功率节省及增强画面显示效果的厂商并不多，因此在大尺寸液晶电视用 LED 背光模块方面，目前仍待各厂商相互配合，研发出最佳解决方案。

好在目前 LED 背光源的价格已降至 CCLF 背光源的两倍。而且，随着技术的快速进步，低成本化的壁垒会逐渐突破。

采用 LED 背光源另一个需要解决的问题是降低功耗。三星已经宣布 40 英寸型、46 英寸型液晶面板用 LED 背光源的功耗分别降低为 150W 和 220W，实现了比使用 CCFL 背光源更低的功耗，推翻了一直认为 LED 耗电量是 CCFL 的两倍以上的说法(若使用 CCFL 背光源，则 40 英寸型、46 英寸型的功耗分别为 180W 和 250~280W)。LED 各公司推测，在 2008 年到 2010 年 LED 发光效率可以达到 100lm/W。LED 发光效率上升，不仅耗电量下降，还可减少背光灯的数量。

2006 年 7 月 1 日开始执行的 RoHS 法令对 CCFL 背光源中的汞暂时网开一面，即只要每一根灯管的汞含量不超过 5mg，则依旧可以在欧盟地区销售。由于 RoHS 法令文本每三年修订一次，发展趋势是对环保要求越来越严格。一旦 CCFL 中的汞被列入完全禁用之列，则对无汞替代光源的强烈要求，将带动 LED 背光源模块产业迅速腾飞。换句话说，环保因素将引爆 LED 背光源更大商机。

9.5.3　产业动向

9.5.3.1　产量增长，价格降低

液晶电视从 2003 年开始真正进入市场，市场销售量一直保持了 100% 的增长率，到 2005 年，销售额突破了 100 亿美元，被业界定义为液晶电视元年。在未来 5 年里，随着全球各条高世代生产线的纷纷投产，液晶电视的成本将进一步降低，市场份额将逐年上升。Display Search 对 TFT LCD 市场发展及前景预测如图 9-60 所示，可以看出，液晶电视将是未来 TFT LCD 产业增长最快的应用领域，年增长率保持在 30% 以上的水平，并将保持年增长 50 亿美元以上的销售量；液晶电视将成为 TFT LCD 最主要的应用领域，到 2009 年，液晶电视屏可达 11 000 万片，相较全球一年两亿台电视的需求量，比例将超过 1/2，其产品产值占 LCD 整个产业的 40% 以上，成为 TFT LCD 产业最主要的经济增长点。

在中国大陆，2007 年平板电视市场的特点是"液晶电视一家高速增长，其他

类型电视呈现或停滞或衰减的局面"。据信息产业部统计，2007 年前 8 个月，液晶电视产量已达 939 万台，比 2006 年同期增长 77%，其中 50 英寸以下的销售量稳步提高，52 英寸的市场份额也在加大。同时，液晶电视的价格开始降低，一些外资品牌的 40 英寸电视不超过 7 000 元，42 英寸的也降至 8 000 元以下；国产的 46 英寸电视价格突破 1 万元，而外资的 46 英寸和 47 英寸电视也分别降低到 12 000 元和 15 000 元以下。为了保持较高的利润，各大液晶电视生产厂商也积极启用新技术、开发新产品。

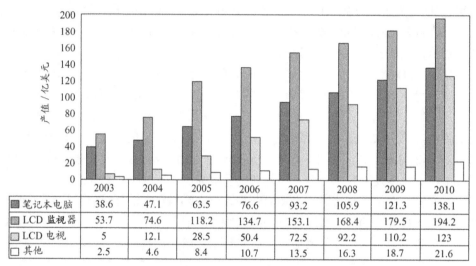

	2003	2004	2005	2006	2007	2008	2009	2010
■ 笔记本电脑	38.6	47.1	63.5	76.6	93.2	105.9	121.3	138.1
■ LCD 监视器	53.7	74.6	118.2	134.7	153.1	168.4	179.5	194.2
▨ LCD 电视	5	12.1	28.5	50.4	72.5	92.2	110.2	123
□ 其他	2.5	4.6	8.4	10.7	13.5	16.3	18.7	21.6

图 9-60 TFT LCD 市场发展及前景预测(按产品分类)

资料来源：DisplaySearch, 2006 年 10 月

9.5.3.2 大尺寸、全高清成为发展方向

2007 年液晶电视行业开始了大尺寸和全高清的浪潮，推动全球液晶电视的趋势朝大尺寸、全高清方向发展。预计在未来三年内，50 英寸及 50 英寸以上的平板电视市场的年平均增长率将达到 65%。

以下简单介绍全球各大液晶显示器生产厂商 2007 年在制作大尺寸、全高清液晶显示器方面的动态。

2007 年 1 月举行的消费者电器展览会(CES)上，夏普展示了目前全球最大尺寸 108 英寸的液晶电视(图 9-61)。这款电视高约 2 386mm，宽 1 344mm，比当时最大的 103 英寸等离子电视还要大，采用的是由夏普龟山 2 厂出品的 Black Advanced Super View Full HD 面板，该工厂同时也是目前世界第一家 8 代液晶面板厂。夏普已公开表示，108 英寸的液晶电视将于 2008 年正式商用化。在中国市场，今年三星和索尼都已投放了 70 英寸液晶电视，2009 年可能还有更大尺寸的液晶电视上市，与等离子电视争夺超大屏市场。

2007 年 11 月，夏普投资 5 000 亿日元(合人民币约 316 亿 5 291 万元)开始在大阪兴建全球最大的首座第 10 代液晶显示器面板厂，将生产 2 950mm×3 400mm 的玻璃基板，期望与索尼三星等大厂相抗衡。夏普表示，新厂将采用其自身的综合面板终端生产模式，并要求 LCD 部件制造商在这座新厂附近各自建造厂房，以节省运输、中转等费用，改善整体效率，并防止技术外流。夏普透露说，新厂每月将可以处理 3 万片玻璃基板，并且在短期内可使产量翻番，新工厂主要生产 42 英寸到 65 英寸的大型液晶电视用面板，效率将优于夏普龟山工厂。

飞利浦已彻底放弃等离子电视业务，专攻液晶电视，而且主要发展大屏幕和全高清液晶电视。

图 9-61　夏普展示的 108 英寸液晶电视

东芝推出了 C3000 系列液晶电视，尺寸包括 50 英寸到 37 英寸，全部为 1 920×1 080 分辨率的全高清。其中 50 英寸、46 英寸、42 英寸采用三星的 S-PVA 全高清液晶屏，37 英寸采用 LG-Philips LCD 的屏。

索尼于 2007 年推出 Bravia 系列的 1 920×1 080 全高清液晶电视，采用 Motion Flow 100Hz 插帧驱动技术，以及 10bit 灰阶驱动。最大尺寸为 70 英寸的 KLV-70X300A，分辨率为 1 920×1 080，对比度 1 300∶1，亮度 480cd/m^2，响应时间为 8ms，KLV-70X300A 还应用了 TRILUMINOS(清晰丽彩)LED 背光源技术，以进一步拓展色彩范围，使得整体色彩更加丰富艳丽。52 英寸和 46 英寸以及 W300A 系列液晶电视应用了 WCG-CCFL 亮艳色彩背光源技术，使其色彩表现宽广、饱和。WCG-CCFL 是在制作 CCFL 的材料中加入含磷物质，使背光表现的色域较普通 CCFL 有了 28%的提高，达到 NTSC 色域的 92%。

三星于 2007 年 11 月宣布，为满足消费者对大屏幕平板电视不断增长的需求，该公司将投资 2.06 万亿韩元(约 22.2 亿美元)扩产该公司第 8 代液晶面板生产线，投资将于 2008 年到位。即将扩产的第 8 代液晶生产线将主要生产供 46 英寸和 52 英寸电视用液晶面板。三星希望通过此次扩建，巩固其在快速增长的大屏幕平板电视市场上领导地位，更有效地与夏普和索尼开展竞争。

另外，三星于 2007 年发布的 52 英寸电视大多采用了三星的"黑水晶"技术，以提高黑色画面的质量。液晶电视对黑色的表现是否够深是影响液晶电视对比度的一个重要原因。传统的液晶面板表面为不规则的有机粒子，类似哑光材质的效果，会将外部光源散乱的反射到人眼中，降低了对比度。三星"黑水晶"的面板非常光亮，能有效阻止屏幕上不必要的光线反射，并使内部发出的光线强度达到最高。但是"黑水晶"面板也有自身的不足，由于面板表面平滑，在一些明亮场景下会出现反光问题，影响收看。

9.5.3.3 中国台湾地区液晶面板市场份额大幅提高

由于 2006 年奇美与夏普签署了为期 5 年的液晶面板专利整合授权协议，目前奇美的液晶面板技术与夏普完全处于一个档次，加之奇美的面板产量充足、供货及时，东芝、飞利浦等外资巨头以及国产品牌海信、创维、康佳均纷纷采用奇美生产的液晶面板。索尼的全高清电视和三星的部分系列也开始采用中国台湾友达光电的屏幕。随着大屏幕液晶电视价格的进一步下跌，预期外资品牌采用中国台湾的屏幕会越来越多。最新统计数据显示，友达在 2007 年 9 月的液晶电视用面板出货量达 230 万片，超越了三星和 LG-Philips LCD，成为全球出货冠军。奇美的产量也超越了三星，仅次于 LG-Philips LCD。众多液晶电视生产商对中国台湾面板的大规模采用已是大势所趋。

9.5.3.4 大陆厂商积极创新

TCL 于 2007 年 9 月发布了自主研发并拥有完全自主知识产权的自然光技术。据报道，采用 TCL 自然光技术的液晶电视更符合人眼的自然视觉机理，能有效地减轻长时间观看而产生的视觉疲劳，同时该技术还可以增强画面的层次感，使其静态对比度达到 10 000：1，动态对比度达到 50 000：1。此外，自然光技术可以智能科学地分配使用液晶电视背光灯，由此带来的环保节能优势特别明显，降低电视能耗至少可达 54%，从而使根本解决平板电视的高能耗成为可能。据了解，自然光技术是由 TCL 自主研发，已经部分通过了国家信息产业部高新技术成果鉴定，2007 年 4 月 TCL 向全球半导体厂商三强的日本瑞萨科技进行了自然光技术成果授权，开创了电视行业中国品牌对外资品牌进行技术授权的先例。

TCL 同时推出了全球最薄的商品化全高清液晶电视"薄绝 H78"，厚度仅为 6.6cm。该电视分辨率为 1 920×1 080，并采用自主知识产权的 120Hz 倍场全高清技术。2007 年以来，多家厂商推出了使用帧间"插帧"的 100Hz/120Hz 倍场刷新技术，使其液晶电视的动态清晰度都得到了提升，改善了拖尾效应。

2007 年 7 月初，海信推出了 42 英寸大屏幕 LED 背光源电视样机，该样机由海信正在建设的"数字多媒体技术国家重点实验室"研制。LED 背光源是产业升级的大势所趋，它具有非常明显的三大技术优势。第一，它显示的色彩更加丰富，色域范围扩展到 110%NTSC 以上，色彩数量可超过目前传统 CCFL(冷阴极荧光管)背光源一倍以上；第二，LED 背光源的亮度可以随着画面的亮度进行主动调节，节能 30% 以上；第三，LED 背光源不含铅和汞等有毒有害物质，绿色环保。根据专家预测，到 2010 年液晶电视将开始全面应用 LED 背光源，这将是产业升级的重大机遇。海信能抓住 LED 背光这一技术，也为今后的进一步发展奠定了基础。

9.5.4　产能分布

由于 TFT LCD 产业是一个技术与资金双密集的产业，投资该领域不但需要庞大的资本投入，并且还存在一定的技术障碍和风险。因此 TFT LCD 产业厂商的集中度变得越来越高。目前产业主要集中在亚洲的日本、韩国、中国(包括中国大陆和中国台湾地区)，DisplaySearch 所做的 TFT LCD 面板产能按地区分布如图 9-62 所示。

单从产能来讲，如果按国家和地区来划分，图 9-62 中的数据分析，中国台湾地区的总产能在 2005 年超过了韩国，成为全世界产能第一的地区，并且，在未来 5 年内将继续保持世界第一的位置。而中国大陆的产能在 2010 年将达到 8% 左右的水平，接近日本的产能；但考虑中国境内目前对 TFT LCD 产业的投资热潮和已投产厂商的投资计划，这一数值已显得过于保守。

如果按厂商来划分，处于第一集团军的三星电子公司和 LG-Philips(LGP)在产能上遥遥领先，在排名上不相上下，全球的市场占有率均超过 20%，而由于中国台湾友达与广辉电子的合并，使得新友达的产能接近全球总产能的 20%，成为韩国厂商的有力竞争者；而第二集团军以中国台湾的奇美光电为首，此外还包括夏普、翰宇彩晶和中华映管。

现在，全球前 5 大 TFT LCD 制造商大体上生产了世界 73% 的 LCD 监视器屏、88% 的笔记本电脑屏、93% 的液晶电视用屏。

主要 TFT LCD 生产厂商情况如下。

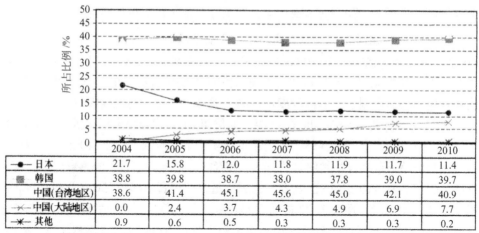

图 9-62　TFT LCD 面板产能按地区分布

资料来源：DisplaySearch, 2005 年 10 月

(1) 三星电子公司是韩国在 TFT LCD 领域最大的研制和生产厂商，拥有多项专利技术，并拥有 1 条 2 代、2 条 3 代、1 条 4 代、2 条 5 代和 2 条 7 代生产线。2006 年 6 月，该公司与索尼(Sony)公司合作建设 8 代生产线。该公司的一大特色是研制生产大尺寸和超大尺寸 TFT LCD，它于 2002 年 10 月推出 46 英寸 TFT LCD，其 S-LCD7 代生产线可切割出 6 片 46 英寸玻璃基板；2003 年 12 月，该公司又推出 56 英寸 TFT LCD，2004 年 10 月最新推出 82 英寸 LED 背光源 TFT LCD，与夏普公司展开了此起彼落的竞争。三星电子公司所掌握与研发的重要技术包括：薄膜晶体管(TFT)制造工艺、用于彩色滤光片(CF)碳基有机光刻胶、电源模拟驱动电路、构型(花样)垂直取向(S-PVA)技术、大尺寸 TFT LCD 制造技术、n^+刻蚀工艺等。

(2) LG-Philips (LGP)公司拥有 1 条 2 代、1 条 3.5 代、1 条 4 代、2 条 5 代、1 条 6 代和 1 条 7.5 代 TFT LCD 生产线，其产能与三星电子不相上下，约占全球的 20%左右，产品主要以中、大尺寸 TFT LCD 应用为主，该公司在 2006 年 3 月发布了全球最大的 100 英寸的液晶电视，以显示其强大的研发实力。该公司掌握与研发的重要技术包括：胆甾相液晶彩色滤光片(CF)、低温多晶硅(LTPS)金属氧化物半导体(p-MOS)技术、聚合物分散液晶(PDLC)调制器、改进型超面内开关(ASIPS)技术和新型无缝合技术。

(3) 友达光电公司前身为达基科技公司，成立于 1996 年，专门生产等离子显示器(PDP，目前已终止该项义务)和液晶显示器(LCD)模块，该公司于 1997 年开始研发 TFT LCD 技术，1998 年与 IBM 开展技术合作。该公司原拥有 1 条 1 代、

3 条 3.5 代、1 条 4 代、3 条 5 代和 1 条 6 代生产线，并且其 7.5 代生产线已于 2006 年量产。由于其合并广辉电子的 TFT LCD 业务，目前它的产能已经跃居中国台湾第一、全球第三的位置，与三星、LPL 并列成为全球第一阵营。其产品涵盖手机、NB、MNT、电视等各个领域，同时是目前全球主要的电视面板供货商之一。它在专利技术上居于中国台湾领先地位。友达光电公司掌握与研发的重要技术包括：新型驱动 IC 设计、低温多晶硅(LTPS)技术、玻璃上芯片集成技术(COG)、液晶滴注技术(ODF)、多畴垂直取向(MVA)/超多畴垂直取向(SMVA)技术、光学补偿弯曲(OCB)技术、半透射半反射式 LCD 技术等。

(4) 夏普公司是日本最大的 LCD 生产厂商，拥有世界最先进的 LCD 技术，目前已量产的生产线包括 1 条 1 代、2 条 2 代、1 条 2.5 代、1 条 3 代、1 条 4 代和 1 条 6 代生产线，并且是目前全球第一家建设 8 代线的 TFT LCD 厂商(目前已正式投产)，其产品几乎涵盖了所有应用领域，目前以大尺寸电视为主。2007 年 1 月在美国 CES 展会上首次推出 108 英寸的液晶电视。夏普公司以技术领先的指导思想，所掌握与研发的重要技术包括自动体视显微镜显示技术、低温多晶硅薄膜晶体管(LTPS TFT)、交替电压驱动法(AVDM)、铟锡氧化物(ITO)薄膜电极、大面积激发态(准分子)激光退火(LEA)、连续针旋取向(CPA)、超高开口率(super-HA)技术、超视角技术(super-VA)、超视野(super-V)/改进超视野(ASV)、新型超薄塑料基板、高透射先进 TFT LCD 技术等。

9.6　TFT LCD 制作技术的革新

液晶显示器厂商普遍认为，单纯地追求 TFT LCD 玻璃母板大型化，已经无法满足液晶面板低成本的要求。因此，相关业者相继开发出喷墨法(ink jet)与卷辊连续法(roll to roll)来制作彩色滤光膜片(color filter, CF)，同时还推出偏光片/位相差(补偿)片/棱镜膜片/扩散膜片一体化的光学膜片，以便通过组件制作技术的革新，减少组件数量、简化制程，力争使高居液晶面板制作成本 70%~75%的关键性组件，总成本降低一半以上。

此外，有别于传统的新世代制作设备，通过例如立式搬运设备、洗净剂、单片/批量(枚叶/batch)式混合型薄膜制程、洗净设备的开发，同样对抑制液晶面板制作成本具有决定性影响。表 9-10 表示大型 TFT LCD 的技术革新项目一览。下面探讨 TFT LCD 制作技术的革新动向。

表 9-10　大型 TFT LCD 的技术革新项目一览

革新项目		革新内容
组件	彩色滤光片	夏普采用 Future Vision 开发的喷墨技术
		TRADIM 于 2005 年 5 月开始提供 roll to roll 法的 CF
	偏光片/位相差(补偿)片	夏普于 2006 年采用 Future Vision 开发出偏光片/位相差(补偿)片一体化的膜片
	背光源模块	三星采用外部电极荧光灯管(EEFL)方式的背光模块
		Curare 公司 2005 年推出扩散与集光功能一体化膜片制品
	驱动 IC	三井矿业 2005 年实现引线节距 30μm 的 COF 膜片商品化
设备	生产设备	芝浦机电 2005 年正式推出立式洗净设备
		ULVAC 2005 年开发立式单片式(枚叶式)溅镀技术
		芝浦机电计划 2006 年推出喷墨光阻剂涂布设备

9.6.1　发展背景

图 9-63 的统计资料表明，LCD 玻璃母板大型化反而造成投资效益急速降低。如何改善投资效益，降低成本，提高液晶电视的市场竞争力，已成为液晶面板厂商永续经营的关键要素之一。

以往 LCD 厂商坚信，通过生产设备的世代进化，若基板每进展一代，面积平均扩大 1.8 倍，则巨额投资制作成本可相对降低，加上需求扩大带动的良性循环获得充分发挥，可以使投资在短期内快速回收。

然而，起因于大尺寸液晶电视的需求而促成玻璃基板大型化的发展，实际上到第 6 代设备之后，反而呈现需求减缓的趋势(图 9-63)。因为第 6~8 代的玻璃母板，每代面积的扩大率仅维持在 1.3 倍左右。以第 9 代设备生产的玻璃母板为例，假设面取 60 型面板 6 片的玻璃母板面积为 2 400mm×2 800mm，同第 8 代比较，面积扩大率仍维持在 1.3 倍的水平。

由此可知，生产设备的世代更新，实际上对投资效率与成本控制的助益十分有限，而且庞大投资进行世代更新，极易陷入资金筹措、调度、回收不易等窘境。

相比之下，生产技术的革新才是抑制制作成本、提高投资效率的根本途径。

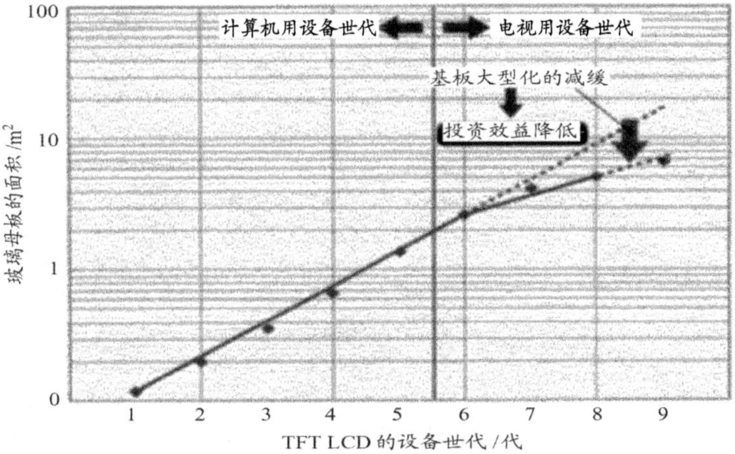

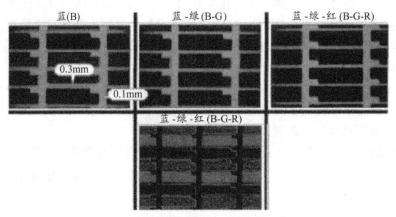

图 9-63　玻璃基板大型化后的投资效益

　　根据夏普发表的信息，材料与组件制作方式的改善，可以获得比第 9 代的设备投资效益高两倍以上。尤其彩色滤光片、偏光片/位相差(补偿)片、背光源模块、驱动 IC 这四大关键性组件(key components)，由于高居总制作成本的 80% 以上，是今后材料制作方式革新的主要对象。

9.6.2　彩色滤光片制作的技术革新

　　夏普预定 2006 年开始运行的龟山第二工厂，将采用喷墨法(ink jet)制作彩色滤光片。图 9-64 是该公司与 20 几家协力厂商共同设立的"Future Vision"最近发表的研究成果。

图 9-64　利用喷墨法制成的彩色滤光片外观

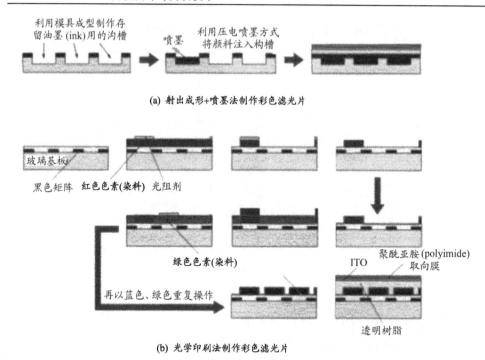

(a) 射出成形+喷墨法制作彩色滤光片

(b) 光学印刷法制作彩色滤光片

图 9-65　喷墨法与光学印刷法制作彩色滤光片的流程

　　根据夏普公开发表的资料，喷墨法彩色滤光片是利用精密模具，先在射出成形树脂表面制作存留油墨(ink)用的沟槽，接着再用喷墨方式将红、蓝、绿三种颜料注入沟槽(图 9-65)，目前是以 1 100mm×1 300mm 第 5 代玻璃母板进行试制。Future Vision 于 2005 年 3 月完成喷墨法彩色滤光片的量产技术，其制作成本比目前光学平版印刷法低一半左右，掩模使用数量则从 4 片减少成 1 片。

　　此外，日本下一代便携用显示器材料技术研究联盟(TRADIM)利用卷辊连续法贴片技术，高效率地生产彩色滤光片，该技术的最大特色是舍弃传统单片(枚叶式)制程，改用长度达数十米的膜片(film)基板，开发全新的连续式彩色滤光片制作技术。

　　图 9-66 是 TRADIM 由膜片基板，利用卷辊连续法技术，针对分辨率为 200ppi(pixel per inch)的 2 英寸与 5 英寸显示器，制作彩色滤光片的外观图片。图 9-67 表示卷辊连续法方式制作彩色滤光片的原理。

　　TRADIM 于 2005 年 5 月，开始提供样品供客户评鉴测试，计划今后将设法突破大型设备及材料取得等方面的限制，开发大型液晶电视用彩色滤光片的量产技术与生产设备。

(a) 彩色滤光片外观

(b) 20m × 30cm(长×宽)膜片
(film)基板上的彩色滤光片

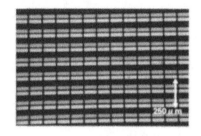

(c) 彩色滤光片局部放大图

(d) 利用卷辊连续法制作 CF

图 9-66　利用卷辊连续法贴片技术制作 CF

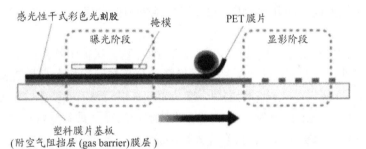

图 9-67　卷辊连续法(roll to roll)制作彩色滤光片的原理

　　实际上，以前就曾经出现类似卷辊连续法(roll to roll)的构想，不过，当时不论是材料技术还是制程技术都不成熟，因此一直无法成功制作高精度的彩色滤光片。尤其是传统的基板材料膨胀系数太高，容易造成制程中定位偏移等问题，高精度的图案(pattern)加工成为无法突破的技术瓶颈。有鉴于此，TRADIM 特别开发出热膨胀系数只有传统材料 1/4~1/5，光透射率达 89%，且质量一致性有保证的膜片基板，从而彻底解决了上述问题。

9.6.3　偏光片与位相差(补偿)片一体化的技术革新

　　有关偏光片与位相差(补偿)片一体化的技术革新，如图 9-68 所示，是舍弃传统偏光片与位相差(补偿)片单体相互粘贴的方式，而是由全新的技术，将偏光片与位相差(补偿)片这两个组件一体化。如此，可以节省一片作为基材膜的TAC(tri-acetate cullulose，三乙酰纤维素)膜片，同时还可大幅简化制程手续。

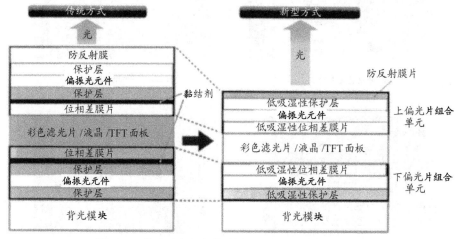

图 9-68　偏光片与位相差(补偿)片一体化的技术革新

　　夏普的 Future Vision 研究小组已于 2005 年 3 月之前，完成上述偏光片与位相差片一体化相关技术的开发，龟山第 2 工厂正采用新世代一体化的偏光片/位相差(补偿)片。

　　传统加工是利用卷辊连续法技术，通过两片基材保护膜片夹持偏光膜的贴合式偏光片组件，再在它的上面粘贴防反射膜，最后依照面板大小裁切膜片，再以批量(batch)方式粘贴位相差(补偿)片，整个加工过程需要三次以上的粘贴作业。与之相比，Future Vision 开发的卷辊连续法技术，只需用具备反射与位相差(补偿)功能的膜片作为保护膜片，将偏光片夹持贴合，由一次的膜片粘贴作业即可完成。由于新制程无批量贴合工程，便于实行一贯性连续作业。

　　此外，Future Vision 研究小组基于提高量产性等考虑，正着手改善决定偏光片与位相差(补偿)片特性的树脂膜片加工方式，即采用押出成形法取代传统的溶液浇注法(cast，又称涂布法)。所谓溶液浇注法是将塑料(plastic)溶入有机溶液内，浇注之后再使溶液逐渐干燥制成塑料膜片。这种方式的优点是膜片的物性非常均匀，缺点是生产效率低、设备巨大而且投资金额偏高。与之相比，押出成形法是使加热熔融的树脂从狭缝押出制成膜片。由于它属于干式制程，因此制作过程中无去除溶剂的困扰，而且设备价格低廉，占空间很小。

　　至于膜片物性均匀度，随着对高分子的分解机制的解明，目前利用押出成形法已经可以获得比溶液浇注法更好的膜片物性均匀度。

9.6.4　背光光源与光学膜片的技术革新

有关背光光源的技术革新，是改变传统方式冷阴极荧光灯管(cold cathode fluorescent lamp, CCFL)使用量大，加工、组装作业异常烦琐的现状，促成外部电极荧光灯管(external electrode fluorescent lamp, EEFL)与平面荧光灯(flat fluorescent lamp, FFL)快速进入实用化阶段。其中，韩国三星的动作最积极，该公司已于2005年上半年完成平面荧光灯实用化技术的开发。

图 9-69 是三星在 2005 年 1 月"2005 International CES"展示的平面荧光灯背光模块型液晶电视外观。三星于 2005 年夏季推出 40 型及 46 型两种平面荧光灯型的液晶电视。事实上，当初开发平面荧光灯的主要用意，是它的色再现性(色域范围)非常宽广，未来若 LED 的单价下跌的话，平面荧光灯的价格可望介于 LED 与冷阴极荧光灯管之间，宽广的色再现性加上外形整洁、组装容易等特性，一般认为平面荧光灯(FFL)具备极高的竞争优势。

图 9-69　使用 FFL 背光模块(左)与 LED 背光模块(右)的 LCD 电视

9.6.5　散光膜片与棱镜膜片(增亮膜)的一体化技术

为削减组件使用数量、提高生产效率，日本 Curare 公司(クラレ(株))正开发将背光模块中的扩散膜片与棱镜光学膜片一体化的新技术。该公司于 2005 年 5 月开始批量生产一体化光学膜片，由此可使 LCD 背光模块的制作成本降低。

液晶显示器的背光模块主要由导光板和与之相配合的各种光学膜片构成。前者可使冷阴极荧光灯管等出射的线光源扩散成为面光源，后者包括将导光板出射的光线均匀扩散至各方向的扩散(散光)膜片，将光线收聚至正面方向的棱镜膜片(prism sheet)等。图 9-70 表示 Curare 公司开发的光学膜片一体化基本结构。

以往，面板厂商或是背光模块厂商需要先将卷筒状的各类光学膜片裁切成单片状，再依照设计需求逐片堆叠贴合，由于作业复杂烦琐同时还要防止粉屑微粒混入，因此整体的量产性与作业效率非常低。与之相比，Curare 公司开发的一体化光学膜片可以大幅提高良品率与量产性，同时还可以简化制作程序[图 9-70(a)]。

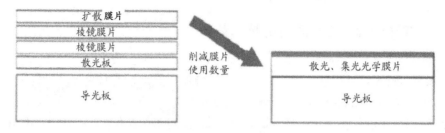

(a) 削减光学膜片的方法

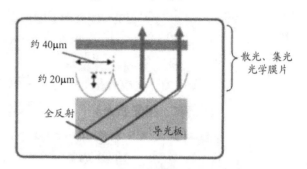

(b) 新型光学膜片的构造

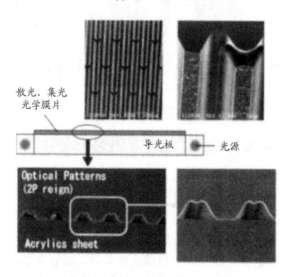

(c) U 形微镜片

图 9-70　散光与集光功能一体化的光学膜片

　　图 9-70(b)表示新型光学膜片的构造。这种一体化光学膜片是先在亚克力系树脂表面制作 U 形微透镜片(micro lens)，并在其背面涂布含有扩散(散光)粒子的膜片，接着将此光学膜片粘贴于导光板表面，并使导光板与微透镜片之间形成空气层，利用空气层与微透镜片的界面，使导光板出射的光线产生全反射，由此可使

光线取出效率提高 20%左右，可削减光学组件成本 40%左右。

Curare 公司 2005 年 4 月正式量产的一体化光学膜片，可用于笔记本电脑的楔形(wedge type)背光模块。与此同时，该公司正着手开发大型液晶电视用下置式背光模块一体化技术。这种下置式背光模块使用的扩散板并不是一般导光板，而是直接利用扩散板内部全反射特性，取出光线再以微透镜片收聚[图 9-70(c)]。也就是说，Curare 计划将扩散板与表面膜片状扩散(散光)片(sheet)一体化，以彻底解决背光模块大型化后，扩散(散光)膜片因自重下垂或是高温时产生皱折、波纹等问题。

9.6.6　驱动 IC 小型化的技术革新

液晶显示器的驱动 IC 及其封装，正从传统的 TAB(tape automated bonding)过渡到 COF(chip on film)和 COG(chip on glass)。其主要原因是，传统 TAB 无法满足 30μm 窄引线节距、驱动 IC 多引脚化、芯片面积微型化等技术上的进化。一般认为，随着 30μm 窄引线节距的普及、IC 使用数量的降低、芯片面积的微型化，液晶显示器的驱动 IC 成本可望降低 50%~60%。

以驱动 IC 封装组件大厂三井矽业为例，该公司早在 2004 年就已备妥 30μm 窄引线节距的 COF 封装膜片的量产机制，紧接着，2005 年更扩充引线窄节距化的量产规模，并着手开发引线节距低于 30μm 的窄节距化技术。目前，液晶显示器的驱动 IC 微型化，已经成为业者关注的焦点。

9.6.7　生产设备的技术革新

为了协助客户提高投资效率，生产设备专业厂商正陆续开发立式生产设备，例如喷墨式光刻胶涂布设备等等。

开发上述立式生产设备的主要目的是削减间接材料的使用量并减少设备占用空间。例如，芝浦机电于 2005 年推出立式搬运洗净设备(图 9-71)，它的纯水与药液使用量以及成本是传统设备的一半；ULVAC 2005 年第二季正式开发立式单片式(枚叶式)溅镀技术；芝浦机电更应用已经商品化的喷墨法制作液晶盒(cell)的取向膜，进而开发彩色滤光片制程的光刻胶(光阻剂)涂布设备。由于新型光阻剂涂布设备结构简单、价格低廉，极具市场竞争力。该设备已于 2006 年正式量产。

以上介绍了 TFT LCD 制作技术的新动向。平板显示器的普及化，使得液晶显示器厂商面临降低制作成本的巨大压力。过去 LCD 厂商普遍认为，单纯地追求 TFT LCD 玻璃母板的大型化，亦即生产设备的世代更新，就能抢占市场先机，但事实证明并非如此。国外相关业者相继开发全新的生产技术，试图达到抑制制作成本、提高产能及提高投资效益等多重目标。

(a) 立式搬运洗净设备

项目	传统 (卧式)	新型 (立式)
设备成本	1	1
占地面积	1	0.63
效益 (纯水的用量)	1	0.3
人工费 (维修人数)	1	0.5
量产性	1	1
COO	1	0.6~0.65

COO=(设备费与使用面积的折旧费
　　+运行费+维修人事费)/产能

(b) 成本比较(第 7 代的成膜前洗净，生产节拍时间 60s)

图 9-71   立式搬运洗净设备与传统设备的比较

9.7   低温多晶硅液晶显示器

低温多晶硅(lower temperature polycrystal silicon, LTPS)TFT LCD 作为先进的显示器，已受到业界的关注，其应用领域正迅速扩展。特别是，LTPS 具有超高精细度(超高分辨率)显示，可实现玻璃上系统集成(system on glass, SOG)，适用于有机发光二极管显示器(OLED、PLED)等特点，其发展前景十分看好。

9.7.1   发展概况及市场需求

在当今信息社会，笔记本电脑、监视器、手机、数码相机等无处不在，这些电子信息设备都离不开 LCD。而对 LCD 的共同要求是薄型、轻量、高精细度、高亮度、高可靠性、低功耗等。目前，作为 LCD 的开关元件而广泛采用的是非晶硅薄膜三极管(a-Si TFT)，但 a-Si TFT LCD 在满足上述要求方面仍受到限制。LTPS TFT LCD 与 a-Si TFT LCD 相比，在满足上述要求方面，具有明显优势。人们对 LTPS TFT LCD 的开发始于 20 世纪 80 年代中期，从 90 年代后期开始，各公司的研究开发蓬勃展开。目前，LTPS TFT 已成功在各类产品中采用，在各种展示会上，也有充分展示 LTPS TFT 特征的各种高性能 LCD 制品。

LTPS TFT LCD 的制成品，最早在 1996 年始于 2.4 型的移动视频(ビデオムービー)，1998 年成功用于 10.4 型(当时已算是大尺寸液晶屏)笔记本电脑，而受到市

场的广泛认可。从此以后，许多公司和厂商涉足该领域，直至今日。这些公司和厂商包括，日本的东芝松下显示技术公司(TMD)、夏普、エスティーエルシーディー、三洋電機、日立显示器、先进显示器(Advanced Display)公司等，韩国的三星电子、LG-Philips，中国台湾地区的统宝(Toppoly)等。从制品类型看，首先是从移动视频(ビデオムービー)、数码相机(digital still camera, DSC)、手机、PDA 用小型 LCD 开始，据预测，以后将向笔记本电脑、液晶监视器、液晶电视等大型 LCD 方向发展。从世界市场规模看，如图 9-72 所示，尽管目前仍以 a-Si TFT LCD 为主流，但 LTPS TFT LCD 的年增长率达 46%，表现出急速增长势态。预计到 2005 年将达到 5000 亿日元的规模。这种急速增长势态一是基于 LTPS 本身所具有的特征，二是得益于近年来研究开发所取得的进展。

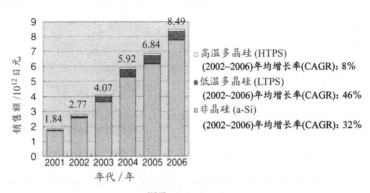

源于 DisplaySearch

图 9-72　TFT LCD 的市场规模预测

9.7.2　LTPS TFT LCD 制品的特点及研究开发动向

9.7.2.1　LTPS TFT LCD 的特点

一般说来，LTPS 由晶粒直径为亚微米量级的多晶体构成。与电子迁移率大约为 $1cm^2/(V \cdot s)$ 的 a-Si TFT 相比，LTPS TFT 的电子迁移率达 $100cm^2/(V \cdot s)$。因此，各种驱动电路等可以在玻璃基板上直接形成，这为技术革新提供了良好条件。图 9-73 表示 LTPS TFT LCD 与 a-Si TFT LCD 特性的对比。从图中可以看出，对于后者来说，不可或缺而必须设置于外部且封装于 TAB(tape automated bonding，带载自动键合封装)中的 IC(用于驱动和控制等)，对于前者来说，可以内藏于玻璃基板之上(回路内藏)，从而可大大减少元器件的数量，实现薄型、轻量。

以 XGA[1 024×RGB×768 subpixel(亚像素)]型为例，由原来需要约 4 000 个连接端子，可减少到 200 个左右。由于连接端子数减少，节距增长，可以大大缓解对窄节距引线端子连接的苛刻要求，增加连接的抗振动和抗冲击的可靠性。与此相伴，容易实现高精细(高分辨率)显示等。另外，由于 LTPS 的电子迁移率高，每个(亚)像素中开关元件的尺寸可以做得更小。这样，在提高开口率的前提下，每个像素可以做得更小，容易实现高分辨率显示。

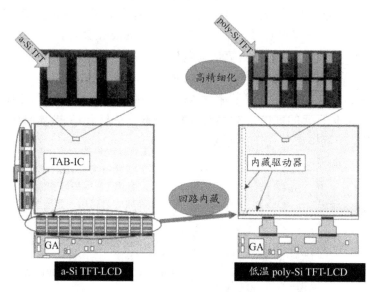

LTPS TFT LCD 元件的电子迁移率高两个数量级，而且由于驱动电路可内藏于玻璃基板之上，从而可实现高精细化和小型化

图 9-73　LTPS TFT LCD 与 a-Si TFT LCD 特性的对比

　　如上所述，LTPS TFT LCD 与目前已普遍采用的 a-Si TFT LCD 相比，前者具有更容易实现薄型、轻量、高可靠性、高精细化显示等优点。除此之外，LTPS 还可在玻璃基板上集成所需要的任何电子回路，从而有可能创造出能实现各种全新功能的 LCD 器件。对此，人们寄予厚望。

9.7.2.2　LTPS TFT LCD 制品的开发动向

1. 高精细化

　　以手机为代表的便携信息设备要求在不太大的画面上显示更多的信息，这对图像显示的精细度(图像分辨率)提出更高的要求。数码相机(digital still camera, DSC)的普及得益于其优良的画面质量。DSC 接收实物信息，并将其显示在 LCD 屏上，若能获得优于照片的画面质量，且能实现动画显示，这当然是人们所追求的目标。

　　旺盛的市场需求为 LTPS TFT LCD 的实用化提供了动力，其高精细化(高分辨率)等优势也得以淋漓尽致地发挥。目前已普遍采用的 a-Si TFT LCD，由于受到如前所述 TAB-IC 连接节距的限制，其大多数的图像分辨率等级难以超过 150 ppi (pixels per inch，像素数每英寸，图像分辨率单位)。与之相对，图像分辨率超过200 ppi 的 LTPS TFT LCD 超高精细化制品已投入市场。

东芝松下显示技术公司(TMD)于 1990 年即生产出 PDA 用 4 型 VGA(202ppi)、笔记本电脑用 6.3 型 XGA(202ppi)，2000 年生产出便携(portable)DVD 用 5.8 型 WVGA(160ppi)、笔记本电脑用 10.4 型 UXGA(192ppi)等制品。特别是，由于带照相机手机的普及，以及为适应显示照片、地图等高精细化的要求，TMD 于 2002 年率先生产出 2.2 型 QVGA(180ppi)制品。在此之后其他几个公司也生产出类似的制品，但 TMD 的高精细化 QVGA 产品，实际上已成为该产品的标准。

人眼的分辨率大约为 1 分左右，这相当于从 40cm 的距离可分辨分辨率为200 ppi 的图像。因此有观点认为，能达到人眼的分辨率，或者说达到不亚于印刷品或照片能显示的最高分辨率，即是液晶显示器图像分辨率所追求的目标。但是，按最新人体生物学解释，即使在更高的图像精细度下，人眼对于图像精细度的差别还是有感觉的。换句话说，从"感性"角度，可以说人对于图像高精细度的要求是永无止境的。而且，有专家认为，对于三维显示来说，需要图像分辨率 600 ppi 级的更高精细度。

实际上，在 2003—2004 年的展示会上，已经见到了 2.6 型 VGA、3.7 型 XGA 等超过 300 ppi 的制品展出。图 9-74 是目前已试制成的 200 ppi 级以上的低温多晶硅直视型超高精细 LCD 制品。图 9-75 表示 poly-Si TFT LCD 将在更多的应用领域迅速扩展。

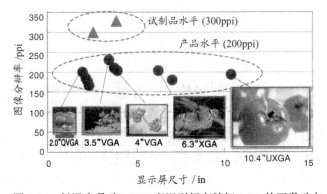

图 9-74　低温多晶硅(LTPS)直视型超高精细 LCD 的开发动向

实现显示的高精细化，不仅仅决定于 LCD 屏本身，而且与所要搭载的设备、显示的驱动和控制，以及软件等密切相关。但仅就 LCD 屏而言，人们对提高画面质量和显示容量的追求是无止境的，因此有关高精细显示的技术开发，今后仍会加紧进行。

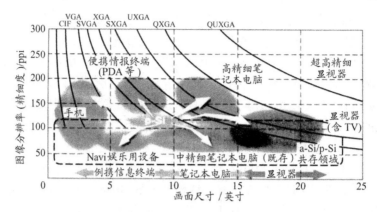

(a) poly-Si TFT LCD 迅速扩展的应用领域

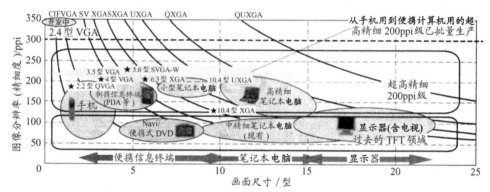

※ ppi(pixel per inch,每英寸像素数),图像分辨率 (精细度)指标
※★已实现批量生产的品种

(b) 目前已取得的进展

图 9-75   poly-Si TFT LCD 将在更多的应用领域迅速扩展

2. 大型化

目前，在形成 LTPS TFT 的技术(制作工艺)中，仍有大量技术课题有待开发，特别是，在如何确保大面积均一性显示，并实现批量化生产方面有许多技术秘密(know-how)。基于这种背景，一般倾向是先从小型制品开始实现批量化生产。至今，针对 10 型以上大型制品，实现批量化生产的只有 TMD 一家。该公司已批量生产的大型 LTPS TFT LCD 产品有笔记本电脑、监视器用 10.4 型 XGA，12.1 型 XGA，14.1 型 XGA/SXGA+，15.4 型 WXGA/WUXGA 等。

与手机、数码相机等便携设备对图像精细度有极高要求相比，上述笔记本电脑、监视器用大型制品对精细度的要求不是那样严格，但采用 LTPS 可将相关电路集成在玻璃板上，由于大大减少元器件数目而实现薄型、轻量化，提高可靠性，而且 TFT 元件的小型化可提高开口率、提高亮度、降低功耗等。总之，LTPS TFT

的各种特长得以在这些大型制品中充分发挥。而且,伴随着图像信息量迅猛增加,
在大型制品领域也必须实现精细化,因此 LTPS TFT LCD 将大有用武之地,其在
液晶显示器产业中所占市场份额会迅速增加。

3. 电路的系统集成

随着像素数激增,需要采用高速信号,而为使驱动电路等能处理这些高速信
号,必须采用电子迁移率更高的 TFT。换句话说,像素数越少,越容易实现电路
的系统集成,因此电路的系统集成首先在手机、数码相机等小型便携式信息设备
中得以推进,见图 9-76。

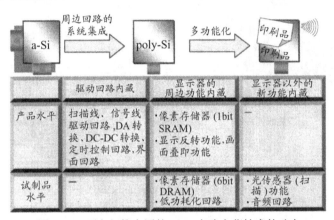

	驱动回路内藏	显示器的周边功能内藏	显示器以外的新功能内藏
产品水平	扫描线,信号线驱动回路,DA 转换、DC-DC 转换、定时控制回路,界面回路	·像素存储器 (1bit SRAM)·显示反转功能,画面叠即功能	—
试制品水平	—	·像素存储器 (6bit DRAM)·低功耗化回路	·光传感器 (扫描)功能·音频回路

图 9-76　面向便携应用的 LCD 电路内藏技术的动向

以手机为例,除包括驱动 IC 之外,DC 转换器、DC/DC 转换器、定时控制电
路、接口(界面)电路等,都可以实现驱动电路的系统集成,而不必再外设 IC,从
而更低价格的驱动电路完全一体型手机制品已经面市。

另外,还开发出使同显示器配套的周边功能电路实现系统集成的 LCD,例如,
将降低功耗用的像素存储器(SRAM 及 DRAM)及降低低频、低振幅驱动功耗用的
电路实现系统集成的 LCD,以及搭载有显示反转功能及画面叠印(superimpose)功
能的 LCD 等。最近,还正在进行将显示以外的其他功能电路(包括传感器等)也实
现系统集成的研究开发,下面举出两个例子。

一个例子是由 TMD 公司开发的将扫描功能实现系统集成的"输入式显示器"
(input display),见图 9-77 所示。这种显示器是在液晶屏幕的像素上集成光传感器
(光电二极管),在不需要扫描装置的前提下,可进行摄像,并能再显示,因此,
这种显示器兼备摄像和显示两种功能。这种两用显示器完全可替代通常的扫描功
能,从名片阅读、条形码阅读、照片及指纹辨认等商业和办公应用,到附加有触
控屏和手写输入功能的计算机、AV、娱乐设备等,用途极为广泛。

第二例子是将音频电路实现系统集成的 LCD,由夏普公司开发,并于 2003

年在展览会上展出。这种 LCD 是在液晶屏上系统集成音响电路，再在其玻璃基板周边装置声源振子，通过 LCD 屏自身振动发出声音，从而不需要通常的扩音器 (speaker)，目的是使手机、PDA、汽车导航仪系统等进一步小型化、轻量化。

　　尽管上述新开发的技术都处于试制阶段，目前尚无相应的产品面市，但看来用于将来的显示器是大有希望的。

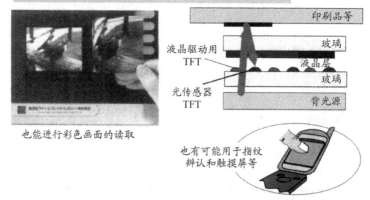

图 9-77　兼有图像读取功能的 LCD 的开发

9.7.3　制备技术开发动向

9.7.3.1　LTPS 技术发展指南

　　有关专家汇总了 LTPS TFT 技术的发展指南，现将代表性的指标列于表 9-11 中。目前正由第 1 代向第 2 代进展。开始的第 0 代只能搭载移位寄存器及模拟开关等仅具信号切换功能的简单回路，其电子迁移率为 $100cm^2/(V \cdot s)$，特征线宽可做到 4μm 左右。到第 1 代，开始搭载 DAC(digital/analogue converter，数字-模拟转换器)及时间控制电路等，实现高级电路的系统集成。自 LTPS TFT 用于 QVGA 级小型便携式制品开始，其进入第 2 代。目前人们正在研究开发将其用于 XGA 级大型显示屏幕中，目标是将含有信号处理功能的 CPU 电路也实现系统集成。但与此同时，对 LTPS TFT 提出更高的要求，如应具有与单晶硅不相上下的高迁移率，并满足微细加工的要求等。今后 LTPS TFT 的发展动向，看来主要取决于其电子迁移率和微细加工技术能达到何种程度。

表 9-11　LTPS TFT 技术的发展指南

技术进展	世代(年)	第 0 代(~00)	第 1 代(01~03)	第 2 代(04~05)	第 3 代(06~)
TFT	迁移率/[cm²/(V·s)]	约 100	100~200	200~300	300~400
	特征线宽/μm	4	3	1.5	<1.0
搭载(内藏)电路		移位寄存器 模拟开关 驱动器	DAC(数字-模拟转换器) 时间控制电路 外部存储器 图像化界面		DSP CPU

9.7.3.2　关键技术及发展动向

1. 结晶化技术

实现结晶化的方法，目前主要有两大类，一类属于固相生长法，另一类属于激光退火法(laser anneal, LA)，二者在多晶硅的生长机制方面是完全不同的。固相生长法是在 500~600℃的温度下，经过 10h 以上的长时间热处理，实现非晶硅的多晶化。针对固相生长法，已提出不少改进方案，如通过添加微量 Ni 可使生长温度降低、生长时间缩短，又如为埋入(消除)固相生长中发生的微小结晶缺陷，再由 LA 进行后处理等。激光退火法是由激光照射 a-Si，后者吸收激光的能量，瞬时熔化，经固化再结晶实现多晶化。与固相生长法相比，激光退火法获得的多晶硅中结晶缺陷较少。但采用激光退火法必须减小激光照射能量密度的偏差等，对设备管理和工艺条件提出极严格的要求，其中涉及大量的技术秘密(know how)。目前，采用准分子激光退火(examer laser anneal, ELA)，批量生产规模的电子迁移率可达到 150cm²/(V·s)的程度。

为进一步提高电子迁移率，十分重要的是减少 LTPS 的晶界和晶粒内的缺陷。采用 ELA，可获得的粒晶以 1μm 为限，但采用所谓横向(lateral)生长，已能获得 10μm 以上的粒径。后者具有全新的生长机制。与 ELA 法在界面上随机形核，并由此生长相比，横向生长是从预先形成的晶核开始，优先沿横向生长。据报道，目前实验室水平的电子迁移率已达 400cm²/(V·s)以上。除了横向生长之外，还有采用固体激光照射形成大晶粒，利用激光干涉将照射激光设计成所需要的强度分布，以对晶体生长方向进行控制的技术等(见表 9-12 中的①)。

2. 微细加工技术

由 a-Si TFT 到 LTPS TFT，随着电路集成度的提高，对微细加工技术的要求

表 9-12   低温多晶硅(LTPS)形成技术发展动向

形成技术	开发目的	技术开发事例
①结晶化技术	·提高电子迁移率	·准分子激光退火(量产技术) ·利用触媒(Ni)控制形核(量产技术) ·在激光扫描方向使晶粒生长的横向(lateral)生长法 ·利用发射稳定的固体激光,实现大晶粒生长 ·利用激光干涉产生所需要的光强分布,用以对晶粒生长方向进控制 等等
②直接成膜技术	·在玻璃基板上直接形成多晶硅膜	·利用侧壁(side-wall)电极型 PECVD(等离子体增强化学气相沉积)成膜 ·利用触媒化学气相沉积(cat-CVD)成膜
③转写技术	·在挠性基板上形成多晶硅膜	·将玻璃基板上形成的多晶硅 TFT 转写到塑料等挠性基板上

也越来越高。特别是,采用光刻技术,光刻胶图形的微细化及其加工都是在液晶屏玻璃那样大尺寸基板上进行的,其难度和技术要求可想而知。

尽管微细加工的极限最终取决于设备(这类设备复杂而昂贵)的类型和加工能力,但工艺条件本身对微细加工效果也有决定性影响。例如,对于 Si LSI 来说,目前已成功实现特征线宽为 0.1μm 级甚至更精细的微细加工,而对于液晶屏用大尺寸玻璃基板来说,其表面凹凸是 Si 晶圆(wafer)的 10 倍以上,受曝光机焦点深度的限制,光刻胶图形分辨率目前只能达到 1.5μm。造成图像分辨率低的,还有其他微细化方面的课题,例如光刻胶厚度分布不均匀造成线宽的偏差等。若光刻胶涂布不均匀,由于光线在光刻胶和基体之间的多重干涉而产生摇摆(swing)效应,最终会对蚀刻图形的线宽和形状产生不利影响。为此,在 Si 圆片电路图形的加工中,是在光刻胶下方插入防反射膜,但对于液晶屏玻璃基板电路图形的加工来说,这样做势必增加工序,造成价格上升。为了解决这一问题,通过在光刻胶中加入光刻调整剂,在液晶屏玻璃基板电路图形的加工中,即使不采用防反射膜,目前也能达到 1.5±0.2μm 的图形分辨率。为了控制微细图形的线宽,要求光刻胶形状应为近似垂直的,从而必须降低曝光感度,这样势必要延长工艺时间,对于批量生产来说会降低生产效率。

3. LTPS 形成技术

作为下一代 LTPS 的形成技术,正在开发的有玻璃基板上低温 poly-Si 的直接成膜技术和转写技术等(见表 9-12 中的②、③)。直接成膜技术并不采用如前面 1. 结晶化技术中所说的,待 a-Si 膜形成之后,再进行结晶化,而是直接在玻璃基板上形成低温 poly-Si 膜,常用的方法有等离子体成膜法及触媒 CVD 法(cat-CVD)等。

转写技术是先在玻璃基板上形成 TFT，再向其他基板上转写的技术。采用这种技术，即使在塑料膜等耐热性差的基板上，也能形成 LTPS TFT。

9.7.4　发展预测和展望

9.7.4.1　用于有机 EL

有机 EL(包括 OLED 和 PLED)的研究开发近年来获得突破性进展，其作为下一代平板显示器，具有 LCD 所不具有的许多优点，如自发光型，响应速度快；动画显示特性优越；视觉特性广等。由于不需要背光源等，可进一步实现低功耗、小型、轻量化等。

有机 EL 为电流驱动型器件，其驱动元件中需要采用电子迁移率高的 LTPS TFT。例如，一个像素的发光需要供应 10μA 左右的电流，而一般 LCD 用的 a-Si TFT 仅能提供 0.1μA 左右的电流。尽管也曾开发过采用 a-Si TFT 的有机 EL，但由于 TFT 的尺寸必须做得很大，而像素的发光面积却只能很小，这一矛盾难以解决。而如果采用 LTPS TFT，提供 15μA 的电流是有可能的。由于 LTPS TFT 不存在上述难以解决的矛盾，完全可适用于有机 EL。

有机 EL 的产业化进展请见 12.1.3.6 及 12.2.2.3 节。关于小型有机 EL，2003 年 SK 显示器公司将 2.16 英寸数码相机用有机 EL 实现商品化。关于大型有机 EL，尽管还未达到商品化，但已达到产品试制阶段(关于有机 EL 最近的产业化进展，请见 1.2.3.2 节)。例如，2002 年 TMD 公司开发出 17 英寸 1 280(横)×768(纵)像素的大型有机 EL 显示器，2004 年 Seiko-Epson 公司将 4 块有机 EL 屏拼合在一起，开发出 40 英寸大尺寸有机 EL 显示器。目前，很多厂商都以商品化为目标，积极对有机 EL 进行研究开发。今后，要想实现真正意义上的商品化，并加以普及，LTPS TFT 技术是不可缺少的。

9.7.4.2　玻璃上系统液晶——SOG

在当今高速发展的网络时代，便携设备已为人所必备。手机、PDA、笔记本电脑等正向更轻、使用更方便的形态进展。作为显示器的终极形态，TMD 公司提出了以玻璃上系统(system on glass, SOG)液晶为基础的卡式计算机的概念，其如图 9-78 所示，是将传统计算机的整体功能，全部集成在平板显示屏幕上。在 2010 年初美国拉斯维加斯举办的国际消费电子产品展览会上，许多公司都展示出这种"平板电脑"产品。

1. 何谓 SOG

所谓"系统液晶"，是将现有的液晶技术与 LSI 及电子器件等技术相结合，创造更大附加值的技术。实现这种显示器的基础技术是多晶硅技术(SGS 及 LTPS，参照图 4-64~图 4-70)。多晶硅薄膜三极管(poly-Si TFT)可通过在玻璃基板上由低温(在玻璃的软化点以下,相对于 HTPS 的约 1000℃而言)形成多晶硅薄膜来制造,其电子迁移率可达几十~几百 $cm^2/(V \cdot s)$(是 a-Si 的 1 百~数百倍)。因此,各种各样的回路、功能都可以同显示部分一体化形成(图 9-79)。已经成功采用这种技术的液晶显示器正越来越多地在手机、数码相机、PDA 等多种便携产品中搭载(图 9-80)。

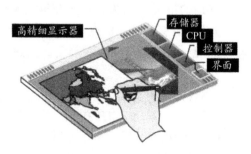

图 9-78   以玻璃上系统(SOG)为基础的(平板电脑)(卡式计算机)概念图

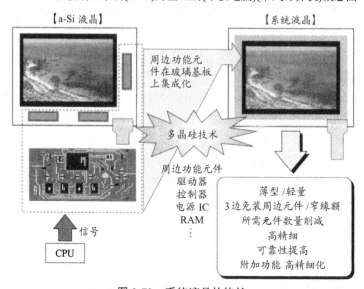

图 9-79   系统液晶的特长

而且,面向系统液晶显示器性能的提高,作为 p-Si TFT 关键材料的多晶硅薄膜结晶性的提高及元件微细化的开发正在进行之中。表 9-13 表示多晶硅 TFT 性能及系统液晶的发展预测。

那么,为什么在系统液晶中要形成各种各样的回路并实现各种各样的功能需要采用多晶硅呢?虽然多晶硅(poly-Si)和非晶硅(a-Si)都可形成 LSI,但二者却有下述两大不同。

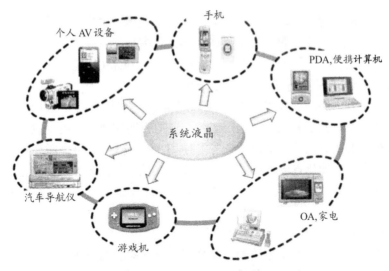

个人 AV 设备

手机

PDA, 便携计算机

系统液晶

汽车导航仪

OA, 家电

游戏机

图 9-80 搭载系统液晶的商品实例

表 9-13 多晶硅 TFT 性能及系统液晶的发展预测

年代	—2005	2006—2008	2008—
世代	第 1 代	第 2 代	第 3 代
TFT 特性	高迁移率	均一性	窄沟道型 TFT
载流子迁移率/[cm^2/(V·s)]	200	300	400
特征线宽/μm	3~4	1.5	0.8
金属布线	铝布线	多层布线	低电阻布线材料
设计环境	以 LSI 为基准的设计环境	针对 TFT 特性化的设计环境	考虑生产线(效率)的设计环境
工作频率/MHz	3	5~10	20~30
集成功能	驱动器 电源回路	DA 转换器 定时控制器 存储器	逻辑运算回路 模拟回路 输入元件(光传感器等)

(1) 多晶硅中的载流子(电子、空穴)迁移率高;

(2) 多晶硅既能形成 n 型，又能形成 p 型，因此可以制作 CMOS 元件；而非晶硅只能形成 n 型，因此不能制作 CMOS 元件。

关于上述(1)，由于多晶硅中"载流子迁移率高"，从而可制作高速/低电压下可工作的回路。由于二者的载流子迁移率有数百倍之差，如果说用 a-Si 只能形成数千赫~数十千赫工作频率的回路，那么，用 poly-Si 则可以实现数兆赫~数十兆赫工作频率的回路。中小型液晶显示器的驱动器工作周波数一般在数千赫~数十兆赫，为实现驱动器等的周边电路一体化，poly-Si 技术就显得极为重要。

关于上述(2)，由于节能环保的要求，不仅是中小型液晶，所有平板显示器都面临降低功耗的筛选。同 LSI 类似，为实现低功耗，CMOS 是有效的。正是基于此，可实现 CMOS 的 poly-Si 就显得格外重要。

再有，尽管 LTPS 和 HTPS 采用的都是多晶硅，但后者需要在 1000℃ 左右的高温下才能形成，基板材料只能采用耐此高温的石英玻璃。石英玻璃不仅价格昂贵，而且难以形成大尺寸的基板。与之相对，LTPS 及 CGS[①]可由激光处理或金属触媒形成，在玻璃软化点以下的温度(400~600℃)就有可能制作。这种在普通玻璃基板上形成多晶硅的方法不仅价格便宜，而且易于实现实用化，其发展前景十分看好。

2. SOG 的实现

系统液晶，是从使驱动电路的一部分与显示屏幕实现一体化开始的，通过电源电路及控制电路的搭载等，使显示器周边功能逐渐内藏。最初一代所搭载的功能，属于比较简单的回路(移位寄存器等)及开关元件等，将驱动器 IC 的一部分集成在玻璃基板上形成时分割驱动器及点顺序驱动模拟驱动器等。这种集成的结果带来体积小、封装价格低及高精细化(200~300ppi 以上)等许多优点。但现阶段还不能将原有液晶模组(由液晶屏及周边 LSI 等构成)原封不动地替换。

此后，伴随着多晶硅薄膜三极管性能(阈值(临界)电压及均匀性等)的提高及微细化的进展，在更低的电压下可以驱动的回路及输出偏差小的模拟回路得以实现。据此，可以搭载电源回路及 D/A 转换器(DAC)、控制器、存储元件等。目前，像这种面向第 2 代系统液晶的开发正在加速进行。特别是，由于实现了与现有液晶模块的兼容，因此完成了系统液晶的一个完整形态。

3. SOG 的未来展望

作为进一步面向下一代系统液晶的组合形态，通过与 LSI 同等功能的实现，可创造出大量新的附加价值。关于与 LSI 同等功能，已经验证了实现数字 LSI 和模拟 LSI 的可能性。例如，为了验证数字式 LSI 的可能性，夏普和半导体能源研究所在玻璃基板上试制了 Z80 互换的 CPU，确认可实现与 LSI 同等的性能(8 位微机动作，图 9-81)。而且，为了验证模拟 LSI 的可能性，还在玻璃基板上试制了音频回路并评价了其输出特性(图 9-82)。这些结果向人们展现出将来平板电脑(卡式计算机)，以及与平面扩音器相组合的卡型 AV 机器的可能性。但其实用化与 LSI 同样，必须遵从比例缩小原则，因此微细化是关键所在。

需要指出的是，随着系统化的进展，需要在玻璃基板上搭载更大规模的 LSI

---

① CGS 即 continuous grain boundary crystal silicon(连续晶界(结晶)硅)的缩略语，由夏普和半导体能源研究所共同开发。其电子迁移率较普通多晶硅高，接近于单晶中的。

回路。因此对于系统液晶来讲，也要经历 Si LSI 微细化过程所经历的高集成化、低电压化、高速化、低价格化等一系列过程。

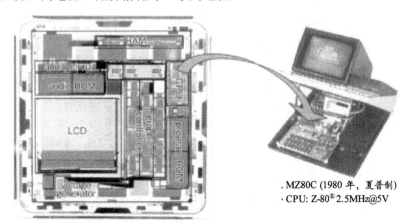

· MZ80C (1980 年，夏普制)
· CPU: Z-80® 2.5MHz@5V

图 9-81　玻璃上形成的 CPU 以及利用该 CPU 工作的计算机

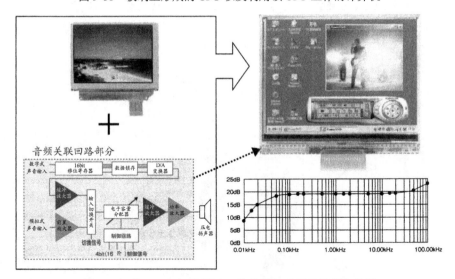

图 9-82　使 audio(音频)回路一体化的液晶屏及其频率特性

　　而且，从创造新的附加值的观点，与传感器输入元件相融合的"人机对话型显示器"(图 9-83)正引起人们的关注。其一是，通过屏面上搭载的光传感器，检测出周围环境的亮度，进而使背光源的亮度最佳化，由此实现"消耗电能的降低"和"可观视性提高"这两个效果；其二是，通过在显示器的各个像素配置光传感器，使之兼备扫描功能，以实现二维光传感器，若后者的图像分辨率达到数百 ppi，对指纹、人的面目等的识别都是可以做到的。据此，可期待具有安全保密功能的显示器出现。

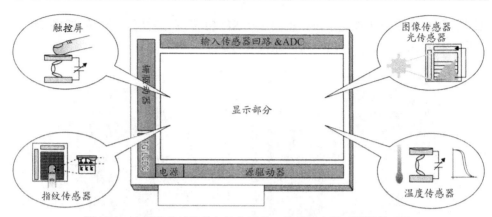

图 9-83　由搭载传感器并与输入元件一体化的人机对话型显示器

　　液晶显示器集电气、电子、材料、化学、光学、精密仪器等尖端技术于一身，是典型的"高新技术复合型制品"，但处于其中心位置的"系统液晶"需要在更宽的范围内实现更深的融合。为保证液晶显示器实现具有更高附加值的系统化(图 9-84)，液晶显示器产业不能仅仅依靠装置制造产业，还要依靠材料、元器件、技术、市场等整个产业的完善，否则很难加入竞争行列。

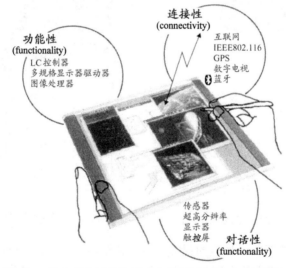

图 9-84　作为系统液晶终极形态的平板电脑(卡式计算机)

9.8　高温多晶硅液晶显示器的技术进展

　　高温多晶硅(high temperature poly-silicon, HTPS)TFT LCD 属于每个显示像素

都设有开关元件的有源矩阵方式的液晶显示器(图 9-85)，采用石英玻璃基板，为透射型，主要由①TFT 驱动部分+光透射部分，②液晶盒间隙部分，③对向基板三个主要部分构成(图 9-86)。

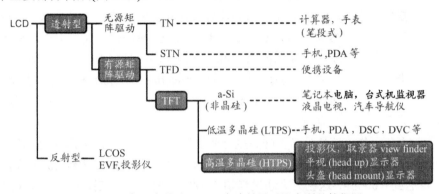

图 9-85　高温多晶硅(HTPS)在液晶显示器中所处的位置

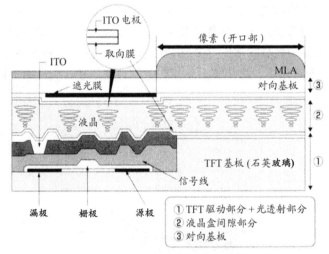

图 9-86　由三部分构成的 HTPS

　　这种显示器的突出的特点是：能形成高迁移率的三极管(TFT)；整个驱动电路可以单片化的形式制作在显示屏幕上；像素薄膜三极管的尺寸有可能做到微细化。因此，HTPS TFT LCD 有可能在高开率的情况下实现 2 000 ppi 以上的高图像分辨率，特别适用于小型、高精细度要求的应用领域。例如，0.7 英寸的显示器件可以实现 XGA(1 024×768 像素)图像分辨率的显示，0.5 英寸的显示器件可以实现 SVGA(800× 600 像素)图像分辨率的显示等。下面，就 HTPS 的市场和技术动向做简要介绍。

9.8.1 HTPS 的市场动向

基于 HTPS 的特征，其主要用途是液晶投影仪和投影电视。

液晶投影仪于 20 世纪 80 年代后半期被成功开发并上市，到 90 年代，随着笔记本电脑的普及及图像软件(presentation soft)的开发，液晶投影仪的市场规模迅速扩展。今天，其已成为图像演示(presentation scene)不可缺少的工具(一般称上述投影仪为数据投影仪)。早期，液晶投影仪比 OHP(overhead projector，架空式投影仪)要暗些，为此要实现屏内布线的微细化，提高 LCD 的开口率，以提高其亮度等，这些曾经是重要的开发课题。

经过多年开发，液晶投影仪的亮度已明显提高，如图 9-87 所示，由当初 1.3in 的 200lm 进展到现在 0.5in 的 1 200lm，经过 10 年光密度提高了大约 40 倍。而且，1.4in 可达到 6 000lm，这已大大超过当初 2 000lm 的目标。今后，HTPS 作为 LCD 小型化技术，必将得到进一步的开发。近年来，以家庭为背景的应用，如家用投影仪和投影电视等的市场迅速扩大。造成这一趋势的原因主要包括，作为图像源的高画质 DVD 的普及，图像软件的完善和丰富，数字式高清晰电视的播送等，还有游戏娱乐设备图像分辨率的提高和画质的改善，以及与音响效果相关联，现场 SP 系统的低价格化等。这些都需要操作方便、高画质、大画面的图像显示器。

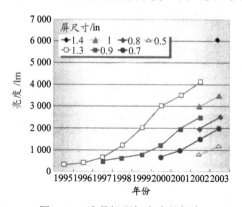

图 9-87 液晶投影机亮度的提高

特别是，高精细投影电视市场以美国为中心增长很快。与其他大画面显示器相比，采用 HTPS 的投影电视具有下述几方面的优势：

1) 显示性能方面

(1) 亮度高、色再现性好，视角宽；

(2) 具有可对应数字电视播送的高图像分辨率；

(3) 由于采用固定像素显示，文字显示易于观视。

2) 结构方面

(1) 超薄、轻量、大尺寸;

(2) 搬运、安装方便。

3) 环境方面

(1) 低功耗;

(2) 由于基于从小型器件对图像的放大,因此,产业的废弃物少。

4) 安全卫生(宜人环境)

(1) 电磁波及紫外线(ultra-violet, UV)发生量极少;

(2) 画面不发生模糊闪烁现象;

(3) 由于不是利用人眼残像成像的原理,因此便于观视,不易造成人眼疲劳。

5) 价格方面

(1) 制作工艺步骤少;

(2) HD 投影电视已实现每型 5 000 日元的价格水平;

(3) 伴随市场的扩大,批量生产效应会提供更大的降价空间。

基于上述优势,HTPS 作为人们抱以厚望的器件,估计其市场需求将会迅速增加。

9.8.2 HTPS 的技术发展动向

如上所述,HTPS 作为投影仪和投影电视的主要应用,由于性能的进一步提高,其亮度已达 10 000lm,对比度达 5 000 : 1 的水平,这些在当初认为是难以实现的。目前正向新的目标前进。下面,以目前最具代表性的 D4 技术为例,介绍其开发过程和主要技术动向。

9.8.2.1 提高光的利用效率——高亮度化技术

一般说来,HTPS 作为投影仪和投影电视而应用的情况下,如图 9-88 所示,采用的是将入射光的 RGB 各颜色分别用 HTPS LCD 处理,即采用 3 板 LCD 方式。这种方式与采用彩色滤光片或换色器进行色分割的单板式组件相比,前者光的利用效率高。但是,为满足市场需求,迫切需要进一步提高亮度,这些需求如下:

(1) 取消对使用环境的限制,例如,不必要求室内较暗;

(2) 采用低功率光源,一方面降低价格,另一方面降低灯泡更换频率;

(3) 降低发热,减小风扇噪声。

为此,许多重要的开发课题正在进行。

具体说来,作为提高光利用率的技术,主要包括:①提高 HTPS LCD 开口率的技术;②利用微透镜的集光技术等。下面分别做简要介绍。

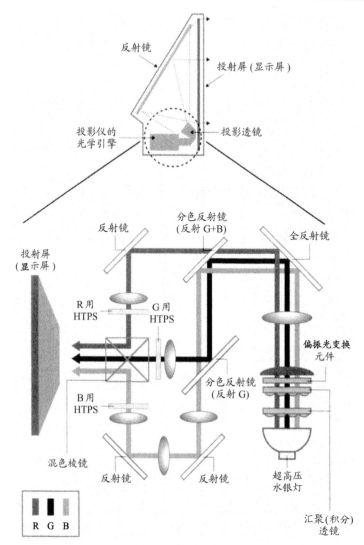

图 9-88　3(板)LCD(HTPS)透射型投影仪的光路图

1. 提高 HTPS-LCD 开口率的技术

所谓开口率，如图 9-89 所示，从理论上讲是 LCD 一个像素的实际开口部分的面积与一个像素面积之比。造成开口率低下的原因主要有两个，一是每个像素中所形成的开关元件、电路及布线图形所占的面积，二是需要对开口四周边部位产生的液晶取向的不均匀部分进行遮蔽(masking)。为改善前者，尽管通过布线的微细化可以实现，但电容器部分面积的减小却很难做到。这是因为，电容量的大小基本上由电容器的面积决定，电容器面积缩小，会引起交叉噪声(cross talk)、强光引发的闪烁等画质劣化现象。取折中(trade-off)考虑，通过对布线设计和材料选择，经过一代一代的开发，如图 9-89 所示，开口率得到明显提高。

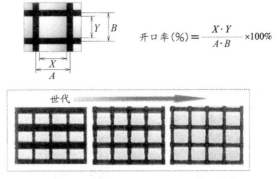

$$开口率(\%)=\frac{X \cdot Y}{A \cdot B}\times100\%$$

图 9-89　LCD 的开口率及随世代的提高

　　为改善后者，如图 9-90 中的照片所示，在 D4 中通过对 TFT 阵列最表面进行研磨实现平坦化，从而可以改善布线周边部分对液晶取向不均匀性造成的影响，进而如图 9-91 所示，减少遮蔽部分，从而增加开口率。

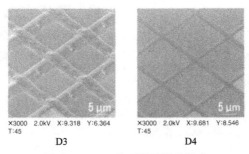

图 9-90　TFT 阵列的平坦化技术

　　通过以上介绍还可以看出，在保持一定开口率的前提下，通过像素(节距)微细化，可以实现高密度化；而在像素不变的前提下，显示屏尺寸可以做到更小。特别是，采用 D4 技术的 HTPS，在最小 12μm 像素节距的情况下，开口率可达 50%。为实现更高精细度的画面质量，像素的最小节距正逐年减小，而利用高开口率新技术，开口率仍保持在 50% 以上。

　　2. 利用微透镜的集光技术

　　微透镜阵列技术如图 9-92 所示，对应每一个像素设置一个微透镜，构成微透镜阵列，利用其对入射光的折射作用，使入射光集中并透过开口部分，从而可改善光的利用效率。也就是说，通过减少入射光的损失提高实质的透射率。而且，通过改变这种微透镜的形状，例如从球面改变为非球面等，可进一步提高集光效率，提高光的利用率。若按实质的开口率换算，光的利用率可达 90% 以上。

　　利用上述这些技术，HTPS 在各种投影组件(设备)中，实现了最高的光利用效率。

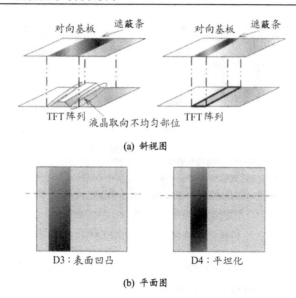

(a) 斜视图

D3：表面凹凸   D4：平坦化

(b) 平面图

图 9-91   TFT 阵列的平坦化与开口率的关系

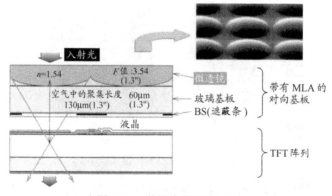

图 9-92   微透镜阵列(MLA)

9.8.2.2   提高对比度的技术

对于 HTPS 主要用途的投影电视来说，特别重视投影图像相对于图像源的再现性。因此，对图像对比度的要求越来越严格。

如前所述，为提高光利用效率，在伴随开口率改善的同时，不断向着高精细化方向进展，像素电极间的间隔已小于液晶层厚度(液晶盒间隙)。其结果，在像素电极的周边部位，与正常驱动电场的作用相比，由相邻像素电极所施加的横向电场的影响变得更大，从而该部分液晶的取向不再追随原来的电场而变化，结果造成漏光现象，最终造成对比度低下。

解决该问题的措施之一是采用所谓"液晶盒窄间隙化技术"，即，使液晶层的厚度比像素电极间距更小。实际上，在 D4 中就采用了这种技术，如图 9-93 所示，由于液晶层厚度变小，从而横向电场的影响减弱。

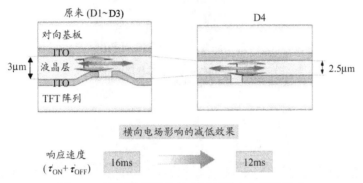

图 9-93　利用窄间隙化技术减低横向电场的影响

采取上述措施还能改善液晶的响应特性,如将原来 16ms 的响应时间(ON-OFF)缩短为 12ms。这样，在一帧时间(~16ms)内，图像可获得充分响应。

另外，作为装配厂商(set maker)的技术，也需要对光控制技术进行改进。

具体说来，HTPS 中采用的液晶模式为 TN 型，其对比度同光的入射角密切相关，若能将光的入射角控制在一定的范围内，则可实现高对比度。而合适的光学入射角需要光学系统设计来控制。

综合采用上述技术，在原来的基础上已可能将对比度提高 3~5 倍，达到 5 000∶1 的水平。由于其丰富的图像表现能力，目前正在被开发用于暗环境下的显示用途。

采用上述技术所获得的对比度，在目前投影式显示器中也属于最高水平。

9.8.2.3　降低温升的技术

HTPS 在投影仪的应用中，要使用高亮度光源，若能减轻系统冷却的负担，既可降低风扇噪声，又可节能。为实现这一目标，液晶屏组件材料的热导率应尽量高，或在结构上更利于散热。采取这些措施，通过外壳散热可显著提高冷却效率。特别是在 D4 型 HTPS 中，采用气流效果更好的燕尾槽形状，在提高散热性能的基础上，扩大了表面积，起到风扇扇叶的作用，如图 9-94 中的照片所示。

9.8.3　HTPS 需要开发的课题

在考虑 HTPS 今后的发展时，应明确其主要应用目标仍然是投影设备。但是，关于市场对象，看来其重心会向民用耐用消费类电器产品转移。

因此，作为组件应具备的性能，除上述的高亮度、高对比度之外，还应兼备因电视播放系统变化而要求的高精细度(高图像分辨率)以及低价格等。

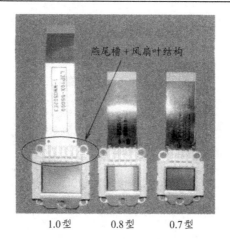

图 9-94　带散热结构的 HTPS LCD 模块

关于高精细度,从市场动向看正不断取得进展。目前,0.7 英寸 720 PHD 已商品化并实现低价格。对应高清晰度(1 080 HD)的 HTPS 也以微细图形化为中心积极开展之中,1.3 英寸制品即将投入市场。

关于低价格化,由于 HTPS 所用原材料和部件较少,提高生产效率是降低其价格的有效措施。而生产效率高正是 HTPS 的优势,利用半导体大规模集成电路的生产线(如 12 英寸线)可以进行大批量生产。

9.9　LCOS 的最新进展

LCOS(liquid crystal on silicon)是单晶硅反射式液晶(显示组件)的简称。由于其采用反射式结构,除具有高开口率、图像清晰细腻等特点之外,还采用垂直取向液晶,从而具有高对比度,采用无机取向膜从而具有高可靠性等独特的优势。日本ビクター株式会社自 1998 年实现批量化生产以来,已有 40 万个以上的生产业绩,这是目前世界上唯一批量生产的 LCOS 组件。

9.9.1　LCOS 组件的特性

LCOS 组件是利用制作好三极管等有源器件的单晶硅基板和玻璃基板构成液晶盒,并在其中封入液晶材料构成的。液晶受三极管有源驱动这一点与透射型 TFT LCD 组件是相同的。但是,对于透射型 TFT LCD 组件来说,不透光的驱动三极管及布线等都会对光产生遮蔽作用,由于开口率低,光的利用率不可能提高。而且,驱动三极管的小型化亦有一定限制,像素小型化会使开口率进一步下降。

而对于 LCOS 组件来说,由于采用反射型结构,驱动三极管及布线等都不会对光产生有害遮蔽作用,与透射型 TFT LCD 相比(图 9-95),自然能实现高开口率。

图 9-96 表示开口率与像素节距的关系，由该图可以看出，与透射型 TFT LCD 相比，LCOS 在相同像素尺寸下不仅开口率高，而且随着像素尺寸变小，开口率下降并不显著。

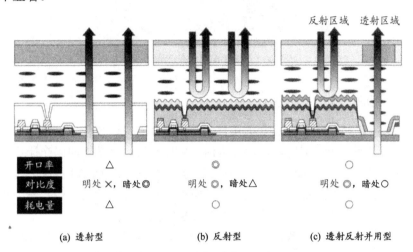

图 9-95　TFT LCD 各种模式的断面结构

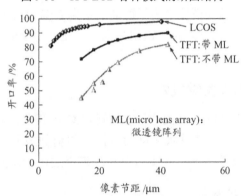

图 9-96　开口率与像素节距的关系

除此以外，LCOS 还可以由 Si 基板背面散热，由此可以采用大功率光源，提高显示器的亮度，从而实现高亮度投影仪。目前的市售产品中就是在装置光学系统的机构中兼有散热(heat sink)系统，以高效率散热。

日本ビクター株式会社于 1998 年将搭载有 D-ILA(direct-drive image light amplifier，直接驱动成像光放大器)组件的专业用投影仪投入市场；在民用方面，于 2004 年 7 月在美国市场上，将搭载有 D-ILA 组件的 52 型、61 型投影电视投入市场。到目前为止，D-ILA 组件已有 6 类产品共计 40 万个以上投入市场。图 9-97 中的照片表示 D-ILA 组件的产品系列。

图 9-97　D-ILA 组件的产品系列

9.9.2　LCOS 开发的历史

　　LCOS 的开发历史较长，1981 年日本精工就有 LCOS 用于手表电视的报道，并于次年有商品上市。但是，此后并未向实用化开发，而是转向以光计算机关键组件(空间光调制组件)的研究为主。进入 20 世纪 90 年代，LCOS 再次以显示组件引起人们的注意，而且面向投影仪和投影电视的开发十分活跃。1997—1998 年，IBM、先锋、日本ビクター一先后将采用 LCOS 的投影仪投入市场。

　　此后不久，IBM、先锋退出 LCOS 产业，但以美国为中心，对 LCOS 的关注热情仍然很高。但可惜的是，无论哪家都未在实用化方面取得重大突破。

　　在 2004 年 1 月召开的消费类电子产品展示会(CES)上，半导体顶级企业 Intel 报道关于 LCOS 组件的开发，再一次引起人们的注意，但由于其最终未实现商品化而以退出结局。

9.9.3　LCOS 的两大关键技术

　　如 9.9.1 节关于 LCOS 组件的特征中所述，LCOS 组件是在制作好三极管等有源器件的单晶硅基板和玻璃基板之间封入液晶材料做成的。下面，分别对构成 LCOS 组件的两大基本要素——单晶硅基板和液晶层进行简要介绍。

9.9.3.1　单晶硅基板

　　LCOS 组件中的三极管等有源器件是在单晶硅基板上形成的，所采用的技术就是 LSI 制作技术。容易想象，随着 LSI 微细化技术的进展(按摩尔定律)，LCOS 组件像素得以相似缩小，进而逐渐向高精化方向进展。

　　三极管等有源器件，同液晶层的工作模式密切相关。在进行调灰显示时，若通过调节脉冲宽度来进行，则一般采用 SRAM；若通过电压高低进行模拟调节时，则一般采用 DRAM。

　　作为反射层,有采用介电质镜面膜(增亮膜)的情况和采用 Al 等金属膜的情况，后者还兼有像素电极的功能。介电质镜面膜可确保反射率，但会使驱动电压上升，而且，介电质镜面膜的成膜及膜质的控制等都会造成产品成品率的下降。

对于反射层来说，另一个问题是平坦度。作为近年来 LSI 工艺中的平坦化技术，已广泛采用 CMP(chemical mechanical polishing，化学机械抛光)。LCOS 组件的单晶硅基板同样也可以采用这种技术，获得镜面程度极高的反射面。而且，为了提高反射效率，正在研究将像素电极埋入绝缘物中(实现像素电极间的平坦化)，以及将与像素电极上形成的三极管相连接用的孔(导通孔)也埋入的技术。采用这些措施，不仅可提高光的利用率，还能使液晶取向控制变得容易。

9.9.3.2　液晶层

反射型与透射型液晶具有不同的工作模式，前者不能原封不动地套用后者。对于 LCOS 所用的反射型液晶来说，探讨过各种不同的工作模式，主要有下述几种：

(1) TN(有别于透射型的)型；

(2) 垂直取向型；

(3) 铁电性液晶型。

对于 TN 型来说，与透射型中扭曲角为 90°的常白型相对，在反射型中研究了扭曲角为 45°、54°的常黑型，63.7°的常白型。但是所有这些，其性能要达到或超过透射型的，都是相当困难的。

对于垂直取向型来说，用于 LCOS 反射型液晶时，黑色纯度高，可以得到高对比度，而且适用于反射型的液晶盒厚度，可以做到仅为透射型的 1/2，因此响应速度快。但是，液晶取向的预倾角难以控制，对于实用化来说，这曾是亟待解决的问题。

对于铁电性液晶型来说，其最大的优点是响应速度快(μs 量级)。但是，基于其双稳态特性，调灰显示需要通过调节脉冲宽度及脉冲面积来进行；而且，为适应反射型，液晶盒中液晶层的厚度仅为 $1\mu m$ 左右，厚度控制难度很大；与向列液晶不同的是，铁电性液晶还必须经单畴(monodomain)取向处理。总之，铁电型液晶要成功用于反射型 LCOS，仍存在不少问题需要解决。

9.9.4　D-ILA 组件的特性

D-ILA 组件属 LCOS 的一种，其断面结构如图 9-98 所示，也是在单晶硅基板与玻璃基板之间封入液晶材料制成的。

利用 LSI 技术在单晶硅基板上形成三极管、保持信号用的电容以及布线等，在其与反射电极之间还要设置屏蔽层。反射电极是在被镜面平坦化的绝缘层上形成的，电极不必再经表面处理即可获得镜面效果。在工作过程中，单晶硅基板上的三极管作为驱动开关，将驱动电压作用在与液晶层相接触的反射电极上，对液晶实施驱动。

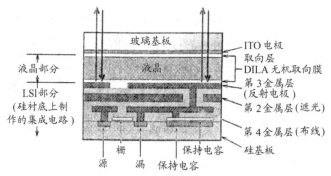

图 9-98　D-ILA 组件的构造(断面图)

9.9.4.1　高对比度

在 D-ILA 组件中，采用图 9-99 所示的垂直取向模式，即 ECB(electrically controlled birefringence，电场控制双折射)模式。这种模式如 2.4.7 节所述，当驱动电压在阈值(临界值)以下时，液晶分子按垂直取向整齐排列，入射光(S 偏振光)不受调制而被表面电极反射回光源，显示为黑。当驱动电压超过阈值(临界值)时，液晶分子开始倾斜，反射光受到相位调制(向 P 偏振光转变)，从而光输出增加。由于 D-ILA 组件采用垂直取向液晶，显示模式是以黑色为基准的常黑型，具有良好的黑色再现性和稳定性。

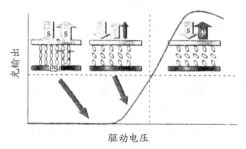

图 9-99　垂直取向模式液晶的工作原理

而且，垂直取向液晶具有波长分散性小及入射角相关性小等特性，因此显示不易受入射光颜色及入射角的影响。

根据上述特性，D-ILA 组件可以实现高对比度，目前组件本体已能获得 5 000：1 以上的对比度。

但是，采用上述垂直取向模式，因液晶取向控制困难而增加实用化难度。日本ビクター公司采用无机材料的液晶取向控制技术解决了这一问题，并实现批量化生产。

9.9.4.2　响应速度

关于液晶层的另一个重要问题，是液晶盒中液晶层的厚度。水平取向液晶目前已广泛普及，材料的选择范围很广，因此，在所定的液晶盒厚度下可以选择合适的液晶材料。但是，可按垂直取向模式工作的液晶材料很少，可供选择的范围窄。因此需要按现有的液晶材料选择最佳液晶层(液晶盒)厚度。与液晶层厚度和密度相关的组件特性是驱动电压和响应速度。但二者之间存在相反的变化趋势：液晶层变厚则驱动电压下降，但响应速度变慢，反之亦然。驱动电压主要受三极管耐压特性的制约。而另一方面，为提高动画显示的显示质量，希望响应时间(包括上升时间和下降时间)小于 16ms。

对于当前的 D-ILA 组件来说，驱动电压和响应速度最佳组合的液晶层厚度为 3.2μm。在此条件下的响应时间(速度)为 10ms，完全可以实现自然逼真的动画显示。

9.9.4.3　高可靠性

在投影成像方式中，很小面积的组件上受到非常强的光照射，因此可靠性极为重要。影响可靠性的因素主要有下述两条：

(1) 由漏光引起的误动作；

(2) 由光照引起的取向膜劣化。

对于 LCOS 组件来说(透射型 TFT LCD 也存在同样的问题)，照射组件的光在三极管等有源器件部分的泄漏是产生误动作及电压漂移的重要原因。

随像素的小型化而连带的到三极管的传输距离的缩短，这种光泄漏问题更容易发生。为了克服这一问题，在 D-ILA 组件中，通过三极管的合理布置及遮光层的改善等，达到较好效果，即使像素达到 8μm 的微细化也不存在什么问题。

D-ILA 组件的另一大先进之处是，液晶取向用的取向膜采用无机材料，从而获得更高的可靠性。近年来，采用透射型 TFT LCD 屏(作投影组件)的寿命仅为 2000~6000h，不仅连续使用(如作为监视用)寿命太短，对于背投电视来说，寿命也远远不够。

一般认为，透射型 TFT LCD 组件寿命短的主要原因是取向膜中使用了有机物(聚酰亚胺)。图 9-100 表示 D-ILA 组件的耐光性，在以 15W/cm^2 白色光(Xe 灯)的连续照射实验中，在电压保持率为 98% 的情况下可维持 1 000h 以上。此光量可以实现 3 500lm 的亮度。相比之下，取用聚酰亚胺取向膜的情况下，在同样照射条件下，20h 以内电压保持率下降到 40% 以下。采用 200W UHP 灯的装机实验中，连续运行 10 000h 以上，D-ILA 组件的电气光学特性、对比度等都未发生变化。可以推定 D-ILA 组件的 MTBF(组件寿命)达 100 000h 以上。

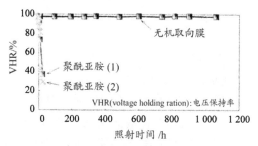

图 9-100　D-ILA 无机取向膜和聚酰亚胺膜的耐光性对比

D-ILA 的主要特征汇总如下：

(1) 采用反射型结构从而具有高开口率；

(2) 像素节距窄从而可获得清晰细腻的图像；

(3) 采用 LSI 技术从而可获得高精细化；

(4) 高冷却效率；

(5) 采用垂直取向 ECB 模式从而对比度高；

(6) 采用无机取向膜从而具有高可靠性；

(7) 像素部位不存在过孔、盲孔等异物，图像质量高。

表 9-14 表示已实现批量化生产的 D-ILA 系列产品的规格和性能等。

9.9.5　LCOS 组件用的光学系统

LCOS 组件的光学系统远不如透射型 TFT LCD 那样完善，由于未实现标准化，对各种各样的方式仍在探讨之中。

在专业用投影仪中，一般是采用三个 PBS(polarization beam splitter，偏振光分束器)的 3PBS 方式，及 Color Link 开发的 4PBS 方式等。这些方式中的关键部件是 PBS(图 9-101)，对其性能的主要要求是：在可见光区域内，透射率要高而且特性要平坦。另外，由于要求低的双折射率，目前不得不使用含铅玻璃。但是，含铅玻璃除原材料价高以外，还有软化点低、受热易变形及铅污染等问题。

最近，采用光栅(wire-grid)的光学系统崭露头角。光栅的工作原理如图 9-102 所示，一般在电波及红外线用检波器中广泛采用，而 MOXTEK 采用微细加工技术开发出可见光区域也能使用的光栅。使用这种光栅，不存在过去 PBS 易发生的偏离角问题，从而可获得非常高的对比度。

表 9-14　D-ILA 系列产品的规格和性能

性能 ＼ 规格	1.7″4K2K	1.3″QXGA	0.9″SXGA	0.8″FHD	0.7″SXGA+	0.7″720P
显示尺寸/英寸(对角线长度/mm)	1.7 (43.5)	1.30 (33.0)	0.90 (23.0)	0.82 (20.8)	0.72 (18.2)	0.70 (17.8)
像素数(水平×垂直)	3 840 ×2 048	2 048 ×1 536	1 365 ×1 024	1 920 ×1 080	1 400 ×1 050	1 280 ×720
宽高比	16:9	4:3	4:3	16:9	4:3	16:9
像素节距/μm	10	12.9	13.5	9.5	10.4	12.0
有效显示尺寸/mm	水平 38.40 垂直 20.48	水平 26.42 垂直 19.81	水平 18.43 垂直 13.82	水平 18.24 垂直 10.26	水平 14.56 垂直 10.92	水平 15.36 垂直 8.64
开口率/%	92	94	94	92	92	93
对比度	5 000:1 以上(器件的对比度)					
液晶模式	垂直取向液晶					
取向膜	光稳定无机取向膜					
主要用途	·超高精细图像系统管制·模拟系统·CG 模式·协调作业系统·高临场感型电视	·数字电影·环境影像系统·模拟系统·CG 模式·舞台、音乐厅·展示会、博览会	·扫描显示系统·AV 影院·模拟系统·CG 模式	·高级家庭影院·大型背投电视·数字档案(电子博物馆、美术馆)·数字电影	·扫描显示系统·AV 影院	·背投电视·家庭影院·娱乐设备

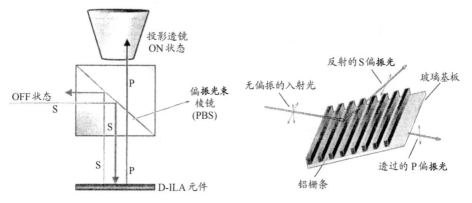

图 9-101　PBS 的工作原理　　　　　图 9-102　光栅(wire-grid)的工作原理

9.9.6 D-ILA 的发展方向

为满足应用要求，D-ILA 组件会继续向高精细化(小型化)和高性能化方向发展。图 9-103 是从组件像素尺寸看，D-ILA 按世代的发展。目前已开始第 2 代组件的批量化生产。

从高性能化观点，主要是提高对比度和提高亮度。为实现这些目标的措施有：①像素间的平坦化；②增强反射的结构；③液晶的可调制性；④最佳的防反射结构等。

关于组件的高性能，进一步减小液晶盒中液晶层的厚度，以提高响应速度是正在开发的课题。

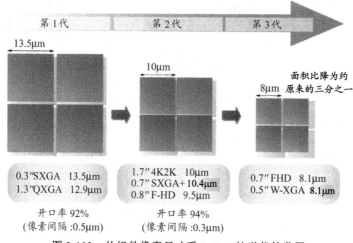

图 9-103　从组件像素尺寸看 D-ILA 按世代的发展

参 考 文 献

[1] 田民波. 电子显示. 北京: 清华大学出版社, 2001

[2] 田民波. 薄膜技术与薄膜材料. 北京: 清华大学出版社, 2006

[3] 田民波. 半導體電子元件構裝技術. 臺北: 五南圖書出版股份有限公司, 2005

[4] 鈴木 八十二. 液晶ディスプレイのできるまで. 日刊工業新聞社, 2005

[5] 西久保 靖彦. 薄型ディスプレイ. 秀和システム, 2006

[6] 内田 龍男. 電子ディスプレイのすべて. 工業調査会, 2006

[7] (株)次世代 PDP 開發センター編. プラズマディスプレイの本. 日刊工業新聞社, 2006

[8] 越石 健司. 電子ディスプレイの市場動向と産業地図. 電子材料, 2007 年 5 月号別冊, 9~16

[9] 武野 泰彦. 電子ディスプレイ製造装置の市場動向. 電子材料, 2007 年 5 月号別冊, 17~20

[10] 久保 恭宏. 液晶材料. 電子材料, 2007 年 5 月号別冊, 48~53

[11] 三村 秀典. FED の最新技術動向. 電子材料, 2007 年 5 月号別冊, 35~39

[12] 和迩 浩一. 無機 EL ディスプレイの最新技術動向. 電子材料, 2007 年 5 月号別冊, 29~34

[13] 内池 平樹. プラズマディスプレイ(PDP)の最新技術動向. 電子材料, 2007 年 5 月号別冊, 21~28

[14] 面谷 信. 電子ペーパーの最新技術動向. 電子材料, 2007 年 5 月号別冊, 40~47

[15] 鈴木 充博. 大型液晶用バックライト. 電子材料, 2007 年 5 月号別冊, 54~58

[16] 陳金鑫, 黄孝文. OLED 有機電激發光材料與元件. 臺北: 五南圖書出版股份有限公司, 2005

[17] 戴亚翔. TFT-LCD 的驅動與設計. 臺北: 五南圖書出版股份有限公司, 2006

[18] 西久保 靖彦. ディスプレイ技術の基本と仕組み. 秀和システム, 2003

[19] 泉谷 渉. これが液晶・プラズマ・有機 EL・FED・リアプロのすべてディスプレイの全貌だ！かん
き出版, 2005

[20] 時任 静士, 安達 千波矢, 村田 英幸. 有機 EL ディスプレイ. 0hmsha, 2004

[21] 苗村 省平. はじめての液晶ディスプレイ技術. 工業調査會, 2004

[22] 鈴木 八十二. 液晶の本. 日刊工業新聞社, 2003

[23] 水田 進. 図解雑学液晶のしくみ. ナツメ社, 2002

[24] 鈴木 八十二. 液晶ディスプレイ工学入門. 日刊工業新聞社, 2002

[25] 岩井 善弘, 越石 健司. ディスプレイ部品・材料最前線. 工業調査會, 2002

[26] 北原 洋明. 新液晶産業論・大型化から多樣化への轉換. 工業調査會, 2004

[27] 内田 龍男. 次世代液晶ディスプレイ技術. 工業調査會, 1994

[28] 岩井 善弘. 液晶産業最前線. 工業調査會, 2001

[29] 竹添 秀男, 高西 陽一, 宮地 弘一. イラスト・図解液晶のしくみがわかる本. 技術評論社, 1999

[30] 岩井 善弘, 越石 健司. 液晶・PDP・有機 EL 徹底比較. 工業調査會, 2004

[31] 城戸 淳二. 有機 EL のすべて. 日本實業出版社, 2003

[32] 河村 正形. よくわかる有機 EL ディスプレイ. 電波新聞社, 2003

[33] 那野 比古. わかりやすい液晶のはなし. 日本實業出版社, 1998

[34] 日本電子(株)応用研究センター編著. WEEE & RoHS 指令. 日刊工業新聞社, 2004

[35] WEEE & RoHS 研究會編著. WEEE & RoHS 指令とグリーン調達. 日刊工業新聞社, 2005

[36] 須賀 唯知. 鉛フリーはんだ技術. 日刊工業新聞社, 1999

[37] 菅沼 克昭. はじめてのはんだ付け技術. 工業調査會, 2002

[38] 杉本 榮一. 図解プリント配線板材料最前線. 工業調査會, 2005

[39] 平尾 孝, 吉田 哲久, 早川 茂. 薄膜技術の新潮流. 工業調査會, 1997

[40] 麻蒔　立男. 超微細加工の本. 日刊工業新聞社, 2004
[41] 麻蒔　立男. 薄膜の本. 日刊工業新聞社, 2002
[42] 伊藤　昭夫. 薄膜材料入門. 東京棠華房, 1998
[43] 麻蒔　立男. 薄膜作成の基礎(第 3 版). 日刊工業新聞社, 2000
[44] 田民波. 电子封装工程. 北京: 清华大学出版社, 2003
[45] 田民波. 磁性材料. 北京: 清华大学出版社, 2001
[46] 田民波, 林金堵, 祝大同. 高密度封装基板. 北京: 清华大学出版社, 2003
[47] 田民波. 集成电路(IC)制程简论. 北京: 清华大学出版社, 2009
[48] 田民波, 刘德令. 薄膜科学与技术手册(上、下册). 北京: 机械工业出版社, 1991
[49] 唐伟忠. 薄膜材料制备原理、技术及应用(第 2 版). 北京: 冶金工业出版社, 2003
[50] 范星河. 图解液晶聚合物——分子设计、合成和应用. 北京: 化学工业出版社, 2005
[51] 应根裕, 胡文波, 邱勇. 平板显示技术. 北京: 人民邮电出版社, 2002
[52] 朱履冰. 表面与界面物理. 天津: 天津大学出版社, 1992
[53] 掘浩　雄, 铃木　幸治. 彩色液晶显示. 北京: 科学出版社, 2003
[54] 小林　骏介. 下一代液晶显示. 北京: 科学出版社, 2003
[55] 面谷　信. 電子ペーパーの技術動向とその可能性. 電子材料, 2003, 4: 18~23
[56] 高相　緑. 電子ペーパーの市場動向. 電子材料, 2003, 4: 24~27
[57] 藤挂　英夫. フレキツブルフィルム液晶ディスプレイ. 電子材料, 2003, 4: 28~32
[58] 石毛　剛一. In-plane 型電気泳動ディスプレイ. 電子材料, 2003, 4: 33~37
[59] 服部　励治. マイクロレンブアレイ電気泳動ディスプレイ. 電子材料, 2003, 4: 38~43
[60] 山本　慈. 光アドレス電子ペーパー. 電子材料, 2003, 4: 44~48
[61] 筒井　恭治. サーマルリライタブル方式電子ペーパー. 電子材料, 2003, 4: 49~52
[62] 越石　健司. 液晶パネル業界. 電子材料, 2004, 4: 24~30
[63] 武野　泰彦. 液晶製造装置・材料界. 電子材料, 2004, 4: 31~33
[64] 林　秀介, 須藤　茂. 有機 EL ディスプレイ業界. 電子材料, 2004, 4: 34~38
[65] 林　秀介. PDP 業界. 電子材料, 2004, 4: 39~42
[66] 増田　淳三. 電子ディスプレイ産業の市場動向. 電子材料, 2004, 4: 43~49
[67] 鈴木　八十二. 液晶ディスプレイの基礎. 電子材料, 2004, 4: 51~63
[68] 古川　県治, 谷口　彬雄. 有機 EL ディスプレイの基礎. 電子材料, 2004, 4: 65~71
[69] 松元　榮一. 有機 EL 製造装置の基礎. 電子材料, 2004, 4: 72~77
[70] 和迩　浩一. 無機 EL 製造装置の基礎. 電子材料, 2004, 4: 78~82
[71] 石原　浩之. プラズマディスプレイの基礎. 電子材料, 2004, 4: 83~87
[72] 一ノ瀬　昇. LED(發光ダイオード)の基礎. 電子材料, 2004, 4: 88~93
[73] 菰田　卓哉. FED(電界放射型ディスプレイ)の基礎. 電子材料, 2004, 4: 94~102
[74] 横井　利彰. 電子ペーパーディスプレイの基礎. 電子材料, 2004, 4: 103~107
[75] 土岐　均. VFD(螢光表示管)の基礎. 電子材料, 2004, 4: 108~124
[76] 帰山　敏之. DLP(ディジタルライトプロセッシング)の基礎. 電子材料, 2004, 4: 125~121
[77] 増田　淳三. 有機 EL ディスプレイの産業動向と市場展望. 電子材料, 2003, 12: 23~28
[78] 服部　励治. アモルファスシリコン TFT 駆動有機 EL ディスプレイ. 電子材料, 2003, 12: 29~34
[79] 小林　誠. 色變換方式フルカラー有機 EL ディスプレイの開發. 電子材料, 2003, 12: 45~48
[80] 昔俊　亨. 液晶ディスプレイの技術開發動向. 電子材料, 電子ディスプレイ技術編, 2004 年 8 月号別冊, 20~24
[81] 何村　祐一郎. 有機 EL ディスプレイの技術動向. 電子材料, 電子ディスプレイ技術編, 2004 年 8 月号別冊, 42~46
[82] 山崎　正宏, 荒川　公平. LCD 用光学フィルム. 電子材料, 電子ディスプレイ技術編, 2004 年 8 月号別冊, 82~85

[83] 矢寺　順太郎. 液晶向けバックライト. 電子材料, 電子ディスプレイ技術編, 2004 年 8 月号別冊, 91~95

[84] 佐藤　佳晴. 有機 EL 用材料開發の現状と今後のロードマップ. 電子材料, 電子ディスプレイ技術編, 2004 年 8 月号別冊, 99~104

[85] 城戸　淳二. 有機 EL の最新技術動向. 電子材料, 2004, 12: 18~21

[86] 三好　敬. LED 用高透明シリコーソ材料. 電子材料, 2005, 5: 126~129

[87] 前田　和夫. ナノプロセス時代の半導體製造装置. 電子材料, 2005, 3: 8~13

[88] 濱本　賢一. 有機 EL ディスプレイの業界動向. 電子材料, 2004, 12: 22~25

[89] 結城　敏尙, 辻大志. 携帯電話用フルカラー有機 EL パネル——燐光材料の實用化. 電子材料, 2004, 12: 26~29

[90] 阿部　十嗣男, 田尾　鋭司, 小林　理. 量産用有機 EL 製造ツステム. 電子材料, 2004, 12: 30~32

[91] 松元　佑司. 次世代有機 EL 製造装置. 電子材料, 2004, 12: 33~37

[92] 井上　一吉. 透明電極用 IZO 膜. 電子材料, 2004, 12: 38~42

[93] 北原　洋明. 液晶ディスプレイの最新技術動向. 電子材料, 2005 年 5 月号別冊, 18~28

[94] 打土井　正孝. プラズマディスプレイ(PDP)の最新技術動向. 電子材料, 2005 年 5 月号別冊, 29~33

[95] 時任　静士. 有機 EL ディスプレイの最新技術動向. 電子材料, 2005 年 5 月号別冊, 34~40

[96] 三浦　登. 無機 EL ディスプレイの最新技術動向. 電子材料, 2005 年 5 月号別冊, 41~46

[97] 中本　正幸. FED の最新技術動向. 電子材料, 2005 年 5 月号別冊, 47~56

[98] 天野　浩. LED ディスプレイ技術の進展. 電子材料, 2005 年 5 月号別冊, 57~61

[99] 柴田　恭志. LCOS 技術を用いた(D-ILA)デバイス. 電子材料, 2005 年 5 月号別冊, 62~67

[100] 久保　恭宏. 高速応答液晶材料. 電子材料, 2005 年 5 月号別冊, 73~78

[101] 小林　裕史. 液晶用カラーフィルタ. 電子材料, 2005 年 5 月号別冊, 79~85

[102] 高橋　修一. 液晶パネル用フォトレジスト材料. 電子材料, 2005 年 5 月号別冊, 86~90

[103] 韓田　功. LED バックライト. 電子材料, 2005 年 5 月号別冊, 91~96

[104] 猟狩　德夫. LCD バックライト用機能復合型導光體. 電子材料, 2005 年 5 月号別冊, 97~101

[105] 細川　地潮. 有機 EL 材料の開發現状. 電子材料, 2005 年 5 月号別冊, 102~106

[106] 北原　洋明. 液晶ディスプレイの最新技術動向. 電子材料, 2006 年 5 月号別冊, 14~24

[107] 篠田　傳, 粟本　健司. プラズマディスプレイ(PDP)の最新技術動向. 電子材料, 2006 年 5 月号別冊, 25~29

[108] 上村　強. 有機 EL ディスプレイの最新技術動向. 電子材料, 2006 年 5 月号別冊, 30~35

[109] 三浦　登. 無機 EL ディスプレイの最新技術動向. 電子材料, 2006 年 5 月号別冊, 36~42

[110] 三村　秀典. FED の最新技術動向. 電子材料, 2006 年 5 月号別冊, 43~47

[111] 面谷　信. 電子ペーパーの最新技術動向. 電子材料, 2006 年 5 月号別冊, 48~49

[112] Hideki Wakabayashi, Mizuho Securities. FPD industry heading into the third period of growth; surviving amidst structural changes. Electronic Display Forum 2003 Proceedings: Tokyo Big Sight, Japan, 2003

[113] David Choi. Future trends in large TFT-LCD screen technology. Electronic Display Forum 2003 Proceedings: Tokyo Big Sight, Japan, 2003

[114] Chao-Yih Chen. Taiwan FPD industry roadmap. Electronic Display Forum 2003 Proceedings: Tokyo Big Sight, Japan, 2003

[115] Hideki Wakabayashi, Mizuho Securities, Po-Yen Lu. Panel discussion: their strategy challenging to new market from Korea, Taiwan, China and Japan. Electronic Display Forum 2003 Proceedings: Tokyo Big Sight, Japan, 2003

[116] Takashi Kitaimira. Electronic paper. Electronic Display Forum 2003 Proceedings: Tokyo Big Sight, Japan, 2003

[117] Satoru Miyashita. Ink-jet production process for a high resolution OLED display. Electronic Display Forum 2003 Proceedings: Tokyo Big Sight, Japan, 2003

[118] Koichi Wani. Development status update on iFire's thick-film dielectric EL (TDEL) display technology. Electronic Display Forum 2003 Proceedings: Tokyo Big Sight, Japan, 2003

[119] Michiya Kobayashi. Development of a 17-in. WXGA polymer OLED display. Electronic Display Forum 2003 Proceedings: Tokyo Big Sight, Japan, 2003

[120] Sweta Dash. TFT LCD fabs; is bigger always better. Information Display, 2004, 12: 10~15

[121] Tsutae Shinada(杨兰兰译). 等离子体显示开启显示世界之梦. 现代显示, 2004, 3: 6~12

[122] 朱昌昌. 我国平板显示技术的现状和几点思考. 2004 年中国平板显示学术会议论文集. 广电电子, 2004

[123] 廖良生, 邓青云. Development of organic light-emitting diode technology for display application. 2004 年中国平板显示学术会议论文集: 广电电子, 2004

[124] 田民波. 平板显示器产业化进展及发展趋势. 2004 年中国平板显示学术会议论文集. 广电电子, 2004

[125] 邓江, 林祖伦, 张义德. 场发射显示器研究现状. 现代显示, 2005, 4: 8~12

[126] 段诚. 日本大企业社长谈 2005 年平板电视战略. 现代显示, 2005, 4: 12~16

[127] 季国平. FPD 产业在中国的发展. 电子工业专用设备, 2004, 8: 1~16

[128] 王小菊, 林祖伦, 祈康成. 场发射显示器阴极的制备方法及研究现状. 现代显示, 2005, 3: 46~50

[129] 童林凤. 彩色 PDP 技术现况与发展. 现代显示, 2005, 2: 4~9

[130] 陈金鑫, 黄孝文编著, 田民波修订. OLED 有机电致发光材料与器件. 北京: 清华大学出版社, 2007

[131] 戴亚翔编著, 田民波修订. TFT LCD 的驱动与设计. 北京: 清华大学出版社, 2008

[132] 潘金生, 仝健民, 田民波. 材料科学基础. 北京: 清华大学出版社, 1998

[133] 高鸿锦, 董友梅. 液晶与平板显示器技术. 北京: 北京邮电大学出版社, 2007

[134] 许军. 液晶科学技术的回顾与展望. 现代显示, 2006, 11

[135] 童林凤. 2012 年后的平板显示世界. 现代显示, 2007, 7

[136] SD Yeo. 电视应用的 LCD 技术. 现代显示, 2006, 1

[137] 张晶思. TFT LCD 能否赢得大尺寸显示市场. 现代显示, 2007, 1

[138] David Deagzio. 关于 LED 背光源设计及制造的思考. 现代显示, 2006, 1

[139] 王文根等. 液晶显示器的快速响应技术. 现代显示, 2006, 4

[140] 唐进等. 大尺寸 TFT LCD 的 LED 背光技术. 科技咨询导报, 2007, 5

[141] Lary F Wcber. 高发光效率电视的竞争. 现代显示, 2007, 2

[142] 徐重阳等. 低温多晶硅 TFT 技术的发展. 现代显示, 2003, 1

[143] 日本半導體産業新聞/産業時報社. 亞洲半導體/液晶 2007 年最新動態, 中國大陸·臺灣·韓國的産業分析及投資計畫. 半導體産業參考系列叢書, 2007 年 8 月 25 日

[144] 田民波著, 顔怡文校定. 薄膜技術與薄膜材料. 臺北: 五南圖書出版股份有限公司, 2007

[145] 田口 常正. 白色 LED 照明技術のすべて. 工業調査会, 2009

[146] 鵜飼 育弘. 液晶ディスプレイの最新技術動向. 電子材料, 2009 年 4 月号別冊, 15~23

[147] 内池 平樹. プラズマディスプレイ(PDP)の最新技術動向. 電子材料, 2009 年 4 月号別冊, 24~27

[148] 米田 清. 大型有機 EL ディスプレイに向けた白色有機 EL の最新技術. 電子材料, 2009 年 4 月号別冊, 28~31

[149] 足立 吉弘. デジタルサイネージの市場動向. 月刊ディスプレイ, 2009, (4): 37~47

[150] 宇佐 見博. 裸眼 3D と高輝度 DID ディスプレイ. 月刊ディスプレイ, 2009, (4): 61~66

薄型显示器常用缩略语注释

A

AA　active addressing　全部扫描线同时选择法

AC PDP　alternating current plasma display panel　交流型等离子平板显示器

AC　alternating current　交流电路

ACF　anisotropic conductive film　各向异性导电膜

ACP　anisotropic conductive paste　各向异性导电浆料

AD　analog-to-digital　模拟-数字转换

ADS　address and display period separated　选址与显示周期分离型子帧驱动

AFLC　anti-ferroelectric liquid crystal　反铁电性液晶

AFLCD　anti-ferroelectric LCD　反铁电型液晶显示器

AFP　anti-ferroelectric phase　反铁电相

AG　anti-glare　(对偏光片表面的)防眩光处理

AGA　advanced global alignment　整片基板自动对准标记

AGV　automatic guided vehicle　(用于大型玻璃基板传输的)无轨道吊车输运系统

AI　artificial intelligence　人工智能,如液晶人工智能等

AL　aluminium　TFT 栅极制作材料之一的铝膜或铝电极

ALE　atomic layer epitaxy　原子层外延

ALIS　alternate lightning of surfaces method　表面交替发光方式(PDF 用)

AM　amplitude modulation　电压调制模式

AM ELD　active matrix-ELD　有源(主动式)矩阵驱动方式电致发光显示器

AMHS　automated material handling systems　自动化搬运系统

AM LCD　active matrix-LCD　有源(主动式)矩阵驱动方式液晶显示器

AOI　automatic optical inspection　自动光学检查

APC　advanced process control　先进的过程控制

APR　APR plate　取向膜印刷用凸板

APT　alt-pleshko technique　TN 简单矩阵用的逐行驱动法

AR　anti-reflection　(对偏光片表面的)防反射处理

AR　banded panel anti-reflection bonded panel　防反射多层膜平板显示屏

ARG　area ratio grayscale　面积比例灰阶

ASIC　application specific integrated circuits　专用集成电路

a-Si TFT LCD　amorphous silicon TFT LCD　非晶硅薄膜三极管液晶显示器

ASM　axially symmetric aligned micro-cell　轴对称取向像素

ASV　advanced super view　夏普为液晶电视开发的新液晶名称

ATE　automatic test equipment　自动化测试设备

AUO　AU Optronics　台湾友达光电公司

AWD　address while display　同时选址和显示技术

AV　audio visual　音频可视(系统)

B

BEF　brightness enhancement film　增亮膜,增辉膜

BHF　buffered hydrofluoric acid　缓冲氢氟

酸

BiNem　bistable nematic　双稳态扭曲向列液晶

BL　blocking layer　阻隔层

BM　black matrix　黑色本底，黑色矩阵条

BPF　bipotential focus　双电位透镜聚焦

BS　broadcasting satellite　广播用卫星

BSD　ballistic electron surface-emitting device　弹道电子表面发射器件

BTN LCD　bistable twisted nematic LCD　双稳态扭曲向列相 LCD

C

CAD　computer aided design　计算机辅助设计

CAT　computer aided testing　计算机辅助测试

Cat-CVD　catalytic chemical vapor deposition　触媒式化学气相沉积

CATV　cable television　有线电视

CBB　color by blue　由蓝光的色变换方式(无机 EL 用)

CBE　chemical beam epitaxy　化学束外延，或称有机金属分子束外延(MOMBE)

CCD　charge coupled device　电荷耦合器件

CCF　capsulated color filter　微胶囊化彩色滤色器，包封式彩色滤光片

CCFL/CFL　cold-cathode fluorescent lamp　冷阴极荧光管灯

CCM　color changing medium　色变换方式

CD　critical dimension　临界尺寸

CD　compact disc　小型光盘，小型光碟

CDA　clean dried air　洁净压缩空气

CD-ROM　compact disc read only memory　小型光盘只读存储器

CDT　color display tube　彩色显示 CRT

CES　International Consumer Electronics Show　国际消费类电子产品展览会(每年在美国拉斯维加斯举办)

CEL　crystal emissive layer　晶体发射层(设于 PDP 用 MgO 层的表面)

CF　color filter　彩色滤光片，滤色膜

CFF　critical fusion frequency　临界融合周波数

CFP　color flat panel　彩色平板显示器，彩色平面显示屏

CG　continuous grain　连续晶界(Si)

CGA　color graphics adapter　彩色图形适配级分辨率，320×200 个像素

CGL　charge generation layer　电荷生成层(堆叠式有机 EL 器件用)

CGS　continuous grain boundary crystal silicon　连续晶界(结晶)硅

c-HTL　composite hole-transport layer)　混合式空穴传输层

CIE　chromaticity diagram　CIE 色度图

CIE　Commission International del'Eclairage　国际照明委员会

CIG　chip in glass　芯片植入玻璃

CIG　circuit integrated glass　集成有周边电路的玻璃基板

CIM　computer integrated manufacturing　计算机集成制造加工

CISPR　Comite' International Spe'cial des Perturbations Radioe' lectriques　国际无辐射伤害特别委员会

CISC　complex instruction set computer　复杂指令计算机

CMOS　complementary metal oxide semiconductor　互补金属氧化物半导体

CMP　chemical mechanical polishing　化学机械抛光

CNT　carbon nano tube　碳纳米管

CNT　computer numerical control　计算机数值控制

COB　chip-on-board　印刷电路板上直接搭载裸芯片，板上芯片

COF　chip-on-film　膜片(挠性线路板)上芯片封装，比 TCP 基膜更薄、引脚更细的挠性封装

COG　chip-on-glass　玻璃上芯片技术

COG　circuit-on-glass　玻璃基板上贴装芯

片

COO cost of ownership 设备占用成本

COP chip-on-plastic 塑料基板上贴装芯片

CP chilling plate 对玻璃基板降温用的冷却板

CPA continuous pinwheel alignment 连续型针盘排列

CPU central processing unit (计算机)中央处理器

CR clean room 洁净工作间，无尘室

CR contrast ratio 对比度

CRI color rendering index 显色性指数，演色性指数

CRT cathode-ray tube 阴极射线管，布劳恩管

CSH color super homotropic 彩色超垂直均质取向(模式)

CVD chemical vapor deposition 化学气相沉积

CV cyclic voltammetry 循环伏安法

D

DA digital-to-analog 数字-模拟转换

DAB digital broadcasting or digital multimedia broadcasting 数字音频广播，即由广播机构向移动或便携式接收机传送高质量的声视频节目和数据业务

DAC digital-to-analog converter 数字-模拟转换器

DAC-QFP dynamic astigmatism control-quadrapotential focus 动力学像散性控制-四电位透镜聚焦系统

DAF dynamic astigmatism and focus 动力学像散性控制及聚焦系统

DAP deformation of vertically aligned phase 垂直取向

D-A pair donor-acceptor pair 施主-受主对

DAP LCD deformation of vertically aligned phase LCD 垂直取向液晶

DBS dynamic beam shaping 动力学束整形系统

DC direct current 直流电路

DC dynamic scattering 动态散射效应

DC-PDP direct current plasma display panel 直流型等离子体显示板

DDTN domain divided twisted nematic 分畴(区域)扭曲向列

D-ECB double layered-electrically controlled birefringence 双层双折射电场控制效应

DFD dye foil display 箔吸引型显示器

DFS de facto standard 行业标准

DFT density-functional theory 密度泛函理论

DGH double guest host 双层宾-主模式

DH data handling 数据处理

DH double heterojunction 双异质结

DHF diluted HF 稀释氟酸

DLP digital light processing 数字式光处理(器)

DMA differential mobility analyzer 净化室用尘埃微粒分级器

DMD digital micromirror display 数字式微反射镜器件

DMD deformable mirror display 可变形镜面显示器

DMGH double metal guest host 双层金属宾-主液晶显示器

DOBAMBC p-decycloxybenzylidene-p'-amino-2-methylbutylcinnamate

DOP dioctyl phthalate particle 空气过滤器验证用标准微粒

DOS disc operating system 磁盘操作系统

DOT depth of focus 焦点深度

dpi dots per inch 每英寸像素数(图像分辨率单位)

DQL dynamic quadrapole lens 动力学四极透镜系统

DRAM dynamic random access memory 动态随机存取存储器

DRC design rule check 设计规则检查

DS dynamic scattering 动态散射(LCD)

DSF disc storage facility 磁盘存储设备

DSF digital simulation facility 数字模拟设备

DSM dynamic scattering mode 动态散射模式

DSM-LCD dynamic scattering mode LCD 动态散射模式液晶显示器

DSP data start pulse 数据启动脉冲

DSP deposition scanned process 扫描式蒸镀制程

DSP digital signal processor 数字信号处理器

DSTN dual-scan super twisted nematic 双-扫描超扭曲向列液晶

DTP desk top publishing 桌面出版系统

DUT device under test 被测元器件

DVD digital versatile disc 数字式视频光盘

E

EA-DF elliptical aperture with dynamic electrostatic quadrapole focus lens 带有动力学静电四极聚焦透镜的椭圆孔径系统动力学像散性控制

EBBA p-ethoxybenzylidene-p'-bytyraniline 乙氧苯亚甲基丁酰替苯胺

EBU European Broadcasting Union 欧洲播放联合会

ECB electrically controlled birefringence 电场控制双折射(效应)

ECD electrochemical display 电化学显示

ECL exciton confinement layer 激子幽禁层

ECR electron cyclotron resonance 电子回旋共振

EDA electronic design automation 电子设计自动化

EEPROM electrically erasable programmably read only memory 电气可擦除可编程只读式存储器

EFL extended field lens 扩展场透镜系统

EGA enhanced graphics adapter 增强图形适配级图像分辨率，640×350 个像素

EIL electron injection layer 电子注入层

EL electroluminescence 电致发光效应

ELA excimer laser annealing 准分子激光退火

ELD electroluminescent display 电致发光显示器

EMI electromagnetic interference 电磁场干扰

EML emitting layer 发光层

EOD electroosmotic display 电渗透型显示器

EPD etch pit density 线缺陷密度

EPID electrophoretic image display 电泳成像显示器

EPROM erasable programmable read only memory 紫外线可擦除可编程只读式存储器

ESCA electro spectroscopy for chemical analysis X 线光电测定材料元素

ETL electron transporting layer 电子传输层

EuP Eco-Design Energy-using Products (欧盟)用能产品的生态设计要求的框架指令，耗能产品环保设计指令，2007 年 8 月 11 日起正式实施

EWD electro-wetting display 电浸润显示器

EWS engineering workstation 工程机算用工作站

F

FA factory automation 工厂自动化

FDD floppy disc drive 软盘驱动器

FEC fully encapsulated Czochralski 全保护的切克劳斯基法

FEC field emission cathod 场发射阴极

FED field emission display 场发射显示器

FET field effect transistor 场效应三极管

FEM field emission microscope 场发射显微镜

FFD feed forward driving 前馈驱动方式

FFL　flat fluorescent lamp　平面型荧光灯

FFS　fringe-field switching　边缘电场驱动模式

FIB　focused ion beam　聚焦离子束

FID　field ion display　场离子显示器

FIM　field ion microscope　场离子显微镜

FIM　flat tension mask　平面张力荫罩

FL　fluorescent lamp　荧光灯

FLASH　Memory flash memory　快闪存储器

FLC　ferroelectric liquid crystal　铁电液晶

FLCD　ferroelectric liquid crystal display　铁电液晶显示器

FLVFD　front luminous VFD　前面发光型VFD

FPC　flexible printed circuit　挠性印制线路板

FPD　flat panel display　平板显示器

FRC　frame rate control　亮灭平均时间调制

FRM　frame rate modulation　亮灭平均时间调制方式

FS　flat & square　平面及四方CRT

FS　field sequential　场序法，色序法

FSC　field-sequential color　场序列彩色显示，即RGB时间分割显示

FSFC　field-sequential full color　场序列全彩色显示

FSP　field shield pixel　遮场像素

FSTN　film compensated STN　光学膜补偿的STN

FSTN　film super twisted nematic　带光学补偿片的STN，单补偿膜型STN

full HD　full high definition　全高清，像素数1 920×1 080以上

G

GCK　gate clock　栅极时钟

GH　guest-host　宾-主效应

GPS　global positioning system　卫星全球定位系统

GSP　gate starting pulse　栅极启动脉冲

GUI　graphical user interface　图形用户接口

H

HAN　hybird aligned nematic　(液晶按)混合渐变方式排列

HAST　hyper amorphous silicon TFT　(卡西欧的)显示屏的铝外引线技术

HAVD　horizontal address and vertical deflection　水平选址和垂直偏转系统(平板CRT)

H-BPF　hi-bipotential focus　增强型双电位透镜聚焦

HD　high definition　高清，高清晰度，高图像分辨率

HDD　hard disc drive　硬盘驱动器

HDD　head down display　(汽车驾驶室常用的)头下(下视)显示器

HD-ICP-CVD　high density inductively coupled plasma CVD　高密度电感耦合式等离子体CVD

HDT　heat deformation temperature　热变形温度

HDTV　high definition television　高清晰度电视

HD-TV1　high definition TV1　高清晰度电视1级分辨率，1 280×720个像素

HEPA　high efficiency particulate air filter　能滤除0.3微米尘粒的空气过滤材料

HID　high intensity discharge　高强(密)度放电

HIL　hole injection layer　空穴注入层

HMD　helmet-mounted displays　头盔显示器

HOMO　highest occupied molecular orbital　最高占据的分子轨道

HPDLC　holographically formed polymer dispersed liquid crystal　全息高分子分散型液晶

HS　holographic stereogram　全息立体照相术

HTL　hole transporting layer　空穴传输层

HTP　herical twisting power　诱发扭曲取向的力(又称扭曲形成力)

HTPS　high temperature poly-silicon　高温多晶硅(薄膜三极管液晶显示器)

HUD　head up display　平视显示器(在汽车驾驶室挡风玻璃上形成虚拟图像)

H-UPF　hi-unipotential focus　增强型单电位透镜聚焦

I

IAPT　improved APT　任意偏压法

IC　integrated circuit　集成电路, 积体电路

ICU　interface control unit　设备间连锁控制装置(设备间通信)

ILA　image light amplifier　图像信号放大器

ILB　inner lead bonding　内侧引线(脚)键合(TAB 封装术语)

I-MODE　internet-mode　互联网模式

IPA　isopropyl alcohol　异丙醇

IPT　immersive projection technology　没入型投影技术

IPS　in-plane switching　面内开关(切换), 横向电场驱动

IR　infrared　红外加热

ISDN　integrated services digital network　综合服务数字网

ITO　indium tin oxide　铟锡氧化物透明导电膜

J

JEITA　Japan Electronics and Information Technology Industries Association　社团法人日本电子信息产业协会

JIS　Japan Industrial Standard　日本工业标准

K

KGD　known good die　合格芯片, 质量确保芯片

L

LALCD　laser address LCD　激光地(选)址型 LCD

LAN　local area network　局域网

LAO　level adaptive overdrive　电平自适应超速(过)驱动

LCD　liquid crystal display　液晶显示器

LCD-TV　LCD television　液晶电视机

LCF　light control film　光控薄膜

LCM　liquid crystal module　液晶模块

LCOS　liquid crystal on silicon　单晶硅反射式液晶, 硅上液晶

LCPC　liquid crystal polymer composite　液晶聚合物复合材料

LC-SLM　liquid crystal spatial light modulator　液晶空间光调制器

LD　laser diode　激光二极管

LDD　lightly doped drain　轻掺杂漏极

LED　light emitting diode　发光二极管, 发光二极管平板显示器

LFD　large format display　超大屏液晶显示屏

LITI　laser-induced thermal imaging　激光热转印成像技术

LPCVD　low pressure CVD　低压化学气相沉积

LPE　liquid phase epitaxy　液相外延

LR　low reflection　低反射

LSI　large scale integrated circuit　大规模集成电路, 大规模积体电路

L&S　line and space　线宽/间隔

LTPS　lower temperature poly-crystal silicon　低温多晶硅

LUMO　lowest unoccupied molecular orbital　最低不占据的分子轨道

LVDS　low voltage differential signaling　低压微分信号, 低压差分取样信号

M

MA　module assembly　模块封装

MAPLE　MIN active panel LSI mount engineering　MIN主动(有源)平面LSI安装工艺

MBBA p-methoxybenzylidene-p'-butyraniline 甲氧苯亚甲基丁酰替苯胺

MBE molecular beam epitaxy 分子束外延

MCM multi-chip module 多芯片组件

MD micro display 微显示器(用于投影机)

MD mini disk 小型光盘，小型磁盘

MD molecular dynamics 分子动力学

MDD moving dielectric display 动态介电显示器

MDS matrix drive and deflection system 矩阵驱动及偏转系统

MDT monocolor display tube 单色显示CRT

MF micro filter 制作高纯水用的微孔过滤膜

MFD vacuum micro-tip flat panel display 真空微尖平板显示器

MGV manual guided vehicle 手推的搬运车

MIM metal-insulator-metal 金属-绝缘层-金属

MIS metal-insulator-semiconductor 金属-绝缘体-半导体

MLA multi-line addressing 多扫描线选址驱动方式

MLCT metal-to-ligand charge transfer 金属-配位基电荷转移

MLS multi-line selection 多扫描线同时选址驱动方式

MLU multi-layer display 多层显示

M&M mix and match 根据工业生产采用相应曝光设备

MO magneto-optical disc 磁光盘

MOCVD metal-organic chemical vapor deposition 有机金属化学气相沉积

MOSFET metal-oxide-semiconductor field effect transistor 金属氧化物场效应三极管

MPD magnetophoretic display 磁泳成像显示(器)

MPD magnetic particle display 磁性颗粒显示(器)

MPE multi photon emission 堆叠式有机EL

MPEG motion picture coding experts group 运动图像专家组，彩色动画标准化、符号化

MPU microprocessing unit 微处理单元，在CPU部分仅装入一个LSI芯片构成的

MQW multiple quantum well 多重量子阱

MSDS material safety data sheet 材料安全数据卡

MSF multi-step focus 多级透镜聚焦

MSI metal-semi-insulator metal 金属-半绝缘体-金属

MTBF mean time between failure 两次失效间的平均时间

MVA multi-domain vertical alignment 多畴垂直取向

N

NB normal black mode 常黑型显示模式

NB-PC note book-personal computer 笔记本电脑

NCAP nematic curvilinear aligned phase 向列毛团准直相

NH new hysteresis 新磁滞现象

NSIB negative sputter ion beam technology 负离子束溅镀技术

NTSC National Television System Committee 国家电视系统委员会；电视制式标准的一种

NW normal white mode 常白型显示模式

NEDO the New Energy and Industrial Technology Development Organization (日本)新能源及产业技术综合开发机构

O

OA office automatic 办公自动化

OC over coat 外覆层

OCB optically compensated bend 光学自补偿双折射或光学自补偿弯曲

OCT optically compensated twisted nematic 光补偿扭曲向列模式

OD optical density 光密度

ODF one drop filling 液晶预滴入技术，液晶滴下注入方式

OEIC optoelectronic integrated circuit 光电子集成电路，光电子积体电路

OELD organic electroluminescent display 有机电致发光显示器，有机发光二极管显示器

OEM original equipment manufacturer 原始设备制造厂商

OHP over head projector 架空式投影机

OHS over head shuttle （用于大型玻璃基板传输的)天井吊送系统

OHT over head transport （用于大型玻璃基板传输的)天井吊送传输

OLB outer lead bonding 外引线(脚)键合(TAB 术语)

OLED organic light emitting diode 有机发光二极管平板显示器

OneSeg one segment 单段，用于便携播放的频段

OP output pulse 输出脉冲

OPC organic photoconductor 有机光导电材料

OS operating system 操作系统

OTFT organic TFT 有机薄膜三极管

P

PA parts assembly 部件组装

PAL Phase Alternation by Line Color Television 电视制式标准的一种

PALC plasma addressed liquid crystal 等离子体选址液晶显示器

PBN pyrolytic boron nitride 热解氮化硼

PBS polarized beam splitter 偏振光分束器

PC personal computer 个人计算机

PC phase change 相变

PCB printed circuit board 印制线路板

PCGH phase-change-guest-host 相变宾-主(模式)，胆甾-向列相变型

PCL protective cap layer 溅镀保护(封装)层

PCM purity convergence magnet 色纯度会聚磁铁

PCS precison convergence system 精细聚焦系统

PD polymer dispersed liquid crystal 聚合物分散型液晶(模式)

PDA personal digital assistant 个人数据助理器，便携式信息终端

PDLC polymer dispersed liquid crystal 聚合物分散型液晶(模式)

PDN polymer dispersed LCD with crossed Nicols 带有正交尼科耳透镜的高分子分散型液晶

PDP plasma display panel 等离子体显示板(等离子体平板显示器)

PEB post exposure bake 曝光后加热

PECVD plasma enhance chemical vapor deposition 等离子体增强化学气相沉积

PEP photolithography and etching process 光刻和腐蚀工艺

PET polyethyleneterephthalate 聚对苯二甲酸乙二醇

PHS personal handy phone system 个人手提电话系统

PIL precision in-line 精密一字型单枪三束系统电子枪

PIPS polymerization induced phase separation 聚合相分离法

PJT projection tube 投影机用 CRT 管

PLE peak luminance enhancement 峰值亮度增强

PLED polymer (organic) light emitting diode 高分子有机发光二极管平板显示器

PLL phase locked logic 相同步逻辑

PM passive matrix 被动(无源)矩阵(驱动方式)

PM preventive maintenance 预防性维修

PMMA polymethyl methacrylate 俗称有机玻璃(导光板材料之一)

PN polymer network 聚合物网络

PND　portable navigation display　便携式导航系统用显示器

PN-LCD　polymer network-liquid crystal display　高分子网络液晶显示器

P&P　pick and place　抛送机械装置

PPF　periodic potential focus　周期电位透镜聚焦

PPC　plain-paper copier　普通纸复印机

ppi　pixels per inch　每英寸像素数

PPIPS　photo-polymerization induced phase separation　光聚合引起相分离法

PPM　pages per minute　每分钟页数

PQC　process quality control　生产(制程)质量控制

PSA　pressure swing adsorption　变压吸附

PSBTC　polymer stabilized bistable twist cell　高分子双稳态扭曲单元

PSCT　polymer stable cholesteric　高分子稳态胆甾相

PS-FLCD　polymer stabilized-FLCD　高分子稳定化铁电液晶显示器

P-Si TFT　poly-silicon TFT　低温多晶硅薄膜三极管

PSL　polystyrene latex　校准水质测量仪用的标准颗粒

PVA　patterned vertical alignment　花样垂直取向排列，构型垂直取向排列

PVA　polyvinylalcohol　聚乙烯醇

PVD　physical vapor deposition　物理气相沉积

PWB　printed wiring board　印制线路板

PWM　pulse width modulation　脉冲宽度调制模式

Q

QFP　quad flat package　四边平面封装

QPF　quadrapotential focus　四电位透镜聚焦

QQXGA　quadrable quadrable extended graphics array　图像分辨率等级，像素数 4 096 × 3 072

QSXGA　quadrable super extended graphics array　图像分辨率等级，像素数 2 560 × 2 048

QUXGA　quadrable ultra extended graphics array　图像分辨率等级，像素数 3 200 × 2 400

QVGA　quasi+VGA　准视频图像阵列级分辨率

QXGA　quadrable extended graphics array　图像分辨率等级，像素数 2 048 × 1 536

R

RAC　relative atomic concentration　相对原子浓度分布

RAM　random access memory　随机写读存储器

RGB　red, green, blue　红绿蓝三原色

RGV　rail guided vehicle　(用于大型玻璃基板传输的)有轨吊车系统

RIE　reactive ion etching　反应离子刻蚀

RISC　reduced instruction set computer　简单指令计算机

RMS　root mean square　均方根

R-OCB　reflective optically compensated bend cell　反射式 OCB

RoHS　Restriction of the Use of Certain Hazardous Substances in Electrical and Electronics Equipment　(欧盟)在电气和电子设备中禁止使用某些有害物质的法案，简称 RoHS 法案，2006 年 7 月 1 日执行

ROM　read only memory　只读存储器

RTA　rapid thermal annealing　快速加热退火

RTC　response time compensation　反应时间补偿

S

SA-SFT　super advanced-Super fine TFT　超先进超精细 TFT

SBE　super twisted birefringent effect　超扭曲双折射效应

SBE/STN　super-birefringence effect/super-twisted nematic　超双折射/超扭曲向列效应

SCE　standard calomel electrode　饱和甘汞电极电极

SCE　surface conduction electron-emitter display　表面传导型电子发射器(用于场发射显示器)

SCL　space-charge-limited　空间电荷限制

SEAJ　Simiconductor Equipment Association of Japan　社团法人日本半导体制造装置协会

SED　surface-conduction electron emitter display　表面传导型电子发射显示器

SBG　sequence of events generator　事件序列发生器

SEMI　Simiconductor Equipment and Materials International　与半导体/平板显示器相关的制造装置及部件材料国际产业协会

SID　Society of Information Display　国际信息显示学会

SIP　system in panel　显示屏上系统(集成)

SIPS　solvent induced phase separation　溶媒蒸镀相分离法

S-IPS　super-IPS　超 IPS 液晶显示模式

SLM　spatial light modulator　空间光调制元件

SM-LCD　simple matrix-LCD　简单矩阵驱动方式液晶显示器

SNF　scanning-line negative feedback　扫描线负反馈驱动

SOG　spin-on-glass　玻璃上甩胶工艺

SOG　system on glass　玻璃上系统(液晶)

SOI　silicon on insulator　绝缘体上硅

SOLED　stacked OLED　叠层型 OLED

SPAN　spiral polymer-aligned nematic　螺旋高分子排列向列

SPC　solid phase crystallization　固相结晶化

SPD　single polarizer display　1 枚偏光片方式

SPD　suspended particle image display　分散颗粒旋转型显示器

SPICE　circuit simulator　电路模拟程序

SPM　slit wounded precison deflection with magnetic current modulation　带有磁场电流调制器的精密偏转磁轭狭缝系统

SRAM　static random access memory　静态随机存取存储器

SS　saddle-saddle　鞍-鞍型

SSFLC　surface stabilized ferroelectric liquid crystal　表面稳定铁电液晶

SS-FLCD　surface stabilized-FLCD　表面稳定化铁电液晶显示器

S^2LM　solid state light modulator　固态光调制器件

SSM　saddle-saddle with modulator unit　带调制单元的鞍-鞍型

SST　saddle-saddle toroidal　鞍-鞍-环方式

ST　saddle-toroidal　鞍-环型

STD　standard　标准规格

STM　saddle toroidal with modulator　带调制器的鞍-环系统

STN　super twisted nematic　超扭曲向列液晶

STN-LCD　super twisted nematic LCD　超扭曲向列液晶显示器

SVGA　super video graphics array　超视频图像阵列级分辨率，800(×3 色)×600 个像素

SWEP　stylus writable electrophoretic　笔尖可写入电泳显示板

SWOT　strength, weakness, opportunity, threat　强项、弱项、机会、威胁分析

SXGA+　super extended graphics array　+超扩展图像阵列级分辨率，1 280(3 色)×1 024 个像素

SXGA+　super extended graphics array　+超扩展图像阵列级分辨率，1 400(3 色)×1 050 个像素

T

TAB　tape automated bonding　带载自动键合

TAC　top emission adaptive current drive　适合上发光型的电流驱动

TAC　triacetylcellulose　三乙酰纤维素

TAT　turn around time　制作周期

TBD twisting ball display 旋转微球显示器

TCAD technology CAD 工艺技术计算机辅助设计

TCO transparent conducting oxide 透明导电氧化物

TCP tape carrier package 带载封装

TDEL thick dielectric inorganic EL 厚膜绝缘体无机 EL

TDS total dissolved solid 蒸发后残留水渍

TEOS tetraethyl orthosilicate 原硅酸四乙酯

TEOS-CVD tetraethylorthosilicate CVD 原硅酸四乙酯化学气相沉积

TERES technology of reciprocal sustainer 反向脉冲加压驱动技术

TFD thin film diode 薄膜二极管

TFEL thin film inorganic EL 薄膜型无机 EL

TFT thin film transistor 薄膜三极管

TFT LCD thin film transistor LCD 薄膜晶体管液晶显示器

TIPS thermally induced phase separation 热相分离法

TN twisted nematic 扭曲向列(液晶)

TN LCD twisted nematic LCD 扭曲向列液晶显示器

TOC total organic carbon 总有机碳(含量)

TOF time of flight method 飞行时间法

TOG TAB on glass 玻璃基载带自动键合

TOX total organic halogen 全有机卤素化合物

TPF tripotential focus 三电位透镜聚焦

TRG time ratio grayscale 时间比例灰阶

TSTN tripotential focus 三电位透镜聚集

TSTN triple STN 双补偿膜型 STN

TTA technology transfer agreement 技术转让合同

TV television 电视(机)

TWG technology working group 技术项目组

U

UXGA ultra-extended graphics array 超扩展图像阵列分辨率，1 600(× 3 色) × 1 200 个像素

UHF ultra high frequency 超高频

ULPA ULPA filter 能滤除 0.15μm 尘粒的空气净化用过滤材料

UPF unipotential focus 单电位透镜聚焦

UPS uninterruptable power supply 不间断供电电源

USB universal serial bus 通用连续总线

UV ultra-violet 紫外线

UVC ultra violet curing 紫外线固化

UCS urnform chromaticity scale diagram 均等色度

V

VA vertically aligned 垂直取向排列

VAN vertically aligned nematic 垂直整齐排列向列液晶

VCO voltage controlled oscillator 电压控制振荡器

VESA Video Electronics Standards Association 视频电子学标准协会

VF vacuum fluorescent 真空荧光管

VFD vacuum fluorescent display 荧光管显示器

VFPH vacuum fluorescent print head 荧光管打印头

VGA video graphics array 视频图像阵列级分辨率，640(× 3 色) × 480 个像素

VHD video high density 高密度视频光盘

VHF video holographic disc 视频立体光盘

VHF very high frequency 甚高频

VICS vehicle information and communication system 用于交通路况信息服务的道路交通信息服务系统

VPE vapor phase epitaxy 气相外延

VTR video tape recorder 磁带录音机

W

WAP　wireless application protocol　(手机上网)无线应用协议

WEEE　Waste Electrical and Electronics Equipment　(欧盟)关于废弃电气和电子设备(回收)的法案, 简称 WEEE 法案, 2006 年 7 月 1 日执行

WOA　wire on array　阵列布线

WS　work station　(计算机)工作站

X

XGA　extended graphics array　扩展图像阵列级分辨率, 1 024(×3 色) ×1 024 个像素

Z

ZBD　zenithal bistable devices　双稳态向列液晶器件